飞行器设计与工程力学品牌专业系列教材

# 直升机飞行动力学

(第二版)

陈仁良　高　正　著



科学出版社

北京

## 内 容 简 介

本书全面、系统地介绍直升机的基本飞行特点和飞行操纵方法；分析旋翼的挥舞运动对直升机的配平、稳定性和操纵性的关键作用；给出直升机的平衡、稳定性和操纵性的分析方法；介绍直升机飞行品质规范的基本内容、应用及其发展；阐述倾转旋翼机飞行动力学的建模方法及直升机模式与固定翼飞机模式之间的相互转换。

本书可作为高等院校“直升机飞行动力学”课程的教材或参考书，也可供航空工厂、研究所、部队及民航领域从事直升机设计、制造、使用、维护和管理工作的工程技术人员参考。

**图书在版编目(CIP)数据**

直升机飞行动力学 / 陈仁良，高正著. —2版. —北京：科学出版社，2019.10

飞行器设计与工程力学品牌专业系列教材

ISBN 978-7-03-062109-2

Ⅰ. ①直… Ⅱ. ①陈… ②高… Ⅲ. ①直升机-飞行力学 Ⅳ. ①V212.4

中国版本图书馆 CIP 数据核字(2019)第 179193 号

责任编辑：余 江 张丽花 / 责任校对：王萌萌

责任印制：吴兆东 / 封面设计：迷底书装

科学出版社出版

北京东黄城根北街 16 号

邮政编码：100717

http://www.sciencep.com

固安县铭成印刷有限公司印刷

科学出版社发行 各地新华书店经销

*

2003 年 4 月第 一 版 开本：787×1092 1/16

2019 年 10 月第 二 版 印张：15 3/4

2025 年 1 月第六次印刷 字数：383 000

**定价：59.00 元**

(如有印装质量问题，我社负责调换)

# 第一版序

21 世纪的直升机，尤其是军用直升机，它的技术要求和研究重点，已不仅是追求飞行性能指标，如飞得多高、多快等，而是更关注于完成任务的能力和驾驶品质等级，如稳定性指标、操纵性优劣等，属于飞行动力学范畴。

进入 21 世纪以来，我国直升机事业发展到一个新的时期，多种直升机正处在研制和改进、改型之中。由南京航空航天大学高正和陈仁良两位教授合作的这本《直升机飞行动力学》融汇了中外大量资料的精华和他们学科组的长期研究成果。该书的及时推出，必将为我国直升机技术水平的提高做出重要贡献。

全书共 8 章。第 1 章“绪论”，介绍了直升机飞行动力学的研究内容和各坐标系的选用及其转换。第 2 章“直升机的飞行操纵”，说明了直升机上起作用的各种外力和怎样进行配平及改变飞行状态的操纵方式。第 3 章“旋翼的挥舞”，专门解释了旋翼在不同状态中独特的挥舞运动和由此产生的桨尖轨迹平面的挥舞角变化。第 4 章“直升机运动方程”，建立起直升机作为刚体在空间运动时六自由度的全量方程及其线化方程，这是研究稳定性和操纵性的基础。第 5 章“直升机的稳定飞行”，阐述了直升机主要是单旋翼带尾桨式直升机处于定常飞行时的平衡计算。第 6 章“直升机的稳定性”，即直升机偶然受扰后的动态过程的分析。第 7 章“直升机的操纵响应”，即直升机在操纵输入下的动态过程分析。第 8 章“直升机的飞行品质和飞行品质规范”，引入了美国 2000 年的规范，这是与时俱进的，有别于过去评价直升机飞行品质优劣的创新部分。

此外，书中还附有四个附录，其中附录 A“不同坐标和符号对照表”对读者参阅西方文献时大有裨益。

该书论述全面，内容先进，既可供直升机界设计、制造、使用单位技术人员参考之用，也可作为直升机专业研究生教材。值此出版之际，欣然为之代笔作序。

王适存

2003 年 2 月于南京

# 前　言

本书第一版自 2003 年出版以来已经 16 年。在此期间，我国直升机研发、生产及应用各方面都有了长足的发展，又有一代新人进入了直升机领域。这自然地引发了对直升机科技书籍的新需求。

国内外直升机技术仍在不断发展，提高直升机的飞行速度是重点之一，其中最醒目的成果是倾转旋翼机的成功。这种飞行器保留了直升机能够垂直起降、悬停和低速飞行的特点，又可像飞机那样以较高的速度和更好的经济性巡航，成为独具优势的运输机。由于在空气动力学、飞行动力学和飞行控制等方面遇到若干新问题，其研发过程历经波折，耗时数十年才得以实用。

倾转旋翼机的优势已经显现，其新的发展和改善是令人期待的。我与合作者陈仁良教授持此共识，决定对倾转旋翼机进行研究，着重针对其技术关键——直升机模式与飞机模式之间相互转换过程，研究其空气动力学及飞行动力学问题。怎奈我年事已高，不能身体力行了。所幸有陈仁良教授带领他的学生们辛勤钻研数年，取得了可喜的研究成果。

陈仁良教授接受我的建议，将其研究成果的核心部分补充到本书中作为第 9 章、第 10 章，从而形成了第二版。我有幸能在耄耋之年看到第二版的出版，本书实现了与时俱进，应归功于陈仁良教授。为了反映陈仁良教授对第二版的贡献，特意将作者姓名排序进行了调整。

此外，第一版中的个别错误已在第二版中改正，并结合热心读者的意见对第 7 章有所补充，借此对读者表示感谢。衷心希望并欢迎读者对本书提出指正和建议。

高正

2019 年 2 月

# 主要符号表

| | |
|---|---|
| $A_F$ | 机身特征面积 |
| $A_H$ | 平尾面积 |
| $A_V$ | 垂尾面积 |
| $A_1$ | 旋翼横向周期变距 |
| $a_0$ | 旋翼锥度角 |
| $a_{0,T}$ | 尾桨锥度角 |
| $a_{10}$ | 吹风引起的旋翼挥舞后倒角 |
| $a_{1c}$ | 操纵引起的旋翼挥舞后倒角 |
| $a_{1s}$ | 旋翼挥舞后倒角(相对于旋翼构造平面) |
| $a_{1\omega}$ | 随动挥舞引起的旋翼挥舞后倒角 |
| $a_\infty$ | 桨叶翼型升力线斜率 |
| $a_{\infty,H}$ | 平尾翼型升力线斜率 |
| $a_H$ | 平尾实际升力线斜率 |
| $B_1$ | 旋翼纵向周期变距 |
| $b$ | 桨叶弦长 |
| $b_{10}$ | 吹风引起的旋翼挥舞侧倒角 |
| $b_{1c}$ | 操纵引起的旋翼挥舞侧倒角 |
| $b_{1s}$ | 旋翼挥舞侧倒角(相对于旋翼构造平面) |
| $b_{1\omega}$ | 随动挥舞引起的旋翼挥舞侧倒角 |
| $C_{DF}$ | 机身阻力系数 |
| $C_{DH}$ | 平尾阻力系数 |
| $C_{DV}$ | 垂尾阻力系数 |
| $C_H$ | 旋翼后向力系数 |
| $C_{LF}$ | 机身升力系数 |
| $C_{LH}$ | 平尾升力系数 |
| $C_{LV}$ | 垂尾升力系数 |
| $C_{MxF}$ | 机身滚转力矩系数 |
| $C_{MyF}$ | 机身偏航力矩系数 |
| $C_{MzF}$ | 机身俯仰力矩系数 |
| $C_S$ | 旋翼侧向力系数 |
| $C_{SF}$ | 机身侧向力系数 |
| $C_T$ | 旋翼拉力系数 |

| | |
|---|---|
| $C_{T,T}$ | 尾桨拉力系数 |
| $C_x$ | 桨叶翼型阻力系数 |
| $C_{x,H}$ | 平尾翼型阻力系数 |
| $C_{x7}$ | 桨叶 0.7 半径处翼型的阻力系数 |
| $C_y$ | 桨叶翼型升力系数 |
| $D_F$ | 机身阻力 |
| $D_H$ | 平尾阻力 |
| $D_V$ | 垂尾阻力 |
| $E$ | 无铰旋翼桨叶弹性模量 |
| $e$ | 水平铰偏置量 |
| $F_x,F_y,F_z$ | 直升机气动合力三分量 |
| $F_{x,M},F_{y,M},F_{z,M}$ | 旋翼气动力在体轴系中的三分量 |
| $F_{x,T},F_{y,T},F_{z,T}$ | 尾桨气动力在体轴系中的三分量 |
| $F_{x,H},F_{y,H},F_{z,H}$ | 平尾气动力在体轴系中的三分量 |
| $F_{x,V},F_{y,V},F_{z,V}$ | 垂尾气动力在体轴系中的三分量 |
| $F_{x,F},F_{y,F},F_{z,F}$ | 机身气动力在体轴系中的三分量 |
| $F_{x,G},F_{y,G},F_{z,G}$ | 直升机重力在体轴系中的三分量 |
| $G$ | 直升机重量 |
| $\boldsymbol{H}$ | 作用于直升机的动量矩 |
| $H$ | 旋翼后向力 |
| $h_x,h_y,h_z$ | 动量矩三分量 |
| $I$ | 无铰旋翼桨叶等效惯量 |
| $I_b$ | 铰接式旋翼桨叶绕水平铰惯量 |
| $I_x,I_y,I_z$ | 绕机体轴系的全机惯性矩 |
| $I_{xy},I_{yz},I_{zx}$ | 对机体轴系的全机惯性积 |
| $J_0$ | 悬停旋翼诱导速度修正系数 |
| $K_{P0}$ | 旋翼型阻功率修正系数 |
| $K_{MH}$ | 旋翼对平尾的下洗因子 |
| $K_{QH}$ | 平尾动压损失系数 |
| $K_{QV}$ | 垂尾动压损失系数 |
| $K_{QT}$ | 尾桨动压损失系数 |
| $K_v$ | 垂尾对尾桨的阻塞系数 |
| $K_{\perp}$ | 垂直增重系数 |
| $k$ | 旋翼桨叶片数 |
| $L_F$ | 机身升力 |
| $L_H$ | 平尾升力 |

| | |
|---|---|
| $L_V$ | 垂尾升力 |
| $l_F$ | 机身特征长度 |
| $\boldsymbol{M}$ | 直升机合外力矩 |
| $M_b$ | 桨叶质量矩 |
| $M_C$ | 桨叶离心力对挥舞铰的力矩 |
| $M_F$ | 桨叶惯性力对挥舞铰的力矩 |
| $M_g$ | 桨叶重力对挥舞铰的力矩 |
| $M_{Gx}, M_{Gz}$ | 桨毂力矩 |
| $M_k$ | 旋翼反扭矩 |
| $M_{k,T}$ | 尾桨反扭矩 |
| $M_T$ | 桨叶气动力对挥舞铰的力矩 |
| $M_x, M_y, M_z$ | 直升机外力矩在体轴系中的三分量 |
| $M_{x,M}, M_{y,M}, M_{z,M}$ | 旋翼空气动力在体轴系产生的三分量力矩 |
| $M_{x,T}, M_{y,T}, M_{z,T}$ | 尾桨空气动力在体轴系产生的三分量力矩 |
| $M_{x,H}, M_{y,H}, M_{z,H}$ | 平尾空气动力在体轴系产生的三分量力矩 |
| $M_{x,V}, M_{y,V}, M_{z,V}$ | 垂尾空气动力在体轴系产生的三分量力矩 |
| $M_{x,F}, M_{y,F}, M_{z,F}$ | 机身空气动力在体轴系产生的三分量力矩 |
| $\Delta M_{x,F}, \Delta M_{y,F}, \Delta M_{z,F}$ | 机身模型与真实机身重心差异引起的力矩变化 |
| $m$ | 桨叶质量分布 |
| $m_k$ | 旋翼反扭矩系数 |
| $m_{k,T}$ | 尾桨反扭矩系数 |
| $p$ | 旋翼桨盘载荷 |
| $q$ | 自由来流动压 |
| $q_H$ | 平尾处动压 |
| $R$ | 旋翼半径 |
| $R_T$ | 尾桨半径 |
| $r$ | 桨叶剖面距桨毂中心的距离 |
| $S$ | 旋翼侧向力 |
| $S_F$ | 机身侧向力 |
| $T$ | 旋翼拉力 |
| $T_T$ | 尾桨拉力 |
| $u_T$ | 桨叶剖面切向速度分量 |
| $u_P$ | 桨叶剖面垂向速度分量 |
| $V_0$ | 直升机质心速度 |
| $V$ | 直升机上任意点速度 |
| $V_H$ | 平尾速度 |
| $V_V$ | 垂尾速度 |

| | |
|---|---|
| $V_x, V_y, V_z$ | 飞行速度在体轴系中的三分量 |
| $V_{XH}, V_{YH}, V_{ZH}$ | 平尾速度在体轴系中的三分量 |
| $V_{XM}, V_{YM}, V_{ZM}$ | 旋翼桨毂中心速度在体轴系中的三分量 |
| $V_{XT}, V_{YT}, V_{ZT}$ | 尾桨桨毂中心速度在体轴系中的三分量 |
| $V_{XV}, V_{YV}, V_{ZV}$ | 垂尾速度在体轴系中的三分量 |
| $v_0$ | 旋翼平均诱导速度 |
| $v_1$ | 旋翼诱导速度 |
| $v_{1d}$ | 旋翼等效诱导速度 |
| $v_{0,T}$ | 尾桨平均诱导速度 |
| $x_H$ | 平尾相对于直升机重心的纵向位置 |
| $x_M$ | 旋翼桨毂中心相对于直升机重心的纵向位置 |
| $x_T$ | 尾桨桨毂中心相对于直升机重心的纵向位置 |
| $x_V$ | 垂尾相对于直升机重心的纵向位置 |
| $\Delta x_G$ | 模型与真实直升机重心的纵向偏差 |
| $y_H$ | 平尾相对于直升机重心的垂向位置 |
| $y_M$ | 旋翼桨毂中心相对于直升机重心的垂向位置 |
| $y_T$ | 尾桨桨毂中心相对于直升机重心的垂向位置 |
| $y_V$ | 垂尾相对于直升机重心的垂向位置 |
| $\Delta y_G$ | 模型与真实直升机重心的垂向偏差 |
| $z_H$ | 平尾相对于直升机重心的侧向位置 |
| $z_M$ | 旋翼桨毂中心相对于直升机重心的侧向位置 |
| $z_T$ | 尾桨桨毂中心相对于直升机重心的侧向位置 |
| $z_V$ | 垂尾相对于直升机重心的侧向位置 |
| $\Delta z_G$ | 模型与真实直升机重心的侧向偏差 |
| $\Omega$ | 旋翼转速 |
| $\alpha$ | 机身迎角 |
| $\alpha_H$ | 平尾迎角 |
| $\alpha_s$ | 旋翼迎角 |
| $\alpha_V$ | 垂尾迎角 |
| $\beta$ | 旋翼挥舞角 |
| $\beta_s$ | 机身侧滑角 |
| $\beta_*$ | 翼型剖面来流角 |
| $\delta$ | 旋翼轴前倾角 |
| $\delta_T$ | 尾桨轴倾斜角 |
| $\delta_e$ | 总距杆操纵位移 |
| $\delta_c$ | 驾驶杆横向操纵位移 |
| $\delta_s$ | 驾驶杆纵向操纵位移 |
| $\delta_P$ | 脚蹬操纵位移 |

| | |
|---|---|
| $\varphi_7$ | 旋翼总距 |
| $\varphi_H$ | 平尾安装角 |
| $\varphi_T$ | 尾桨总距 |
| $\varphi_V$ | 垂尾安装角 |
| $\gamma$ | 直升机侧倾角 |
| $\gamma_b$ | 旋翼桨叶洛克数 |
| $\gamma_T$ | 尾桨桨叶洛克数 |
| $\kappa$ | 叶尖损失系数 |
| $\lambda_0$ | 旋翼流入比 |
| $\lambda_1$ | 旋翼合速度流入比 |
| $\lambda_{0,T}$ | 尾桨流入比 |
| $\lambda_{1,T}$ | 尾桨合速度流入比 |
| $\lambda_H$ | 平尾展弦比 |
| $\lambda_i$ | 直升机运动模态诸特征根 |
| $\mu$ | 旋翼前进比 |
| $\mu_T$ | 尾桨前进比 |
| $\mu_x,\mu_y,\mu_z$ | 旋翼速度对应的无量纲值 |
| $\mu_{x,T},\mu_{y,T},\mu_{z,T}$ | 尾桨速度对应的无量纲值 |
| $\theta$ | 航迹角，桨距角 |
| $\theta_0$ | 桨叶根部安装角 |
| $\theta_1$ | 桨叶扭度 |
| $\theta_T$ | 尾桨桨叶根部安装角 |
| $\vartheta$ | 直升机俯仰角 |
| $\rho$ | 空气密度 |
| $\sigma$ | 旋翼实度 |
| $\sigma_T$ | 尾桨实度 |
| $\zeta$ | 阻尼比 |
| $\tau_p$ | 延迟时间 |
| $\boldsymbol{\omega}$ | 直升机运动角速度 |
| $\omega_{BW}$ | 带宽 |
| $\omega_n$ | 自然频率 |
| $\omega_x,\omega_y,\omega_z$ | 直升机角速度三分量 |
| $\bar{\omega}_x,\bar{\omega}_y,\bar{\omega}_z$ | 角速度三分量无量纲值 |
| $\omega_{x,T},\omega_{y,T},\omega_{z,T}$ | 尾桨角速度三分量 |
| $\bar{\omega}_{x,T},\bar{\omega}_{y,T},\bar{\omega}_{z,T}$ | 尾桨角速度三分量无量纲值 |
| $\psi$ | 直升机偏航角，旋翼桨叶方位角 |

下标：

| | |
|---|---|
| $M$ | 旋翼 |
| $T$ | 尾桨 |
| $H$ | 平尾 |
| $V$ | 垂尾 |
| $F$ | 机身 |
| $G$ | 重力 |

# 目　　录

# 第 1 章　绪　　论

## 1.1　直升机飞行动力学的研究内容

### 1.1.1　直升机飞行动力学的内容及其相互关系

直升机飞行动力学研究直升机在飞行中的外力、运动及其控制。

直升机在飞行中所受到的外力包括空气动力、惯性力和重力。其中重力是稳态力，而空气动力和惯性力往往有宽频域的交变成分。高频空气动力会引起直升机振动。虽然振动会影响到驾驶员对飞行品质的评价，但是对于高频的力和运动，无论驾驶员还是自动驾驶仪都不能跟随并施加控制，因而在直升机飞行动力学中不予考虑。对于交变外力的研究属于直升机动力学领域中关于振动及载荷的范畴。另外，直升机在常力作用下的定常运动用性能参数来描述，如飞行速度、爬升率、升限、航程等。相关的研究属飞行性能范畴，也不在直升机飞行动力学的研究内容之中。直升机飞行动力学研究那些能改变直升机飞行轨迹和姿态的外力，以及这些外力引起的直升机运动，并且研究如何改善直升机的运动响应以满足使用任务和驾驶品质的要求。

图 1-1 示出了直升机飞行动力学的研究内容。核心是直升机的飞行动力学方程组(数学仿真模型)，它代表直升机的运动特性，取决于直升机的空气动力特性、惯性特性和几何特性。建立直升机的数学模型、确定直升机的飞行品质是直升机飞行动力学的基本内容。

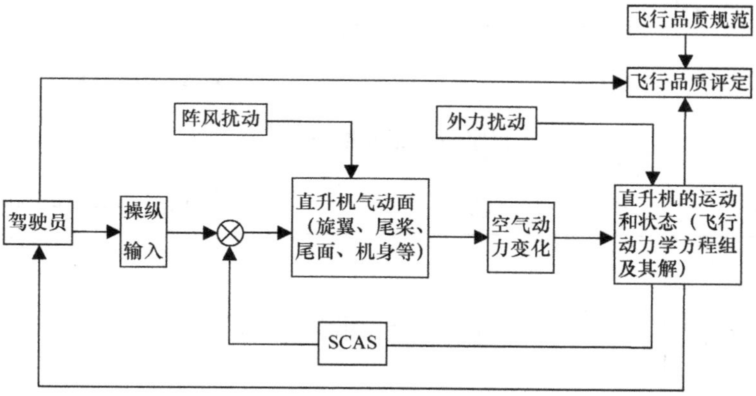


图 1-1　直升机飞行动力学的研究内容

作用在直升机上的外力变化，包括操纵输入和阵风扰动引起的空气动力变化、武器发射产生的反坐力、空投或起吊造成的重力改变等，都会使直升机产生(角)加速度，从而有(角)速度和(角)位移的变化。操纵引起的运动称为直升机的操纵响应，驾驶员希望响应是适量而及时的；其他扰动引起的运动称为扰动响应，驾驶员希望它量小而短暂。分析这两类响应的优劣属于飞行品质研究的范畴。为了改善直升机的飞行品质使之符合规范的要求，不仅要求直升机设计合理，往往还要借助电子设备——自动增控增稳系统(SCAS)，而 SCAS 的控制律设计也是以直升机飞行动力学方程组为基础的。

### 1.1.2　直升机飞行操纵的特点

图 1-2 示出了单旋翼带尾桨式直升机由悬停转为前飞时所需的操纵。基本操纵是前推驾驶杆使旋翼前倾，利用旋翼拉力的向前分量得到前飞速度。但是，除这一基本操纵之外，还必须伴有其他的操纵修正动作，才能实现单纯的水平前飞。图中①、②、③表示驾驶员感受到的非期望的耦合响应及其修正操纵，虚线表示相关的修正目标。

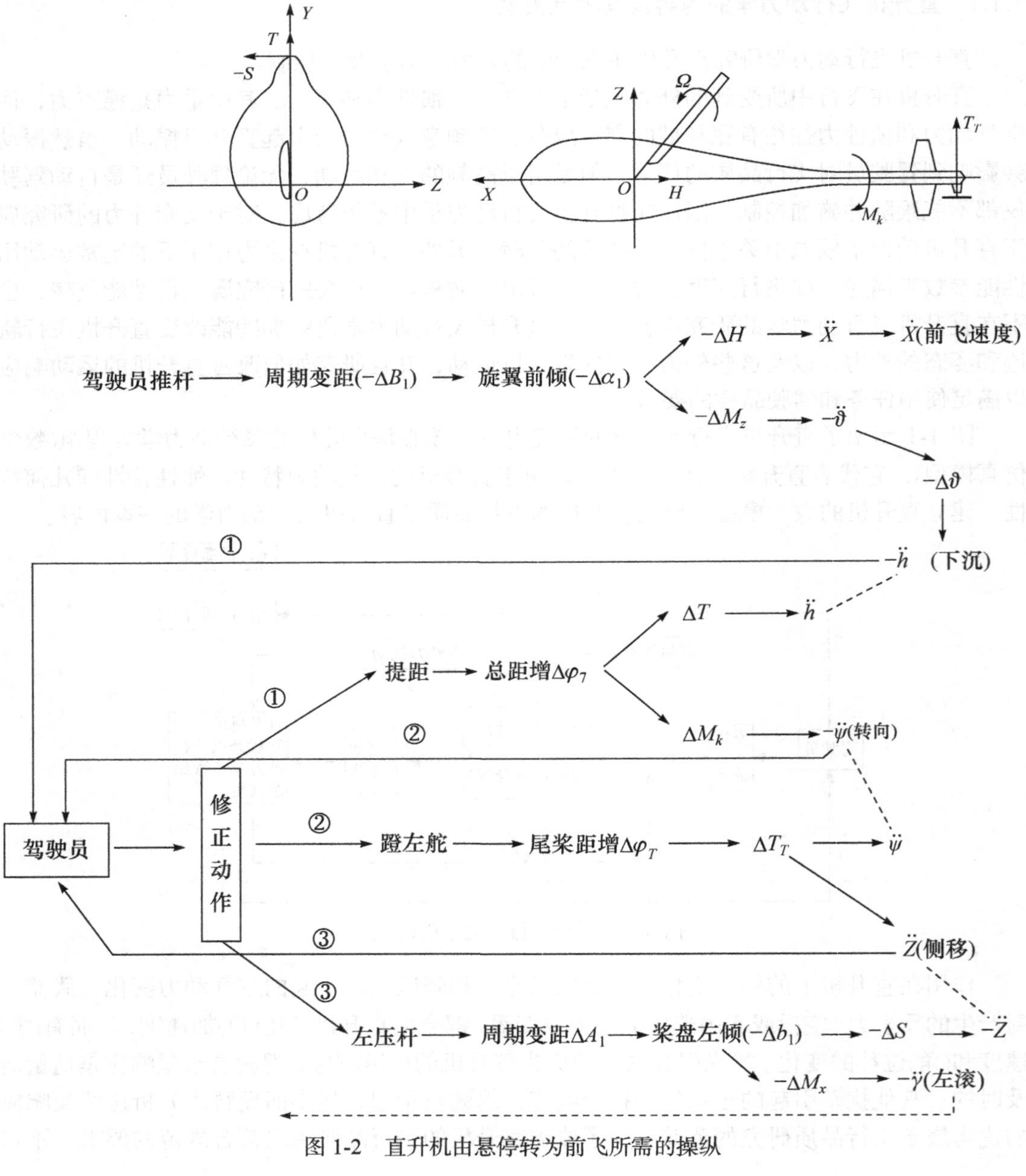


图 1-2　直升机由悬停转为前飞所需的操纵

由图1-2可知直升机的操纵具有以下特点。

(1) 对于直升机的6个运动自由度，只有4个直接的飞行操纵(注：还有1个操纵是对发动机转速或功率控制)，因而对各自由度的控制并非彼此独立。

(2) 直升机对操纵的响应存在各轴之间的严重耦合(对扰动的响应也是如此)，须由驾驶员或SCAS的修正动作予以消除。

(3) 升降、俯仰、滚转操纵皆通过旋翼挥舞这一环节，所以直升机响应滞后较大，而且挥舞惯性抑制了对于高频操纵输入的响应，起着过滤器的作用。

上述特点以及其他因素使直升机的飞行品质不如固定翼飞机，并且使直升机飞行动力学的研究更加复杂。

### 1.1.3 直升机飞行动力学的分析方法

既然直升机飞行动力学是研究直升机的运动和所受外力的关系，则基本的方法应从牛顿第二定律和能量守恒定律出发，建立直升机飞行动力学方程组，表示为

$$\frac{\mathrm{d}\boldsymbol{x}}{\mathrm{d}t}=\boldsymbol{f}(\boldsymbol{x},\boldsymbol{u},t) \tag{1-1}$$

式中，列向量$\boldsymbol{x}$是直升机的状态变量，包含三维速度、三维角速度及3个姿态角；列向量$\boldsymbol{u}$是飞行操纵变量，包含旋翼的总距、纵向和横向周期变距及尾桨桨距；$t$是时间变量。

$\boldsymbol{f}$代表直升机的运动与操纵输入及外界干扰之间的关系，是非线性函数。$\boldsymbol{f}$取决于直升机的几何特性、惯性特性和空气动力特性，而后者又涉及旋翼的挥舞运动、诱导速度、气动扭矩与转速等参数，它们需由相应的辅助方程来确定。只有将这些辅助方程与主控方程式(1-1)联立，才能确定直升机的飞行特性。

建立和分析直升机飞行动力学方程组，需要理论力学和空气动力学的知识基础。本书在涉及有关知识时，认为读者已经具有这方面的基础，直接引用而不再解释。

由飞行动力学方程组式(1-1)出发，可以进行以下不同内容的分析研究。

1. 稳定飞行的配平

$$\boldsymbol{f}(\boldsymbol{x}_e,\boldsymbol{u}_e)=0 \tag{1-2}$$

式中，$\boldsymbol{x}_e$、$\boldsymbol{u}_e$为直升机在稳定飞行中的参数值。对此方程的分析计算称为直升机的配平分析，由此得到直升机在给定稳定飞行状态的姿态角和操纵量。

2. 稳定性

$$\det\left[\lambda\boldsymbol{E}-\left(\frac{\partial\boldsymbol{f}}{\partial\boldsymbol{x}}\right)_e\right]=0 \tag{1-3}$$

式(1-3)表示直升机在某一稳定飞行中受扰后的运动。式中，$\boldsymbol{E}$为单位矩阵，第二项为稳定飞行中的气动导数。由上述方程可解出特征值$\lambda$，即可得知受扰运动的特性。还可以用根轨迹法研究直升机固有参数及飞行状态对$\lambda$的影响，即直升机稳定性随设计参数和飞行状态的变化。

3. 操纵响应

$$x(t) = x(0) + \int_0^t f[x(\tau), u(\tau), \tau] \mathrm{d}\tau \tag{1-4}$$

常用的分析方法是对直升机施加典型操纵输入，由式(1-4)求得响应的时间历程。从中可以分析直升机的操纵灵敏度、姿态敏捷性、响应的带宽和相位滞后以及轴间耦合等操纵性内涵。式(1-4)是非线性方程，一般用数值方法求解。有时为了得到短暂时间内的响应近似值，可将其线性化以简化求解。

此外，飞行动力学方程组还可以作为直升机飞行控制系统设计的基础。但是，有关飞行控制系统的设计已不是直升机飞行动力学的内容，而是属于控制理论与控制工程学科的领域。

直升机飞行动力学的任务是研究和改善直升机的平衡特性、稳定性和操纵性，为直升机设计或改型提供指导和依据，使直升机能够达到飞行品质规范的要求。随着直升机使用领域的拓展和使用要求的提高，对直升机飞行品质的要求不断提升，直升机飞行动力学因而成为一门发展很快的学科。

## 1.2 坐标系及特征角度

任意系统的运动方程都是针对某一特定的参考坐标系建立的。对于直升机来说，选用恰当的坐标系，可使运动方程的形式简单，便于分析和求解。本节介绍在建立直升机动力学方程中常用的几种坐标系，同时给出直升机的一些重要运动参数的定义。不同国家及不同学科所惯用的坐标系常有不同,易被混淆,应予以注意。图1-3示出了本书常用的坐标系。

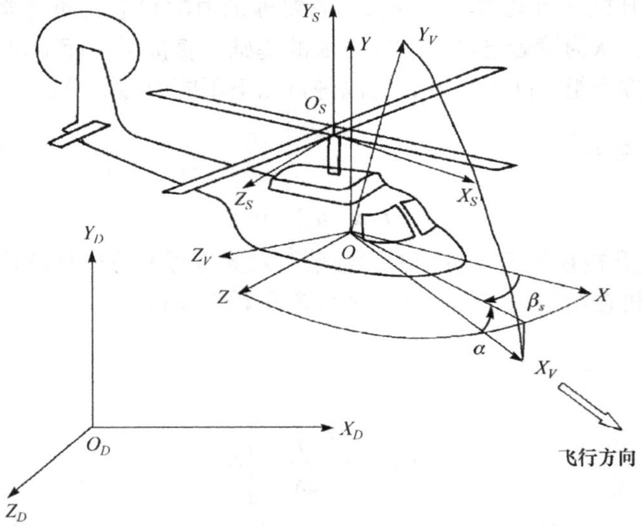


图1-3　常用的坐标系

### 1.2.1 地面坐标系

地面坐标系也称地轴系，即 $O_D X_D Y_D Z_D$，用于确定直升机的姿态和航向。

$O_D$：预选的地面某一点。

$X_D$：初始航向，与正北的偏角为航向角(北为0°，东为90°)。

$Y_D$：铅垂线，重力加速度$g$沿$Y_D$负向。

$Z_D$：按右手法则确定正方向(对于顶视为逆时针的旋翼，下同)，$X_DZ_D$为地平面。

有时为了便于描述角度或角速度，把地轴系平移到直升机上，即将$O_D$移至重心$O$处。

### 1.2.2 机体坐标系及姿态角

机体坐标系也称体轴系，即$OXYZ$，用于确定直升机在空中的姿态。

$O$：直升机重心。

$X$：纵轴，平行于机体构造基准线。与$X_DZ_D$的夹角为俯仰角$\vartheta$，抬头为正；与$X_DY_D$的夹角为偏航角$\psi$，向左偏转为正。

$Y$：立轴，垂直于$X$向上。$XY$为机体纵向对称面，该面与$Y_D$的夹角为侧倾角$\gamma$，向右侧倾为正。

$Z$：横轴，按右手法则定。

### 1.2.3 速度轴系及迎角和侧滑角

速度轴系也称风轴系，即$OX_VY_VZ_V$，用于计算直升机空气动力以及旋翼流场和旋翼吹风挥舞。

$O$：直升机重心。

$X_V$：沿飞行速度方向，气动阻力沿$X_V$负向。$X_V$与$X_DZ_D$的夹角为爬升角$\theta$(下滑时$\theta$为负)。与$XZ$的夹角为直升机迎角$\alpha$($X_V$在下方$\alpha$为正)。

$Y_V$：位于直升机对称面内且与飞行速度垂直。空气动力(升力)沿$Y_V$正方向，$X_VY_V$与$X$的夹角为侧滑角$\beta_s$(向右侧滑为正)。

$Z_V$：按右手法则定。

### 1.2.4 桨轴系

桨轴系$O_SX_SY_SZ_S$用于计算旋翼力和力矩及旋翼的操纵挥舞与随动挥舞。

$O_S$：旋翼桨毂中心。

$X_S$：在$XY$平面内，与$Z_S$构成桨盘平面$X_SZ_S$。

$Y_S$：旋翼轴，在$XY$平面内，向上，与$Y$的夹角为旋翼轴前倾角$\delta$。

$Z_S$：按右手法则定，$X_SZ_S$与$X_V$的夹角为旋翼迎角$\alpha_s$。

除了上述各坐标系，航迹坐标系也是飞行力学比较常用的坐标系，当假定大气平静时，航迹坐标系与速度轴系重合。

### 1.2.5 各坐标系之间的转换关系

从前面介绍的几种常用坐标系可以看出，直升机的运动参数和作用在直升机上的外力与力矩是在不同的坐标系下定义的，因此必须了解各坐标系之间的几何关系。这些关系可用坐标系之间的变换矩阵来描述。

1. 体轴系与地轴系之间的关系

图 1-4 给出了体轴系与地轴系之间的转换关系，首先把地轴系平移至直升机重心，将 $OX_DY_DZ_D$ 绕轴 $OY_D$ 转过偏航角 $\psi$，成为 $OX'Y_DZ'$，其转换矩阵为

$$\boldsymbol{T}_1=\begin{bmatrix}\cos\psi & 0 & -\sin\psi\\ 0 & 1 & 0\\ \sin\psi & 0 & \cos\psi\end{bmatrix}$$

然后绕轴 $OZ'$ 转过俯仰角 $\vartheta$，成为 $OXYZ'$，其转换矩阵为

$$\boldsymbol{T}_2=\begin{bmatrix}\cos\vartheta & \sin\vartheta & 0\\ -\sin\vartheta & \cos\vartheta & 0\\ 0 & 0 & 1\end{bmatrix}$$

再绕轴 $OX$ 转过侧倾角 $\gamma$，与体轴系 $OXYZ$ 重合，其转换矩阵为

$$\boldsymbol{T}_3=\begin{bmatrix}1 & 0 & 0\\ 0 & \cos\gamma & \sin\gamma\\ 0 & -\sin\gamma & \cos\gamma\end{bmatrix}$$

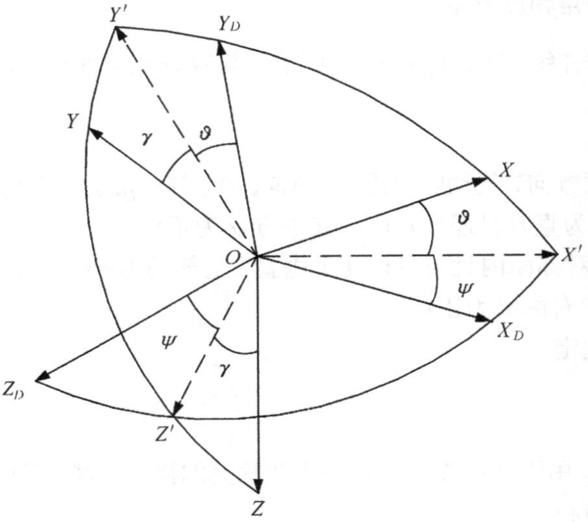


图 1-4　体轴系与地轴系之间的转换关系

利用上述旋转矩阵可得到地轴系到体轴系的变换矩阵为

$$\begin{aligned}\boldsymbol{T}_{DT}&=\boldsymbol{T}_3\cdot\boldsymbol{T}_2\cdot\boldsymbol{T}_1\\&=\begin{bmatrix}1 & 0 & 0\\ 0 & \cos\gamma & \sin\gamma\\ 0 & -\sin\gamma & \cos\gamma\end{bmatrix}\begin{bmatrix}\cos\vartheta & \sin\vartheta & 0\\ -\sin\vartheta & \cos\vartheta & 0\\ 0 & 0 & 1\end{bmatrix}\begin{bmatrix}\cos\psi & 0 & -\sin\psi\\ 0 & 1 & 0\\ \sin\psi & 0 & \cos\psi\end{bmatrix}\end{aligned}$$

这样，从地轴系到体轴系的坐标变换关系为

$$\begin{bmatrix}x\\ y\\ z\end{bmatrix}=\begin{bmatrix}\cos\vartheta\cos\psi & \sin\vartheta & -\cos\vartheta\sin\psi\\ -\cos\gamma\sin\vartheta\cos\psi+\sin\gamma\sin\psi & \cos\gamma\cos\vartheta & \cos\gamma\sin\vartheta\sin\psi+\sin\gamma\cos\psi\\ \sin\gamma\sin\vartheta\cos\psi+\cos\gamma\sin\psi & -\sin\gamma\cos\vartheta & -\sin\gamma\sin\vartheta\sin\psi+\cos\gamma\cos\psi\end{bmatrix}\begin{bmatrix}x_D\\ y_D\\ z_D\end{bmatrix}$$

注意，矩阵相乘的顺序与坐标变换的转动次序相反。以上坐标系的转换具有正交性，其变换矩阵可逆，且逆矩阵等于原矩阵的转置，这样体轴系与地轴系之间可相互转换。这一性质也适用于下面讨论的其他轴系之间的变换关系。

2. 风轴系与体轴系之间的关系

图 1-5 给出了风轴系与体轴系之间的转换关系，首先风轴系 $OX_VY_VZ_V$ 绕轴 $OY_V$ 转过 $\beta_s$ 角，成为 $OX'Y_VZ$，其转换矩阵为

$$\boldsymbol{T}_1=\begin{bmatrix}\cos\beta_s & 0 & -\sin\beta_s\\ 0 & 1 & 0\\ \sin\beta_s & 0 & \cos\beta_s\end{bmatrix}$$

再绕轴 $OZ$ 转过 $\alpha$ 角，与体轴系重合，其转换矩阵为

$$\boldsymbol{T}_2=\begin{bmatrix}\cos\alpha & \sin\alpha & 0\\ -\sin\alpha & \cos\alpha & 0\\ 0 & 0 & 1\end{bmatrix}$$

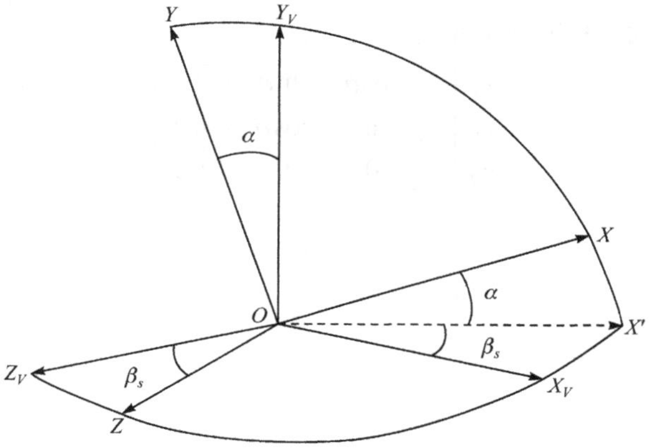

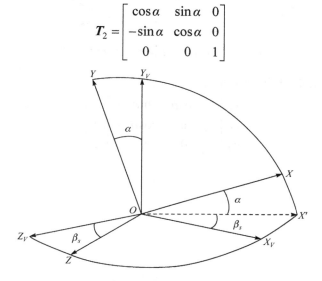

图 1-5 风轴系与体轴系之间的转换关系

这样，风轴系到体轴系的变换矩阵为

$$\boldsymbol{T}_{VT}=\boldsymbol{T}_2\cdot\boldsymbol{T}_1$$

风轴系到体轴系的坐标变换关系为

$$\begin{bmatrix}x\\ y\\ z\end{bmatrix}=\begin{bmatrix}\cos\alpha\cos\beta_s & \sin\alpha & -\cos\alpha\sin\beta_s\\ -\sin\alpha\cos\beta_s & \cos\alpha & \sin\alpha\sin\beta_s\\ \sin\beta_s & 0 & \cos\beta_s\end{bmatrix}\begin{bmatrix}x_V\\ y_V\\ z_V\end{bmatrix}$$

3. 桨轴系与体轴系之间的相互关系

图 1-6 给出了桨轴系与体轴系之间的转换关系，只要绕轴 $OZ$ 转过 $\delta$ 角即可实现从体轴系到桨轴系的转换，这样由体轴系到桨轴系的变换矩阵为

$$\boldsymbol{T}_{TS} = \begin{bmatrix} \cos\delta & \sin\delta & 0 \\ -\sin\delta & \cos\delta & 0 \\ 0 & 0 & 1 \end{bmatrix}$$

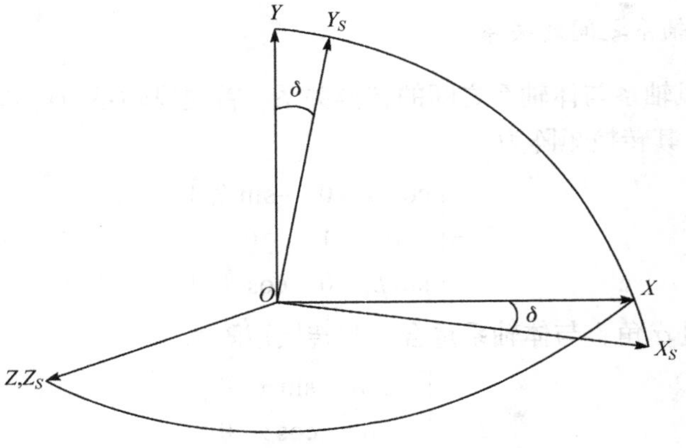

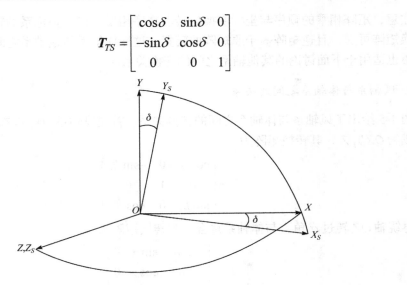

图 1-6　桨轴系与体轴系之间的转换关系

体轴系到桨轴系的坐标变换关系为

$$\begin{bmatrix} x_S \\ y_S \\ z_S \end{bmatrix} = \begin{bmatrix} \cos\delta & \sin\delta & 0 \\ -\sin\delta & \cos\delta & 0 \\ 0 & 0 & 1 \end{bmatrix} \begin{bmatrix} x \\ y \\ z \end{bmatrix}$$

# 第 2 章　直升机的飞行操纵

直升机在飞行中受到许多外力的综合作用。当全部外力和力矩彼此平衡时，直升机处于配平的稳定飞行状态。驾驶员为了实现直升机的配平，或者为了改变飞行状态，就使用座舱操纵机构来改变直升机操纵面上的空气动力，即实施飞行操纵。

本章首先讨论直升机上的外力，并指出其中可由驾驶员控制的操纵力。然后讨论直升机的操纵方式和操纵机构，为后面的研究做好准备。

## 2.1　直升机上的外力

作用在直升机上的外力有空气动力和重力；当直升机有加速度或角加速度时，还有惯性力。其中质量力(重力 $G$ 和惯性力)的合力作用在直升机的重心，空气动力则作用于各个气动面上。本节以单旋翼带尾桨式直升机为例，说明直升机上的外力及其作用。

### 2.1.1　重力在体轴系中的分解

为便于分析计算，取重力在体轴系的三个坐标轴上的投影，列于直升机动力学方程中。参看图 2-1，重力的三分量可写为

$$
\begin{cases}
X_G = -G\sin\vartheta \\
Y_G = -G\cos\vartheta\cos\gamma \\
Z_G = G\sin\gamma\cos\vartheta
\end{cases}
$$

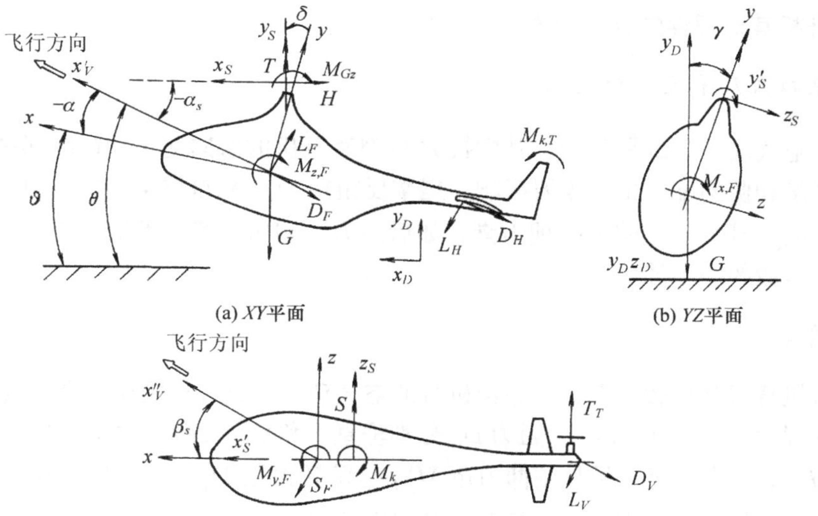

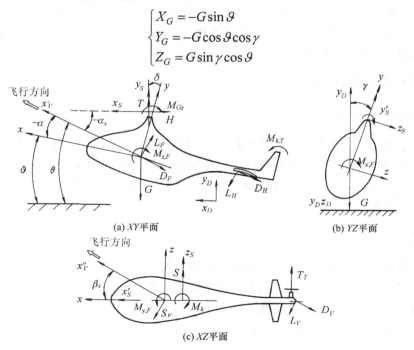

(a) XY平面　(b) YZ平面　(c) XZ平面

图 2-1　直升机上的外力

### 2.1.2　旋翼力

在直升机飞行动力学中，把旋翼桨叶和桨毂上的空气动力及离心力合成为桨心六力素，在桨轴系中予以定义，如图 2-2 所示。桨叶的重力较小，一般略去不计。

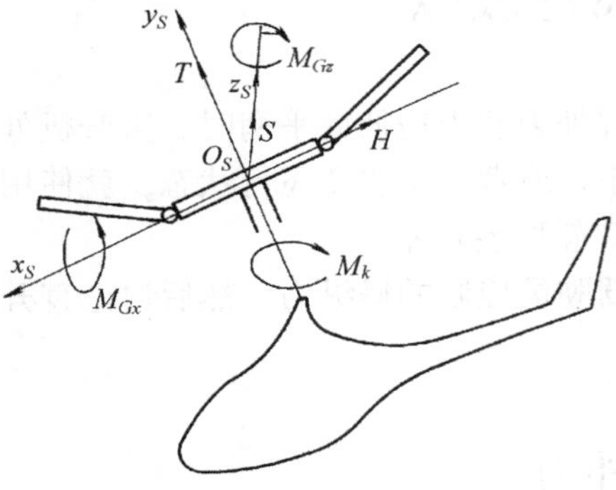


图 2-2　旋翼的桨心六力素

(1) 拉力 $T$，沿 $y_S$ 正向，即沿旋翼旋转轴向上为正，是各片桨叶的升力在 $y_S$ 轴上投影的合成。拉力 $T$ 对直升机的升降操纵和铅垂方向的配平起决定性作用，对纵横向配平姿态也有重要影响。

(2) 后向力 $H$，沿 $x_S$ 负向，即在桨毂旋转面内指向直升机的正后方。$H$ 来自桨尖平面的后倒、前行桨叶与后行桨叶的翼型阻力之差，以及旋翼纵向挥舞与旋翼入流相结合所造成的剖面升力倾斜。$H$ 对直升机前后方向的飞行操纵起决定性作用，对俯仰操纵和配平姿态也有重要影响。

(3) 侧向力 $S$，沿 $z_S$ 正向，即在桨毂旋转面内指向 $\psi = 90°$ 方向。$S$ 来自桨尖平面的侧倾以及旋翼横向挥舞与旋翼入流相结合所造成的剖面升力倾斜。$S$ 对滚转和侧移操纵起决定性作用，对侧倾配平姿态有重要影响。

(4) 反扭矩 $M_k$，绕 $y_S$ 轴，与旋翼旋转方向相反，由旋翼的旋转阻力(包括型阻和诱导阻力)形成。反扭矩 $M_k$ 力图使直升机相对于旋翼反方向旋转，须由尾桨拉力对重心的力矩与之平衡才能保持直升机的方向。当二者不平衡时，直升机改变方向。

(5) 桨毂力矩 $M_G$，对于挥舞铰不在旋转中心的旋翼，桨叶离心力引起的与挥舞角有关的力矩，与挥舞铰偏置量 $e$ 成正比。通常把 $M_G$ 在桨轴系内分解为绕 $x_S$ 轴的 $M_{Gx}$ 和绕 $z_S$ 轴的 $M_{Gz}$ 两个分量，$M_{Gz}$ 正比于旋翼挥舞后倒角 $a_{1s}$，是俯仰力矩；$M_{Gx}$ 正比于旋翼挥舞侧倒角 $b_{1s}$，是滚转力矩。桨毂力矩对于直升机的配平姿态和俯仰及滚转操纵功效有重要作用。

### 2.1.3　直升机其他部件的空气动力

1. 尾桨拉力 $T_T$ 和反扭矩 $M_{k,T}$

尾桨的空气动力与旋翼类似，其中拉力 $T_T$ 对直升机的航向配平和操纵起决定性作用，对于侧倾姿态和侧向配平也有重要影响。尾桨反扭矩 $M_{k,T}$ 来自尾桨的旋转阻力，构成直升机俯仰力矩的一部分。尾桨的其他力素，如后向力、侧向力等，因量值小，对直升机配平影响不大，一般忽略不计。

2. 机身空气动力

直升机机身形状比较复杂，一般把机身的空气动力合成为作用于直升机重心(即体轴系的原点)的六力素，其中升力 $L_F$、阻力 $D_F$ 分别垂直于和平行于相对气流方向，侧向力 $S_F$ 垂直于 $L_F$ 及 $D_F$，3 个力矩分量是俯仰力矩 $M_{z,F}$、滚转力矩 $M_{x,F}$ 和偏航力矩 $M_{y,F}$。机身的空气动力是不可操纵的，但对直升机配平和稳定性有影响。

### 3. 平尾升力 $L_H$ 和阻力 $D_H$

平尾升力 $L_H$ 垂直于平尾处的相对来流，阻力 $D_H$ 平行于相对来流。平尾自身的力矩很小，一般忽略不计。平尾升力 $L_H$ 对直升机的配平俯仰姿态和俯仰稳定性起重要作用。在低速飞行时，旋翼尾流会吹到平尾上，对 $L_H$ 的影响颇大。有的直升机的平尾安装角是可操纵的，以满足不同飞行速度的配平要求。

### 4. 垂尾升力 $L_V$ 和阻力 $D_V$

垂尾升力 $L_V$ 是直升机的侧向力，对航向配平和航向稳定性起重要作用。有些直升机的垂尾升力在前飞状态较大，借以使尾桨卸载，以节省功率并改善尾桨工作条件。有时把垂尾作为机身的一部分，其空气动力方程不单独列出。

# 2.2　直升机的操纵方式

## 2.2.1　单旋翼带尾桨式直升机的操纵方式

在 2.1 节列举的直升机所受的外力中，只有 4 个力是驾驶员可以控制的，它们是旋翼的拉力 $T$ 、后向力 $H$ 、侧向力 $S$ 以及尾桨拉力 $T_T$ 。对于挥舞铰偏置的旋翼，在改变 $H$ 和 $S$ 的同时，也改变了桨毂力矩 $M_{Gx}$ 和 $M_{Gz}$ 。

驾驶员还有另外一个可用的操纵，即对发动机工作状态的控制。通过改变发动机的供油量，驾驶员可以改变发动机的输出功率，来控制旋翼的转速。

直升机在空中飞行时具有 6 个自由度。驾驶员并不能对这 6 个自由度全部实施单独的或彼此完全独立的控制。但是，利用上述 4 个飞行操纵与发动机控制的适当配合，驾驶员可以操纵直升机实现所需要的任何飞行状态。表 2-1 列出了单旋翼带尾桨式直升机的操纵方式。

由表 2-1 可以看出，旋翼是直升机最主要的操纵面，纵向、横向和垂直方向的操纵力都由旋翼提供。同时，旋翼又是直升机的主升力面，产生使直升机飞行的最重要的空气动力。这种特点说明了旋翼在直升机上的重要地位，又预示了一种不良特征——操纵耦合。例如，垂直方向的操纵本是改变旋翼的拉力，实现直升机升降的运动，然而拉力的改变会同时造成直升机俯仰力矩的变化，引起了纵向运动。这种情况在 1.1 节中已经讨论过。

**表 2-1　单旋翼带尾桨式直升机的操纵方式**

| 自由度 | 直升机运动 | 座舱操纵机构 | 气动操纵面 | 操纵力 |
|---|---|---|---|---|
| 垂直方向 | 升降 | 总距杆 | 旋翼 | $T$ |
| 纵向 | 俯仰、进退 | 驾驶杆(纵向) | 旋翼 | $H$、$M_{Gz}$ |
| 横向 | 滚转、侧移 | 驾驶杆(横向) | 旋翼 | $S$、$M_{Gx}$ |
| 航向 | 转向 | 脚蹬 | 尾桨 | $T_T$ |

与固定翼飞机相比，直升机的操纵特性明显不同。常规固定翼飞机各运动轴的操纵

面(因而操纵力)彼此独立，升降舵提供俯仰力矩，方向舵产生偏航力矩，副翼差动使飞机滚转，螺旋桨拉力或喷气推力使飞机前进，它们各司其职、互不干扰，而且飞机的主升力面——机翼不参与操纵。这些优点使固定翼飞机的操纵特性远优于直升机。

### 2.2.2　双旋翼直升机的操纵方式

双旋翼直升机没有尾桨，全部飞行操纵皆由旋翼执行。每一副旋翼都有一套自动倾斜器，都可以进行周期变距，以改变每一副旋翼的拉力大小和倾斜方向。利用两副旋翼拉力变化的组合，实现直升机的飞行操纵。表 2-2 示出了 3 种形式的双旋翼直升机的操纵方式，并有单旋翼带尾桨式直升机作为参照。

### 2.2.3　倾转旋翼式飞行器的操纵方式

倾转旋翼式直升机(如 V-22)在悬停和低速飞行阶段的操纵方式与横列式直升机类似，在飞机模式的快速飞行阶段，操纵方式与固定翼飞机相同，如图 2-3 所示。

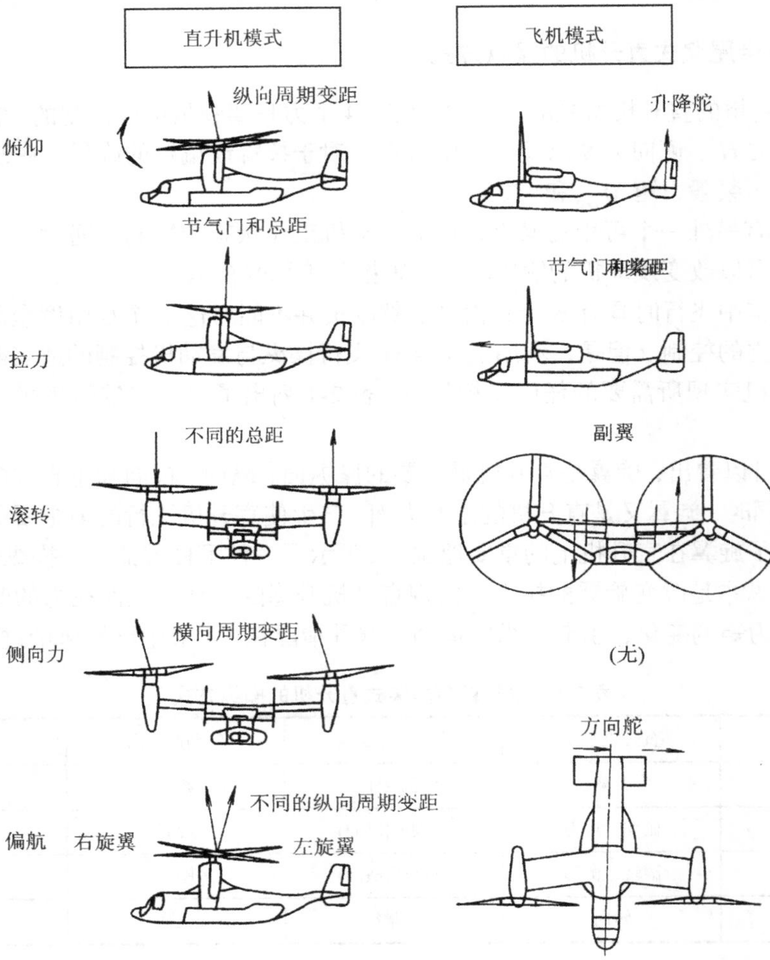


图 2-3　V-22 在直升机模式和飞机模式的操纵图

**表 2-2　双旋翼直升机操纵方式**

| 操纵 | 布局形式 | | | |
|---|---|---|---|---|
| | 单旋翼带尾桨式 | 纵列式 | 共轴式 | 横列式 |
| 垂直方向 | 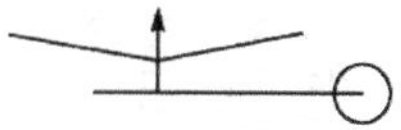<br>总距 | 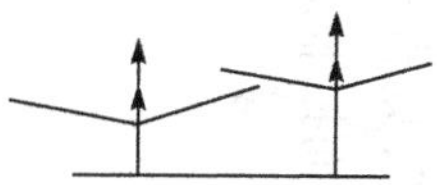<br>总距 | 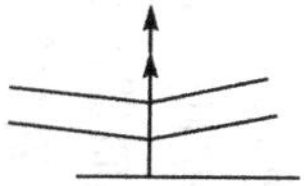<br>总距 | 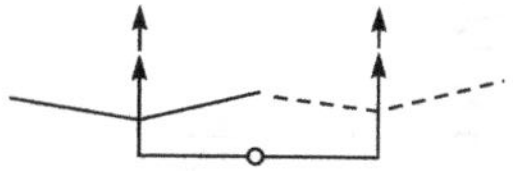<br>总距 |
| 纵向 | 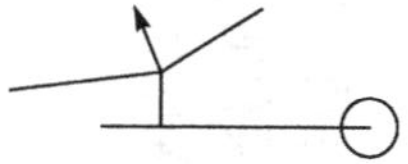<br>周期变距 | 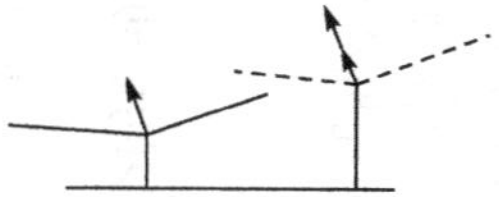<br>F、R 不同的总距和周期变距 | 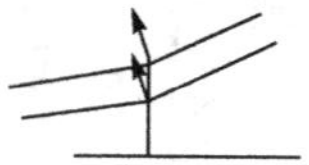<br>周期变距 | 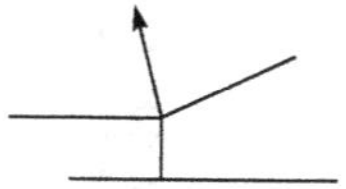<br>周期变距 |
| 横向 | 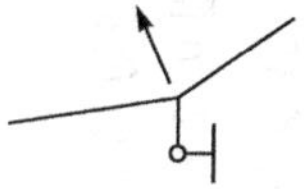<br>周期变距 | 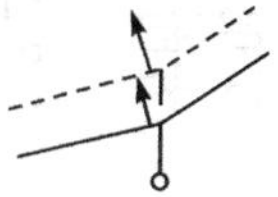<br>周期变距 | 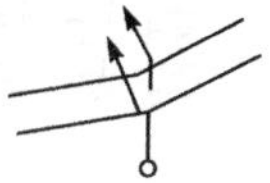<br>周期变距 | 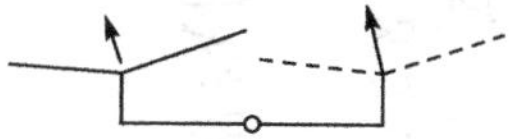<br>L、RI 不同的总距和周期变距 |
| 航向 | 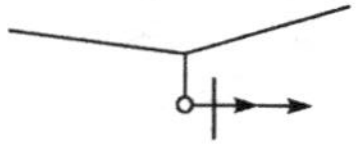<br>TR 总距 | 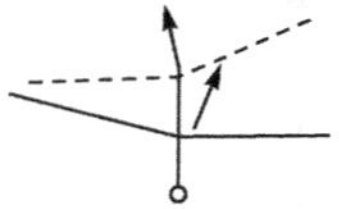<br>F、R 不同的周期变距 | 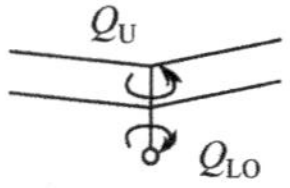<br>$Q_U \neq Q_{LO}$ | 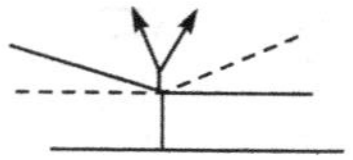<br>L、RI 不同的周期变距 |
| 旋翼扭矩平衡 | 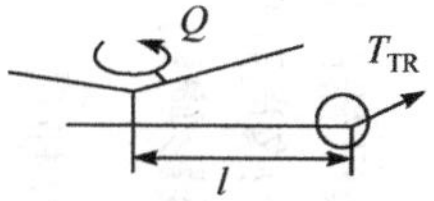<br>$Q=lT_{TR}$ | 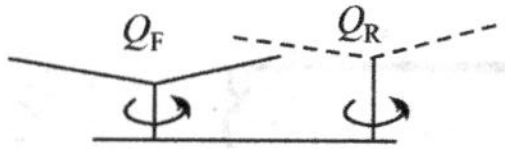<br>$Q_F=Q_R$ | 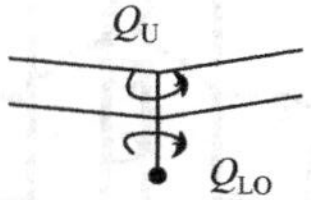<br>$Q_U=Q_{LO}$ | 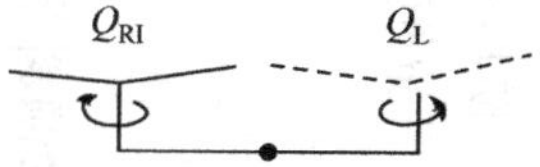<br>$Q_{RI}=Q_L$ |

注：TR—尾桨；F—前；R—后；L—左；RI—右；LO—下；U—上；$T$—拉力；$Q$—扭矩。

转换过程中，飞行器的构形和空气动力变化很大，而且发动机吊舱倾转时有较强的俯仰耦合。这一阶段的飞行操纵依靠自动控制，包括自动襟翼、转速及吊舱倾角的自动调整，以及俯仰与吊舱倾转速率的补偿等措施来实现。

## 2.3　直升机的操纵机构及其力学特性

### 2.3.1　自动倾斜器

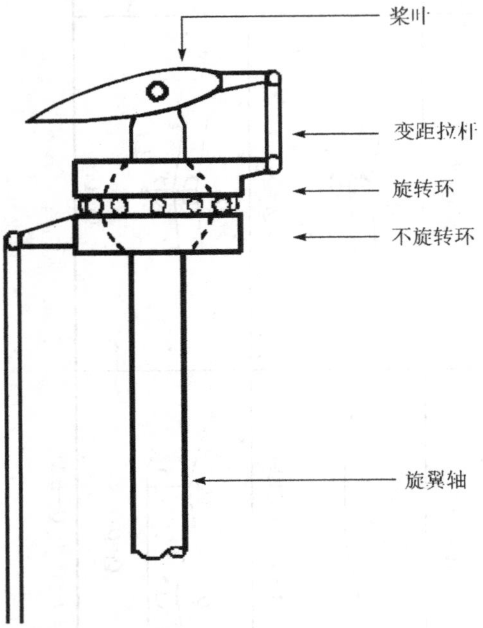


图 2-4　自动倾斜器的工作原理示意图

旋翼是直升机最重要的操纵面。驾驶员使用操纵机构控制旋翼拉力的大小和方向，实现对直升机的主要飞行操纵。

当代绝大多数直升机采用自动倾斜器(又称斜盘)来改变旋翼桨叶的桨距。自动倾斜器的工作原理见图 2-4。自动倾斜器的旋转环与桨叶同步旋转，并有变距拉杆分别与每片桨叶相连。不旋转环与驾驶杆及总距杆相连，并带动旋转环一同倾转或沿旋翼轴上下滑动。驾驶员操纵总距杆使自动倾斜器整体上下移动，即同时同等地改变各片桨叶的桨距，以控制旋翼拉力的大小；驾驶员向任何方向偏转驾驶杆，则带动不旋转环倾斜，实现桨叶的周期变距，从而控制旋翼拉力的倾斜方向。

### 2.3.2　典型的操纵系统

图 2-5 为当代直升机普遍采用的操纵系统，上部为典型的机械液压操纵系统示意图，下部是操纵系统框图。

### 2.3.3　操纵系统的力学特性

座舱操纵器的运动范围和载荷应当适合驾驶员的生理特性，也就是说，驾驶员在驾驶杆和脚蹬上感觉到的力学特性，要便于驾驶员精确而顺利地实施操纵动作。操纵系统的力学特性直接影响到驾驶员的操纵精度和驾驶负荷。主要的力学特性包括以下 4 个方面。

1. 杆力梯度

旋翼的变距力矩传到驾驶杆上，往往过大或引起抖振，不满足驾驶员的要求。除简单的小型直升机外，一般采用无回力操纵系统，即利用液压或电动机构驱动旋翼变距，旋翼上的操纵力不传到驾驶杆上，另行安装专门的杆力及配平机构，为驾驶员提供适宜的力感。

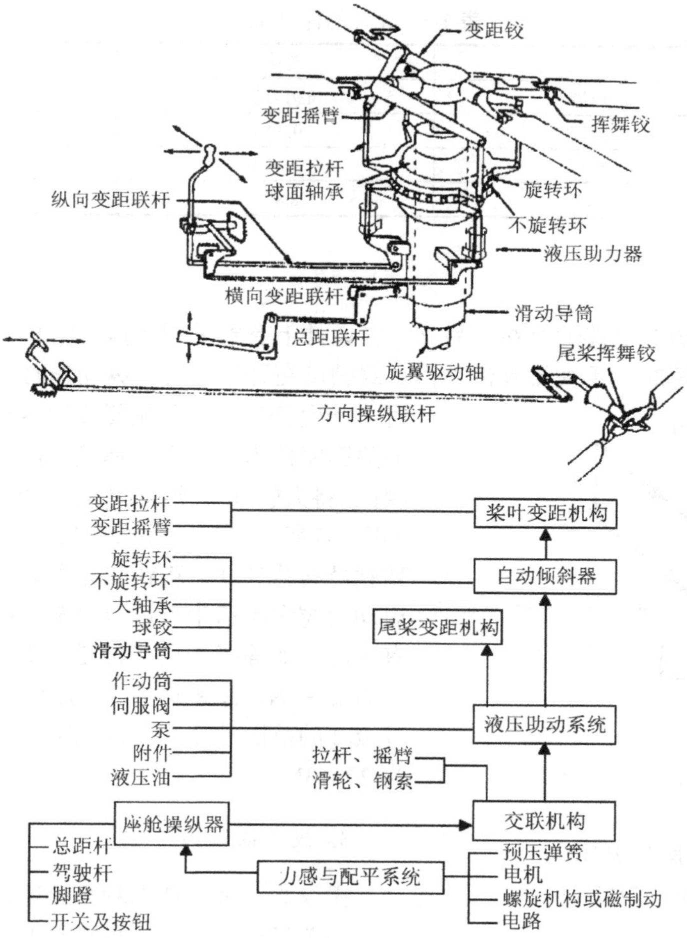


图 2-5　典型的直升机操纵系统

操纵杆上的力应使驾驶员能够判断杆的位移量，对已使用的操纵量心中有数，并易找到零位。杆力-杆位移曲线应单调，尽可能做到连续、线性且基本对称于零位，如图 2-6 所示。杆力梯度要大小适当，适于精确操纵。表 2-3 列出了我国《军用直升机飞行品质规范》(GJB 902B—2017)(简称品质规范)对杆力梯度的规定值。

长时间飞行中如果杆力总是存在，则驾驶员会疲劳，且不能松手做其他动作，所以操纵系统中应有杆力配平调节系统，俗称调节片，它能消除杆力并能直接驱动驾驶杆或舵。杆力配平调节系统的开关应在杆上由手指控制，杆的移动对开关的时滞要小(一般应小于 0.3s)，时滞过大易引起驾驶员操纵超调。

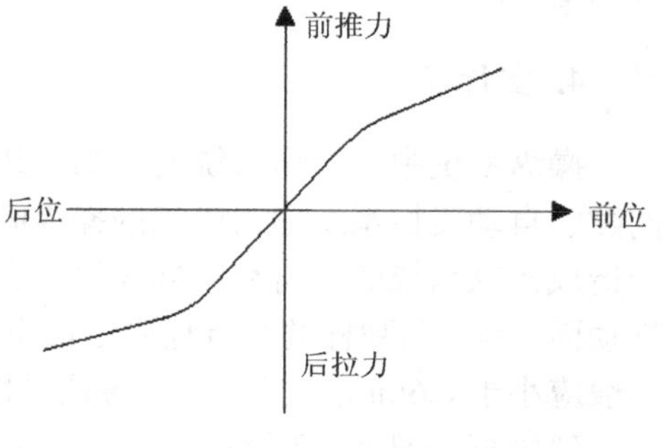


图 2-6　良好的杆力-杆位移特性

**表 2-3　允许的杆力梯度**　(单位：N/cm)

| 座舱操纵 | 等级 1 | 等级 2 | 等级 3 |
|---|---|---|---|
| | 最小/最大 | 最小/最大 | 最大 |
| 纵向 | 0.9/5.3 | 0.9/8.8 | 14.0 |
| 横向 | 0.9/3.5 | 0.9/7.0 | 10.5 |
| 航向 | 8.8/17.5 | 8.8/35 | 36.8 |

2. 启动力

操纵系统难免有摩擦力存在，另外，在设计上有意采用摩擦以防止杆位自动滑动，以便容许驾驶员可短时放手去做其他动作。驾驶员在开始进行操纵动作时，杆力大于摩擦力时才产生杆位移，即先要施加启动力。此外，为了消除因摩擦力大于力感弹簧作用时形成的无杆力梯度区，将力感弹簧预压，从而启动力会大于摩擦力，如图 2-7 所示。启动力过大则在做往复操纵时不利，驾驶员会感到杆力跳跃和方向突变，难以精确动作。启动力应大小适中且可以调节。品质规范对启动力有规定，如等级 1 的指标是：驾驶杆纵横向的启动力为 2～7N，总距杆为 4～13N，脚蹬为 9～31N；等级 2 的范围放宽些，如总距杆为 4～27N，驾驶杆为 2～13N。

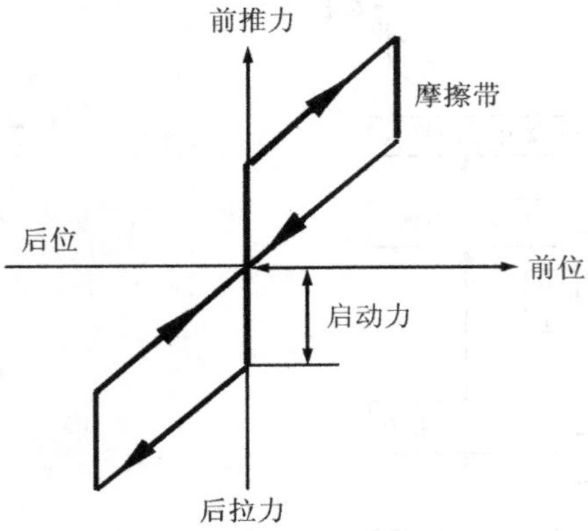


图 2-7　有摩擦力与启动力的杆力-杆位移特性

3. 极限操纵力

操纵力过大会使驾驶员疲劳且难以精确操纵。品质规范规定了正常飞行状态下 3 种品质等级的极限操纵力。例如，对于等级 1，在悬停和低速飞行段，纵向、横向、航向、总距的操纵力分别不得超过 44N、31N、133N、45N；前飞段不得超过 133N、67N、334N、45N。对于等级 2 和等级 3，除总距的要求仍然是 45N 外，其他均增大。

4. 空行程

操纵系统中，液压系统的摩擦、线系中的间隙、自动飞控系统输入引起的操纵间断等，会造成操纵系统的空行程，即操纵杆有位移而气动面未动。驾驶杆的空行程应尽量小(把手处一般应小于 0.6mm)，过大则损害操纵性。

驾驶杆的杆力-杆位移特性的一般情况如图 2-8 所示。相对于某一配平点，往返操纵会受空行程及启动力的影响。

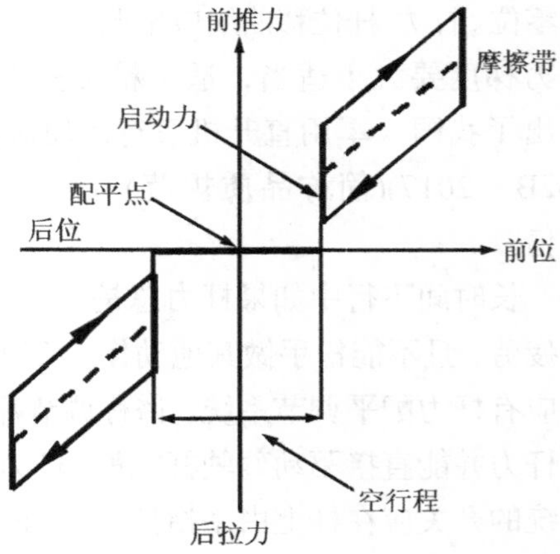


图 2-8　驾驶杆的杆力-杆位移特性

### 2.3.4　旋翼的其他操纵方式

绝大多数直升机采用自动倾斜器使旋翼改变总距和周期变距，以此来操纵直升机飞行。但是还有其他的操纵方式也在实际应用，下面介绍技术上比较成熟的 3 种。

早期的小型直升机采取由驾驶员直接扳转旋翼轴的操纵方式。这种方法结构简单，可靠性好，但操纵力较大且不易精确控制。图 2-9 为采用直扳式操纵的 XROE-1 单人直升机照片。目前仍有小型直升机和自转旋翼机(gyroplane)采用这种机构。

另一种应用于轻小型直升机的操纵机构是希勒(Hiller)伺服小翼，如图 2-10 所示。驾驶杆并不直接操纵旋翼变距，而是连接到操纵伺服小翼，小翼升力变化引起的挥舞位移带动旋翼的桨叶变距。

用此操纵系统的优点在于：①操纵力小，操纵系统载荷小；②伺服小翼的旋转惯性增大了旋翼气动阻尼，使直升机稳定性好，甚至可松杆悬停，这对于不稳定且振荡周期短的小型直升机尤为可贵。目前，这种形式广泛应用于遥控的航空模型直升机。

图 2-9　采用直扳式操纵的 XROE-1 单人直升机

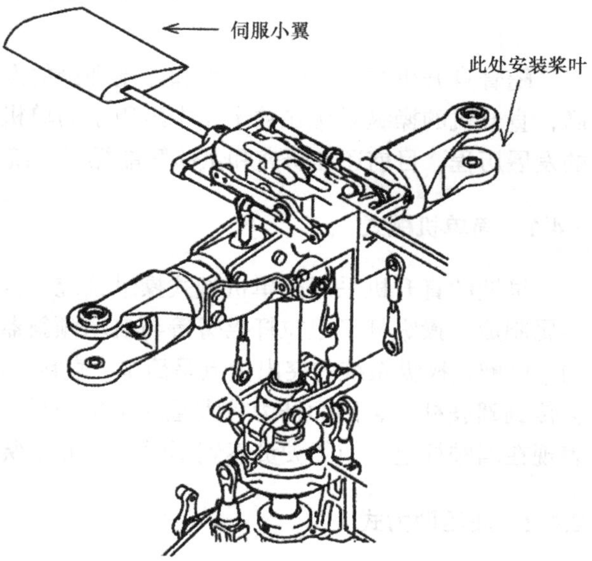


图 2-10　伺服小翼的挥舞带动旋翼变距

美国卡曼(Kaman)公司的直升机采用伺服襟翼来操纵旋翼。在旋翼的每片桨叶上有一片小伺服襟翼，见图 2-11。驾驶员操纵小伺服襟翼的偏转角度以改变其空气动力，襟翼的升力变化驱使桨叶扭转，从而改变桨叶的升力和挥舞，实现对直升机的操纵。这种桨叶在扭转方向的支撑刚度或自身抗扭刚度较低，以扭转来达到变距的效果。如果伺服襟翼的偏转改为电动，而不是与驾驶杆机械连接，会更为简单、精确。

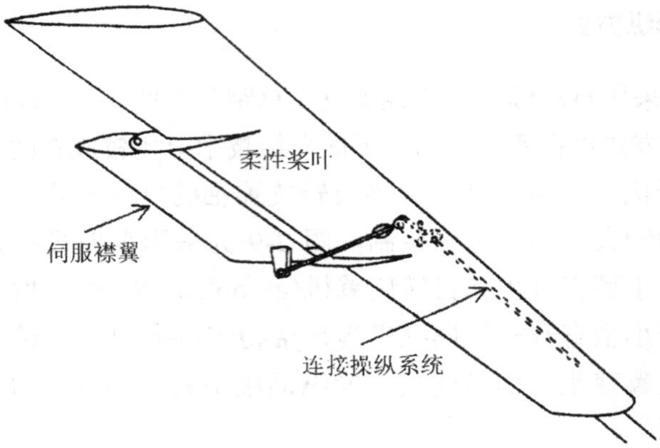


图 2-11　伺服襟翼的升力变化驱动桨叶扭转

# 2.4　直升机操纵系统的发展

随着直升机技术、电子技术和控制理论的发展，以及对直升机飞行品质要求的不断提高，直升机的操纵系统在数十年中经历了简单机械式、液压助力式、电传操纵和光传操纵的发展历程，目前还在研究和试验智能操纵系统。

## 2.4.1　简单机械式

早期的直升机采用简单机械式操纵系统，许多小型直升机至今还在采用。这种系统由金属制成，操纵杆经过拉杆摇臂等与自动倾斜器相连。在尾桨操纵中也有利用钢索、滑轮的。机械式操纵系统的突出优点是简单、直接、可靠(故障少)，其缺点是旋翼桨叶的变距力会传到驾驶杆上，因而杆力较大且易发生杆抖。此外，操纵线系中累积的间隙、摩擦都会表现在驾驶杆上，使驾驶员感到不悦，损害操纵品质。

## 2.4.2　液压助力式

当代大多数直升机采用液压助力式操纵系统，其构成见图 2-5。实际上，这是把液压助力系统增加到机械式操纵系统中。驾驶杆并不直接操纵自动倾斜器或尾桨，而是控制液压作动筒的伺服阀，由作动筒驱动自动倾斜器运动。

液压助力式操纵系统的优点是操纵力大、无回力，驾驶杆力可以按照理想规律由力感与配平系统提供。此外，还可以增装电子增控增稳系统(SCAS)，将其信号接入伺服阀，以改善直升机的操稳特性。

液压助力式操纵系统的缺点是复杂、质量大，而且液压系统易出故障，为确保安全，必须设置双套液压系统并具有切断或泄油旁路。

## 2.4.3　电传操纵

目前最先进的几种直升机已采用电传操纵系统，其原理见图 2-12。

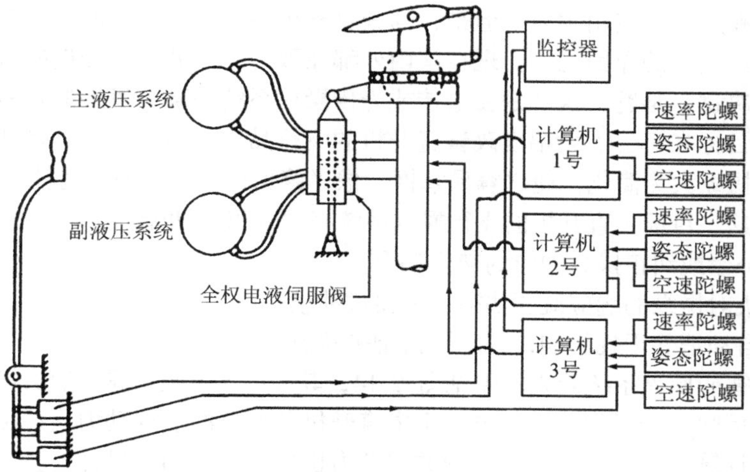


图 2-12　三余度电传操纵系统原理图

电传操纵系统不使用拉杆摇臂等机械连接，而是由驾驶杆经多余度电路向计算机输入操纵指令，计算机控制电的或液压的作动器来驱动自动倾斜器使旋翼变距。

电传操纵系统具有下述突出的优点。

(1) 依靠计算机软件可以有效地保证直升机具有良好的稳定性和操纵响应，使直升机达到满意的飞行品质。

(2) 全系统尺寸小、质量轻、便于安装。

(3) 容易实现多余度及具有故障自应变能力，使直升机的生存力大为改善。

电传操纵系统的缺点是易受电磁脉冲(如雷电)静电感应的影响，使可靠性受损。一般认为，电子系统不及机械系统结实耐用，因而电传操纵系统必须是多余度的。

### 2.4.4　光传操纵

为了弥补电传操纵易受电磁干扰的缺陷，一种新的光传操纵系统正在研究中，其基本特点是采用光缆传输编码光脉冲信号。这种操纵系统尚处于试验研究阶段，暂未获得实用。

### 2.4.5　侧杆操纵器

图 2-13　侧杆操纵器

对于电传操纵或光传操纵，系统中所传输的仅是驾驶员和计算机的指令信号，而不是驾驶员的操纵力和操纵位移，因而不需要大尺寸、高强度的杆系。于是产生了一种小巧的座舱操纵器来取代常规的驾驶杆舵，称为侧杆操纵器，如图 2-13 所示。侧杆操纵器安置在驾驶员的右侧，以单手在手柄上施加不同方向的力信号作为操纵指令。采用侧杆操纵器有两个方面的好处：一方面解放出驾驶员一手两脚，可用于执行其他任务；另一方面可减小驾驶舱空间和机头尺寸，这一优点对军用直升机尤其重要。

直升机具有广阔的应用领域。但是，驾驶直升机飞行却是复杂而困难的事，这是阻碍直升机获得广泛应用的原因之一。现在国内外都在致力于发展一种先进的直升机飞行操纵系统，以求解决这一难题，这就是在电传或光传操纵系统基础上发展的智能操纵系统。智能操纵系统的目标在于：①大幅度改善直升机的飞行品质，使之完全满足任务需要；②使直升机的飞行操纵大为简化，使之容易掌握，像“傻瓜机”那样便于驾驶。

为了实现这一目标，直升机的飞行操纵系统必须有以下功能。

(1) 自动补偿或纠正操纵响应的交叉耦合。

(2) 直升机对操纵的响应既要快捷，又要过冲很小。

(3) 随时自动消除干扰影响，自动保持配平状态。

直升机的智能操纵系统的方框图见图 2-14，其中的技术关键是：直升机的飞行动力学方程组要正确反映直升机的特性，方程组中直升机各部分的空气动力，包括相互干扰和非定常部分都要计算准确；全机及各部分的惯性力也要计算准确。另外，直升机的控制律必须设计正确，而直升机在悬停及低速飞行、高速飞行和地面滑行各阶段的控制律是不相同的，必须分段设计并能在各阶段之间平滑转换。

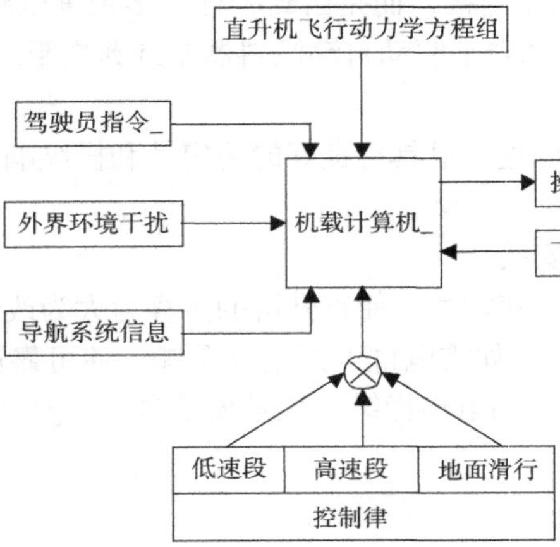

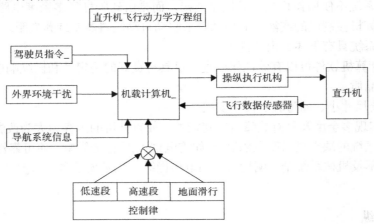


图 2-14　直升机智能操纵系统方框图

这样的智能操纵系统正在研究和试验中，将来成功地应用于直升机的飞行控制时，会有利于直升机的普及应用。

# 第 3 章　旋翼的挥舞

旋翼是直升机的升力面，产生使直升机升空的升力；又是直升机的操纵面，提供使直升机升降、俯仰和滚转的操纵力和力矩；还是直升机的推进器，拉动直升机向任何方向飞行。

旋翼承担上述 3 种任务，必须解决两个难题：①旋翼的空气动力合力必须能够向前后左右倾斜，从而得到在水平面内任何方向的分力；②旋翼的桨叶一面旋转一面与直升机机体一起前进，这两种运动的合成，使桨叶的相对气流速度在旋转平面中左右两侧不对称。但是，旋翼的空气动力合力必须稳定在旋翼中心，不能因气流不对称而产生直升机的倾翻力矩。

解决这两个问题的方法是把桨叶与旋翼轴铰接，容许桨叶在旋转中自由地上下挥舞。挥舞化解了气流左右不对称对升力的影响，而且桨尖轨迹平面随着飞行状态和操纵输入而倾斜，从而改变施加到旋翼轴上的力和力矩。

无铰旋翼虽然没有挥舞铰，但桨叶根部的柔性件起着铰的作用，桨叶仍然有挥舞运动。

旋翼的挥舞对直升机的稳定性、操纵性和配平起着关键作用，是直升机操稳分析的主要特点和难点，也是区别于固定翼飞机操稳分析的主要根源。了解旋翼的挥舞，是研究直升机操纵性和稳定性的前提与基础。

## 3.1　桨叶的挥舞运动方程

### 3.1.1　桨叶挥舞运动方程的建立

为了便于理解和掌握，对旋翼的挥舞分析由简到繁进行，从中心铰式的刚性桨叶入手，首先看稳定飞行的情况。图 3-1 示出桨叶微段 $\Delta r$ 上在挥舞平面内的外力，包括升力 $\Delta T$ 、离心力 $\Delta C$ 和重力 $\Delta G$ 。如果计入挥舞惯性力 $\Delta F$ ，则认为桨叶对挥舞铰的力矩始终保持平衡。

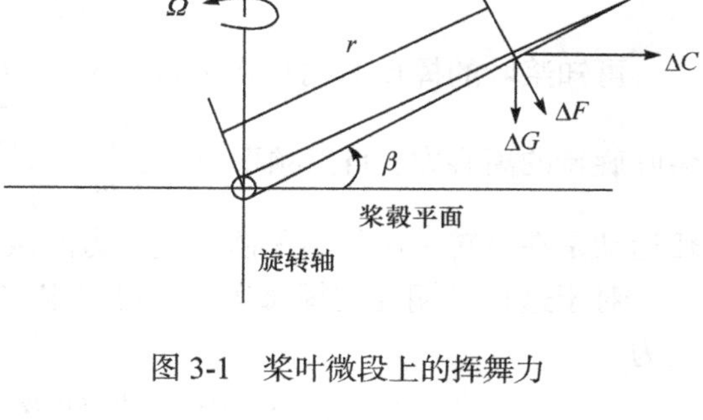

图 3-1　桨叶微段上的挥舞力

取向上挥起的角度 $\beta$ 和力矩为正，则 $\Delta G = mg\Delta r$ ，$m$ 是桨叶单位长度的质量。$\Delta G$ 绕挥舞铰的力矩为

$$\Delta M_G = -r\Delta G$$

整片桨叶重力绕挥舞铰的力矩为

$$M_g = \int_0^R \Delta M_G = -M_s g$$

式中，$M_s$ 是桨叶对挥舞铰的质量静矩

$$M_s = \int_0^R mr\mathrm{d}r$$

$\Delta C$ 及绕挥舞铰的力矩分别为

$$\Delta C = m\Delta r \cdot r\Omega^2$$

$$\Delta M_C = -\Delta C \cdot r\sin\beta \approx -\Delta Cr\beta$$

整片桨叶离心力绕挥舞铰的力矩为

$$M_C = \int_0^R \Delta M_C = -I_b\Omega^2\beta$$

式中，$I_b$ 是桨叶绕挥舞铰的惯量

$$I_b = \int_0^R mr^2\mathrm{d}r$$

$\Delta F$ 及绕挥舞铰的力矩分别为

$$\Delta F = m\Delta r \cdot r\ddot{\beta}$$

$$\Delta M_F = -\Delta F \cdot r$$

整片桨叶惯性力绕挥舞铰的力矩为

$$M_F = \int_0^R \Delta M_F = -I_b\ddot{\beta}$$

升力 $\Delta T$ 的表达式留待下面讨论，这里先写出它的力矩

$$\Delta M_T = \Delta T \cdot r$$

$$M_T = \int_0^R r\mathrm{d}T$$

上述所有力矩对挥舞铰的合成力矩为零，即

$$M_g + M_C + M_F + M_T = 0$$

由此得到挥舞运动方程

$$I_b\ddot{\beta} + I_b\Omega^2\beta = M_T - M_s g \tag{3-1}$$

对比典型的质量-弹簧系统的运动方程

$$m\ddot{x} + Kx = f(t)$$

可知桨叶的挥舞运动是在 $f(t) = M_T - M_s g$ 作用下的谐振。该系统的刚度 $I_b\Omega^2$ 显然来自桨叶旋转的离心力；自然频率 $\omega_n = \sqrt{\dfrac{K}{m}} = \sqrt{\dfrac{I_b\Omega^2}{I_b}} = \Omega$，恰是旋翼转速。也就是说，旋翼的挥舞运动是在每转一次的不平衡空气动力激振下的共振。

对于这种周期性的挥舞运动，可以很方便地用傅里叶级数来表示。式(3-1)的解可以表达为

$$\beta = a_0 - a_{1s}\cos\psi - b_{1s}\sin\psi - a_{2s}\cos(2\psi) - b_{2s}\sin(2\psi) - \cdots$$

数学分析和实际情况都已证实，二阶以上的谐波都很小，忽略它们在旋翼拉力和扭矩中的作用，对于直升机的操稳分析不会造成有价值的影响。因此，在本书中只取前三项，即

$$\beta = a_0 - a_{1s}\cos\psi - b_{1s}\sin\psi \tag{3-2}$$

直升机在稳定飞行中，各片桨叶的运动规律相同，它们形成如式(3-2)所示的锥形轨迹。挥舞角 $\beta$ 的平均值 $a_0$ 是锥度角，$a_{1s}$ 是后倒角，$b_{1s}$ 是侧倒角，锥体的底面是桨尖轨迹平面。它们的数学表达式及物理分析将在后面讨论。

### 3.1.2　桨叶在挥舞面内的空气动力

本节从桨叶微段(叶素)的气流环境入手，导出叶素的空气动力及其对挥舞铰的力矩，然后沿桨叶展长积分得到整片桨叶的挥舞空气动力力矩 $M_T$。

$$\Delta T \approx \Delta y = \frac{1}{2}\rho u_T^2 a_\infty \alpha b \Delta r$$

式中，$\rho$ 是空气密度；$a_\infty$ 是翼型升力系数；$b$ 是叶素弦长；$\alpha$ 是叶素迎角。

由图 3-2 看出，叶素迎角 $\alpha$ 由桨距角 $\theta$ 以及来流角 $\arctan\dfrac{u_P}{u_T}$ 组成，即

$$\alpha = \theta + \arctan\frac{u_P}{u_T} \tag{3-3}$$

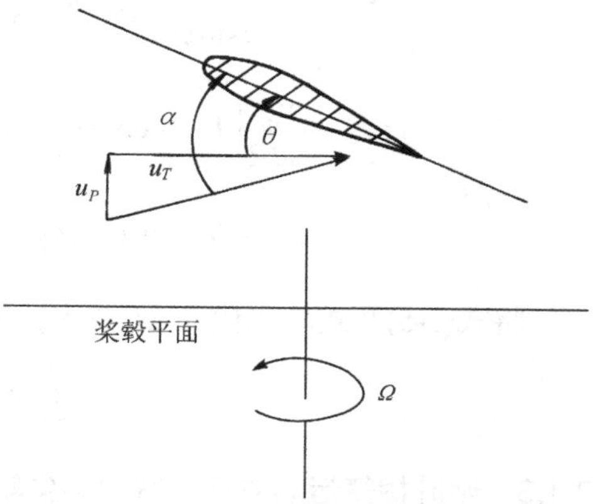


图 3-2　叶素迎角

式中，桨距角 $\theta$ 为

$$\theta = \theta_0 + \frac{r}{R}\theta_1 - A_1\cos\psi - B_1\sin\psi \tag{3-4}$$

其中，$\theta_0$ 是桨叶根部安装角；$\theta_1$ 是桨叶扭度；$A_1$ 和 $B_1$ 是旋翼的横向和纵向周期变距。

桨距角也可用旋翼总距来表示，即

$$\theta = \varphi_7 + \left(\frac{r}{R} - 0.7\right)\theta_1 - A_1\cos\psi - B_1\sin\psi$$

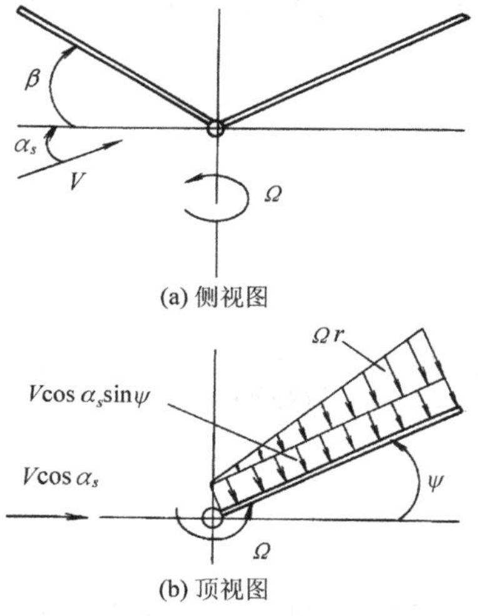


图 3-3　桨叶的相对速度

由图 3-3 可知，叶素在旋转平面内的切向速度 $u_T$ 为

$$u_T = \Omega r + V\cos\alpha_s \sin\psi$$

或

$$u_T = \Omega R\left(\frac{r}{R} + \mu\sin\psi\right) \tag{3-5}$$

叶素的垂向速度 $u_P$ 处于由旋翼旋转轴和桨叶变距轴线构成的平面内，垂直于变距轴线，其计算公式为

$$u_P = V\sin\alpha_s - v_1 - r\dot{\beta} - (V\cos\alpha_s\cos\psi)\sin\beta$$

或

$$u_P = \Omega R(\lambda_0 - \mu\beta\cos\psi) - v_1 - r\dot{\beta} \tag{3-6}$$

式中，旋翼诱导速度 $v_1$ 为

$$v_1 = v_{1d}\left(1 + \frac{r}{R}\cos\psi\right) \tag{3-7}$$

等效诱导速度 $v_{1d}$ 为

$$v_{1d} = \frac{C_T}{4\sqrt{\lambda_1^2 + \mu^2}} \Omega R$$

流入比 $\lambda_1$ 为

$$\lambda_1 = \lambda_0 - v_{1d} / (\Omega R)$$

将式(3-5)～式(3-7)代入式(3-3)，整理后得到叶素迎角的表达式为

$$\begin{aligned}\alpha = \frac{1}{\frac{r}{R} + \mu\sin\psi} \Bigg\{ & \frac{r}{R}\left[\theta_0 + \frac{r}{R}\theta_1 - (A_1 - b_{1s})\cos\psi - (B_1 + a_{1s})\sin\psi\right] \\ & - \frac{v_{1d}}{\Omega R}\left(1 + \frac{r}{R}\cos\psi\right) + \mu\left[(\alpha_s + a_{1s}) + \left(\theta_0 + \frac{r}{R}\theta_1\right)\sin\psi - a_0\cos\psi \right. \\ & \left. - (A_1 - b_{1s})\sin\psi\cos\psi - (B_1 + a_{1s})\sin^2\psi\right]\Bigg\}\end{aligned} \tag{3-8}$$

将式(3-5)及式(3-8)代入 $\Delta T$ 式中，积分后可得到桨叶的挥舞空气动力力矩为

$$M_T = \int_0^R r\Delta T = \int_0^R r\frac{1}{2}\rho u_T^2 a_\infty \alpha b \mathrm{d}r \tag{3-9}$$

### 3.1.3　桨叶挥舞运动方程的解和桨尖轨迹平面

将式(3-9)的积分结果代入式(3-1)，就可以得到式(3-2)中的 3 个挥舞系数 $a_0$ 、$a_{1s}$ 和 $b_{1s}$ 。然而，如果只为了得到这 3 个系数，则只需要 3 个方程，可用较为简便的方法。

如果把式(3-9)的积分结果写成傅里叶级数形式，且只保留前 3 项，有

$$M_T = M_{T0} - M_{TC}\cos\psi - M_{TS}\sin\psi$$

则可以减少式(3-9)的积分工作量，只要得到上式右边的这 3 个系数即可。

将式(3-2)代入式(3-1)，左边等于常数 $I_b\Omega^2 a_0$ ，与 $\psi$ 无关。右边的 $M_T$ 以上式代入，根据等号两边的同一谐波系数相等的关系，应有

$$\begin{cases} I_b\Omega^2 a_0 = M_{T0} - M_s g \\ 0 = M_{TC} \\ 0 = M_{TS} \end{cases}$$

由上面第一式即可得到锥度角 $a_0$ 为

$$a_0 = \frac{\gamma_b}{6}\left[\frac{3}{4}\theta_0(1+\mu^2) + \frac{3}{5}\theta_1\left(1 + \frac{5}{6}\mu^2\right) + \mu(\alpha_s - B_1) - \frac{v_{1d}}{\Omega R}\right] - \frac{3}{2}\frac{gR}{(\Omega R)^2} \tag{3-10}$$

式中，$\gamma_b$ 为桨叶的洛克数，

$$\gamma_b = \frac{\rho abR^4}{I_b}$$

从“直升机空气动力学”中可知，式(3-10)中的第一项可以简单而足够精确地以拉力系数 $C_T$ 表示，即

$$a_0 \approx \frac{\frac{3}{8}\gamma_b C_T}{a\sigma} - \frac{3}{2}\frac{gR}{(\Omega R)^2} \tag{3-11}$$

由上面后两式联立求解，得到后倒角 $a_{1s}$ 和侧倒角 $b_{1s}$ 分别为

$$a_{1s} = \frac{2\mu}{1-\frac{1}{2}\mu^2}\left(\frac{4}{3}\theta_0 + \theta_1 + \mu\alpha_s - \frac{v_{1d}}{\Omega R}\right) - \frac{1+\frac{3}{2}\mu^2}{1-\frac{1}{2}\mu^2}B_1 \tag{3-12}$$

$$b_{1s} = \frac{1}{1+\frac{1}{2}\mu^2}\left(\frac{4}{3}\mu a_0 + \frac{v_{1d}}{\Omega R}\right) + A_1 \tag{3-13}$$

式(3-10)～式(3-13)不仅确定了桨叶的挥舞运动，也定义了桨尖轨迹平面。直升机在飞行中，桨叶由于升力的作用而向上抬起，而离心力则力图把桨叶拉平，使它不至于抬得过高。同时，由于周期变化的气流环境和操纵的作用，桨叶上产生交变的空气动力，激励桨叶做周期挥舞运动。由于只计挥舞的一阶量而略去了高阶谐波，因此桨叶轨迹是一个正锥体。挥舞角的平均值 $a_0$ 称为锥度角，锥底平面是桨尖轨迹平面，也称为 TPP。$a_{1s}$ 是该平面相对桨毂平面(构造旋转面)的后倒角，$b_{1s}$ 是侧倒角，倒向前行桨叶一侧为正。

关于全部桨叶总处于同一锥面上的假定是准定常假设。实际上，桨叶受到阵风扰动或在操纵输入的瞬间，处于不同方位角的桨叶有不同的挥舞响应。精确的分析应当是对单片桨叶进行的。对于研究直升机大机动的瞬态操纵响应，或者设计高增益的增稳增控系统的控制律，最好不用这一准定常假设。对于常规的直升机飞行动力学分析，这一假定几乎不会带来误差。这是因为桨叶挥舞的时间常数很小，约为旋转 1/3 圈的时间(在 3.3 节分析)。也就是说，大约旋转 2 圈后响应即可达到稳态值，即时隔约 0.5s。因此，本书中假定旋翼的倾转对输入没有时间滞后，能够立即产生相应的力和力矩，且拉力合力近似地垂直于桨尖轨迹平面。

## 3.2 挥舞运动的三个起因

前面由挥舞运动的数学方程给出了直升机稳定飞行中的挥舞系数。本节对挥舞的起因给予物理解释，并分析另一个造成挥舞的原因——直升机的俯仰或滚转角速度引起的随动挥舞。

### 3.2.1 吹风挥舞

式(3-12)和式(3-13)的第一项都是前进比 $\mu$ 的函数，即直接与前飞速度有关。这一部分是由旋翼的相对吹风速度引起的，称为吹风挥舞。关于吹风挥舞，在“直升机空气动力学”中有详细分析，这里只进行简要说明。

已知叶素的升力为 $\mathrm{d}y = \frac{1}{2}\rho u_T^2 C_y b\mathrm{d}r$，其中，速度 $u_T$ 已由式(3-5)给出，其中含 $\sin\psi$ 的项表示气流在旋转面中左右不对称的影响，如图 3-4 所示。那么

$$u_T^2 = (\varOmega r + V\cos\alpha_s \sin\psi)^2$$
$$= (\varOmega R)^2\left[\left(\frac{r}{R}\right)^2 + \frac{1}{2}\mu^2 + 2\mu\frac{r}{R}\sin\psi - \frac{1}{2}\mu^2\cos(2\psi)\right]$$

式中，常数项不激起振动，最后一项是小量，叶素升力的变化主要来自含$\sin\psi$的部分。如果不考虑叶素升力系数$C_y$的变化，则有$\mathrm{d}y \approx (\mathrm{d}y)_0 + K\mu\sin\psi$，$K$为与$\psi$无关的常数。

前行桨叶的$\sin\psi$为正值，升力增大，后行桨叶的升力减小。升力按$\sin\psi$规律变化致使桨叶上下挥舞。升力变化的角频率恰好与桨叶挥舞的自然频率相等，都是旋翼转速$\varOmega$，因而桨叶的挥舞运动是在气流左右不对称激励下的共振，相位滞后90°。已知$\mathrm{d}y$在$\psi=90°$处最大，在$\psi=270°$处最小，那么桨叶的挥舞响应在$\psi=180°$处挥得最高，在$\psi=360°$处挥得最低，轨迹前高后低，呈现为旋翼锥体后倒。归纳为一句话：气流左右不对称造成了旋翼吹风挥舞的后倒角$a_{10}$。

再看处于前后位置的桨叶剖面的迎角，见图3-5。在桨叶挥起$a_0$角并有前吹风$V$的情况下，叶素上获得附加的垂向气流，有

$$\Delta u_P = V\cos\alpha_s\cos(180° - \psi)\sin a_0 = -\varOmega R\mu a_0\cos\psi$$

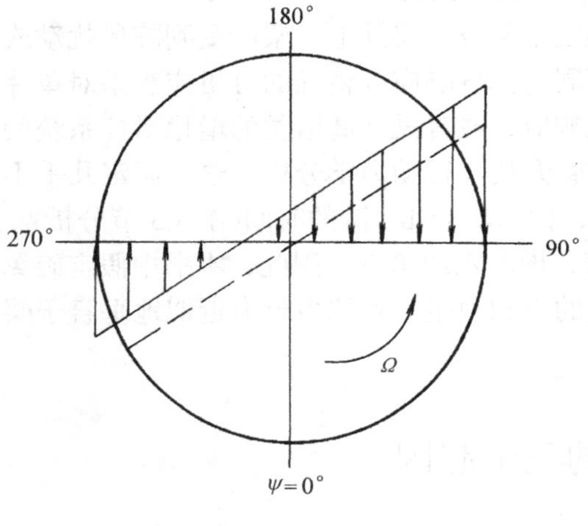


图3-4　旋转面中气流的左右不对称

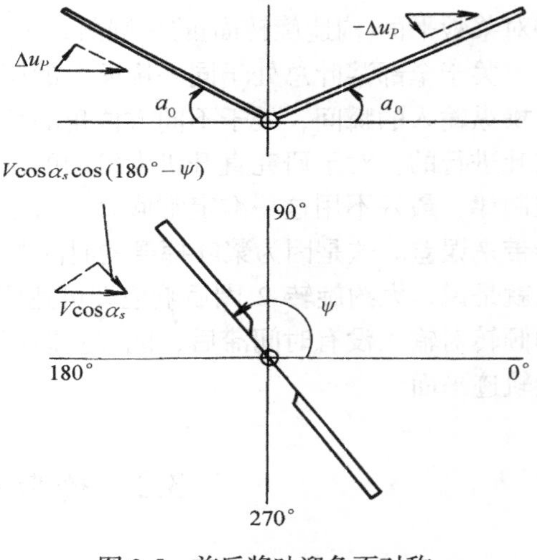


图3-5　前后桨叶迎角不对称

$\Delta u_P$使剖面迎角改变：

$$\Delta\alpha = \frac{\Delta u_P}{u_T} = -\frac{\varOmega R}{u_T}\mu a_0\cos\psi$$

在$\psi=180°$处$\Delta\alpha$最大，桨叶升力也最大，而在$\psi=0°$处$\Delta\alpha$为负的最大，桨叶升力最小。桨叶在前后位置上的升力差别，激起的挥舞响应(也是共振)在左右两侧达最大值，形成旋翼的吹风挥舞侧倒角$b_{10}$，向$\psi=90°$方向倾倒。吹风挥舞中的$a_{10}$和$b_{10}$，分别是式(3-12)和式(3-13)中的第一项。

### 3.2.2　操纵挥舞

桨叶的桨距角已由式(3-4)给出，其中周期变距部分为

$$\theta_c = -A_1\cos\psi - B_1\sin\psi \tag{3-14}$$

周期变距操纵使桨叶剖面迎角发生周期性变化。把与此相关的迎角变化自式(3-8)中取出，即

$$\Delta\alpha_c = \frac{1}{\dfrac{r}{R}+\mu\sin\psi}\left[\frac{r}{R}(-A_1\cos\psi - B_1\sin\psi)+\mu\left(-A_1\sin\psi\cos\psi - B_1\sin^2\psi\right)\right] \tag{3-15}$$

由此引起的一阶周期挥舞已分别包含在式(3-12)和式(3-13)中，即

$$a_{1c} = -\frac{1+\dfrac{3}{2}\mu^2}{1-\dfrac{1}{2}\mu^2}B_1 \tag{3-16}$$

$$b_{1c} = A_1 \tag{3-17}$$

为了便于看清物理实质，取悬停状态进行分析。令 $\mu = 0$，得

$$\Delta\alpha_c = -A_1\cos\psi - B_1\sin\psi$$

$$a_{1c} = -B_1$$

$$b_{1c} = A_1$$

即周期变距 $\theta_c$ 造成同等的桨叶迎角变化，引起同等的操纵挥舞，这就是变距与挥舞等效。

在前飞情况下，由于不同方位角处的桨叶速度不同，因此同等的桨距改变量引起的迎角变化和升力变化都不同。例如，施加纵向周期变距 $B_1$ 后，前行桨叶由于相对气流速度大，升力增大量比悬停时大，转过90°后抬得更高，所以 $a_{1c} > (-B_1)$，见式(3-16)，表明前飞速度对操纵挥舞的后倒角有放大作用。前飞速度对于处于前后位置的桨叶切向速度没有影响，因而对 $A_1$ 引起的操纵挥舞没有放大作用，仍保持“变距与挥舞等效”关系。

至此，可以归纳出如下关系：直升机在稳定飞行时，旋翼的周期挥舞是吹风挥舞与操纵挥舞的合成，如图 3-6 所示，图 3-6 中 S-S 为桨毂平面，C-C 为操纵平面，TPP 为桨尖轨迹平面。

$$a_{1s} = a_{10} + a_{1c} = a_{10} - \frac{1+\dfrac{3}{2}\mu^2}{1-\dfrac{1}{2}\mu^2}B_1 \tag{3-18}$$

$$b_{1s} = b_{10} + b_{1c} = b_{10} + A_1$$

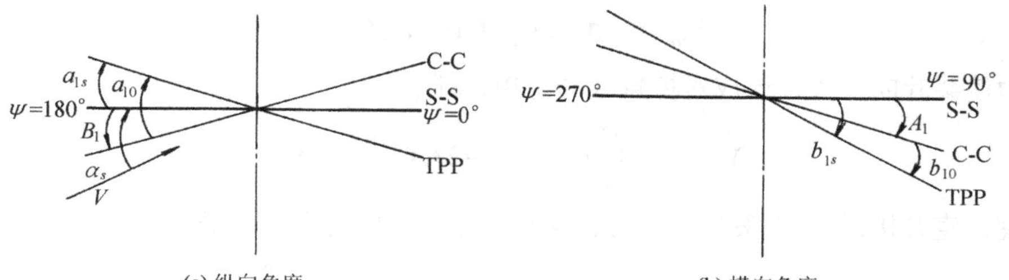


(a) 纵向角度　(b) 横向角度

图 3-6　挥舞角度关系

吹风挥舞是由飞行状态决定的，是不可控的。驾驶员所能使用的手段，正是通过操纵机构使旋翼周期变距，致使旋翼发生操纵挥舞 $a_{1c}$ 和 $b_{1c}$，从而得到所需要的旋翼倒角 $a_{1s}$ 和 $b_{1s}$，以实现对直升机的操纵和配平。

### 3.2.3 随动挥舞

直升机做俯仰或滚转运动时，旋翼轴随机身一起运动，具有同样的角速度 $\omega_x$ 或 $\omega_z$。由于桨叶与旋翼轴并非固联在一起，因此不会同步倾转，出现的角度差成为对于机体的挥舞。当直升机的角运动终止时，旋翼在空气动力的作用下会很快跟随过来，稳定在仅由吹风挥舞和操纵挥舞合成的位置上。因此，这种伴随直升机的角运动而发生的旋翼挥舞称为随动挥舞。

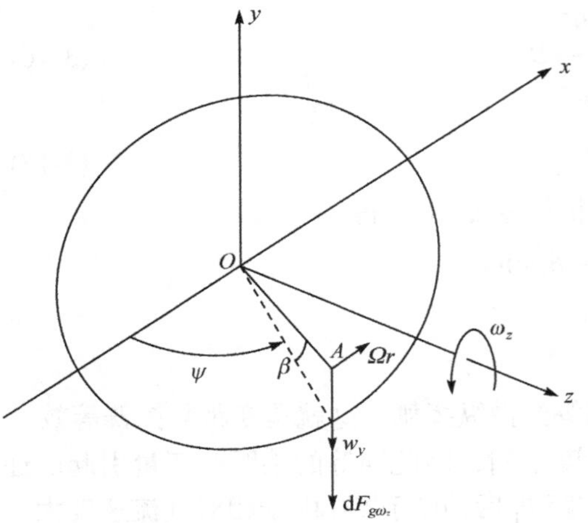

图 3-7　机身角运动对叶素的影响

下面以直升机做上仰运动为例，说明角速度 $\omega_z$ 对桨叶的两种影响。

如图 3-7 所示，在点 $A(r,\psi)$ 处的叶素因 $\omega_z$ 而获得向下的运动速度：

$$-w_y = \omega_z r\cos\beta\cos\psi$$

或者说，有同等大小的向上的相对气流使叶素迎角增大 $\Delta\alpha$，即

$$\Delta\alpha = \frac{\omega_z r\cos\beta\cos\psi}{u_T} \approx \frac{\omega_z r}{u_T}\cos\psi$$

$\Delta\alpha$ 使桨叶上产生挥舞力矩的增量 $M_{T\omega_z}$ 为

$$M_{T\omega_z} = \int_0^R r\frac{1}{2}\rho u_T^2 a_\infty \Delta\alpha r\mathrm{d}r = \frac{1}{2}\rho a_\infty bR^4\Omega\omega_z\int_0^R\left(\frac{r}{R}+\mu\sin\psi\right)\left(\frac{r}{R}\right)^2\frac{1}{R}\cos\psi\mathrm{d}r$$

$$= \frac{\gamma_b}{2}I_b\Omega^2\frac{\omega_z}{\Omega}\left[\frac{1}{4}\cos\psi+\frac{\mu}{6}\sin(2\psi)\right]$$

另外，叶素 $A$ 在以 $\omega_z$ 绕 $z$ 轴转动的同时，又以垂直于 $z$ 轴的速度 $\Omega(r\cos\beta)\sin\psi$ 向 $z$ 轴逼近，从而有柯氏力 $\mathrm{d}F_{g\omega_z}$ 作用于叶素 $A$：

$$\mathrm{d}F_{g\omega_z} = m\mathrm{d}r\cdot 2\omega_z\cdot\Omega(r\cos\beta)\sin\psi$$

该力使桨叶向下挥，形成对挥舞铰的力矩，即

$$M_{g\omega_z} = -\int_0^R r\mathrm{d}F_{g\omega_z} = -2I_b\Omega^2\frac{\omega_z}{\Omega}\sin\psi$$

同理，直升机以 $\omega_x$ 做滚转运动时，桨叶上会有类似的力矩，即

$$M_{T\omega_x} = \frac{\gamma_b}{2}I_b\Omega^2\frac{\omega_x}{\Omega}\left(\frac{1}{4}\sin\psi+\frac{\mu}{3}\sin^2\psi\right)$$

$$M_{g\omega_x}=2I_b\Omega^2\frac{\omega_x}{\Omega}\cos\psi$$

在 3.1 节导出挥舞系数的过程中，曾把桨叶的气动力矩写成一阶谐波的傅里叶级数形式，用谐波系数 $M_{TC}$ 和 $M_{TS}$ 与挥舞方程中对应系数相等的方法解出了挥舞系数 $a_0$ 、 $a_{1s}$ 和 $b_{1s}$ 。现在又得到了机身角运动所产生的 4 个挥舞力矩。把这些力矩分别对应地补充到 $M_{TC}$ 和 $M_{TS}$ 中，再联立求解，就可以得到新的挥舞系数。其中与 $\omega_x$ 及 $\omega_z$ 有关的部分就是随动挥舞系数，它们是

$$\begin{cases} a_{1\omega}=\dfrac{-\dfrac{16}{\gamma_b}\dfrac{\omega_z}{\Omega}+\dfrac{\omega_x}{\Omega}}{1-\dfrac{1}{2}\mu^2} \\ b_{1\omega}=\dfrac{-\dfrac{16}{\gamma_b}\dfrac{\omega_x}{\Omega}-\dfrac{\omega_z}{\Omega}}{1+\dfrac{1}{2}\mu^2} \end{cases} \tag{3-19}$$

从式(3-19)中可以归纳出以下结论。

(1) 直升机的上仰运动 $\omega_z$ 引起( $-a_{1\omega}$ )，即旋翼相对于机体向前倒；右滚 $\omega_x$ 引起( $-b_{1\omega}$ )，即旋翼向左倾。这实际上是旋翼对机身角运动的滞后，提供对直升机角运动的阻尼。桨叶洛克数 $\gamma_b$ 越小(如质量或惯矩大的桨叶)，滞后越大。

(2) 滚转运动也引起旋翼后倒角，俯仰运动同样也引起旋翼侧倒角。这是一种交叉耦合，对直升机的操稳特性有不良影响。交叉耦合的量值大约为主运动(滞后挥舞)的 1/2。旋翼耦合运动的倾斜方向比机身角运动的方向导前 90° 方位角，这实际上是陀螺力矩的效应。

(3) 旋翼转速 $\Omega$ 越大，则随动挥舞越小。前飞速度对随动挥舞有一定的影响，与悬停状态相比，前飞中 $a_{1\omega}$ 略大些， $b_{1\omega}$ 略小些。

## 3.3　挥舞铰偏置量 $e$ 对挥舞运动的影响

当代大多数直升机旋翼的挥舞铰不在旋转中心，而是有一段偏置距离，如图 3-8 所示。这种布置对直升机的飞行性能没有影响，但对于直升机的配平、操纵性和稳定性有重大作用。偏置量 $e$ 是直升机飞行品质设计中最重要的参数之一。本节分析偏置量 $e$ 对挥舞运动的主要影响。

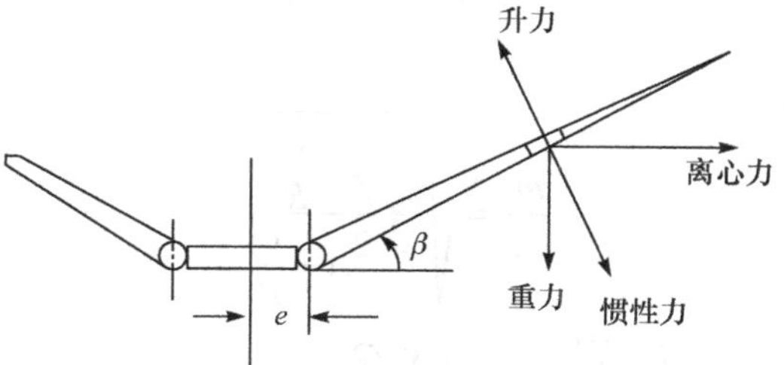


图 3-8　叶素对挥舞铰力矩的构成

### 3.3.1　挥舞自然频率增大

仿照 3.1 节的做法，从叶素上的受力导出直升机稳定飞行中桨叶的挥舞动力学方程。此时桨叶的挥舞运动不再绕旋转中心，而是绕偏置量为 $e$ 的挥舞铰。

重力力矩　$M_g=-\int_e^R mg(r-e)\mathrm{d}r=-M_s g$

离心力力矩　$M_C=-\int_e^R mr\Omega^2(r-e)\beta\mathrm{d}r=-\Omega^2(I_b+eM_s)\beta$

惯性力力矩　$M_F=-\int_e^R m(r-e)\ddot{\beta}(r-e)\mathrm{d}r=-I_b\ddot{\beta}$

式中，桨叶的质量静矩和惯性矩都是对挥舞铰的，即

$$M_s=\int_e^R m(r-e)\mathrm{d}r$$

$$I_b=\int_e^R m(r-e)^2\mathrm{d}r$$

上述力矩与挥舞气动力矩合成为零，得到有偏置铰桨叶的挥舞运动方程为

$$I_b\ddot{\beta}+(I_b+eM_s)\Omega^2\beta=M_T \tag{3-20}$$

可见，在挥舞铰偏置的情况下，桨叶挥舞运动的自然频率 $\omega_n$ 不再是旋翼旋转角频率 $\Omega$，而是有所增大，则

$$\omega_n=\sqrt{\frac{(I_b+eM_s)\Omega^2}{I_b}}=\Omega\sqrt{1+e\frac{M_s}{I_b}}>\Omega$$

频率比为

$$\frac{\omega_n}{\Omega}=\sqrt{1+e\frac{M_s}{I_b}} \tag{3-21}$$

旋翼的挥舞运动不再是对一阶空气动力的共振，因而挥舞响应对输入滞后角也不再恰好等于90°，而是略有提前，具体算式将在后面给出。

如果桨叶的质量沿展向均布，则有

$$M_s=\frac{1}{2}mR^2\left(1-\frac{e}{R}\right)^2$$

$$I_b=\frac{1}{3}mR^3\left(1-\frac{e}{R}\right)^3$$

此时

$$\frac{\omega_n}{\Omega}=\sqrt{1+\frac{3}{2}\frac{\frac{e}{R}}{1-\frac{e}{R}}} \tag{3-22}$$

如果挥舞铰偏置量 $e$=5%$R$，则 $\omega_n=1.039\Omega$。

### 3.3.2 挥舞阻尼减小

在挥舞运动方程(3-20)及以前的中心铰式旋翼的挥舞运动方程(3-1)中，字面上都没有阻尼项。实际上，挥舞运动有相当大的阻尼，它包含在空气动力力矩 $M_T$ 中。下面导出挥舞阻尼。

桨叶挥舞所造成的剖面相对气流速度为 $-(r-e)\dot{\beta}$，使剖面迎角变化 $\Delta\alpha=-(r-e)\dot{\beta}/u_T$。当桨叶向上挥($\dot{\beta}>0$)时，相对气流向下，使剖面迎角减小($\Delta\alpha<0$)，桨叶升力也减小；反之，当桨叶向下落时，剖面迎角增大，桨叶升力也增大。桨叶升力的变化都是阻止挥舞运动的，因而这一气动力矩是阻尼力矩：

$$
\begin{aligned}
M_a &= \int_e^R (r-e)\frac{1}{2}\rho u_T^2 a_\infty \Delta\alpha b \mathrm{d}r \\
&= \int_e^R \frac{1}{2}\rho(\Omega r+\Omega R\mu\sin\psi)^2 a_\infty\left[-\frac{(r-e)\dot{\beta}}{\Omega r+\Omega R\mu\sin\psi}\right](r-e)b\mathrm{d}r \\
&= -\frac{\gamma_b}{8}I_b\Omega\dot{\beta}\left(1-\frac{e}{R}\right)^3\left(1+\frac{e}{R}\right)(1+\mu\sin\psi)
\end{aligned}
$$

由此力矩得到挥舞阻尼 $B$ 为

$$
B=\frac{\partial M_a}{\partial\dot{\beta}}=-\frac{\gamma_b}{8}I_b\Omega\left(1-\frac{e}{R}\right)^3\left(1+\frac{1}{3}\frac{e}{R}+\frac{4}{3}\mu\sin\psi\right) \tag{3-23}
$$

把包含在气动挥舞力矩中的阻尼力矩提出来，写在式(3-1)的左边。为了使挥舞运动方程线性化，挥舞阻尼 $B$ 取旋转一周的平均值(即消去含 $\sin\psi$ 项)，从而得到有阻尼的自由挥舞运动方程为

$$
I_b\ddot{\beta}+B\dot{\beta}+K\beta=0
$$

对于中心铰式旋翼，$K=I_b\Omega^2$，对于偏置铰式旋翼，$K=I_b(1+eM_s/I_b)\Omega^2$。

此方程的特征根为 $\lambda_\beta=\dfrac{B}{2I_b}\pm\sqrt{\left(\dfrac{B}{2I_b}\right)^2-\dfrac{K}{I_b}}$。由第二项等于零得到挥舞运动的临界阻尼为

$$
B_{\mathrm{cr}}=2I_b\sqrt{\frac{K}{I_b}}=2I_b\omega_n
$$

阻尼比为

$$
\zeta=\frac{B}{B_{\mathrm{cr}}}=\frac{\gamma_b}{16}\frac{1}{\dfrac{\omega_n}{\Omega}}\left[(1-\bar{e})^3\left(1+\frac{1}{3}\bar{e}\right)\right] \tag{3-24}
$$

式中，$\bar{e}=\dfrac{e}{R}$。

对于中心铰式旋翼，$e$=0，$\omega_n/\Omega=1$，其阻尼比 $\zeta$ 约为 0.5，可见桨叶挥舞运动有相当大的阻尼。偏置铰式旋翼的挥舞阻尼比略小。若 $e/R=5\%$，由式(3-24)可以算得，阻尼比 $\zeta$ 约为中心铰式旋翼的 84%。其物理概念解释是挥舞频率提高和桨叶挥舞部分稍短的缘故。

得到了阻尼比和频率比，就可得到挥舞响应对激振输入的相位滞后角$\phi$。由于偏置铰式旋翼的挥舞不再是对转速激振力的共振，因此$\phi \neq 90°$。由线性振动理论知

$$\cos\phi = \frac{\left(\dfrac{\omega_n}{\Omega}\right)^2 - 1}{\sqrt{\left[\left(\dfrac{\omega_n}{\Omega}\right)^2 - 1\right]^2 + 4\zeta^2\left(\dfrac{\omega_n}{\Omega}\right)^2}}$$

对于均质桨叶

$$\cos\phi = \frac{\dfrac{3}{2}\dfrac{\dfrac{e}{R}}{1-\dfrac{e}{R}}}{\sqrt{\left(\dfrac{3}{2}\dfrac{\dfrac{e}{R}}{1-\dfrac{e}{R}}\right)^2 + 4\left[\dfrac{\gamma_b}{16}\left(1-\dfrac{e}{R}\right)^3\left(1+\dfrac{1}{3}\dfrac{e}{R}\right)\right]^2}}$$

如果$e/R = 5\%$，$\gamma_b = 8$，则$\phi \approx 85°$。

该角度与90°有差别，表明挥舞有交叉耦合，即

$$\frac{b_1}{a_1} = \arctan\phi = \frac{-\left[\left(\dfrac{\omega_n}{\Omega}\right)^2 - 1\right]}{2\zeta\dfrac{\omega_n}{\Omega}} = \frac{-\dfrac{12}{\gamma_b}\overline{e}}{\left(1-\dfrac{e}{R}\right)^4\left(1+\dfrac{1}{3}\dfrac{e}{R}\right)} \tag{3-25}$$

如果在悬停状态只施加纵向操纵，想在$\phi = 180°$得到1°的纵向挥舞，则在$\phi = 90°$处会有$-0.09°$的倾斜。这种交叉耦合必须由驾驶员附加少许的横向操纵予以纠正。

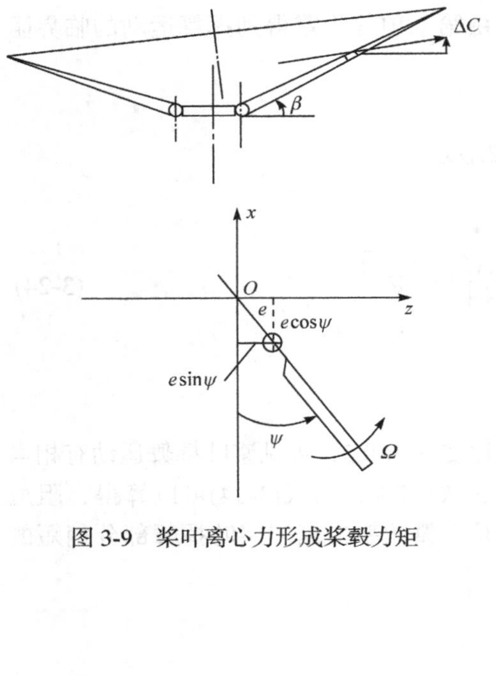


图 3-9　桨叶离心力形成桨毂力矩

### 3.3.3　桨毂力矩

挥舞铰偏置最重要的作用是产生桨毂力矩。这一力矩对直升机的配平和操稳特性有重大影响。桨毂力矩来自桨叶离心力和旋翼锥体的倾斜。

当旋翼稳定旋转时，叶素的离心力$\Delta C$可以认为作用在它的旋转轨迹平面内，见图 3-9，离心力沿旋翼轴方向的分量(即垂直分力)为

$$\Delta C_V = m\mathrm{d}r' \cdot (r'+e)\Omega^2 \cdot \frac{r'(\beta - a_0)}{r'+e}$$

整片桨叶离心力的垂直分力$C_V$作用在挥舞铰上，其计算式为

$$C_V = \int_0^{R-e} r'\Delta C = \Omega^2(\beta - a_0)M_s$$

该力构成的俯仰力矩为 $-C_V e\cos\psi$，构成的滚转力矩为 $-C_V e\sin\psi$，那么整个旋翼 $k$ 片桨叶的总力矩即桨毂力矩。

俯仰力矩
$$M_{Gz} = \frac{k}{2\pi}\int_0^{2\pi}(-C_V)e\cos\psi\mathrm{d}\psi = \frac{k}{2}M_s\Omega^2 e a_{1s} \tag{3-26}$$

滚转力矩
$$M_{Gx} = \frac{k}{2}M_s\Omega^2 e b_{1s} \tag{3-27}$$

对于中心铰式旋翼，各片桨叶的力汇集在桨心一点，不构成桨毂力矩。操纵旋翼所能得到的俯仰力矩和滚转力矩仅来自旋翼拉力的倾斜。偏置铰式旋翼的操纵力矩则是拉力倾斜的作用和桨毂力矩之和，因而具有较大的操纵功效。同理，偏置铰式旋翼的挥舞对稳定性的影响更大。这些作用将在操稳导数中表现出来。

桨毂力矩不仅正比于偏置量 $e$，也正比于挥舞系数 $a_{1s}$ 和 $b_{1s}$。偏置铰式旋翼的挥舞系数也与中心铰式有所不同，这是因为不仅桨叶的挥舞部分短于旋翼半径，而且桨叶剖面的挥舞速度不再是 $r\dot{\beta}$，而是 $(r-e)\dot{\beta}$，它直接影响到剖面的垂向速度 $u_P$。采用以前的方法，可以导出偏置铰式旋翼的挥舞系数。在稳定飞行中，有

$$a_0 = \frac{\frac{3}{8}\rho bR^4 \frac{C_T}{\sigma}\left(1-\frac{e}{R}\right)}{I_b + eM_s} - \frac{M_s g}{\Omega^2(I_b + eM_s)} \tag{3-28}$$

对于质量均布的桨叶，有

$$a_0 = \frac{\frac{3}{8}\gamma_b \frac{C_T}{a\sigma}\left(1-\frac{e}{R}\right)^2}{1+\frac{1}{2}\frac{e}{R}} - \frac{\frac{3}{2}\frac{gR}{(\Omega R)^2}}{1+\frac{1}{2}\frac{e}{R}} \tag{3-29}$$

$$a_{1s} = \frac{2\mu\left(\frac{4}{3}\theta_0 + \theta_1 + \mu\alpha_s - \frac{v_{1d}}{\Omega R}\right) - \left(1+\frac{3}{2}\mu^2\right)B_1}{\left(1-\frac{1}{2}\mu^2\right)+E} + \frac{\dfrac{\frac{12}{\gamma_b}\frac{e}{R}\left[A_1\left(1+\frac{1}{2}\mu^2\right) + \frac{8}{9}\frac{C_T}{a\sigma}\frac{\gamma_b\mu}{1+\frac{3}{2}\frac{e}{R}} + \frac{4}{3}\frac{v_{1d}}{\Omega R}\right]}{\left(1-\frac{e}{R}\right)^3\left(1+\frac{1}{2}\mu^2\right)}}{\left(1-\frac{1}{2}\mu^2\right)+E} \tag{3-30}$$

式中，参数 $E=\dfrac{\dfrac{144}{\gamma^2}\left(\dfrac{e}{R}\right)^2}{\left(1-\dfrac{e}{R}\right)^6\left(1+\dfrac{1}{2}\mu^2\right)}$，该数值与 $\left(1-\dfrac{1}{2}\mu^2\right)$ 相比是个小量，近似计算时可以忽略。

$$b_{1s}=\frac{1}{1+\dfrac{1}{2}\mu^2}\left(\frac{\dfrac{4}{3}\mu a_0}{1+\dfrac{3}{2}\dfrac{e}{R}}+\frac{v_{1d}}{\Omega R}\right)+A_1-\frac{\dfrac{12}{\gamma_b}\dfrac{e}{R}\left[2\mu\left(\dfrac{4}{3}\theta_0+\theta_1+\mu\alpha_s-\dfrac{v_{1d}}{\Omega R}\right)-\left(1+\dfrac{3}{2}\mu^2\right)B_1\right]}{\left(1-\dfrac{e}{R}\right)^3\left(1-\dfrac{1}{4}\mu^4\right)} \tag{3-31}$$

当直升机有俯仰或滚转角速度时，随动挥舞系数为

$$a_{1\omega}=\frac{-\dfrac{16}{\gamma_b}\dfrac{\omega_z}{\Omega}\Big/\left(1-\dfrac{e}{R}\right)^2+\dfrac{\omega_x}{\Omega}}{1-\dfrac{1}{2}\mu^2}+\frac{\dfrac{12}{\gamma_b}\dfrac{e}{R}\left[-\dfrac{16}{\gamma_b}\dfrac{\omega_x}{\Omega}\Big/\left(1-\dfrac{e}{R}\right)^2-\dfrac{\omega_z}{\Omega}\right]}{\left(1-\dfrac{e}{R}\right)^3\left(1-\dfrac{1}{4}\mu^4\right)} \tag{3-32}$$

$$b_{1\omega}=\frac{-\dfrac{16}{\gamma_b}\dfrac{\omega_x}{\Omega}\Big/\left(1-\dfrac{e}{R}\right)^2-\dfrac{\omega_z}{\Omega}}{1+\dfrac{1}{2}\mu^2}-\frac{\dfrac{12}{\gamma_b}\dfrac{e}{R}\left[-\dfrac{16}{\gamma_b}\dfrac{\omega_z}{\Omega}\Big/\left(1-\dfrac{e}{R}\right)^2+\dfrac{\omega_x}{\Omega}\right]}{\left(1-\dfrac{e}{R}\right)^3\left(1-\dfrac{1}{4}\mu^4\right)} \tag{3-33}$$

由以上各式可知，与中心铰式旋翼相比，挥舞铰偏置使 $a_0$ 减小。若 $e/R=5\%$，$a_0$ 减小约 12%。吹风挥舞和随动挥舞的 $a_1$ 略有增大，$b_1$ 略有减小；对操纵挥舞的主响应几乎没有影响，但会出现不大的交叉耦合。

### 3.3.4 无铰旋翼的等效铰

无铰旋翼的桨叶没有挥舞铰，但依然做挥舞运动。通过桨叶根部的柔性段或桨毂柔性件的弹性变形实现桨叶的上下挥舞。

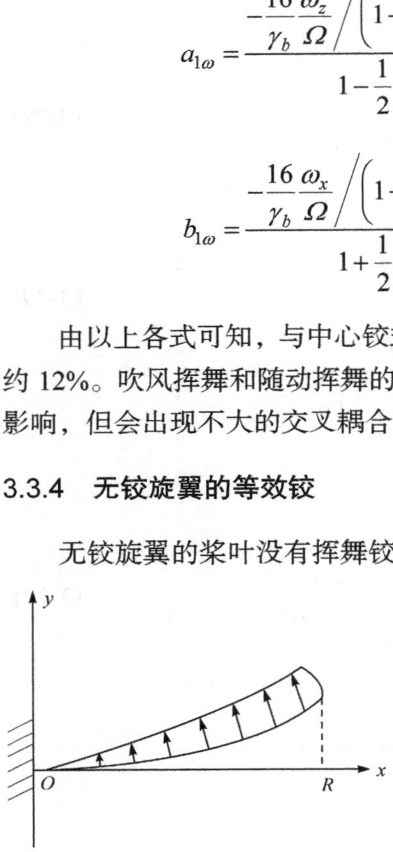

图 3-10　视无铰旋翼桨叶为悬臂梁

把无铰旋翼的桨叶视为一端固支的悬臂梁，其上作用有分布的气动力 $F_a$，如图 3-10 所示。利用经典的力学方法可以导出它的挥舞运动方程为

$$(EIy'')''-\Omega^2\left(y'\int_x^R m\eta\,\mathrm{d}\eta\right)'+m\ddot{y}=F_a(x,y',\dot{y},t)$$

其边界条件是

$$y(0,t)=0\ ,\quad y'(0,t)=0\ ,\quad y''(R,t)=0\ ,\quad y'''(R,t)=0$$

利用瑞利方法将 $y(x,t)$ 分解为振频振型函数的乘积，且只取对飞行动力学分析有重要性的一阶振型，即

$$y(x,t)=\phi(x)\beta(t)$$

将其代入挥舞运动方程，经数学处理后得到挥舞运动方程的新形式，即

$$\ddot{\beta}\int_0^R m\phi^2 \mathrm{d}x+\beta\left[\Omega^2\int_0^R(\phi')^2\int_x^R m\eta \mathrm{d}\eta \mathrm{d}x+\int_0^R EI(\phi'')^2 \mathrm{d}x\right]=\int_0^R F_a\phi\,\mathrm{d}x \tag{3-34}$$

如果令 $I$ 为等效惯量，有

$$I=\int_0^R m\phi^2 \mathrm{d}x$$

令 $K_0$ 为支持刚度，$K_s$ 为增强刚度，有

$$K_0=\int_0^R EI(\phi'')^2 \mathrm{d}x \tag{3-35}$$

$$K_s=\int_0^R(\phi')^2\int_x^R m\eta \mathrm{d}\eta \mathrm{d}x \tag{3-36}$$

则式(3-34)变为如下的简单形式：

$$I\ddot{\beta}+(K_0+K_s\Omega^2)\beta=\int_0^R F_a\phi \mathrm{d}x \tag{3-37}$$

式(3-37)与铰接式旋翼的挥舞运动方程具有相同的形式，因而可以把无铰旋翼的挥舞运动按铰接式的方法进行分析。挥舞自然频率为

$$\omega_n^2=\omega_{n0}^2+K\Omega^2 \tag{3-38}$$

式中，$\omega_{n0}$ 为桨叶不旋转的自然频率，$\omega_{n0}^2=K_0/I$；$K=K_s/I$ 表示因桨叶旋转而使刚度增大的因子。因此，无铰旋翼桨叶的挥舞自然频率是随转速变化的，如图 3-11(a)所示。

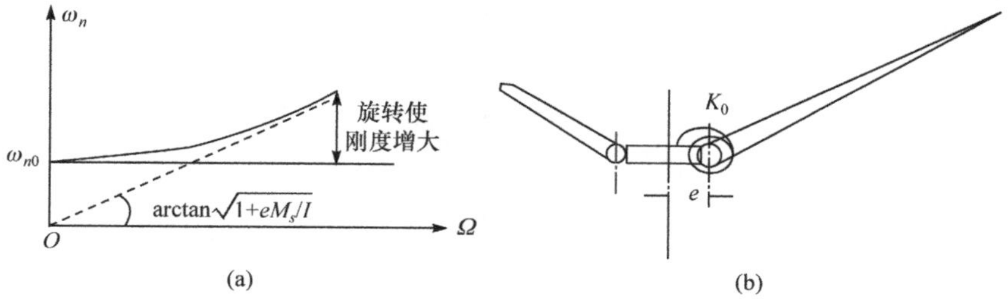


图 3-11　无铰旋翼及其等效铰

根据式(3-38)，可以设想把无铰旋翼用一等效的铰接式旋翼代替，选择的挥舞铰偏置量 $e$ 与 $K_s$ 相匹配，在铰上置一扭簧来提供支持刚度 $K_0$，见图 3-11(b)，则其自然频率 $\omega_n$ 有如下关系：

$$\omega_n^2=\frac{K_0}{I}+\left(1+e\frac{M_s}{I}\right)\Omega^2$$

实用的无铰旋翼的 $K_0$ 都很小，在常用的旋翼转速区域，无铰旋翼的自然频率可以不计

$\omega_{n0}$ 的作用，即 $\omega_n \approx \Omega\sqrt{1+eM_s/I}$。因此，只要确定无铰旋翼的频率比 $\dfrac{\omega_n}{\Omega}$，就可以确定其等效铰偏置量 $e$。铰接式旋翼的分析方法和结论都可用于无铰旋翼。

对于质量均布的桨叶，$\dfrac{M_s}{I}=\dfrac{3}{2}\dfrac{\frac{1}{R}}{1-\frac{e}{R}}$，从而得到等效铰偏置量 $e$，有

$$\frac{e}{R}=\frac{2\left[\left(\dfrac{\omega_n}{\Omega}\right)^2-1\right]}{1+2\left(\dfrac{\omega_n}{\Omega}\right)^2} \tag{3-39}$$

# 第4章　直升机运动方程

直升机有很多运动部件，如旋翼、尾桨等。严格地说，直升机的运动方程应是多体动力学方程，至少应包括机身运动方程和旋翼挥舞运动方程。第 3 章已对旋翼运动单独进行了分析，本章只研究直升机机身的运动方程。后面将把二者联立求解，以分析直升机的实际运动。

## 4.1　直升机刚体运动方程

直升机飞行动力学把直升机机身视为理想刚体，这样直升机在空中的运动有 6 个自由度，即直升机质心的 3 个移动自由度和直升机绕质心的 3 个转动自由度。相应地，直升机的运动方程由直升机质心移动的动力学方程和直升机绕质心转动的动力学方程组成。

### 4.1.1　直升机质心移动的动力学方程

$O(X,Y,Z)$ 为原点位于直升机质心的机体坐标系，它相对于地面坐标系的绝对速度为 $\boldsymbol{V}_0$，转动角速度为 $\boldsymbol{\omega}$，如图 4-1 所示。

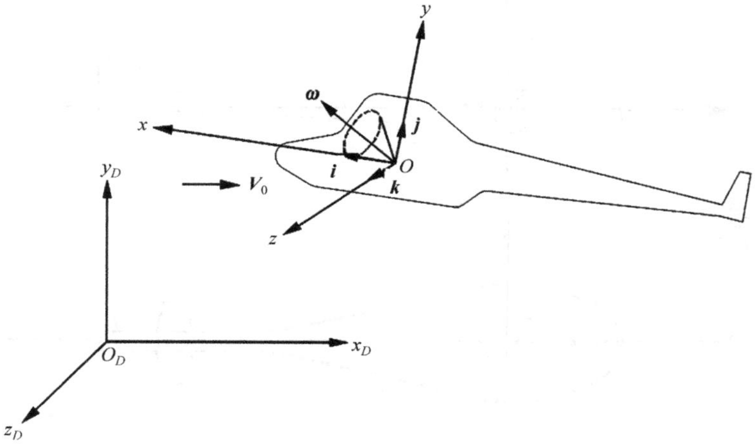


图 4-1　直升机在空中的运动

令速度 $\boldsymbol{V}_0$ 在 $O(X,Y,Z)$ 中的 3 个投影为 $V_{0x},V_{0y},V_{0z}$，则有

$$\boldsymbol{V}_0 = V_{0x}\boldsymbol{i} + V_{0y}\boldsymbol{j} + V_{0z}\boldsymbol{k} \tag{4-1}$$

式中，$\boldsymbol{i},\boldsymbol{j},\boldsymbol{k}$ 为坐标系 $O(X,Y,Z)$ 的单位矢量，由于 $\boldsymbol{\omega}$ 的存在，其方向随时间变化。

同理，角速度 $\boldsymbol{\omega}$ 在 $O(X,Y,Z)$ 中可表示为

$$\boldsymbol{\omega} = \omega_x\boldsymbol{i} + \omega_y\boldsymbol{j} + \omega_z\boldsymbol{k} \tag{4-2}$$

将式(4-1)对时间求导，可得直升机质心的绝对加速度，即

$$\frac{\mathrm{d}\boldsymbol{V}_0}{\mathrm{d}t}=\frac{\mathrm{d}V_{0x}}{\mathrm{d}t}\boldsymbol{i}+\frac{\mathrm{d}V_{0y}}{\mathrm{d}t}\boldsymbol{j}+\frac{\mathrm{d}V_{0z}}{\mathrm{d}t}\boldsymbol{k}+V_{0x}\frac{\mathrm{d}\boldsymbol{i}}{\mathrm{d}t}+V_{0y}\frac{\mathrm{d}\boldsymbol{j}}{\mathrm{d}t}+V_{0z}\frac{\mathrm{d}\boldsymbol{k}}{\mathrm{d}t} \tag{4-3}$$

式中，$\mathrm{d}\boldsymbol{i}/\mathrm{d}t$ 为单位矢量 $\boldsymbol{i}$ 的矢端速度，可表示为

$$\frac{\mathrm{d}\boldsymbol{i}}{\mathrm{d}t}=\boldsymbol{\omega}\times\boldsymbol{i}$$

同理有

$$\frac{\mathrm{d}\boldsymbol{j}}{\mathrm{d}t}=\boldsymbol{\omega}\times\boldsymbol{j}$$

$$\frac{\mathrm{d}\boldsymbol{k}}{\mathrm{d}t}=\boldsymbol{\omega}\times\boldsymbol{k}$$

将上述各式代入式(4-3)，得直升机质心的绝对加速度为

$$\frac{\mathrm{d}\boldsymbol{V}_0}{\mathrm{d}t}=\frac{\mathrm{d}V_{0x}}{\mathrm{d}t}\boldsymbol{i}+\frac{\mathrm{d}V_{0y}}{\mathrm{d}t}\boldsymbol{j}+\frac{\mathrm{d}V_{0z}}{\mathrm{d}t}\boldsymbol{k}+\boldsymbol{\omega}\times\boldsymbol{V}_0 \tag{4-4}$$

其中，等式右边前三项表示角速度 $\boldsymbol{\omega}$=0 时的加速度；等式右边第四项为角速度 $\boldsymbol{\omega}$ 使 $\boldsymbol{V}_0$ 方向发生变化而产生的加速度，其物理含义为直升机做曲线运动时在其重心处产生的惯性加速度。图 4-2 示出了曲线运动在 $x$ 轴方向上引起的惯性加速度，沿 $y$ 和 $z$ 轴的惯性加速度可用同样的分析方法得到，读者不妨自己分析。

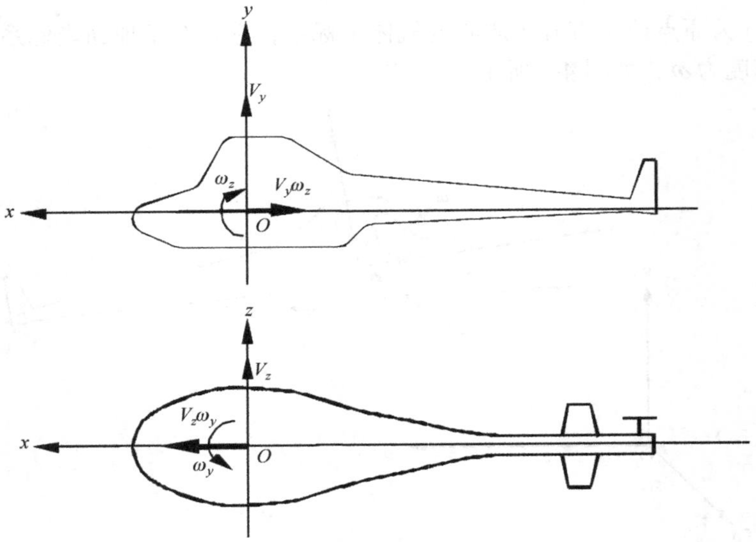


图 4-2　直升机曲线运动在 $x$ 轴上引起的惯性加速度

$\dfrac{\mathrm{d}\boldsymbol{V}_0}{\mathrm{d}t}$ 在坐标系 $O(X,Y,Z)$ 下的三分量为(略去速度的下标“0”)

$$\left(\frac{\mathrm{d}\boldsymbol{V}}{\mathrm{d}t}\right)_x=\frac{\mathrm{d}V_x}{\mathrm{d}t}+V_z\omega_y-V_y\omega_z$$

$$\left(\frac{\mathrm{d}\boldsymbol{V}}{\mathrm{d}t}\right)_y=\frac{\mathrm{d}V_y}{\mathrm{d}t}+V_x\omega_z-V_z\omega_x$$

$$\left(\frac{\mathrm{d}\boldsymbol{V}}{\mathrm{d}t}\right)_z=\frac{\mathrm{d}V_z}{\mathrm{d}t}+V_y\omega_x-V_x\omega_y$$

设直升机的质量为 $m$，作用于质心的合外力为 $\boldsymbol{F}$，则由牛顿第二定律可得

$$m\frac{\mathrm{d}\boldsymbol{V}}{\mathrm{d}t}=\boldsymbol{F} \tag{4-5}$$

合外力 $\boldsymbol{F}$ 由直升机各部件的空气动力和重力组成。运用第 1 章坐标转换的知识，可得直升机重力在体轴系中的三分量，这样重力可分离出来，用 $F_x,F_y,F_z$ 表示空气动力的三分量，得直升机移动的动力学方程组为

$$\begin{cases} m\left(\dfrac{\mathrm{d}V_x}{\mathrm{d}t}+V_z\omega_y-V_y\omega_z\right)+mg\sin\vartheta=F_x \\ m\left(\dfrac{\mathrm{d}V_y}{\mathrm{d}t}+V_x\omega_z-V_z\omega_x\right)+mg\cos\vartheta\cos\gamma=F_y \\ m\left(\dfrac{\mathrm{d}V_z}{\mathrm{d}t}+V_y\omega_x-V_x\omega_y\right)-mg\cos\vartheta\sin\gamma=F_z \end{cases} \tag{4-6}$$

式中，直升机各部件空气动力的计算在第 5 章中给出。

### 4.1.2　直升机绕质心转动的动力学方程

直升机的转动来自作用在直升机上的外力矩。利用理论力学中的动量矩定理(动量矩对时间的导数等于外力矩)可以建立直升机绕质心转动的动力学方程。

由于体轴系的原点位于直升机的质心，动量矩定理可直接应用于体轴系，且其形式与对惯性坐标系的形式相同，即

$$\frac{\mathrm{d}\boldsymbol{H}}{\mathrm{d}t}=\sum\boldsymbol{M} \tag{4-7}$$

式中，$\boldsymbol{H}$ 为直升机对体轴系原点的动量矩；$\sum\boldsymbol{M}$ 为作用于直升机上的外力对原点的力矩之和。

下面来确定动量矩及其导数的表达式。

#### 1. 对体轴系原点的动量矩

在直升机上任取微元质量 $\mathrm{d}m$，其速度为 $\boldsymbol{V}$，对质心的矢径为 $\boldsymbol{R}$，如图 4-3 所示，则该微元质量对原点的动量矩为

$$\mathrm{d}\boldsymbol{H}=(\boldsymbol{R}\times\boldsymbol{V})\mathrm{d}m \tag{4-8}$$

式中，$\boldsymbol{V}$ 等于直升机质心速度(牵连速度)$\boldsymbol{V}_0$ 与 $\mathrm{d}m$ 对质心的相对速度 $\boldsymbol{V}_r$ 之和，即

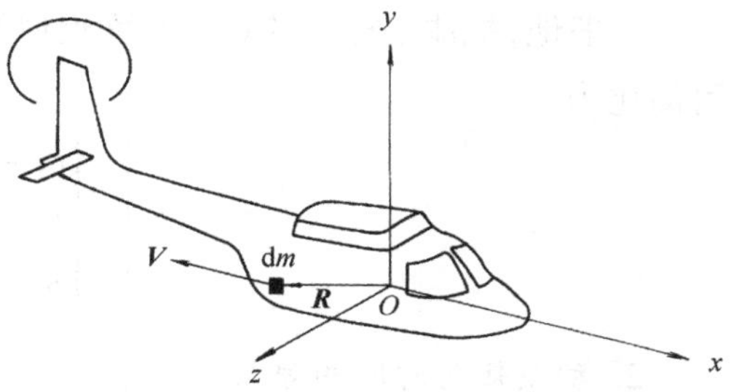

图 4-3　微元质量对质心的动量矩

$$\boldsymbol{V}=\boldsymbol{V}_0+\boldsymbol{V}_r$$

将上式代入式(4-8)，然后积分，得

$$\boldsymbol{H}=\int\boldsymbol{R}\times(\boldsymbol{V}_0+\boldsymbol{V}_r)\mathrm{d}m=\int(\boldsymbol{R}\times\boldsymbol{V}_0)\mathrm{d}m+\int(\boldsymbol{R}\times\boldsymbol{V}_r)\mathrm{d}m \tag{4-9}$$

式中

$$V_r = \boldsymbol{R} \times \boldsymbol{\omega}$$

$$\boldsymbol{R} = x\boldsymbol{i} + y\boldsymbol{j} + z\boldsymbol{k}$$

其中，$x,y,z$ 为微元质量 d$m$ 在机体坐标系中的坐标，代入式(4-9)，得

$$\boldsymbol{H} = \int (x\boldsymbol{i} + y\boldsymbol{j} + z\boldsymbol{k}) \times \boldsymbol{V}_0 \mathrm{d}m + \int (x\boldsymbol{i} + y\boldsymbol{j} + z\boldsymbol{k}) \times \left[ (x\boldsymbol{i} + y\boldsymbol{j} + z\boldsymbol{k}) \times (\omega_x \boldsymbol{i} + \omega_y \boldsymbol{j} + \omega_z \boldsymbol{k}) \right] \mathrm{d}m$$

根据质心的定义和原点选在质心的条件，有 $\int x\mathrm{d}m = \int y\mathrm{d}m = \int z\mathrm{d}m = 0$，此时上式等号右边的第一项为零，即动量矩只取决于相对速度，与质心的速度 $\boldsymbol{V}_0$ 无关。于是有

$$\boldsymbol{H} = \int (x\boldsymbol{i} + y\boldsymbol{j} + z\boldsymbol{k}) \times \left[ (x\boldsymbol{i} + y\boldsymbol{j} + z\boldsymbol{k}) \times (\omega_x \boldsymbol{i} + \omega_y \boldsymbol{j} + \omega_z \boldsymbol{k}) \right] \mathrm{d}m = h_x \boldsymbol{i} + h_y \boldsymbol{j} + h_z \boldsymbol{k}$$

将上式展开并整理，得到动量矩在机体坐标系中的分量表达式为

$$\begin{cases} h_x = \omega_x I_x - \omega_y I_{xy} - \omega_z I_{xz} \\ h_y = \omega_y I_y - \omega_x I_{xy} - \omega_z I_{yz} \\ h_z = \omega_z I_z - \omega_x I_{xz} - \omega_y I_{yz} \end{cases} \tag{4-10}$$

式中，$I_x, I_y, I_z$ 为直升机质量对机体坐标系各轴的惯性矩；$I_{xy}, I_{yz}, I_{xz}$ 为相应轴的惯性积，它们分别为

$$I_x = \int (y^2 + z^2) \mathrm{d}m$$

$$I_y = \int (x^2 + z^2) \mathrm{d}m$$

$$I_z = \int (x^2 + y^2) \mathrm{d}m$$

$$I_{xy} = \int xy \mathrm{d}m$$

$$I_{yz} = \int yz \mathrm{d}m$$

$$I_{xz} = \int xz \mathrm{d}m$$

一般地，机体坐标系的 $Oxy$ 平面近似为直升机的纵向对称面，$I_{xz} \approx I_{yz} \approx 0$，因而式(4-10)可简化为

$$\begin{cases} h_x = \omega_x I_x - \omega_y I_{xy} \\ h_y = \omega_y I_y - \omega_x I_{xy} \\ h_z = \omega_z I_z \end{cases} \tag{4-11}$$

2. 动量矩对时间的导数

现在进一步研究动量矩定理式(4-7)。飞行中当机体坐标系转动时，单位矢量的方向也随时间变化。类似加速度的推导方法，动量矩对时间的导数可表示为

$$\frac{\mathrm{d}\boldsymbol{H}}{\mathrm{d}t} = \frac{\delta \boldsymbol{H}}{\delta t} + \boldsymbol{\omega} \times \boldsymbol{H}$$

代入式(4-7)，得

$$\frac{\delta \boldsymbol{H}}{\delta t} + \boldsymbol{\omega} \times \boldsymbol{H} = \sum \boldsymbol{M} \tag{4-12}$$

式中，$\dfrac{\delta \boldsymbol{H}}{\delta t}$ 为动量矩相对导数；$\boldsymbol{\omega}\times\boldsymbol{H}$ 为动量矩转换导数，它表示坐标系方向改变所引起的动量矩变化(陀螺力矩)；$\sum\boldsymbol{M}$ 为外力对机体坐标系原点的力矩之和。

将式(4-12)展开并整理得到动量矩定理在机体坐标系中的标量形式为

$$\begin{cases}\dfrac{\mathrm{d}h_x}{\mathrm{d}t}+\left(h_z\omega_y-h_y\omega_z\right)=\sum M_x\\ \dfrac{\mathrm{d}h_y}{\mathrm{d}t}+\left(h_x\omega_z-h_z\omega_x\right)=\sum M_y\\ \dfrac{\mathrm{d}h_z}{\mathrm{d}t}+\left(h_y\omega_x-h_x\omega_y\right)=\sum M_z\end{cases}\tag{4-13}$$

式中，$h_x,h_y,h_z$ 及其对时间的导数由式(4-11)得到，这样直升机绕质心转动的动力学方程为

$$\begin{cases}I_x\dfrac{\mathrm{d}\omega_x}{\mathrm{d}t}+\omega_y\omega_z\left(I_z-I_y\right)+\left(\omega_x\omega_z-\dfrac{\mathrm{d}\omega_y}{\mathrm{d}t}\right)I_{xy}=\sum M_x\\ I_y\dfrac{\mathrm{d}\omega_y}{\mathrm{d}t}+\omega_x\omega_z\left(I_x-I_z\right)+\left(\omega_y\omega_z+\dfrac{\mathrm{d}\omega_x}{\mathrm{d}t}\right)I_{xy}=\sum M_y\\ I_z\dfrac{\mathrm{d}\omega_z}{\mathrm{d}t}+\omega_x\omega_y\left(I_y-I_x\right)+\left(\omega_y^2-\omega_x^2\right)I_{xy}=\sum M_z\end{cases}\tag{4-14}$$

至此，利用动量定理及动量矩定理，导出了直升机在空中的一般运动方程组，即式(4-6)和式(4-14)。前者描述了直升机质心的平移运动，后者则描述了直升机绕质心的转动。在导出过程中，对直升机的运动和外力未进行任何简化。该方程组包含直升机飞行动力学的全部因素，因而称为全量方程。利用全量方程可以准确地描述直升机的受扰运动和操纵响应。

## 4.2　直升机的线化运动方程

直升机飞行动力学的全量方程虽然准确，但这样的非线性微分方程组难以用解析方法求解，也不便于用来分析直升机设计参数的影响，指导设计。

本节讨论一种简化的方法，利用“小扰动”假设把全量方程线性化，使之成为一组常系数线性微分方程组，便于求解和分析，而且在一定条件下具有良好的精确性。

### 4.2.1　简化假设

为使运动方程线化，用到基准运动和扰动运动这两个概念。基准运动(或称初始运动或未扰运动)是指直升机不受外界干扰，以一定规律进行的运动，如定常直线飞行。扰动运动是指直升机在做基准运动时，由于外界干扰使直升机的运动参数偏离了基准运动。显然，在扰动运动中，直升机运动参数变化的大小与外加干扰的大小直接有关。干扰越大，运动参数偏离基准运动也越大。反之，如果作用在直升机上的外加干扰较小，由此引起的运动参数变化量也较小。这种与基准运动参数差别较小的扰动运动，称为“小扰动”运动。

在分析直升机的稳定性和操纵性时，通常假设直升机受到的瞬时扰动是小扰动，包括操纵和意外干扰。小扰动只能从相对意义上理解，绝对量值的范围应视具体情况而定。根

据已有的经验,“小扰动”假设在研究直升机的稳定性和操纵性问题时有比较满意的准确度,因而得到广泛应用。

### 4.2.2　运动方程的线化

设直升机的基准运动为无加速度、无角速度的对称定常直线飞行。根据“小扰动”假设,增量 $\Delta V_x,\Delta V_y,\cdots,\Delta\omega_z$ 都是小量,它们的平方或乘积都可忽略。这样,直升机在扰动运动中的各个参数可用基准状态下的值加上一个小扰动增量表示,即

$$\begin{cases} V_x = V_{x0} + \Delta V_x \\ V_y = V_{y0} + \Delta V_y \\ V_z = V_{z0} + \Delta V_z \\ \omega_x = \omega_{x0} + \Delta\omega_x = \Delta\omega_x \\ \omega_y = \omega_{y0} + \Delta\omega_y = \Delta\omega_y \\ \omega_z = \omega_{z0} + \Delta\omega_z = \Delta\omega_z \end{cases} \tag{4-15}$$

同样,在扰动运动中,直升机上的外力和外力矩也可用基准状态下的值加上一个小扰动增量表示,即

$$\begin{cases} \sum F_x = \sum F_{x0} + \sum \Delta F_x \\ \sum F_y = \sum F_{y0} + \sum \Delta F_y \\ \sum F_z = \sum F_{z0} + \sum \Delta F_z \\ \sum M_x = \sum M_{x0} + \sum \Delta M_x \\ \sum M_y = \sum M_{y0} + \sum \Delta M_y \\ \sum M_z = \sum M_{z0} + \sum \Delta M_z \end{cases} \tag{4-16}$$

由于直升机的基准运动是定常直线运动,作用在直升机上的外力和外力矩之和均为零,于是式(4-16)成为

$$\begin{cases} \sum F_x = \sum \Delta F_x \\ \sum F_y = \sum \Delta F_y \\ \sum F_z = \sum \Delta F_z \\ \sum M_x = \sum \Delta M_x \\ \sum M_y = \sum \Delta M_y \\ \sum M_z = \sum \Delta M_z \end{cases} \tag{4-17}$$

把上述直升机在扰动运动中的各个参数值代入方程组(4-6)和方程组(4-14),并按照“小扰动”假设,忽略二阶以上的小扰动增量,得到以小扰动增量表示的线性动力学方程组。以下仅以方程组(4-6)和方程组(4-14)中的第一式为例予以说明。

将上述扰动运动参数代入式(4-6)的第一式,得

$$m\left[\frac{\mathrm{d}(V_{x0}+\Delta V_x)}{\mathrm{d}t} + (V_{z0}+\Delta V_z)\Delta\omega_y - (V_{y0}+\Delta V_y)\Delta\omega_z\right]$$
$$+mg(\cos\vartheta\cos\gamma\Delta\vartheta + \cos\vartheta\sin\gamma\Delta\psi) = \sum F_{x0} + \sum \Delta F_x$$

按照“小扰动”假设，二阶小量 $\Delta V_z \Delta\omega_y = \Delta V_y \Delta\omega_z \approx 0$，由于基准运动为定常直线运动，故 $\mathrm{d}V_{x0}/\mathrm{d}t = 0$，$\sum F_{x0} = 0$，于是上式简化为下面的线性方程

$$m\left(\frac{\mathrm{d}\Delta V_x}{\mathrm{d}t} + V_{z0}\Delta\omega_y - V_{y0}\Delta\omega_z\right) + mg(\cos\vartheta\cos\gamma\Delta\vartheta + \cos\vartheta\sin\gamma\Delta\psi) = \sum \Delta F_x$$

同理，将有关扰动运动参数代入式(4-14)的第一式，得

$$I_x\frac{\mathrm{d}\Delta\omega_x}{\mathrm{d}t} + \Delta\omega_y\Delta\omega_z\left(I_z - I_y\right) + \left(\Delta\omega_x\Delta\omega_z - \frac{\mathrm{d}\Delta\omega_y}{\mathrm{d}t}\right)I_{xy} = \sum M_{x0} + \sum \Delta M_x$$

由于二阶小量 $\Delta\omega_y\Delta\omega_z = \Delta\omega_x\Delta\omega_z \approx 0$，并且 $\sum M_{x0} = 0$，故上式简化为

$$I_x\frac{\mathrm{d}\Delta\omega_x}{\mathrm{d}t} - I_{xy}\frac{\mathrm{d}\Delta\omega_y}{\mathrm{d}t} = \sum \Delta M_x$$

对于其他运动方程，也可采用同样的方法进行线化，最后结果为

$$\begin{cases} m\left(\dfrac{\mathrm{d}\Delta V_x}{\mathrm{d}t} + V_{z0}\Delta\omega_y - V_{y0}\Delta\omega_z\right) + mg(\cos\vartheta\cos\gamma\Delta\vartheta + \cos\vartheta\sin\gamma\Delta\psi) = \sum \Delta F_x \\ m\left(\dfrac{\mathrm{d}\Delta V_y}{\mathrm{d}t} + V_{x0}\Delta\omega_z - V_{z0}\Delta\omega_x\right) - mg(\cos\vartheta\sin\gamma\Delta\gamma + \sin\vartheta\Delta\vartheta) = \sum \Delta F_y \\ m\left(\dfrac{\mathrm{d}\Delta V_z}{\mathrm{d}t} + V_{y0}\Delta\omega_x - V_{x0}\Delta\omega_y\right) - mg(\cos\vartheta\cos\gamma\Delta\gamma - \sin\vartheta\Delta\psi) = \sum \Delta F_z \end{cases} \tag{4-18}$$

$$\begin{cases} I_x\dfrac{\mathrm{d}\Delta\omega_x}{\mathrm{d}t} - I_{xy}\dfrac{\mathrm{d}\Delta\omega_y}{\mathrm{d}t} = \sum \Delta M_x \\ I_y\dfrac{\mathrm{d}\Delta\omega_y}{\mathrm{d}t} - I_{xy}\dfrac{\mathrm{d}\Delta\omega_x}{\mathrm{d}t} = \sum \Delta M_y \\ I_z\dfrac{\mathrm{d}\Delta\omega_z}{\mathrm{d}t} = \sum \Delta M_z \end{cases} \tag{4-19}$$

式(4-18)和式(4-19)的等号右边为扰动引起的空气动力和力矩的变化，除前面提到的运动参数扰动外，驾驶员的操纵也是直升机空气动力和力矩变化的扰动因素，这样空气动力和力矩的小扰动表达式为(以 $\sum \Delta F_x$ 为例)

$$\begin{aligned} \sum \Delta F_x = {} & \frac{\partial F_x}{\partial V_x}\Delta V_x + \frac{\partial F_x}{\partial V_y}\Delta V_y + \frac{\partial F_x}{\partial V_z}\Delta V_z + \frac{\partial F_x}{\partial \omega_x}\Delta\omega_x + \frac{\partial F_x}{\partial \omega_y}\Delta\omega_y \\ & + \frac{\partial F_x}{\partial \omega_z}\Delta\omega_z + \frac{\partial F_x}{\partial \varphi_7}\Delta\varphi_7 + \frac{\partial F_x}{\partial A_1}\Delta A_1 + \frac{\partial F_x}{\partial B_1}\Delta B_1 + \frac{\partial F_x}{\partial \varphi_T}\Delta\varphi_T \end{aligned} \tag{4-20}$$

式中，$\partial F_x/\partial V_x, \partial F_x/\partial V_y, \cdots, \partial F_x/\partial\omega_z$ 为气动导数，其数值按照基准飞行状态的参数来确定，与扰动运动中参数的变化无关；$\Delta\varphi_7$、$\Delta A_1$、$\Delta B_1$ 和 $\Delta\varphi_T$ 分别为总距、横向和纵向周期变距及尾桨总距增量；$\partial F_x/\partial\varphi_7$、$\partial F_x/\partial A_1$、$\partial F_x/\partial B_1$ 和 $\partial F_x/\partial\varphi_T$ 为操纵导数，同样，它们的大小由基准飞行状态的参数来确定，与扰动运动中参数的变化无关。

$\sum \Delta F_y$、$\sum \Delta F_z$、$\sum \Delta M_x$、$\sum \Delta M_y$ 和 $\sum \Delta M_z$ 的小扰动表达式与此类似。

由于线化方程组(4-18)和方程组(4-19)中的气动导数、惯性矩、惯性积均与扰动运动无关，因此线化扰动方程为一组常系数线性微分方程组。这组方程中的未知量有 $\Delta V_x$ 、$\Delta V_y$ 、$\Delta V_z$ 、$\Delta\omega_x$ 、$\Delta\omega_y$ 、$\Delta\omega_z$ 、$\Delta\vartheta$ 、$\Delta\gamma$ 、$\Delta\psi$ 和 $\Delta\varphi_7$ 、$\Delta A_1$ 、$\Delta B_1$ 、$\Delta\varphi_T$ 等，共计 13 个，而方程只有 6 个，所以欲对方程组求解，还必须给出 7 个补充方程。通常，总距、横向和纵向周期变距及尾桨总距增量即 $\Delta\varphi_7$ 、$\Delta A_1$ 、$\Delta B_1$ 、$\Delta\varphi_T$ 是已知的，另外 3 个补充方程可通过姿态角与角速度之间的运动学关系得到。

直升机姿态角与角速度之间的运动学关系可用下列式子来描述：

$$\begin{cases} \dfrac{\mathrm{d}\vartheta}{\mathrm{d}t} = \omega_z \cos\gamma + \omega_y \sin\gamma \\ \dfrac{\mathrm{d}\gamma}{\mathrm{d}t} = \omega_x - \tan\vartheta\left(\omega_y \cos\gamma - \omega_z \sin\gamma\right) \\ \dfrac{\mathrm{d}\psi}{\mathrm{d}t} = \dfrac{\omega_y \cos\gamma - \omega_z \sin\gamma}{\cos\vartheta} \end{cases}$$

上式的线化方程为

$$\begin{cases} \dfrac{\mathrm{d}\Delta\vartheta}{\mathrm{d}t} = \Delta\omega_z \\ \dfrac{\mathrm{d}\Delta\gamma}{\mathrm{d}t} = \Delta\omega_x - \tan\vartheta\Delta\omega_y \\ \dfrac{\mathrm{d}\Delta\psi}{\mathrm{d}t} = \dfrac{\Delta\omega_y}{\cos\vartheta} \end{cases} \tag{4-21}$$

根据式(4-18)、式(4-19)和式(4-21)可得如下直升机小扰动线化运动方程组：

$$\begin{cases} m\dfrac{\mathrm{d}\Delta V_x}{\mathrm{d}t} = mV_{y0}\Delta\omega_z - mV_{z0}\Delta\omega_y - (mg\cos\vartheta\cos\gamma\Delta\vartheta + \cos\vartheta\sin\gamma\Delta\psi) + \sum\Delta F_x \\ m\dfrac{\mathrm{d}\Delta V_y}{\mathrm{d}t} = -mV_{x0}\Delta\omega_z + mV_{z0}\Delta\omega_x + mg(\cos\vartheta\sin\gamma\Delta\gamma + \sin\vartheta\Delta\vartheta) + \sum\Delta F_y \\ m\dfrac{\mathrm{d}\Delta V_z}{\mathrm{d}t} = -mV_{y0}\Delta\omega_x + mV_{x0}\Delta\omega_y + mg(\cos\vartheta\cos\gamma\Delta\gamma - \sin\vartheta\Delta\psi) + \sum\Delta F_z \\ I_x\dfrac{\mathrm{d}\Delta\omega_x}{\mathrm{d}t} - I_{xy}\dfrac{\mathrm{d}\Delta\omega_y}{\mathrm{d}t} = \sum\Delta M_x \\ I_y\dfrac{\mathrm{d}\Delta\omega_y}{\mathrm{d}t} - I_{xy}\dfrac{\mathrm{d}\Delta\omega_x}{\mathrm{d}t} = \sum\Delta M_y \\ I_z\dfrac{\mathrm{d}\Delta\omega_z}{\mathrm{d}t} = \sum\Delta M_z \\ \dfrac{\mathrm{d}\Delta\gamma}{\mathrm{d}t} = \Delta\omega_x - \tan\vartheta\Delta\omega_y \\ \dfrac{\mathrm{d}\Delta\psi}{\mathrm{d}t} = \dfrac{\Delta\omega_y}{\cos\vartheta} \\ \dfrac{\mathrm{d}\Delta\vartheta}{\mathrm{d}t} = \Delta\omega_z \end{cases} \tag{4-22}$$

从直升机小扰动线化运动方程组(4-22)及式(4-20)可以看出，直升机的纵横向运动存在耦合，而固定翼飞机的纵横向运动是分离的，这是直升机与固定翼飞机的重要区别之一。直升机纵横向运动耦合的原因是直升机的旋翼和尾桨空气动力存在纵横向耦合。

将 $\sum\Delta F_x$ 、 $\sum\Delta F_y$ 、 $\sum\Delta F_z$ 、 $\sum\Delta M_x$ 、 $\sum\Delta M_y$ 、 $\sum\Delta M_z$ 代入式(4-22)并加以整理，可得矩阵形式的直升机小扰动线化运动方程为

$$\boldsymbol{A}\dot{\boldsymbol{X}}=\boldsymbol{B}\boldsymbol{X}+\boldsymbol{C}\boldsymbol{U} \tag{4-23}$$

式中，$\boldsymbol{X}=\left[\Delta V_x,\Delta V_y,\Delta V_z,\Delta\omega_x,\Delta\omega_y,\Delta\omega_z,\Delta\gamma,\Delta\psi,\Delta\vartheta\right]^{\mathrm{T}}$ 为状态变量；$\boldsymbol{U}=\left[\Delta\varphi_7,\Delta A_1,\Delta B_1,\Delta\varphi_T\right]^{\mathrm{T}}$ 为操纵输入增量；$\boldsymbol{A}$、$\boldsymbol{B}$ 和 $\boldsymbol{C}$ 为系数矩阵，它们的表达式分别为

$$\boldsymbol{A}=\begin{bmatrix} m & 0 & 0 & 0 & 0 & 0 & 0 & 0 & 0\\ 0 & m & 0 & 0 & 0 & 0 & 0 & 0 & 0\\ 0 & 0 & m & 0 & 0 & 0 & 0 & 0 & 0\\ 0 & 0 & 0 & I_x & -I_{xy} & 0 & 0 & 0 & 0\\ 0 & 0 & 0 & -I_{xy} & I_y & 0 & 0 & 0 & 0\\ 0 & 0 & 0 & 0 & 0 & I_z & 0 & 0 & 0\\ 0 & 0 & 0 & 0 & 0 & 0 & 1 & 0 & 0\\ 0 & 0 & 0 & 0 & 0 & 0 & 0 & 1 & 0\\ 0 & 0 & 0 & 0 & 0 & 0 & 0 & 0 & 1 \end{bmatrix}$$

$$\boldsymbol{B}=$$

$$\begin{bmatrix} \dfrac{\partial F_x}{\partial V_x} & \dfrac{\partial F_x}{\partial V_y} & \dfrac{\partial F_x}{\partial V_z} & \dfrac{\partial F_x}{\partial \omega_x} & \dfrac{\partial F_x}{\partial \omega_y}-mV_z & \dfrac{\partial F_x}{\partial \omega_z}+mV_y & 0 & -mg\cos\vartheta\sin\gamma & -mg\cos\vartheta\cos\gamma\\ \dfrac{\partial F_y}{\partial V_x} & \dfrac{\partial F_y}{\partial V_y} & \dfrac{\partial F_y}{\partial V_z} & \dfrac{\partial F_y}{\partial \omega_x}+mV_z & \dfrac{\partial F_y}{\partial \omega_y} & \dfrac{\partial F_y}{\partial \omega_z}-mV_x & mg\cos\vartheta\sin\gamma & 0 & mg\sin\vartheta\\ \dfrac{\partial F_z}{\partial V_x} & \dfrac{\partial F_z}{\partial V_y} & \dfrac{\partial F_z}{\partial V_z} & \dfrac{\partial F_z}{\partial \omega_x}-mV_y & \dfrac{\partial F_z}{\partial \omega_y}+mV_x & \dfrac{\partial F_z}{\partial \omega_z} & mg\cos\vartheta\cos\gamma & -mg\sin\vartheta & 0\\ \dfrac{\partial M_x}{\partial V_x} & \dfrac{\partial M_x}{\partial V_y} & \dfrac{\partial M_x}{\partial V_z} & \dfrac{\partial M_x}{\partial \omega_x} & \dfrac{\partial M_x}{\partial \omega_y} & \dfrac{\partial M_x}{\partial \omega_z} & 0 & 0 & 0\\ \dfrac{\partial M_y}{\partial V_x} & \dfrac{\partial M_y}{\partial V_y} & \dfrac{\partial M_y}{\partial V_z} & \dfrac{\partial M_y}{\partial \omega_x} & \dfrac{\partial M_y}{\partial \omega_y} & \dfrac{\partial M_y}{\partial \omega_z} & 0 & 0 & 0\\ \dfrac{\partial M_z}{\partial V_x} & \dfrac{\partial M_z}{\partial V_y} & \dfrac{\partial M_z}{\partial V_z} & \dfrac{\partial M_z}{\partial \omega_x} & \dfrac{\partial M_z}{\partial \omega_y} & \dfrac{\partial M_z}{\partial \omega_z} & 0 & 0 & 0\\ 0 & 0 & 0 & 1 & -\tan\vartheta & 0 & 0 & 0 & 0\\ 0 & 0 & 0 & 0 & 1/\cos\vartheta & 0 & 0 & 0 & 0\\ 0 & 0 & 0 & 0 & 0 & 1 & 0 & 0 & 0 \end{bmatrix}$$

$$
\boldsymbol{C}=\begin{bmatrix}
\dfrac{\partial F_x}{\partial \varphi_7} & \dfrac{\partial F_x}{\partial A_1} & \dfrac{\partial F_x}{\partial B_1} & \dfrac{\partial F_x}{\partial \varphi_T}\\
\dfrac{\partial F_y}{\partial \varphi_7} & \dfrac{\partial F_y}{\partial A_1} & \dfrac{\partial F_y}{\partial B_1} & \dfrac{\partial F_y}{\partial \varphi_T}\\
\dfrac{\partial F_z}{\partial \varphi_7} & \dfrac{\partial F_z}{\partial A_1} & \dfrac{\partial F_z}{\partial B_1} & \dfrac{\partial F_z}{\partial \varphi_T}\\
\dfrac{\partial M_x}{\partial \varphi_7} & \dfrac{\partial M_x}{\partial A_1} & \dfrac{\partial M_x}{\partial B_1} & \dfrac{\partial M_x}{\partial \varphi_T}\\
\dfrac{\partial M_y}{\partial \varphi_7} & \dfrac{\partial M_y}{\partial A_1} & \dfrac{\partial M_y}{\partial B_1} & \dfrac{\partial M_y}{\partial \varphi_T}\\
\dfrac{\partial M_z}{\partial \varphi_7} & \dfrac{\partial M_z}{\partial A_1} & \dfrac{\partial M_z}{\partial B_1} & \dfrac{\partial M_z}{\partial \varphi_T}\\
0 & 0 & 0 & 0\\
0 & 0 & 0 & 0\\
0 & 0 & 0 & 0
\end{bmatrix}
$$

可将式(4-23)写成如下标准形式：

$$
(\mathrm{D}\boldsymbol{E}-\boldsymbol{A}_s)\boldsymbol{X}=\boldsymbol{B}_s\boldsymbol{U} \tag{4-24}
$$

式中，符号 $\mathrm{D}=\dfrac{\mathrm{d}}{\mathrm{d}t}$；$\boldsymbol{E}$ 为单位矩阵；$\boldsymbol{A}_s=\boldsymbol{A}^{-1}\boldsymbol{B}$；$\boldsymbol{B}_s=\boldsymbol{A}^{-1}\boldsymbol{C}$；$\boldsymbol{X}$ 和 $\boldsymbol{U}$ 的含义与式(4-23)相同。

利用式(4-24)，可以研究直升机的稳定性和操纵响应。令等式的右侧为零，即不施加任何操纵，所得的齐次方程称为稳定性方程组，用以研究直升机的稳定性。若包含右侧的操纵项，则用以研究直升机对操纵的响应。有关直升机稳定性和操纵响应的内容将在第 6 章和第 7 章讨论，在此之前，先讨论直升机的基准运动，即直升机稳定飞行的配平。

# 第 5 章　直升机的稳定飞行

## 5.1　稳定飞行的研究内容

稳定飞行是指直升机匀速直线飞行(包括悬停)。此时，作用在直升机上的全部外力、外力矩合成为零，即处于平衡状态。稳定飞行分析也称平衡计算分析，为达到平衡而施加的操纵称为配平操纵。

平衡计算的任务是根据平衡条件确定直升机稳定飞行所需的操纵量和直升机姿态角。其中操纵量包括旋翼的总距 $\varphi_7$、横向周期变距 $A_1$、纵向周期变距 $B_1$ 及尾桨总距 $\varphi_T$；姿态角则包括直升机俯仰角 $\vartheta$、侧倾角 $\gamma$。

对常规单旋翼带尾桨式直升机而言，平衡计算所用到的直升机外力和外力矩来自下列直升机部件的空气动力与直升机自身重力。

旋翼：旋翼拉力、后向力、侧向力、反扭矩及俯仰和滚转桨毂力矩。

尾桨：尾桨拉力和反扭矩。

平尾：平尾升力、阻力。

垂尾：垂尾升力、阻力。

机身：机身升力、阻力、侧向力及机身俯仰、滚转和偏航力矩。

本章首先讨论确定上述各部件空气动力的方法；然后列出直升机悬停和前飞时的平衡方程，给出平衡方程的求解方法；结合样例直升机讨论直升机稳定飞行的配平结果，最后对直升机的低速前飞和自转飞行的配平进行讨论。

## 5.2　直升机各部件空气动力

### 5.2.1　旋翼

1. 旋翼空气动力

“直升机空气动力学”中用叶素理论对旋翼空气动力的确定进行了详细推导和分析，这里直接引用其结果。

假定旋翼桨盘处的诱导速度均匀分布，则旋翼的拉力系数、后向力系数、侧向力系数及反扭矩系数为

$$C_T = \kappa a_\infty \sigma \left[ \left( \frac{1}{3} + \frac{1}{2}\mu^2 \right)\theta_0 + \frac{1}{4}\left(1+\mu^2\right)\theta_1 - \frac{1}{2}\left(\overline{v}_0 - \lambda_0\right) - \frac{1}{2}\mu B_1 \right] \tag{5-1}$$

$$
\begin{aligned}
C_H = &\frac{1}{2}\sigma C_x\mu + \frac{1}{3}\kappa a_\infty\sigma a_{1s}\left\{\theta_0 + \frac{3}{4}\theta_1 + \frac{9}{4}(\bar{v}_0-\lambda_0) - \frac{1}{2}\frac{a_0 b_{1s}}{a_{1s}}\right. \\
&\left. + \frac{1}{4a_{1s}}\mu\left[\left(a_0^2 + a_{1s}^2\right) + (\bar{v}_0-\lambda_0)(2\theta_0+\theta_1)\right]\right\} \\
&- \frac{1}{3}\kappa a_\infty\sigma\left\{\frac{3}{4}\left[\mu a_{1s} + (\bar{v}_0-\lambda_0)\right]B_1 - \frac{1}{2}a_0 A_1\right\}
\end{aligned} \tag{5-2}
$$

$$
\begin{aligned}
C_S = &\frac{1}{3}\kappa a_\infty\sigma b_{1s}\left\{\left(\theta_0 + \frac{3}{4}\theta_1\right)\left(1+\frac{3}{2}\mu^2\right) + \frac{9}{4}\left[\frac{1}{3}\mu a_{1s} - (\bar{v}_0-\lambda_0)\right]\right. \\
&\left. - \frac{9}{4}\frac{a_0}{b_{1s}}\mu\left[\left(\theta_0+\frac{3}{4}\theta_1\right) + 2(\bar{v}_0-\lambda_0)\right] + \frac{1}{2}\frac{a_0 a_{1s}}{b_{1s}}\left(1-6\mu^2\right)\right\} \\
&- \kappa a_\infty\sigma\left\{\frac{1}{4}\left[\mu a_{1s} - (\bar{v}_0-\lambda_0)\right]A_1 - \frac{1}{6}\left[a_0\left(1+3\mu^2\right) - 3\mu b_{1s}\right]B_1\right\}
\end{aligned} \tag{5-3}
$$

$$
\begin{aligned}
m_k = &\frac{1}{4}\sigma C_x\left(1+\mu^2\right) + \kappa a_\infty\sigma\left\{\left(\frac{1}{3}\theta_0 + \frac{1}{4}\theta_1\right)(\bar{v}_0-\lambda_0) - \frac{1}{4}\mu^2 a_0^2 - \frac{1}{8}\left(1+\frac{3}{2}\mu^2\right)a_{1s}^2\right. \\
&- \frac{1}{8}\left(1+\frac{1}{2}\mu^2\right)b_{1s}^2 + \frac{1}{3}a_0\mu b_{1s} - \frac{1}{2}\left[(\bar{v}_0-\lambda_0)^2 - (\bar{v}_0-\lambda_0)\mu a_{1s}\right] \\
&\left. - \left[\frac{1}{6}\mu a_0 - \frac{1}{8}b_{1s}\left(1+\frac{1}{2}\mu^2\right)\right]A_1 - \left[\frac{1}{8}a_{1s}\left(1-\frac{1}{2}\mu^2\right) + \frac{1}{4}\mu(\bar{v}_0-\lambda_0)\right]B_1\right\}
\end{aligned} \tag{5-4a}
$$

在“直升机空气动力学”中，旋翼反扭矩系数写成另外一种形式：

$$
m_k = \frac{1}{4}\sigma C_x K_{P0}\left(1+5\mu^2\right) + C_T\bar{v}_0 J_0\left(1+3\mu^2\right) + C_T(-\lambda_0) - C_H\mu \tag{5-4b}
$$

即旋翼反扭矩包括四部分：①型阻引起的反扭矩；②与诱导功率相对应的反扭矩；③与旋翼有效功率相对应的反扭矩；④旋翼后向力在飞行速度方向引起的反扭矩。

式(5-4b)中，$K_{P0}$ 和 $J_0$ 分别为悬停时的型阻功率修正系数和诱导速度修正系数。

上述各式中参数的含义见符号表，旋翼锥度角 $a_0$ 、后倒角 $a_{1s}$ 和侧倒角 $b_{1s}$ 分别为

$$
a_0 = \frac{\kappa\gamma_b}{2}\left[\frac{1}{4}\left(1+\mu^2\right)\theta_0 + \left(\frac{1}{5}+\frac{1}{6}\mu^2\right)\theta_1 - \frac{1}{3}(\bar{v}_0-\lambda_0) - \frac{1}{3}\mu B_1\right] - \frac{gM_b}{\Omega^2 I_b} \tag{5-5}
$$

$$
a_{1s} = \left[\frac{8}{3}\theta_0 + 2\theta_1 - 2(\bar{v}_0-\lambda_0)\right]\frac{\mu}{1-\frac{1}{2}\mu^2} - B_1\left(1+\frac{2\mu^2}{1-\frac{1}{2}\mu^2}\right) \tag{5-6}
$$

$$
b_{1s} = \frac{\frac{4}{3}\mu a_0}{1+\frac{1}{2}\mu^2} + A_1 \tag{5-7}
$$

2. *左旋旋翼的空气动力*

由于左旋旋翼的旋转方向与右旋旋翼相反，从空气动力的角度来说，造成以下几方面的不同。

(1) 左旋旋翼的反扭矩方向与右旋旋翼相反。

(2) 左旋旋翼的前行边对应右旋旋翼的后行边，而左旋旋翼的后行边对应右旋旋翼的前行边。这样对右旋旋翼所说的向右侧倒(吹风挥舞)，在左旋旋翼变为向左侧倒，左旋旋翼的侧向力方向与右旋旋翼相反。

可通过引入变号系数 $(\varDelta)$ 将式(5-2)～式(5-4)改写成左、右旋都适用的旋翼后向力系数、侧向力系数和反扭矩系数。拉力系数只与挥舞锥度角有关，左、右旋旋翼都一样。

$$\begin{aligned}C_H &= \frac{1}{2}\sigma C_x\mu + \frac{1}{3}\kappa a_\infty\sigma a_{1s}\left\{\theta_0 + \frac{3}{4}\theta_1 + \frac{9}{4}(\overline{v}_0-\lambda_0) - (\varDelta)\frac{1}{2}\frac{a_0 b_{1s}}{a_{1s}}\right.\\ &\quad\left. + \frac{1}{4a_{1s}}\mu\left[\left(a_0^2+a_{1s}^2\right)+(\overline{v}_0-\lambda_0)(2\theta_0+\theta_1)\right]\right\}\\ &\quad - \frac{1}{3}\kappa a_\infty\sigma\left\{\frac{3}{4}\left[\mu a_{1s}+(\overline{v}_0-\lambda_0)\right]B_1 - \frac{1}{2}a_0A_1\right\}\end{aligned} \tag{5-8}$$

$$\begin{aligned}C_S &= (\varDelta)\frac{1}{3}\kappa a_\infty\sigma b_{1s}\left\{\left(\theta_0+\frac{3}{4}\theta_1\right)\left(1+\frac{3}{2}\mu^2\right)+\frac{9}{4}\left[\frac{1}{3}\mu a_{1s}-(\overline{v}_0-\lambda_0)\right]\right.\\ &\quad\left.-(\varDelta)\frac{9}{4}\frac{a_0}{b_{1s}}\mu\left[\left(\theta_0+\frac{3}{4}\theta_1\right)+2(\overline{v}_0-\lambda_0)\right]+(\varDelta)\frac{1}{2}\frac{a_0a_{1s}}{b_{1s}}\left(1-6\mu^2\right)\right\}\\ &\quad-\kappa a_\infty\sigma\left\{\frac{1}{4}\left[\mu a_{1s}-(\overline{v}_0-\lambda_0)\right]A_1-\frac{1}{6}\left[a_0\left(1+3\mu^2\right)-(\varDelta)3\mu b_{1s}\right]B_1\right\}\end{aligned} \tag{5-9}$$

$$\begin{aligned}m_k &= (\varDelta)\frac{1}{4}\sigma C_x\left(1+\mu^2\right)+(\varDelta)\kappa a_\infty\sigma\left\{\left(\frac{1}{3}\theta_0+\frac{1}{4}\theta_1\right)(\overline{v}_0-\lambda_0)\right.\\ &\quad-\frac{1}{4}\mu^2a_0^2-\frac{1}{8}\left(1+\frac{3}{2}\mu^2\right)a_{1s}^2-\frac{1}{8}\left(1+\frac{1}{2}\mu^2\right)b_{1s}^2+(\varDelta)\frac{1}{3}a_0\mu b_{1s}\\ &\quad-\frac{1}{2}\left[(\overline{v}_0-\lambda_0)^2-(\overline{v}_0-\lambda_0)\mu a_{1s}\right]-\left[\frac{1}{6}\mu a_0-\frac{(\varDelta)}{8}b_{1s}\left(1+\frac{1}{2}\mu^2\right)\right]A_1\\ &\quad\left.-\left[\frac{1}{8}a_{1s}\left(1-\frac{1}{2}\mu^2\right)+\frac{1}{4}\mu(\overline{v}_0-\lambda_0)\right]B_1\right\}\end{aligned} \tag{5-10a}$$

或

$$m_k = (\varDelta)\left[\frac{1}{4}\sigma C_x K_{P0}\left(1+5\mu^2\right)+C_T\overline{v}_0J_0\left(1+3\mu^2\right)+C_T(-\lambda_0)-C_H\mu\right] \tag{5-10b}$$

当 $(\varDelta)=1$ 时，上述各式对应右旋旋翼，当 $(\varDelta)=-1$ 时，对应左旋旋翼。

### 3. 旋翼桨毂力矩

除旋翼拉力、后向力、侧向力及反扭矩外，还会出现由于挥舞铰偏置量引起的桨毂力矩，挥舞铰偏置量对旋翼拉力、后向力、侧向力及反扭矩的影响不大，可以忽略。桨毂力矩使带有水平铰偏置量旋翼的操纵功效比中心铰式旋翼大，这是采用偏置挥舞铰的主要原因。

桨毂力矩及其确定方法已在第 3 章进行了详细讨论，这里直接引用，即

$$M_{Gx}=(\varDelta)k\frac{e}{2}M_b\varOmega^2 b_{1s} \tag{5-11}$$

$$M_{Gz}=k\frac{e}{2}M_b\varOmega^2 a_{1s} \tag{5-12}$$

同样，$(\varDelta)=1$对应右旋旋翼，$(\varDelta)=-1$对应左旋旋翼。

4. 旋翼空气动力在体轴系的力和力矩分量

按桨轴系和体轴系的相互关系，由前面讨论的旋翼力和力矩可以得到旋翼空气动力在体轴系的力和力矩分量：

$$\begin{bmatrix} F_{x,M} \\ F_{y,M} \\ F_{z,M} \end{bmatrix}=\begin{bmatrix} \cos\delta & \sin\delta & 0 \\ -\sin\delta & \cos\delta & 0 \\ 0 & 0 & 1 \end{bmatrix}\begin{bmatrix} -H \\ T \\ S \end{bmatrix} \tag{5-13}$$

$$\begin{bmatrix} M_{x,M} \\ M_{y,M} \\ M_{z,M} \end{bmatrix}=\begin{bmatrix} \cos\delta & \sin\delta & 0 \\ -\sin\delta & \cos\delta & 0 \\ 0 & 0 & 1 \end{bmatrix}\begin{bmatrix} M_{Gx} \\ -M_k \\ M_{Gz} \end{bmatrix}+\begin{bmatrix} F_{z,M}y_M-F_{y,M}z_M \\ F_{x,M}z_M-F_{z,M}x_M \\ F_{y,M}x_M-F_{x,M}y_M \end{bmatrix} \tag{5-14}$$

式中，$x_M, y_M, z_M$为桨毂中心在体轴系中的位置坐标。

### 5.2.2 尾桨

尾桨的作用主要是产生侧向力，从而形成偏航力矩，用以配平旋翼反扭矩并实施航向操纵。尾桨也有反扭矩，但量值较小。

尾桨相当于无周期变距的小旋翼。尾桨空气动力的计算可用与旋翼空气动力计算相同的方法。

与旋翼相比，尾桨桨叶相对刚硬，挥舞调节近似为−1，因而周期挥舞运动很小，且没有周期变距。这样，在分析尾桨的运动时可以忽略尾桨的后倒和侧倒，相应地，尾桨产生的后向力和侧向力也可忽略。于是，尾桨的空气动力仅计其拉力和反扭矩。

1. 尾桨的相对气流速度

图 5-1 示出了尾桨相对于直升机重心的几何位置，图中对应尾桨构造旋转平面与机身纵向对称平面平行的情况。

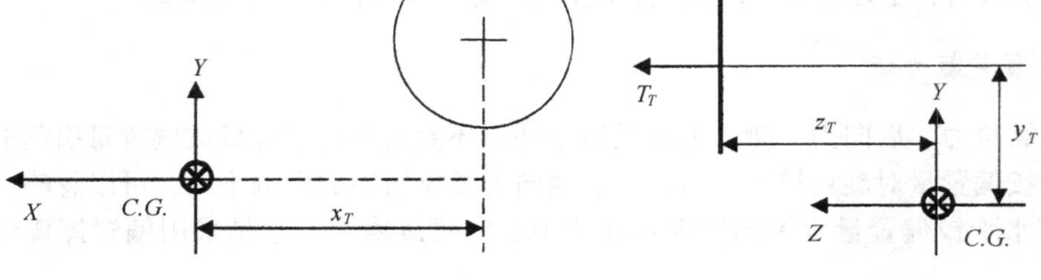


图 5-1　尾桨在体轴系中的位置

尾桨的速度包括直升机前飞的相对气流速度、机身角运动产生的相对速度及旋翼下洗、侧洗和机身侧洗速度，因此尾桨旋转中心的速度在直升机体轴系中的分量为

$$\begin{cases} V_{XT} = V_x\sqrt{K_{QT}} + \omega_y \cdot z_T - \omega_z \cdot y_T + V_{XI} \\ V_{YT} = V_y\sqrt{K_{QT}} + \omega_z \cdot x_T - \omega_x \cdot z_T + V_{YI} \\ V_{ZT} = V_z\sqrt{K_{QT}} + \omega_x \cdot y_T - \omega_y \cdot x_T + V_{ZI} \end{cases} \tag{5-15}$$

式中，$K_{QT}$ 为尾桨处的动压损失系数；$V_{XI},V_{YI},V_{ZI}$ 为旋翼、机身在尾桨处引起的下洗和侧洗速度。

直升机前飞相对来流在绕过旋翼桨毂及机身而到达尾桨时有动压损失。$K_{QT}$ 取决于飞行状态和尾桨、旋翼、机身之间的相对位置，不同的直升机构型有不同的 $K_{QT}$。$K_{QT}$ 的具体数值目前只能通过试验方法得到。

旋翼在尾桨处引起的干扰速度可表示为旋翼桨盘处的诱导速度 $v_1$ 的函数，即

$$V_{XMT} = v_1 K_{XT}$$
$$V_{YMT} = v_1 K_{YT}$$
$$V_{ZMT} = v_1 K_{ZT}$$

式中，$K_{XT},K_{YT},K_{ZT}$ 为干扰系数，它们是旋翼尾迹偏斜角和挥舞后倒角的函数。$K_{XT},K_{YT},K_{ZT}$ 也需由试验得到。

机身的下洗和侧洗对尾桨的作用很小，绝大部分情况都可以忽略。

这样，尾桨在体轴系的速度分量为

$$V_{XT} = V_x\sqrt{K_{QT}} + \omega_y \cdot z_T - \omega_z \cdot y_T + v_1 K_{XT}$$
$$V_{YT} = V_y\sqrt{K_{QT}} + \omega_z \cdot x_T - \omega_x \cdot z_T + v_1 K_{YT}$$
$$V_{ZT} = V_z\sqrt{K_{QT}} + \omega_x \cdot y_T - \omega_y \cdot x_T + v_1 K_{ZT}$$

写成无量纲形式为

$$\begin{cases} \mu_{x,T} = \dfrac{V_{XT}}{(\Omega R)_T} \\ \mu_{y,T} = \dfrac{V_{YT}}{(\Omega R)_T} \\ \mu_{z,T} = \dfrac{V_{ZT}}{(\Omega R)_T} \end{cases} \tag{5-16}$$

尾桨的前进比和流入比为

$$\mu_T = \sqrt{\mu_{x,T}^2 + \mu_{y,T}^2 + \mu_{z,T}^2} \tag{5-17}$$

$$\lambda_{0,T} = \mu_{z,T} \tag{5-18}$$

2. 尾桨空气动力

根据尾桨的前进比和流入比，套用旋翼的相关公式可得尾桨的挥舞锥度角、拉力系数和反扭矩系数为

$$a_{0,T}=\frac{\kappa\gamma_T}{2}\left[\frac{1}{4}\left(1+\mu_T^2\right)\theta_T-\frac{1}{3}\left(\overline{v}_{0,T}-\lambda_{0,T}\right)\right] \tag{5-19}$$

$$C_{T,T}=K_v a_\infty \sigma_T\left[\left(\frac{1}{3}+\frac{1}{2}{\mu_T}^2\right)\theta_T-\frac{1}{2}\left(\overline{v}_{0,T}-\lambda_{0,T}\right)\right] \tag{5-20}$$

$$\begin{aligned} m_{k,T}=&(\varDelta)\frac{1}{4}\sigma_T C_x\left(1+\mu_T^2\right) \\ &+(\varDelta)\kappa a_\infty \sigma_T\left\{\frac{1}{3}\left(\overline{v}_{0,T}-\lambda_{0,T}\right)\theta_{0,T}-\frac{1}{2}\left(\overline{v}_{0,T}-\lambda_{0,T}\right)^2-\frac{1}{4}\mu_T^2 a_{0,T}^2\right\}\end{aligned} \tag{5-21}$$

式中，参数的含义见符号表；$(\varDelta)$ 为变号系数，与尾桨转向有关，$(\varDelta)=1$ 对应底向前，$(\varDelta)=-1$ 对应底向后；$K_v$ 为垂尾对尾桨的阻塞系数，不同的直升机构型，$K_v$ 也不同。

$\overline{v}_{0,T}$ 为尾桨平均诱导速度，可由滑流理论确定：

$$\overline{v}_{0,T}=\frac{C_{T,T}}{4\sqrt{\mu_{x,T}^2+\mu_{y,T}^2+\lambda_{1,T}^2}}$$

式中

$$\lambda_{1,T}=\overline{v}_{0,T}-\lambda_{0,T}$$

3. 尾桨拉力在体轴系的力和力矩分量

根据图 5-1 可得，尾桨拉力和反扭矩在体轴系产生的力和力矩分量为

$$\begin{bmatrix}F_{x,T}\\F_{y,T}\\F_{z,T}\end{bmatrix}=\frac{1}{2}\rho\pi R_T^2(\varOmega R)_T^2\begin{bmatrix}0\\0\\C_{T,T}\end{bmatrix} \tag{5-22}$$

$$\begin{bmatrix}M_{x,T}\\M_{y,T}\\M_{z,T}\end{bmatrix}=\begin{bmatrix}F_{z,T}y_T\\-F_{z,T}x_T\\0\end{bmatrix}+\frac{1}{2}\rho\pi R_T^3(\varOmega R)_T^2\begin{bmatrix}0\\0\\-m_{k,T}\end{bmatrix} \tag{5-23}$$

### 5.2.3 平尾

平尾的升力在直升机的纵向配平和俯仰稳定中起着重要作用。平尾阻力对全机的影响很小。图 5-2 示出了平尾的几何位置及气流环境和空气动力。

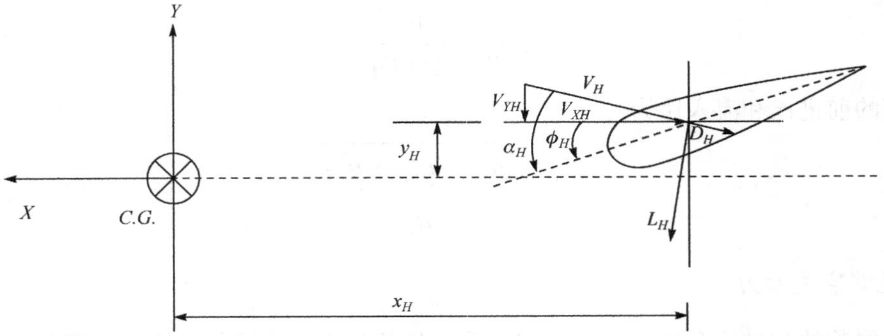


图 5-2　平尾的几何位置及气流环境和空气动力

1. 平尾气流环境

类似尾桨的分析方法，流经平尾的气流速度包括直升机前飞相对来流、机身角运动产生的相对气流速度及旋翼下洗、侧洗和机身下洗引起的速度，即

$$\begin{cases} V_{XH} = V_x\sqrt{K_{QH}} + \omega_y \cdot z_H - \omega_z \cdot y_H + V_{XI} \\ V_{YH} = V_y\sqrt{K_{QH}} + \omega_z \cdot x_H - \omega_x \cdot z_H + V_{YI} \\ V_{ZH} = V_z\sqrt{K_{QH}} + \omega_x \cdot y_H - \omega_y \cdot x_H + V_{ZI} \end{cases} \tag{5-24}$$

式中，$K_{QH}$ 为平尾处的动压损失系数，直升机的构型不同，平尾处的动压损失系数也不同；$V_{XI}, V_{YI}, V_{ZI}$ 为旋翼、机身在平尾处的干扰速度。

旋翼对平尾的下洗作用远远大于侧洗的作用。目前还没有一种有效的理论分析方法来计算旋翼在平尾处引起的下洗和侧洗，只能借助试验。试验表明，其干扰速度可近似为

$$V_{XMH} \approx 0$$
$$V_{YMH} \approx v_1 K_{MH}$$
$$V_{ZMH} \approx 0$$

式中，$v_1$ 为旋翼桨盘处的诱导速度；$K_{MH}$ 为干扰系数，与旋翼尾迹偏斜角和挥舞后倒角有关。

机身对平尾的气动干扰主要是在平尾处的下洗，其大小与直升机的飞行速度、机身迎角和当地动压有关，有

$$V_{ZFH} = \varepsilon V_x \sqrt{K_{QH}}$$

式中，$\varepsilon$ 为机身对平尾的下洗因子，它是机身迎角的函数。机身在平尾处引起的下洗也只能借助试验研究。

到此，平尾处的速度可写为

$$\begin{cases} V_{XH} = V_x\sqrt{K_{QH}} + \omega_y \cdot z_H - \omega_z \cdot y_H \\ V_{YH} = V_y\sqrt{K_{QH}} + \omega_z \cdot x_H - \omega_x \cdot z_H + K_{MH} v_1 + \varepsilon V_x \sqrt{K_{QH}} \\ V_{ZH} = V_z\sqrt{K_{QH}} + \omega_x \cdot y_H - \omega_y \cdot x_H \end{cases} \tag{5-25}$$

2. 平尾空气动力

根据平尾处的安装角和当地速度大小，可得平尾的迎角，即

$$\alpha_H = \varphi_H + \arctan\frac{V_{YH}}{V_{XH}} \tag{5-26}$$

式中，$\varphi_H$ 为平尾安装角。

根据平尾处的速度和迎角，可得升力和阻力分别为

$$\begin{cases} L_H = K_{QH} q A_H C_{LH} \\ D_H = K_{QH} q A_H C_{DH} \end{cases} \tag{5-27}$$

式中，$q$ 为远方来流的动压；$C_{LH}, C_{DH}$ 为平尾的升力和阻力系数，一般地，平尾迎角为–90°～

90°。如此大范围的升力和阻力系数最好由试验确定。当没有试验数据时，可用下列方法估算。

当$\alpha_H$小于临界迎角$\alpha_{H,lj}$时

$$C_{LH}=a_H\alpha_H$$
$$C_{DH}=C_{x0,H}+C_{LH}/(\pi\lambda_H)$$

式中，$a_H$为平尾等效升力线斜率；$\lambda_H$为平尾展弦比。$a_H$与$\lambda_H$的关系为

$$a_H=\frac{a_{\infty,H}}{1+\dfrac{a_{\infty,H}}{2\lambda_H}}$$

当$\left|\alpha_{H,lj}\right|\leqslant\alpha_H<\frac{2}{9}\pi$时，有

$$C_{LH}=3\alpha_H\cos\alpha_H$$
$$C_{DH}=3\alpha_H\sin\alpha_H$$

当$\alpha_H\geqslant\frac{2}{9}\pi$时，有

$$C_{LH}=1.28\frac{\alpha_H}{|\alpha_H|}\cos\alpha_H$$
$$C_{DH}=1.28\frac{\alpha_H}{|\alpha_H|}\sin\alpha_H$$

3. 平尾空气动力在体轴系的力和力矩分量

由图 5-2 可以得到平尾空气动力在体轴系引起的力和力矩分量为

$$\begin{bmatrix}F_{x,H}\\F_{y,H}\\F_{z,H}\end{bmatrix}=\begin{bmatrix}-\cos(\alpha_H-\varphi_H) & -\sin(\alpha_H-\varphi_H) & 0\\-\sin(\alpha_H-\varphi_H) & -\cos(\alpha_H-\varphi_H) & 0\\0 & 0 & 1\end{bmatrix}\begin{bmatrix}D_H\\L_H\\0\end{bmatrix}\tag{5-28}$$

$$\begin{cases}M_{x,H}=F_{y,H}\cdot z_H\\M_{y,H}=-F_{x,H}\cdot z_H\\M_{z,H}=F_{y,H}\cdot x_H-F_{x,H}\cdot y_H\end{cases}\tag{5-29}$$

### 5.2.4 垂尾

垂尾的升力在直升机的横航向配平和稳定中起着重要作用，阻力的影响很小。图 5-3 示出了垂尾的几何位置及气流环境和空气动力。

1. 垂尾气流环境

类似平尾的分析方法，垂尾处的气流速度包括直升机前飞相对来流、机身角运动产生的相对气流速度及旋翼下洗和侧洗、机身侧洗和尾桨侧洗速度，其中尾桨的侧洗对垂尾空气动力的影响很大，其余干扰效应可忽略不计。这样，垂尾处的气流速度可近似为

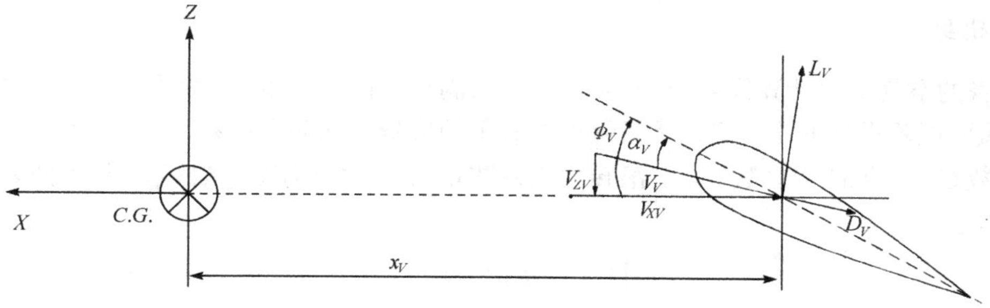


图 5-3　垂尾的几何位置及气流环境和空气动力

$$\begin{cases} V_{XV} = V_x\sqrt{K_{QV}} + \omega_y \cdot z_V - \omega_z \cdot y_V \\ V_{YV} = V_y\sqrt{K_{QV}} + \omega_z \cdot x_V - \omega_x \cdot z_V \\ V_{ZV} = V_z\sqrt{K_{QV}} + \omega_x \cdot y_V - \omega_y \cdot x_V + K_{TV}v_{0,T} \end{cases} \tag{5-30}$$

式中，$K_{QV}$ 为垂尾处的动压损失系数；$v_{0,T}$ 为尾桨平均诱导速度；$K_{TV}$ 为尾桨对垂尾的侧洗因子，其值取决于尾桨是拉进式还是推进式。

### 2. 垂尾空气动力

根据垂尾的安装角和当地速度大小，可得垂尾的迎角，即

$$\alpha_V = \varphi_V - \arctan\frac{V_{ZV}}{V_{XV}} \tag{5-31}$$

式中，$\varphi_V$ 为垂尾安装角。

根据垂尾处的速度和迎角，可得升力和阻力分别为

$$\begin{cases} L_V = K_{QV}qA_VC_{LV} \\ D_V = K_{QV}qA_VC_{DV} \end{cases} \tag{5-32}$$

式中，$q$ 为远方来流的动压；$C_{LV}, C_{DV}$ 为垂尾的升力和阻力系数。与平尾相似，垂尾迎角为$-90°$～$90°$，$C_{LV}, C_{DV}$ 的确定方式与平尾相同。

### 3. 垂尾空气动力在体轴系的力和力矩分量

由图 5-3 可以得到垂尾空气动力在体轴系的力和力矩分量为

$$\begin{bmatrix} F_{x,V} \\ F_{y,V} \\ F_{z,V} \end{bmatrix} = \begin{bmatrix} -\cos(\varphi_V - \alpha_V) & 0 & -\sin(\varphi_V - \alpha_V) \\ 0 & 1 & 0 \\ -\sin(\varphi_V - \alpha_V) & 0 & \cos(\varphi_V - \alpha_V) \end{bmatrix} \begin{bmatrix} D_V \\ 0 \\ L_V \end{bmatrix} \tag{5-33}$$

$$\begin{cases} M_{x,V} = F_{z,V} \cdot y_V \\ M_{y,V} = -F_{z,V} \cdot x_V + F_{x,V} \cdot z_V \\ M_{z,V} = -F_{x,V} \cdot y_V \end{cases} \tag{5-34}$$

### 5.2.5　机身

机身的空气动力计算很复杂，至今没有令人满意的计算模型，一般通过风洞试验得到。通常，风洞试验得到的是一组以无量纲形式表示的机身空气动力系数，分别是阻力系数 $C_{DF}$、升力系数 $C_{LF}$、侧向力系数 $C_{SF}$、滚转力矩系数 $C_{MxF}$、偏航力矩系数 $C_{MyF}$ 和俯仰力矩系数 $C_{MzF}$，即

$$\begin{cases} C_{DF} = f_D(V,\alpha,\beta_s) \\ C_{LF} = f_L(V,\alpha,\beta_s) \\ C_{SF} = f_S(V,\alpha,\beta_s) \\ C_{MxF} = f_{Mx}(V,\alpha,\beta_s) \\ C_{MyF} = f_{My}(V,\alpha,\beta_s) \\ C_{MzF} = f_{Mz}(V,\alpha,\beta_s) \end{cases} \tag{5-35}$$

它们都是直升机飞行速度 $V$、迎角 $\alpha$ 和侧滑角 $\beta_s$ 的函数。

将这些机身力和力矩系数乘以机身模型的特征长度 $l_F$、特征面积 $A_F$ 及远方来流的动压 $q$ 可得直升机机身的空气动力，有

$$\begin{cases} D_F = C_{DF} \cdot q \cdot A_F \\ L_F = C_{LF} \cdot q \cdot A_F \\ S_F = C_{SF} \cdot q \cdot A_F \\ M_{xF} = C_{MxF} \cdot q \cdot l_F \cdot A_F \\ M_{yF} = C_{MyF} \cdot q \cdot l_F \cdot A_F \\ M_{zF} = C_{MzF} \cdot q \cdot l_F \cdot A_F \end{cases} \tag{5-36}$$

如果由风洞试验得到的机身空气动力各系数按模型重心给出，且与直升机的重心差别较大，则应对式(5-36)的力矩进行修正

$$\begin{aligned} \Delta M_{x,F} &= S_F \Delta y_G - L_F \Delta z_G \\ \Delta M_{y,F} &= -D_F \Delta z_G - S_F \Delta x_G \\ \Delta M_{z,F} &= L_F \Delta x_G + D_F \Delta y_G \end{aligned}$$

式中，$\Delta x_G = x_G - x_{G0}$；$\Delta y_G = y_G - y_{G0}$；$\Delta z_G = z_G - z_{G0}$。其中，$x_G, y_G, z_G$ 为直升机的重心，$x_{G0}, y_{G0}, z_{G0}$ 为模型的重心。

除模型重心对机身空气动力有影响外，旋翼下洗会影响机身的俯仰力矩和升力。下洗引起的俯仰力矩 $\delta M_{z,F}$ 由试验确定。下洗对机身升力的影响可用垂直增重系数来表示，即

$$G + \Delta G = \left(1 + \frac{\Delta G}{G}\right) G = K_\perp G$$

式中

$$K_\perp = \begin{cases} 1 + \dfrac{p}{1000}(1 - 10\bar{V}), & \bar{V} \leqslant 0.1 \\ 1, & \bar{V} > 0.1 \end{cases}$$

考虑上述诸因素，可得体轴系下的机身空气动力，即

$$\begin{bmatrix} F_{x,F} \\ F_{y,F} \\ F_{z,F} \\ M_{x,F} \\ M_{y,F} \\ M_{z,F} \end{bmatrix} = \begin{bmatrix} -D_F \\ L_F \\ S_F \\ M_{xF} \\ M_{yF} \\ M_{zF} \end{bmatrix} + \begin{bmatrix} 0 \\ (K_\perp - 1)G \\ 0 \\ \Delta M_{x,F} \\ \Delta M_{y,F} \\ \Delta M_{z,F} + \delta M_{z,F} \end{bmatrix} \tag{5-37}$$

### 5.2.6　全机重力

直升机重力沿铅垂方向向下，通过坐标转换可得直升机重力在体轴系下的分量为

$$\begin{bmatrix} F_{x,G} \\ F_{y,G} \\ F_{z,G} \end{bmatrix} = \begin{bmatrix} -G\sin\vartheta \\ -G\cos\vartheta\cos\gamma \\ G\cos\vartheta\sin\gamma \end{bmatrix} \tag{5-38}$$

## 5.3　平衡方程及求解

5.2 节详细讨论了作用在直升机上的力和力矩，本节将根据平衡条件列出直升机的平衡方程并对平衡方程求解，确定直升机实现稳定飞行所需的驾驶员操纵和直升机姿态。

悬停是直升机所特有的飞行状态。直升机的大部分使用任务是在悬停(0～15kn)(1kn=1.852km/h)时完成的。直升机在悬停状态的外力较少，其空气动力计算较为简单，故本节首先讨论直升机悬停时的平衡方程及其求解，然后讨论直升机前飞时的平衡问题，并讨论设计参数对直升机平衡的影响。

### 5.3.1　悬停

1. 悬停平衡方程

直升机悬停时作用其上的力及力矩如图 5-4 所示。由于悬停状态的飞行速度很小，机身和平尾本身产生的空气动力值也很小，这样，直升机悬停时的力和力矩平衡主要是旋翼、尾桨的空气动力和重力之间的平衡。但由于受旋翼下洗流的作用，机身、平尾的空气动力值也得计入，即图中的 $F_{y,F}$ 和 $F_{y,H}$。旋翼合力为了与重力配平，桨尖轨迹平面基本处于水平位置，因而旋翼下洗流垂直于地面，机身阻力和平尾(若在旋翼尾流之内)阻力垂直向下。

设旋翼中心的坐标为$(x_M, y_M, z_M)$，旋翼轴前倾角为 $\delta$；尾桨中心的坐标为$(x_T, y_T, z_T)$，尾桨轴倾斜角为 $\delta_T$；平尾压力中心至 $y$ 轴的距离为 $x_H$。根据图 5-4，有

$\sum F_x = 0$

$$T\sin\delta - H\cos\delta + G\sin(-\vartheta) = 0 \tag{5-39}$$

$\sum F_y = 0$

$$T\cos\delta + H\sin\delta - \left(G + F_{x,F} + F_{x,H}\right)\cos(-\vartheta) = 0 \tag{5-40}$$

$\sum M_z = 0$

$$M_{Gz}-M_{k,T}+M_{z,F}+T(x_M\cos\delta-y_M\sin\delta)+Hy_M\cos\delta+F_{y,H}\cdot x_H-T_T\sin\delta_T(-x_T)=0 \quad (5\text{-}41)$$

$\sum F_z=0$

$$S+T_T\cos\delta_T+G\cos(-\vartheta)\sin\gamma=0 \quad (5\text{-}42)$$

$\sum M_x=0$

$$M_{Gx}+M_{x,F}-T\cdot z_M+S\cdot y_M+T_T\cos\delta_T\cdot y_T=0 \quad (5\text{-}43)$$

$\sum M_y=0$

$$T_T\cos\delta_T\cdot x_T-S\cdot x_M-M_k=0 \quad (5\text{-}44)$$

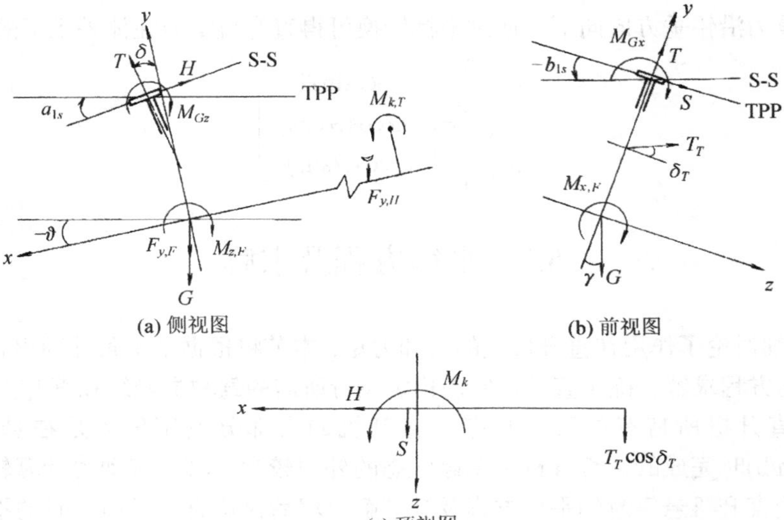


(a) 侧视图　　(b) 前视图

(c) 顶视图

图 5-4　直升机悬停时的力和力矩

将方程(5-39)～方程(5-44)联立，即可解出 2 个平衡姿态角 $\vartheta$ 、$\gamma$ 和 4 个操纵量 $\varphi_7$ 、$A_1$ 、$B_1$ 、 $\varphi_T$ ，它们都含在旋翼或尾桨的空气动力中。

2. 悬停平衡方程的求解

从方程(5-39)～方程(5-44)可以看出，直升机悬停时的平衡方程为非线性方程组，对它求解不容易，实践证明，用 Newton 法来求解上述非线性方程组能得到比较满意的结果。

有关 Newton 法的基本思想在很多书里有详细的论述，这里仅仅讨论如何用 Newton 法来求解直升机悬停时的平衡方程。

不妨将直升机悬停时的平衡方程写成下列形式：

$$f_i(x_1,x_2,x_3,x_4,x_5,x_6)=0,\quad i=1,2,\cdots,6 \quad (5\text{-}45)$$

式中，$x_1,x_2,x_3,x_4,x_5,x_6$ 分别为 $\varphi_7,A_1,B_1,\varphi_T,\vartheta,\gamma$ 。

设 $\boldsymbol{X}^*=\left[x_1^*,x_2^*,x_3^*,x_4^*,x_5^*,x_6^*\right]^{\mathrm{T}}$ 为方程(5-45)的解。通常，$\varphi_7$、$A_1$、$B_1$、$\varphi_T$、$\vartheta$、$\gamma$ 为 $f_i(i=1,2,\cdots,6)$ 的连续函数且存在一阶偏导数，则对于 $\boldsymbol{X}^*$ 附近的 $\boldsymbol{X}^k=\left[x_1^k,x_2^k,x_3^k,x_4^k,x_5^k,x_6^k\right]^{\mathrm{T}}$，可作一组线性函数：

$$l_i\left(x_1,x_2,x_3,x_4,x_5,x_6\right)=f_i\left(x_1^k,x_2^k,x_3^k,x_4^k,x_5^k,x_6^k\right)+\begin{bmatrix}\dfrac{\partial f_i}{\partial x_1^k}\\ \dfrac{\partial f_i}{\partial x_2^k}\\ \dfrac{\partial f_i}{\partial x_3^k}\\ \dfrac{\partial f_i}{\partial x_4^k}\\ \dfrac{\partial f_i}{\partial x_5^k}\\ \dfrac{\partial f_i}{\partial x_6^k}\end{bmatrix}^{\mathrm{T}}\begin{bmatrix}\Delta x_1^k\\ \Delta x_2^k\\ \Delta x_3^k\\ \Delta x_4^k\\ \Delta x_5^k\\ \Delta x_6^k\end{bmatrix},\quad i=1,2,\cdots,6 \tag{5-46}$$

来近似替代方程(5-45)。式中，$\Delta x_i^k=x_i^k-x_i^{k-1}\left(i=1,2,\cdots,6,\quad k=0,1,2,\cdots\right)$。

由于 $f_i\left(i=1,2,\cdots,6\right)$ 的一阶导数存在，故式(5-46)中的雅可比矩阵

$$\begin{bmatrix}\dfrac{\partial f_1}{\partial x_1^k}&\dfrac{\partial f_1}{\partial x_2^k}&\dfrac{\partial f_1}{\partial x_3^k}&\dfrac{\partial f_1}{\partial x_4^k}&\dfrac{\partial f_1}{\partial x_5^k}&\dfrac{\partial f_1}{\partial x_6^k}\\ \dfrac{\partial f_2}{\partial x_1^k}&\dfrac{\partial f_2}{\partial x_2^k}&\dfrac{\partial f_2}{\partial x_3^k}&\dfrac{\partial f_2}{\partial x_4^k}&\dfrac{\partial f_2}{\partial x_5^k}&\dfrac{\partial f_2}{\partial x_6^k}\\ \dfrac{\partial f_3}{\partial x_1^k}&\dfrac{\partial f_3}{\partial x_2^k}&\dfrac{\partial f_3}{\partial x_3^k}&\dfrac{\partial f_3}{\partial x_4^k}&\dfrac{\partial f_3}{\partial x_5^k}&\dfrac{\partial f_3}{\partial x_6^k}\\ \dfrac{\partial f_4}{\partial x_1^k}&\dfrac{\partial f_4}{\partial x_2^k}&\dfrac{\partial f_4}{\partial x_3^k}&\dfrac{\partial f_4}{\partial x_4^k}&\dfrac{\partial f_4}{\partial x_5^k}&\dfrac{\partial f_4}{\partial x_6^k}\\ \dfrac{\partial f_5}{\partial x_1^k}&\dfrac{\partial f_5}{\partial x_2^k}&\dfrac{\partial f_5}{\partial x_3^k}&\dfrac{\partial f_5}{\partial x_4^k}&\dfrac{\partial f_5}{\partial x_5^k}&\dfrac{\partial f_5}{\partial x_6^k}\\ \dfrac{\partial f_6}{\partial x_1^k}&\dfrac{\partial f_6}{\partial x_2^k}&\dfrac{\partial f_6}{\partial x_3^k}&\dfrac{\partial f_6}{\partial x_4^k}&\dfrac{\partial f_6}{\partial x_5^k}&\dfrac{\partial f_6}{\partial x_6^k}\end{bmatrix}$$

非奇异，则有

$$\begin{bmatrix}\Delta x_1^k\\ \Delta x_2^k\\ \Delta x_3^k\\ \Delta x_4^k\\ \Delta x_5^k\\ \Delta x_6^k\end{bmatrix}=\begin{bmatrix}\dfrac{\partial f_1}{\partial x_1^k}&\dfrac{\partial f_1}{\partial x_2^k}&\dfrac{\partial f_1}{\partial x_3^k}&\dfrac{\partial f_1}{\partial x_4^k}&\dfrac{\partial f_1}{\partial x_5^k}&\dfrac{\partial f_1}{\partial x_6^k}\\ \dfrac{\partial f_2}{\partial x_1^k}&\dfrac{\partial f_2}{\partial x_2^k}&\dfrac{\partial f_2}{\partial x_3^k}&\dfrac{\partial f_2}{\partial x_4^k}&\dfrac{\partial f_2}{\partial x_5^k}&\dfrac{\partial f_2}{\partial x_6^k}\\ \dfrac{\partial f_3}{\partial x_1^k}&\dfrac{\partial f_3}{\partial x_2^k}&\dfrac{\partial f_3}{\partial x_3^k}&\dfrac{\partial f_3}{\partial x_4^k}&\dfrac{\partial f_3}{\partial x_5^k}&\dfrac{\partial f_3}{\partial x_6^k}\\ \dfrac{\partial f_4}{\partial x_1^k}&\dfrac{\partial f_4}{\partial x_2^k}&\dfrac{\partial f_4}{\partial x_3^k}&\dfrac{\partial f_4}{\partial x_4^k}&\dfrac{\partial f_4}{\partial x_5^k}&\dfrac{\partial f_4}{\partial x_6^k}\\ \dfrac{\partial f_5}{\partial x_1^k}&\dfrac{\partial f_5}{\partial x_2^k}&\dfrac{\partial f_5}{\partial x_3^k}&\dfrac{\partial f_5}{\partial x_4^k}&\dfrac{\partial f_5}{\partial x_5^k}&\dfrac{\partial f_5}{\partial x_6^k}\\ \dfrac{\partial f_6}{\partial x_1^k}&\dfrac{\partial f_6}{\partial x_2^k}&\dfrac{\partial f_6}{\partial x_3^k}&\dfrac{\partial f_6}{\partial x_4^k}&\dfrac{\partial f_6}{\partial x_5^k}&\dfrac{\partial f_6}{\partial x_6^k}\end{bmatrix}\begin{bmatrix}f_1\\ f_2\\ f_3\\ f_4\\ f_5\\ f_6\end{bmatrix} \tag{5-47}$$

式(5-46)和式(5-47)说明用 Newton 法求解非线性方程组是一种迭代过程。对于给定的初值 $\boldsymbol{X}^{k-1}=\left[x_1^{k-1},x_2^{k-1},x_3^{k-1},x_4^{k-1},x_5^{k-1},x_6^{k-1}\right]^{\mathrm{T}}$，求出与 $\boldsymbol{X}^{k-1}$ 对应的函数值，由于 $\boldsymbol{X}^{k-1}$ 不是式(5-45)的解，故式(5-45)的等式不成立，存在误差。为了寻找方程(5-45)的解，先求雅可比矩阵，然后根据式(5-47)确定下一点 $\boldsymbol{X}^{k}=\left[x_1^{k},x_2^{k},x_3^{k},x_4^{k},x_5^{k},x_6^{k}\right]^{\mathrm{T}}$ 所需的迭代步长。再根据 $\boldsymbol{X}^k$ 求出相应的函数值，如果此时式(5-45)仍不成立，则继续求雅可比矩阵和迭代步长。如此不断迭代，直至 $\max\left(\Delta x_i^k\right)\leqslant\varepsilon$，其中 $\varepsilon$ 为给定的小量，一般取 $\varepsilon=10^{-4}$ 或更小。满足上述条件的 $\boldsymbol{X}^k$ 即平衡方程(5-45)的解，而雅可比矩阵可用数值求导方法得到。

Newton 法的收敛速度很快，但对初始值的要求比较高。采用下面所述的简化方法得到的大致配平结果作为 Newton 法的初始迭代值可以解决 Newton 法对初始值要求高的问题。

3. 算例

现以国产某直升机为例，用前面所述方法确定该直升机悬停时的姿态角和驾驶员的操纵量。该样例直升机的主要参数见附录 B。

**表 5-1　样例直升机悬停时的配平结果**

| | |
|---|---|
| 总距/(°) | 7.8215 |
| 横向周期变距/(°) | 0.0399 |
| 纵向周期变距/(°) | 0.0100 |
| 尾桨总距/(°) | 9.3530 |
| 俯仰角/(°) | 2.0345 |
| 侧倾角/(°) | 3.1283 |

表 5-1 为样例直升机悬停时的配平结果，该结果对应重心纵向位置位于 $x_M=0$ 的情形，其他重心位置的配平结果稍后给出。

4. 简化方程

有时需要做快速估算，如设计初期进行参数选择时，或对某种飞行任务或装载情况进行评估时，需要尽快得到大致结果。这时，如果是中心铰式旋翼的直升机，可对平衡方程进行简化。

(1) 设直升机重心在纵向对称面内，则 $z_M=0$。

(2) 忽略旋翼后向力和侧向力中的翼型阻力及其他小项，则 $H=Ta_{1s}$，$S=Tb_{1s}$。

(3) 略去机身力矩、侧向力，只计垂直吹风阻力，其大小用垂直增重系数 $K_{\perp}=1+\dfrac{p}{1000}$ 计算，其中 $p$ 为桨盘载荷。

(4) 假设平尾较靠后，悬停时处于旋翼尾流之外，即 $F_{x,H}=0$。

(5) 尾桨反扭矩 $M_{k,T}$ 较小，略去。尾桨上翘角 $\delta_T$ =0。

(6) 所有角度都是小角，其余弦为 1，正弦为该角本身值。

基于上述假设，直升机悬停时的平衡方程简化为

$$T(\delta-a_{1s})=G\vartheta \tag{5-48}$$

$$T=\left(1+K_{\perp}\right)G \tag{5-49}$$

$$Tb_{1s}+T_T=-G\gamma \tag{5-50}$$

$$Tb_{1s}y_M+T_Ty_T=0 \tag{5-51}$$

$$-M_k+T_T(-x_T)+Tb_{1s}x_M=0 \tag{5-52}$$

$$T(x_M - y_M\delta) + Ta_{1s}y_M = 0 \tag{5-53}$$

表 5-2 给出了简化前后样例直升机的配平结果，从表 5-2 中可以看出，两者的配平结果相差不大，说明用简化方法得到的配平结果能用于设计初期参数选择。

**表 5-2　简化前后样例直升机配平结果对比**

| 项目 | 简化前 | 简化后 | 误差/% |
|---|---|---|---|
| 总距/(°) | 7.8215 | 8.7623 | 12.0 |
| 横向周期变距/(°) | 0.0399 | 0.03747 | –6.1 |
| 纵向周期变距/(°) | 0.0100 | 0.0108 | 8.0 |
| 尾桨总距/(°) | 9.3530 | 8.8012 | –5.9 |
| 俯仰角/(°) | 2.0345 | 2.1627 | 6.3 |
| 侧倾角/(°) | 3.1283 | 3.0626 | –2.1 |

5. 参数影响分析

根据直升机悬停时的平衡方程可以分析设计参数对悬停时配平结果的影响。

(1) 尾桨高度对侧倾角的影响。由式(5-51)得 $T_T = -Tb_{1s}\dfrac{y_M}{y_T}$，代入式(5-50)得 $Tb_{1s} + \left(-Tb_{1s}\dfrac{y_M}{y_T}\right) = -G\gamma$，即 $\gamma = \dfrac{T}{G}\left(\dfrac{y_M}{y_T} - 1\right)b_{1s}$。

可见，尾桨越低，机身姿态越倾斜。如果尾桨中心与旋翼中心同样高，则 $\gamma = 0$，呈横向姿态水平。因此，许多直升机有上翘的尾斜梁，这种布置也推迟和减弱旋翼尾流对尾桨的干扰。缺点是增加了尾传动的复杂性和质量，而且尾梁承受扭转载荷，结构质量会大一些。

(2) 挥舞铰偏置量 $e$ 对姿态和操纵量的影响。由式(5-52)知，尾桨拉力 $T_T$ 是由反扭矩 $M_k$ 决定的。回到方程式(5-43)，($M_{Gx} + Tb_{1s}y_M$)基本上由 $T_T y_T$ 配平，而且 $M_{Gx}$ 与 $b_{1s}$ 同向，所以，若有 $M_{Gx}$ 存在，则 $b_{1s} = A_1$ 就小，即横向操纵量、旋翼倾斜角都比中心铰式的小一些。但机身侧倾角会大一些。

(3) 旋翼轴前倾角 $\delta$ 和重心位置对操纵量的影响。由式(5-53)得 $a_{1s} = \delta - \dfrac{x_M}{y_M}$。根据变距挥舞等效原理，悬停时 $a_{1s} = -B_1$。由此可知，虽然旋翼轴前倾角 $\delta$ 有利于前飞状态的配平，但要求在悬停时向后拉杆，若 $\delta$ 偏大则会使向后拉杆量过大。

同理，直升机适量的前重心($x_M$ 为负值)虽然有利于提高纵向的速度稳定性(第 6 章有详细分析)，但是要求在悬停时施加向后的操纵。若前重心过远，则会危及后退飞行或顺风悬停时的操纵余量。

(4) 重心位置对俯仰角的影响。将 $a_{1s} = \delta - \dfrac{x_M}{y_M}$ 代入式(5-48)，得 $\vartheta = \dfrac{T}{G}\dfrac{x_M}{y_M}$。若直升机为前重心，则悬停时低头。过大的($-\vartheta$)对着陆姿态及起落架着陆载荷都不利。

### 5.3.2 前飞

1. 前飞平衡方程

类似悬停情况，前飞时的平衡方程可根据直升机上的合力和合力矩为零得到。与悬停情况不同的是，前飞时的平尾、垂尾和机身的空气动力比悬停时复杂。机身、平尾、垂尾的空气动力较大，对直升机配平所起的作用也不小。5.2 节已列出了直升机各部件在体轴系各轴上引起的力和力矩分量，这样，根据平衡条件可得直升机前飞平衡方程如下：

$\sum F_x = 0$

$$F_{x,M} + F_{x,H} + F_{x,V} + F_{x,F} - G\sin\vartheta = 0 \tag{5-54}$$

$\sum F_y = 0$

$$F_{y,M} + F_{y,H} + F_{y,F} - G\cos\vartheta\cos\gamma = 0 \tag{5-55}$$

$\sum F_z = 0$

$$F_{z,M} + F_{z,T} + F_{z,V} + F_{z,F} + G\cos\vartheta\sin\gamma = 0 \tag{5-56}$$

$\sum M_x = 0$

$$M_{x,M} + M_{x,T} + M_{x,V} + M_{x,F} = 0 \tag{5-57}$$

$\sum M_y = 0$

$$M_{y,M} + M_{y,T} + M_{y,V} + M_{y,F} = 0 \tag{5-58}$$

$\sum M_z = 0$

$$M_{z,M} + M_{z,T} + M_{z,H} + M_{z,F} = 0 \tag{5-59}$$

同样，前飞时的平衡方程为非线性方程组，需用数值方法对上述方程组求解，得到直升机前飞时的 2 个平衡姿态角 $\vartheta$、$\gamma$ 和 4 个操纵量 $\varphi_7$、$A_1$、$B_1$、$\varphi_T$。

2. 算例

运用上述方法对样例直升机进行前飞时的配平计算，确定直升机前飞时的姿态角和驾驶员所需的操纵。图 5-5 为样例直升机在不同前飞速度时的配平结果。

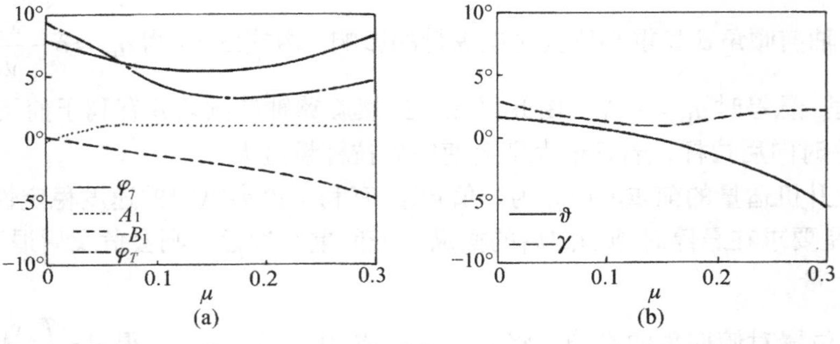


图 5-5 样例直升机在不同前飞速度时的配平结果

从图 5-5 中可以看出，旋翼和尾桨总距随着前飞速度的增加呈马鞍形变化，纵向周期变距随前飞速度的增加而增加，俯仰角则随前飞速度的增加更加前倾，而横向周期变距和侧倾角随着前飞速度的增加变化不大。

图 5-6 为直升机前飞时的力及姿态关系，由于直升机稳定平飞，各力在任何轴上的投影之和应为零。据此可分析直升机的配平参数随前飞速度的变化规律。

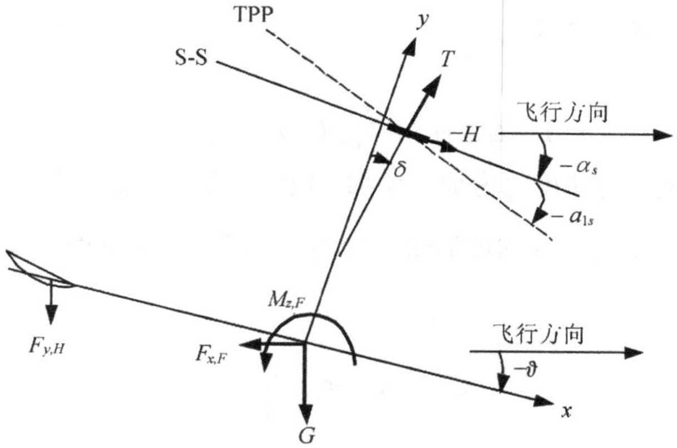


图 5-6　直升机前飞时的力及姿态关系

1) 俯仰角 $\vartheta$ 随前飞速度的变化

将各力投影到桨毂平面，则有

$$-H + G\sin(-\alpha_s) - F_{x,F}\cos(-\alpha_s) - F_{y,H}\sin(-\alpha_s) = 0 \tag{5-60}$$

因 $(-\alpha_s)$ 为小量，式(5-60)左边第四项可略去，这样式(5-60)成为

$$-H + G(-\alpha_s) - F_{x,F} = 0$$

即

$$(-\alpha_s) = \frac{F_{x,F} + H}{G} \tag{5-61}$$

式中，$F_{x,F}$ 与前飞速度的平方成正比，当其他条件相同时，随着前飞速度的增加，$(-\alpha_s)$ 也增加，由于 $(-\vartheta) = (-\alpha_s) - \delta$，这样 $(-\vartheta)$ 随前飞速度的增加而增加，即随着前飞速度的增加，直升机的低头姿态增大。

对不同的直升机，$F_{x,F}$ 越大，平飞时旋翼前倾越大，$(-\vartheta)$ 也越大。从直升机配平的角度来说，减小直升机的废阻可以获得较好的配平结果。

2) 纵向周期变距 $B_1$ 随前飞速度的变化

将各力投影到水平面，则有

$$-H - F_{x,F} + T(-\alpha_s) = 0 \tag{5-62}$$

由于 $-H \approx T(-a_{1s})$，式(5-62)成为

$$T(-a_{1s} - \alpha_s) = F_{x,F}$$

将 $a_{1s} = a_{10} - B_1$ 代入上式，得

$$T(B_1 - a_{10} - \alpha_s) = F_{x,F} \tag{5-63}$$

由于$F_{x,F}$与前飞速度的平方成正比，随着前飞速度的增加，$B_1-a_{10}-\alpha_s$也增加，即桨尖平面更前倾。即使平尾效能很强，力矩平衡时$\vartheta$不大，甚至近似为零，但桨尖平面必然随前飞速度的增加而更前倾，即$(-\alpha_{\text{TPP}})$必随前飞速度的增加而加大。由于$a_{10}$随速度增加而增大，这就要求$B_1$随前飞速度的增加而增大。

3) 总距$\varphi_7$随前飞速度的变化

由$\sum F_y=0$得

$$T-G+H\delta-F_{x,F}(-\vartheta)-F_{x,H}=0 \tag{5-64}$$

式(5-64)后两项随飞行速度的增加而增加，但它们相对$T,G$而言为小量，这样在飞行短时间内($G$近似不变)，$T$随速度的增加略有增加。由叶素理论可得$C_T=\frac{1}{3}\sigma C_{y7}\left(1+3\mu^2\right)$。这说明$C_{y7}\approx$常数。又由

$$C_{y7}=a_\infty\left(\varphi_7-\frac{3}{2}\lambda_1\right)$$

得

$$\varphi_7=\frac{C_{y7}}{a_\infty}+\frac{3}{2}\lambda_1$$

显然，$\varphi_7$随前飞速度的变化完全由旋翼合速度流入比$\lambda_1$决定的。

$\lambda_1$与前飞速度的关系为

$$\lambda_1=v_1+\bar{V}_0(-\alpha_s)$$

式中，$v_1$为诱导速度，大小随$\bar{V}_0$的增加而减小，而等式右边第二项随$\bar{V}_0$的增加而增大。这样，$\lambda_1$与$\bar{V}_0$的关系如图5-7所示。

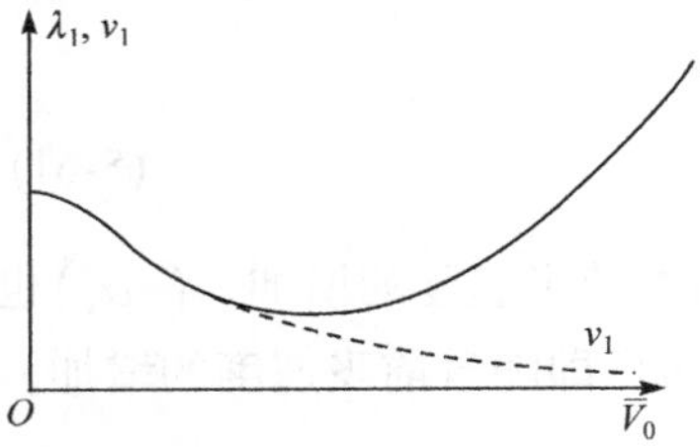

图 5-7　旋翼入流随前飞速度的变化

以上分析表明，$\varphi_7$随前飞速度的变化应与$\lambda_1$一致，即呈马鞍形。

4) 尾桨总距$\varphi_T$随前飞速度的变化

尾桨的功能是平衡旋翼产生的反扭矩，旋翼的反扭矩随前飞速度的变化呈马鞍形，这就要求尾桨的拉力随速度的变化也呈马鞍形，由于尾桨相当于垂直放置的小旋翼，其流入比随速度的变化应与旋翼流入比随速度的变化相同，这样势必要求尾桨总距随速度的变化也呈马鞍形。不过，随着速度的增加，垂尾产生的气动力可以帮助尾桨平衡旋翼的反扭矩，且速度越大，效果越明显。这样，尾桨的总距操纵在大速度时不像旋翼总距那样增加很快。

前面提到，直升机重心的纵向位置对直升机前飞时的纵向操纵量和俯仰角有影响，图5-8给出了前重心、正常重心和后重心三种重心位置时样例直升机在不同前飞时的纵向周期变距值和相应的俯仰角。由图5-8可见，对于给定的前飞速度，当直升机重心由前向后移动时，驾驶杆前推增加，直升机的低头姿态减小，这是由于当直升机重心由前向后的移动过程时，旋翼拉力对重心产生的低头力矩减小，同时重力在纵轴上的向前分量也减小，为了平衡直升机的阻力，驾驶杆前推量应加大。

有关水平铰偏置量和旋翼轴前倾角对直升机的配平结果的影响已在前面悬停状态中进行了分析，这里不再重复。

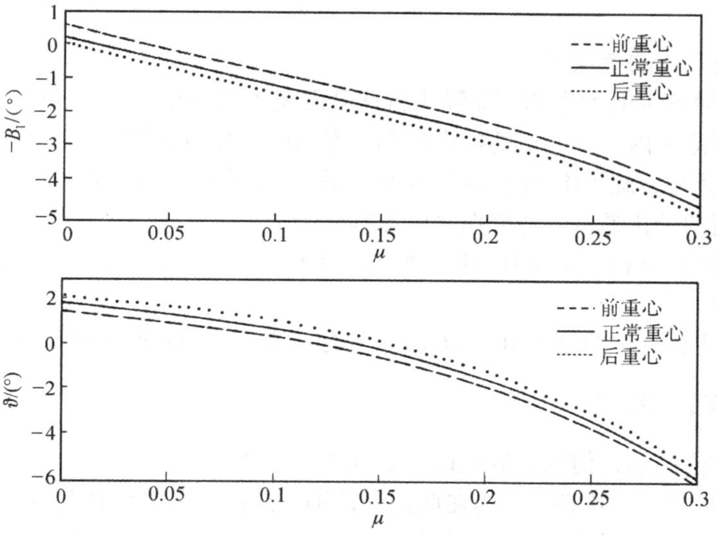


图 5-8　重心位置对前飞时的纵向操纵和俯仰姿态的影响

前飞配平计算是直升机设计的最重要的内容之一，通过前飞配平计算指导设计并检查操纵范围，在飞行包线内满足平衡要求，同时有足够的操纵余量满足机动动作的操纵需要。

总距操纵的上限不仅要满足在升限高度上的配平要求(包括高温条件下)并留有机动飞行(如转弯)和修正干扰所需的余量，还能增距更高以便在自转着陆前瞬时增距使用；下限要满足自转飞行要求。某些舰载直升机要求产生负升力，旋翼应能达到足够的负桨距。

尾桨距用于配平的舵量应占操纵范围的大约一半，另一半必须用于回转、侧飞等机动飞行或在强侧风中保持悬停和航向操纵。

好的设计应使常用飞行状态(如巡航飞行状态)的机身姿态接近水平，周期变距接近0°，这样，机身阻力小，人员乘坐舒适，桨叶、桨轴及自动倾斜器的疲劳载荷小。

利用平衡计算分析，结合重心相对于桨毂中心的位置，选定合适的水平铰偏置量 $e$、旋翼轴前倾角 $\delta$、平尾尺寸及倾角，可以达到或接近上述要求。

## 5.4　低速飞行的特殊性

### 5.4.1　速度范围

低速飞行是直升机起落必然经历的速度范围，尤其重要的是直升机的任务多在此范围内。

我国军用直升机飞行品质规范规定：空速 0～65km/h 为低速飞行，其中包括悬停。

美国军用直升机飞行品质规范(ADS-33E-PRF)则规定：地速 0～15kn(28km/h)为悬停，

地速 15～45kn(28～83km/h)为低速飞行。

### 5.4.2　飞行特点

直升机低速飞行的特点如下。

(1) 旋翼诱导速度的大小和方向随飞行速度而发生的变化比较大。吹风挥舞变化也大，因而在这一速度范围内，直升机的操纵量和姿态角的变化也比较大。

(2) 气动干扰强，旋翼/机身、旋翼/尾部、涡/桨之间都存在较强的干扰，其中桨叶尾涡与后继桨叶之间的干扰是过渡速度振动的原因。

(3) 多为近地面飞行，受地形地物的影响。飞行中必须注意对障碍物的规避和旋翼地面效应造成的影响。

(4) 多机动飞行，侧滑角为 0°～360°(如后退、侧移、向心回转等)，升降及转弯多。

### 5.4.3　平衡计算的特殊性

平衡计算方法同前，但为计算准确，必须着重解决以下两点。

(1) 诱导速度计算要准确。因为在此速度范围，旋翼诱导速度的大小及方向随飞行速度的变化都比较大，对旋翼的挥舞，尤其是对 $b_{10}$ 的影响明显。采用均布或三角形分布的诱导速度假设都欠准确，应具体计算诱导速度分布。

(2) 气动干扰必须计入，尤其是尾面处的迎角。机身的气动力试验数据应取自旋翼／机身组合吹风试验，单用机身的吹风数据和旋翼尾流相叠加的方法难以较好地计入旋翼尾流干扰的影响。

## 5.5　自 转 飞 行

### 5.5.1　概述

自转飞行是直升机特有的飞行状态。当直升机的下降率达到某一值时，旋翼不再需要发动机驱动，而从气流中获得能量，维持恒定转速。

下列情况，直升机应做自转飞行。

(1) 发动机发生故障，如空中停车或因发动机振动太大而被迫关车，驾驶员应以自转飞行方式来寻找迫降地点。

(2) 尾桨由于某种原因失效，不能平衡反扭矩，此时，为了安全着陆，驾驶员应关闭发动机，进入自转飞行并着陆。

(3) 直升机需陡降，为快速下降高度而不致陷入涡环状态。

直升机自转飞行可分为进入、稳定自转下滑和着陆三个阶段，其中进入和着陆两个阶段均为非定常飞行，属过渡飞行。这里仅讨论稳定自转下滑时的配平。

### 5.5.2　稳定自转

图 5-9 为直升机自转飞行时桨叶剖面的速度特性和空气动力特性。叶素的气动合力与旋翼轴平行，在旋转平面上的投影为零。

由图 5-9 可得出自转时的角度关系为

$$\alpha_* - \varphi = \arctan\frac{C_x}{C_y}$$

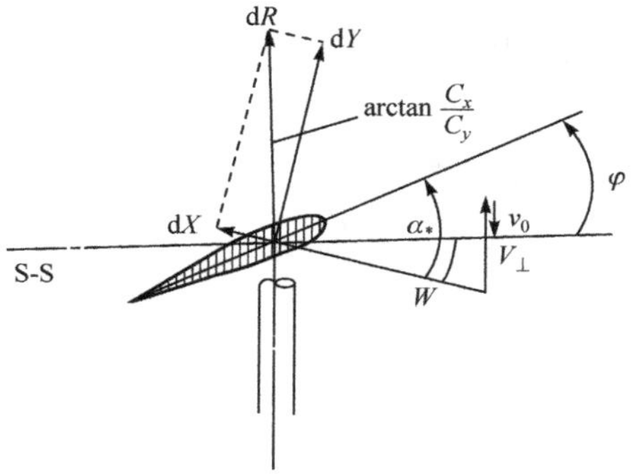


图 5-9　自转飞行时桨叶剖面的速度特性和空气动力特性

如果桨叶安装角过大或下降率较小，则 $\alpha_* - \varphi < \arctan\frac{C_x}{C_y}$，d$R$ 相对于旋翼轴后倾，使旋翼减速旋转；反之，若 $\alpha_* - \varphi > \arctan\frac{C_x}{C_y}$，d$R$ 前倾，使旋翼加速旋转。由此可知，驾驶员能够利用总距杆，以改变总距的办法来调节旋翼自转时的转速，因而一定的总距和转速对应固定的下降率。

以上分析仅以桨叶的一个剖面为代表，对于整片桨叶，由于桨叶各剖面的周向来流速度及诱导速度不同，而且有桨叶几何扭转，因此，不同的桨叶剖面的迎角 $\alpha_*$ 是不同的，d$R$ 的大小和方向也是不同的。一般情况是，在桨根部分，周向来流速度较小，$\alpha_*$ 较大，它们的空气动力的合力前倾，使桨叶加速旋转。桨尖部分，空气动力的合力向后倾斜，使桨叶减速旋转。这样，整片桨叶在定常自转下滑时，各桨叶微段的加速扭矩之和等于减速扭矩之和，此时旋翼转速保持稳定。

由于垂直自转的下降率过大，一般不采用。飞行中一旦发动机停车或尾桨失效，驾驶员可调整总距杆(控制 $\varphi_7$)、驾驶杆(控制 $B_1$)以改变 $V_0$ 和($-V_y$)并保持 $\Omega$ 在适当值，实现稳定自转下滑。

### 5.5.3　下降率

从功率平衡的角度来看，自转下滑时的诱导功率、型阻功率和废阻功率近似地与平飞时相等，需用功率则来自位能释放，即

$$G(-V_y) = N_{需用}$$

一定的 $V_y$ 对应于一定的 $N_{需用}$，而 $N_{需用}$ 与 $\Omega$ 和 $\varphi_7$ 有关，这样，一定的 $\Omega$ 和 $\varphi_7$ 就对应于一定的($-V_y$)。为了得到小的($-V_y$)，宜以 $V_{经济}$ 下滑，以便有较长的留空时间。若要滑行远些，则以 $V_{巡航}$ 下滑。

一般取 $\Omega = (100\%\sim110\%)\Omega_0$，过大则受旋翼强度限制，过小则旋翼储存动能小，着陆瞬间增距效果差。

### 5.5.4　稳定自转飞行的配平

根据前面的讨论，可确定稳定自转飞行的飞行速度 $V_0$、下降率 $V_y$ 及旋翼转速 $\Omega$ 等参数。由于自转飞行时的旋翼反扭矩为零，尾桨的拉力应调整为零。这样直升机前飞的 6 个平衡方程成为 5 个，即

$\sum F_x = 0$

$$F_{x,M} + F_{x,H} + F_{x,F} - G\sin\vartheta = 0$$

$\sum F_y = 0$

$$F_{y,M} + F_{y,H} + F_{y,F} - G\cos\vartheta\cos\gamma = 0$$

$\sum F_z = 0$

$$F_{z,M} + F_{z,V} + F_{z,F} + G\cos\vartheta\sin\gamma = 0$$

$\sum M_x = 0$

$$M_{x,M} + M_{x,V} + M_{x,F} = 0$$

$\sum M_z = 0$

$$M_{z,M} + M_{z,H} + M_{z,F} = 0$$

稳定自转飞行的配平参数也只剩 5 个，它们是旋翼总距、纵横向周期变距、俯仰角和侧倾角。这 5 个配平参数正好由 5 个平衡方程确定。同样，这 5 个方程是非线性方程组，需用前面讨论的方法进行求解。

理论上讲，稳定自转飞行的航向是自动平衡的，但这只是理想情况，实际飞行中情况很复杂，这时垂尾起着保持航向的作用。有的直升机在平尾两端加端板或加下垂尾，都是为了改善自转飞行时的航向稳定，原因是在自转下滑过程中，正常垂尾处于尾梁及平尾的紊乱流中，气动效率比平飞和爬升时的效率低得多，风洞和飞行试验证明自转下滑时垂尾处的动压只有平飞或爬升时的一半，增加端板或下垂尾可以有效地保持直升机自转下滑时的航向。

一般地，当直升机在回避区外飞行发生发动机停车或尾桨失效时，只要驾驶员操纵得当，直升机都能进入自转飞行。但是，如果在回避区内飞行时发生发动机停车或尾桨失效，则直升机有可能坠毁。这样，在设计直升机时，应给出回避区的范围。

# 第 6 章　直升机的稳定性

## 6.1　稳定性概念

稳定性又称安定性，是直升机的一种运动属性，通常指直升机保持固有运动状态或抵制外界扰动的能力。

直升机在做定常直线飞行过程中，可能遇到各种瞬时扰动作用(如阵风扰动、驾驶杆偶然摇动、重心的变化等)，使直升机的平衡飞行状态遭到破坏。平衡飞行状态被破坏瞬间的直升机运动趋势称为直升机的静稳定性。如果直升机受到外界瞬时扰动作用后，不经驾驶员的干预，具有自动恢复原来平衡状态的趋势，则称直升机是静稳定的；反之，在外界瞬时扰动后，直升机有扩大偏离平衡状态的趋势，则称直升机是静不稳定的；此外，第三种可能的情况是直升机受到瞬时扰动作用后既无扩大偏离，又无恢复原来平衡状态的趋势，则称直升机是中性稳定的。

以常见的静稳定性为例，见图 6-1。图 6-1(a)中球在凹面底部，静稳定；图 6-1(b)中球在凸面顶部，静不稳定；图 6-1(c)中球在平面上，中性稳定。

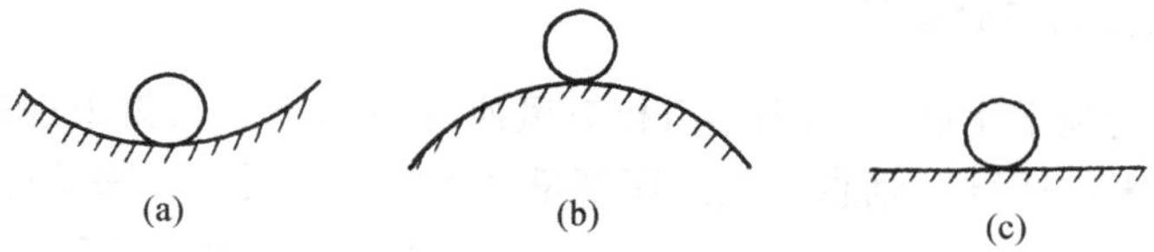


图 6-1　静稳定性的三种类型

直升机的动稳定性是指做定常飞行的直升机受到扰动而偏离其平衡状态后，在由此而产生的力和力矩作用下所发生的运动性质。可分为以下几种情况。

动稳定的：直升机受扰而偏离原平衡位置，当干扰因素消失后，其运动为减幅振荡(阻尼振荡)，或为单调衰减(非周期)运动，见图 6-2(a)和(b)。

动不稳定的：直升机受扰而偏离原平衡位置，当干扰因素消失后，其运动为增幅振荡(发散振荡)，或为单调发散(非周期)运动，见图 6-2(c)和(d)。

中性动稳定的：直升机受扰而偏离原平衡位置，当干扰因素消失后，其运动为等幅振荡(简谐振荡)，或保持运动参数为常值，见图 6-2(e)和(f)。

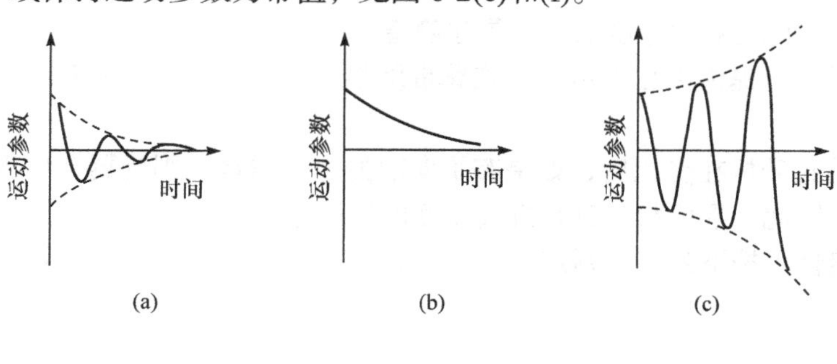

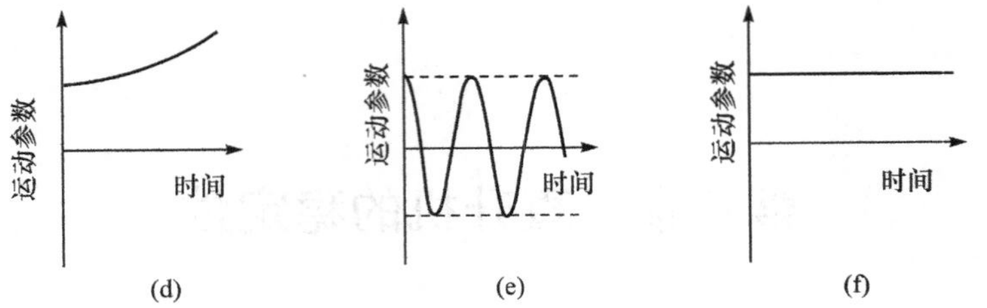


图 6-2　动稳定性的几种类型

动稳定以静稳定为前提，静不稳定的直升机不可能是动稳定的。动不稳定的直升机，当发散程度不是很剧烈时，仍是可以飞行的，但驾驶员需频繁地操纵修正来抵制扰动的影响，从而增加驾驶员的工作负担。动稳定的直升机不需如此。

# 6.2　直升机的静稳定性

为了对直升机的静稳定性有一个直观的认识，本节先从物理概念定性分析直升机受扰后的初始时刻是否具有自动恢复原来平衡状态的能力，分别从纵向、航向和横向三方面进行分析。

## 6.2.1　直升机的纵向静稳定性

1. 直升机对速度的静稳定性

直升机在偶然受到干扰后，飞行速度(相对风速)发生变化，如果出现新的附加力矩，使之自动趋于恢复原来的速度，则直升机按速度是静稳定的；反之，按速度是静不稳定的。

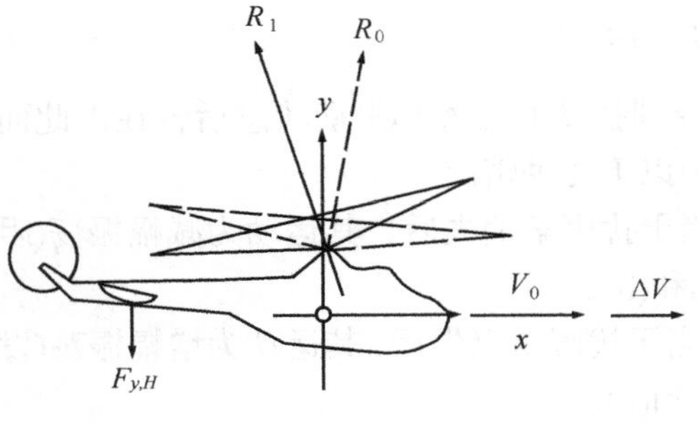


图 6-3　直升机速度静稳定性原理

直升机的速度静稳定力矩主要来自旋翼。如图 6-3 所示，虚线表示原来平衡状态的旋翼位置。对前飞的直升机来说，当飞行速度增加时，桨叶周向来流左右不对称性增加，引起周期挥舞增大而使桨尖平面后倒，从而旋翼气动合力由 $R_0$ 后倾至 $R_1$ 位置，对直升机重心产生附加抬头力矩。如果旋翼的挥舞铰偏置，旋翼后倒引起的桨毂力矩也使直升机抬头。抬头力矩会使直升机上仰，减小前飞速度；当飞行速度减小时，旋翼产生附加低头力矩，有增加前飞速度的趋势。因此旋翼对速度的变化是起静稳定作用的。

直升机的平尾也提供恢复力矩。单旋翼带尾桨式直升机的机身一般也产生对速度变化的稳定力矩。

悬停状态的直升机在受扰后，如果有了向前的速度增量，则旋翼会出现吹风挥舞，使桨尖平面后倒，因此，悬停状态直升机按速度也是静稳定的。

速度静稳定性可按下列方法判别。

(1) $\dfrac{\Delta M_z}{\Delta V} > 0$，表示速度增大引起抬头力矩，是对速度静稳定的。

(2) $\dfrac{\Delta M_z}{\Delta V} < 0$，表示速度增大引起低头力矩，是对速度静不稳定的。

2. 直升机对迎角的静稳定性

直升机在偶然受到干扰后，迎角发生变化，例如，受到干扰后抬头，如果出现新的附加低头力矩，使之自动趋于恢复原来迎角，则直升机按迎角是静稳定的；反之，如出现的附加力矩是抬头力矩，使机身进一步抬头，则按迎角是静不稳定的。

对前飞状态的直升机来说(图 6-4)，当机身迎角增加一个角度$\Delta\alpha$时，前飞相对气流在垂直于旋翼旋转平面的分速改变量为$V\cdot\Delta\alpha$，桨叶各个微段的迎角随之增大，由此引起的桨叶微段的升力增量与$\left(\dfrac{V\cdot\Delta\alpha}{u_T}\right)\cdot u_T^2$成正比。

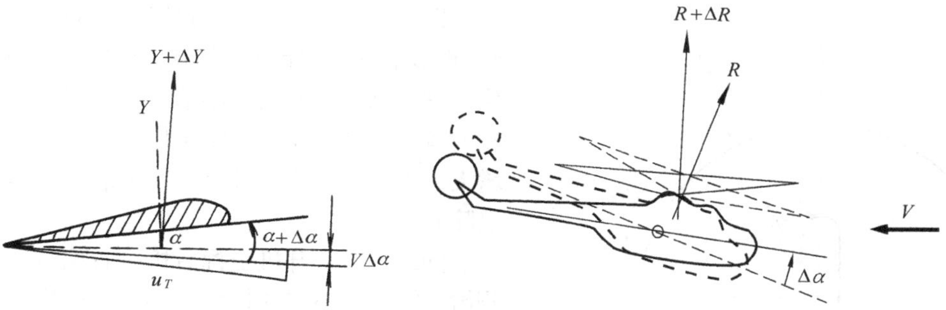


图 6-4　直升机迎角静稳定性原理

因为前飞时旋翼平面内周向来流速度分布不均，当迎角增加时，引起旋翼左右两边升力增加不等，“前行桨叶”一边升力增加得多些，“后行桨叶”一边升力增加得少些。这样加强了桨叶的周期吹风挥舞，使桨尖平面后倒，产生附加抬头力矩。同时，因为左右两边升力都增加，也就增加了旋翼气动合力，所以更加增大了附加抬头力矩。

反之，当迎角减小时，桨尖平面会相对于机身前倾，产生附加的低头力矩，不过，由于桨盘迎角减小，会使旋翼气动合力有所减小，所以旋翼产生的附加低头力矩要比迎角增加相同角度时的附加抬头力矩小一些。

迎角静稳定性可按下列方法判别。

(1) $\dfrac{\Delta M_z}{\Delta\alpha} > 0$，表示迎角增大引起抬头力矩，按迎角静不稳定。

(2) $\dfrac{\Delta M_z}{\Delta\alpha} < 0$，表示迎角增大引起低头力矩，按迎角静稳定。

悬停状态的直升机没有飞行速度，严格地说，不存在桨盘迎角。但是，机身姿态即俯仰角是可以改变的。当机身俯仰角改变一个角度时，自动倾斜器跟着改变同样的值，旋翼桨盘平面也将随着机身一起倾斜同样的角度。于是，桨盘平面与机身的相对位置同机身俯仰角未改变时一样，故没有附加力矩产生。这样，悬停状态旋翼按俯仰角变化是“中性”的。

在前飞状态，旋翼按迎角是静不稳定的。为此，通常在直升机上安装平尾，以改善直升机在前飞时旋翼按迎角的静稳定性。平尾安装在重心之后，通常是负安装角，产生向下的气动力以提供抬头力矩，用来在前飞中配平旋翼产生的低头力矩，使机身有较好的俯仰姿态。当机身构造迎角增加时，平尾向下的升力减小，相当于产生附加的低头力矩。

至于整架直升机是否按迎角是静稳定的，需根据各部分的气动力矩偏导数之和而定，即

$$\left(\frac{\Delta M_z}{\Delta \alpha}\right)_{全机}=\left(\frac{\Delta M_z}{\Delta \alpha}\right)_{旋翼}+\left(\frac{\Delta M_z}{\Delta \alpha}\right)_{机身}+\left(\frac{\Delta M_z}{\Delta \alpha}\right)_{平尾}$$

其中旋翼和平尾的作用是主要的。

### 6.2.2 直升机的航向静稳定性

当直升机偶然受到干扰偏离原来航向后，在初始时若能产生恢复力矩，则直升机是航向静稳定的；反之，则是航向静不稳定的。

对于单旋翼带尾桨式直升机来说，尾桨对航向静稳定性起主要作用，在飞行速度较大时，垂尾也起重要作用。

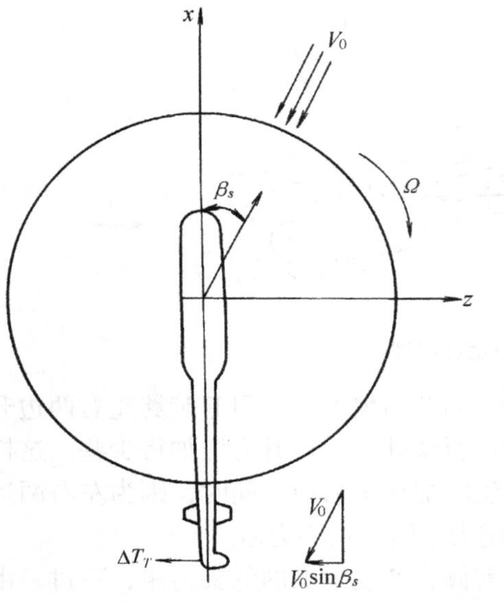


图 6-5　直升机航向静稳定性原理

以图 6-5 为例，当直升机受扰后机头左偏 $\beta_s$ 时，形成右侧滑。相对尾桨有轴向来流 $V_0\sin\beta_s$ 从尾桨右方吹来，增大了尾桨桨叶的迎角，尾桨向左的拉力增大 $\Delta T_T$，使绕直升机重心的右偏力矩增大，该力矩驱使直升机向原来航向回转，力图消除右侧滑。

同理，当直升机受扰后机头右偏时，出现左侧滑，使尾桨向左的拉力减小，绕直升机重心向右的力矩减小而不足以配平旋翼的反扭矩，直升机会按照旋翼反扭矩的方向左转，力图恢复原航向以消除左侧滑。所以直升机对侧滑角是航向静稳定的。

有些直升机上装有垂尾，或把尾梁末端的上翘部分设计成尾面形状。当有侧滑时，垂尾的升力总是提供航向恢复力矩，有助于改善航向稳定性。

直升机在静止空气中悬停时，无飞行方向，因而其航向稳定性可认为是“中性”的。

直升机的航向静稳定性可按下列方法判别。

(1) $\dfrac{\Delta M_y}{\Delta \beta_s}<0$，表示向右侧滑引起向右的偏转力矩，或向左侧滑引起向左的偏转力矩，航向静稳定。

(2) $\dfrac{\Delta M_y}{\Delta \beta_s}>0$，表示航向静不稳定。

### 6.2.3 直升机的横向静稳定性

直升机在偶然受到干扰后，横向平衡状态遭到破坏，直升机发生侧倾，这时会出现侧

滑(侧移)。例如，当直升机向右侧倾时，右倾的旋翼气动力使直升机向右移动，即出现右侧滑。若此时出现新的左滚力矩来消除向右侧滑，即具有自动恢复原来横向平衡状态的趋势，则直升机是横向静稳定的；反之，则是横向静不稳定的。

直升机的横向静稳定性可按下列方法判别。

(1) $\dfrac{\Delta M_x}{\Delta \beta_s}<0$，表示向左侧滑引起右滚力矩，向右侧滑引起左滚力矩，横向静稳定。

(2) $\dfrac{\Delta M_x}{\Delta \beta_s}>0$，表示横向静不稳定。

横向平衡状态的破坏导致侧滑运动，而通过侧滑运动，出现横向恢复力矩，这在固定翼飞机称为“上反效应”，因为这种恢复力矩的产生是由于机翼具有上反角。

对于单旋翼带尾桨式直升机来说，横向静稳定力矩主要来自旋翼和尾桨。以悬停为例(图 6-6)，当直升机向右倾侧时，拉力的侧向分量导致直升机向右移动。对于旋翼来说，右侧滑时旋翼出现吹风挥舞的“后倒角”(此时是侧风、侧倒)，桨尖平面向直升机的左侧倾斜，产生左滚力矩。对于尾桨来说，直升机向右移动时，相对气流使尾桨向左的拉力增大。由于尾桨高于直升机的重心，因此形成附加的左滚力矩。总之，旋翼和尾桨提供横向稳定力矩，机身则起不良作用。

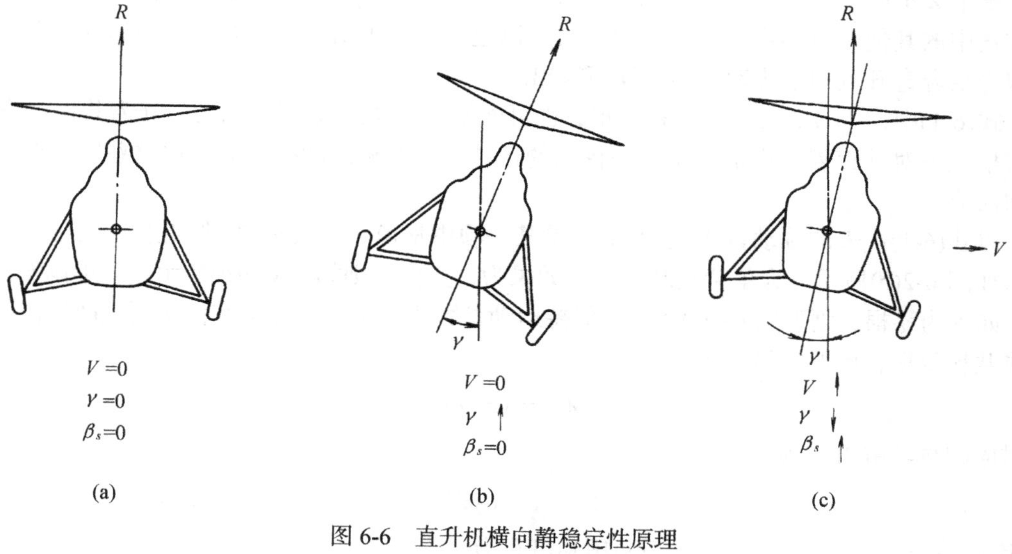


图 6-6　直升机横向静稳定性原理

前飞时的直升机向右倾侧导致向右侧滑，旋翼和尾桨出现左滚力矩的物理实质与悬停时的一样。

## 6.3　直升机的动稳定性

静稳定性是指直升机受扰后的初始反应，而直升机受扰后的运动全过程则是动稳定性问题。动稳定性研究直升机受扰后飞行状态的动态过程，确定直升机受扰后的运动最终是否及如何趋于原来的平衡状态，是一个非定常问题。

具有静稳定性的直升机不一定就是动稳定的。但是，静不稳定的直升机必是动不稳定的。原因是直升机若无恢复力(力矩)，受扰后不可能恢复原平衡状态。研究直升机的动稳定性，不仅要判断它是否稳定，而且要了解受扰后运动的具体特征，如运动的周期、频率、收敛(或发散)速度等。研究动稳定性的方法有多种，都是建立表示直升机运动特征的运动方程，用不同方法计算或判断各个运动参数随时间的变化规律。这些方法统称为稳定性理论。目前以常系数线性微分方程的稳定性理论较为完善。少数非线性微分方程的稳定性问题存在解析解，但多数问题只能通过计算机求出数值结果。

### 6.3.1 模态的概念

由给定的常系数线性微分方程组，写出其特征行列式，将其展开并令其等于零，即得微分方程组的特征方程，由特征方程可解出微分方程诸特征根。常系数线性微分方程组的解常为指数形式。例如，俯仰角受扰动后的改变量 $\Delta\vartheta$ 可写成

$$\Delta\vartheta = a_1 e^{\lambda_1 t} + a_2 e^{\lambda_2 t} + \cdots + a_n e^{\lambda_n t} \tag{6-1}$$

式中，$t$ 为时间；$\lambda_1, \lambda_2, \cdots, \lambda_n$ 为微分方程的特征根，其值取决于系统特性和工作条件。系统特性是指直升机的构造和气动特性；工作条件则指基准飞行状态。对不同直升机或飞行状态，根值 $\lambda$ 不同，但它们与初始扰动无关。系数 $a_1, a_2, \cdots, a_n$ 则随初始条件而变。直升机运动方程中的其他变量均可写成类似的形式。以上结论，可由读者熟知的常系数线性微分方程理论结合直升机的小扰动运动方程而得出。

式(6-1)中，$\lambda_1, \lambda_2, \cdots, \lambda_n$ 可能是实根，也可能是复根(复根必成对出现、互为共轭)。每一个实根或一对共轭复根都描述了一种特定的运动。直升机总的扰动运动由这些特定的运动叠加而成。

以式(6-1)代表的扰动量 $\Delta\vartheta$ 为例，如果某一项中根值 $\lambda$ 为负实数，则此模态对应的几何图形如图 6-2(b)所示，为单调衰减运动；如果为正实数，则如图 6-2(d)所示，为单调发散运动；如果为零根，则如图 6-2(f)所示，保持运动参数为常值。但如果有任意两根(如 $\lambda_1$、$\lambda_2$)组成共轭复根，此两根可写为

$$\lambda_{1,2} = s \pm j\omega$$

它对应的扰动解可写为

$$a_1 e^{(s+j\omega)t} + a_2 e^{(s-j\omega)t}$$

利用 $e^{j\theta} = \cos\theta + j\sin\theta$ 关系，上面两项和可写为

$$e^{st}\left[A_1\cos(\omega t) + A_2\sin(\omega t)\right] \tag{6-2}$$

式中，$A_1 = a_1 + a_2$；$A_2 = j(a_1 - a_2)$。$A_1$、$A_2$ 恒为实数。显而易见，式(6-2)所代表的扰动运动是否稳定取决于复根实部 $s$ 的正负号。如果 $s$ 为负值，则运动图形如图 6-2(a)所示，为衰减振荡。如果 $s$ 为正值，则运动图形如图 6-2(c)所示，为发散振荡。如果 $s$ 为零，则运动图形如图 6-2(e)所示，为等幅振荡。

各特征根不仅决定扰动运动的性质，还影响与此根所对应的运动参数的幅值比和相位差，即表征各参数的矢量图。飞行力学中常将各特征值和受它影响的上述特性统称为模态，研究直升机扰动运动各模态的性质是直升机飞行动力学最重要的内容之一。

### 6.3.2　模态特性

一般直升机典型的模态包括纵向运动的短周期模态和长周期模态、横侧运动的滚转收敛模态、螺旋模态和荷兰滚模态，有关它们的详细内容后面还要讨论。一般来说，仅仅知道各模态是否稳定是不够的，还必须确定代表各模态特征的某些参数，常称为模态参数，包括以下几项。

1. 半衰期$T_{1/2}$和倍幅时间$T_2$

$T_{1/2}$为阻尼振荡的振幅包线或非周期衰减运动的幅度减至初始扰动值一半所经历的时间，$T_2$为发散振荡包线或非周期发散运动幅度增至初始扰动值 2 倍所经历的时间。此参数表征运动衰减或发散速度，取决于$\lambda$ 根实部的大小及正负。根据定义，对于实根，有

$$T_{1/2}\text{或}T_2 = \frac{\ln 2}{|\lambda|} = \frac{0.693}{|\lambda|} \quad \text{(s)}$$

对于复根，如果$\lambda = s + \mathrm{j}\omega$，则有

$$T_{1/2}\text{或}T_2 = \frac{\ln 2}{|s|} = \frac{0.693}{|s|} \quad \text{(s)}$$

2. 周期$T$或频率$N$

只有振荡模态才有此参数。分别为直升机受扰后振荡一次所需时间和单位时间振荡次数：

$$T = \frac{2\pi}{\omega}$$

$$N = \frac{1}{T}$$

研究直升机小扰动运动各模态及其特性，对分析直升机稳定性和操纵性至关重要。

## 6.4　直升机的阻尼

反映直升机动稳定性的特征根中，实部为运动模态的阻尼，虚部为运动模态的频率，可见直升机的动稳定性与其阻尼直接有关。直升机在受扰转动后出现的阻滞转动的力矩称为阻尼。本节先从物理概念定性分析直升机的阻尼，同样从纵向、航向和横向三方面进行分析。

### 6.4.1　直升机的纵向运动阻尼

直升机的纵向运动阻尼主要来自旋翼和平尾。当直升机以俯仰角速度绕横轴转动(如抬头转动，见图 6-7)时，对于铰接式旋翼，由于桨叶与桨毂是铰链式连接的，机身的抬头转动不能立刻将此转动直接传给旋翼。然而，自动倾斜器及桨叶变距拉杆随机身一起偏转，使桨叶安装角改变而引起操纵挥舞。旋翼随后会跟着直升机偏转。但由于挥舞响应比操纵

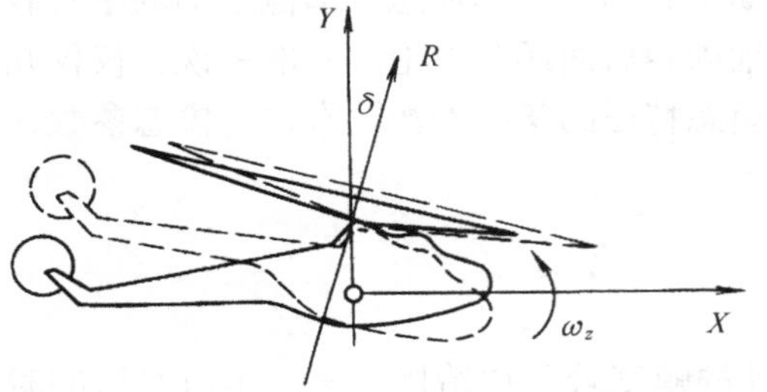

图 6-7　直升机纵向运动阻尼原理

输入滞后，桨尖平面的转动滞后于机身的抬头转动。在这一动态过程中，倾转着的旋翼气动合力总是对重心产生附加的低头力矩，阻止机身的抬头转动，因而是阻尼力矩。同理，在机身低头转动时，由于旋翼跟随滞后，会出现一个附加的抬头力矩，同样阻止机身转动。

平尾也提供纵向运动阻尼。当直升机以俯仰角速度做抬头转动时，在平尾处产生向上的相对气流速度，该速度使平尾的迎角减小，因而升力减小，即减小了平尾产生的抬头力矩，相当于产生附加的低头力矩，阻止机身的抬头转动。同理，在机身低头转动时，平尾提供的抬头力矩增大，同样阻止机身转动。

直升机的纵向运动阻尼表示为

$$\frac{\Delta M_z}{\Delta \omega_z} < 0$$

即俯仰角速度与所引起的俯仰力矩反号。

应特别注意阻尼与静稳定性的区别。阻尼与角速度有关，但与角度无关；而静稳定性(如迎角静稳定性)是位移改变所引起的力矩变化。对旋翼来说，一旦机身停止转动，旋翼桨尖平面赶上构造旋转平面，阻尼就消失。对平尾来说，一旦机身停止转动，阻尼因迎角停止变化而消失。阻尼对直升机的受扰运动(全过程)起着重大作用。若阻尼过小，直升机受扰后可能长时间摆动。

下列方法可在构造上增加阻尼。

(1) 增加桨叶绕挥舞铰的惯性矩，如增加桨叶尖部重量。

(2) 旋翼的挥舞铰偏置量选得适当大些，这样可使桨毂力矩较大，当机身姿态改变时，桨尖平面滞后(即随动挥舞)而产生的阻尼也增强。

(3) 直升机重心要低，使旋翼气动合力作用线与直升机重心的距离较大，即增长了阻尼力矩的力臂。

(4) 增加平尾面积或平尾到直升机重心的距离，即增加平尾的阻尼力矩。

(5) 用稳定杆或伺服小翼增加阻尼。

### 6.4.2　直升机的航向运动阻尼

对于单旋翼带尾桨式直升机来说，航向运动阻尼主要来自尾桨和垂尾。以图 6-8 为例，当机头以角速度 $\omega_y$ 向左偏转时，相对尾桨有轴向来流 $\omega_y x_T$ 从尾桨右方吹来，增大尾桨的剖面迎角，尾桨拉力 $T_T$ 增大，从而出现使机头右偏的附加力矩，阻止机头向左偏转。同理，若机头以角速度 $(-\omega_y)$向右偏转，尾桨的入流速度增大，使桨叶剖面的迎角

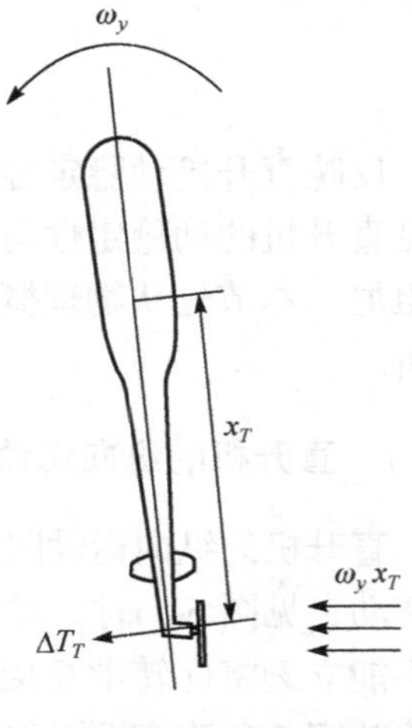

图 6-8　直升机航向运动阻尼原理

减小，引起$T_T$的减小，出现使机头左偏的附加力矩，阻止机头向右偏转。一旦机头偏转运动停止，尾桨的附加入流消失，阻尼随即消失。

垂尾提供航向运动阻尼的机理与平尾提供纵向运动阻尼的机理类似，都是源于机身角运动引起尾面的迎角变化。

用下列表达式可判别直升机的航向运动阻尼：

$$\frac{\Delta M_y}{\Delta \omega_y} < 0$$

表明偏航角速度引起反向偏航力矩，是阻尼。

### 6.4.3　直升机的横向运动阻尼

直升机在滚转中也将出现阻尼。

对于单旋翼带尾桨式直升机来说，横向运动阻尼与纵向运动阻尼一样，主要来自旋翼的滞后，此外还与尾桨和垂尾有关。对尾桨来说，由于直升机的滚转运动$\omega_x$在尾桨处产生$\omega_x y_T$的附加来流(图 6-9)，改变了尾桨的拉力大小，增加了横向运动阻尼。对垂尾来说，不仅提供航向运动阻尼，也提供横向运动阻尼(如果垂尾的气动中心高于直升机重心)。

直升机横向运动阻尼的判别式为

$$\frac{\Delta M_x}{\Delta \omega_x} < 0$$

表明滚转角速度引起反向滚转力矩，是阻尼。

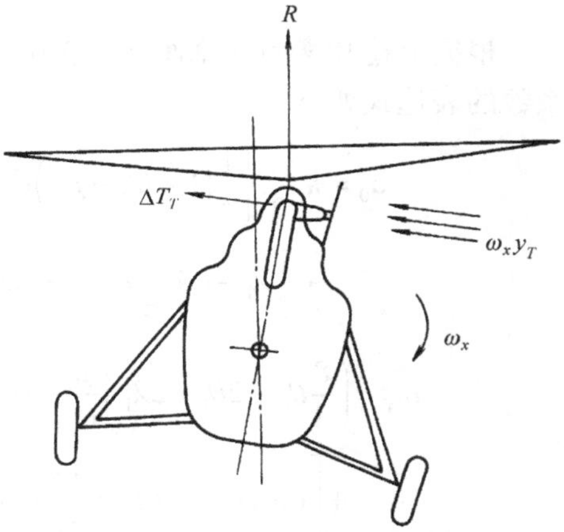


图 6-9　直升机横向运动阻尼原理

## 6.5　直升机的气动导数

前面对直升机的稳定性进行了定性分析，为了对直升机的稳定性进行定量研究，必须确定式(4-24)中的气动导数。本节将具体讨论这些气动导数的确定方法。

需要指出的是，式(4-24)中的气动导数是直升机全机的空气动力对运动参数的导数，它们是旋翼、尾桨、平尾、垂尾和机身各部件气动导数的和，以$\partial F_x/\partial V_x$为例：

$$\frac{\partial F_x}{\partial V_x} = \left(\frac{\partial F_x}{\partial V_x}\right)_{\text{旋翼}} + \left(\frac{\partial F_x}{\partial V_x}\right)_{\text{尾桨}} + \left(\frac{\partial F_x}{\partial V_x}\right)_{\text{平尾}} + \left(\frac{\partial F_x}{\partial V_x}\right)_{\text{垂尾}} + \left(\frac{\partial F_x}{\partial V_x}\right)_{\text{机身}}$$

这样，为了确定式(4-24)中的气动导数，首先必须确定旋翼、尾桨、平尾、垂尾和机身对直升机运动参数的气动导数。

### 6.5.1　旋翼气动导数

为了确定旋翼的气动导数，首先要列出旋翼空气动力与直升机运动参数的关系式。第 5

章给出的旋翼空气动力的计算公式只适用于直升机的定常直线飞行，直升机角速度等运动参数在第 5 章的旋翼空气动力计算公式中没有出现。为此，需对那些计算公式加以改造以反映直升机所有运动参数对旋翼空气动力的影响。

1. 旋翼空气动力与直升机运动参数之间的关系

假设旋翼诱导速度沿桨盘均匀分布，则叶素的气流速度为

$$\begin{aligned}\bar{u}_T &= \bar{r} + (\Delta)\mu_z \cos\psi + \mu_x \sin\psi \\ \bar{u}_P &= (v_1 - \lambda_0) - \frac{1}{2}\mu_x a_{1s} + \frac{1}{2}\mu_z b_{1s} \\ &\quad + \left[\mu_x a_0 - (\Delta)\bar{r} b_{1s} - \bar{\omega}_z \bar{r}\right]\cos\psi + \left[-(\Delta)\mu_z a_0 + \bar{r} a_{1s} - (\Delta)\bar{\omega}_x \bar{r}\right]\sin\psi \\ &\quad - \frac{1}{2}\left(\mu_x a_{1s} + \mu_z b_{1s}\right)\cos(2\psi) + (\Delta)\frac{1}{2}\left(-\mu_x b_{1s} + \mu_z a_{1s}\right)\sin(2\psi)\end{aligned} \tag{6-3}$$

根据上述叶素的气流速度，采用第 3 章计算旋翼挥舞运动系数的方法，可得挥舞运动系数的表达式如下：

$$\begin{aligned}a_0 &= \kappa\frac{\gamma_b}{2}\left\{\frac{1}{4}\left(1+\mu_x^2+\mu_z^2\right)\theta_0 + \left[\frac{1}{5}+\frac{1}{6}\left(\mu_x^2+\mu_z^2\right)\right]\theta_1 - (\Delta)\frac{1}{3}\mu_z A_1 - \frac{1}{3}\mu_x B_1\right. \\ &\quad \left. + \frac{1}{3}\lambda_1 - (\Delta)\frac{1}{6}\mu_x\bar{\omega}_x - (\Delta)\frac{1}{6}\mu_z\bar{\omega}_z\right\} - \frac{gM_b}{\Omega^2 I_b}\end{aligned} \tag{6-4}$$

$$\begin{aligned}a_{1s} &= \left(\frac{8}{3}\theta_0 + 2\theta_1 + 2\lambda_1\right)\frac{\mu_x}{C_{a1}} - (\Delta)\frac{2\mu_x\mu_z}{C_{a1}}A_1 - \frac{C_{a1}+2\mu_x^2}{C_{a1}}B_1 + (\Delta)\frac{4}{3C_{b1}}\mu_z a_0 \\ &\quad + \left[(\Delta)\left(C_{b1}-\mu_z^2\right) + \frac{16}{\gamma_b}\mu_x\mu_z\right]\frac{\bar{\omega}_x}{C_{a1}C_{b1}} + \left[(\Delta)\mu_x\mu_z - \frac{16}{\gamma_b}\left(C_{b1}-\mu_z^2\right)\right]\frac{\bar{\omega}_z}{C_{a1}C_{b1}}\end{aligned} \tag{6-5}$$

$$\begin{aligned}b_{1s} &= -\left(\frac{8}{3}\theta_0 + 2\theta_1 + 2\lambda_1\right)\frac{\mu_z}{C_{a1}} + (\Delta)\frac{C_{a1}+2\mu_z^2}{C_{a1}}A_1 + \frac{2\mu_x\mu_z}{C_{a1}}B_1 + (\Delta)\frac{4}{3C_{b1}}\mu_x a_0 \\ &\quad - (\Delta)\left[\mu_x\mu_z + (\Delta)\frac{16}{\gamma_b}\left(C_{a1}+\mu_z^2\right)\right]\frac{\bar{\omega}_x}{C_{a1}C_{b1}} \\ &\quad - (\Delta)\left[\left(C_{a1}+\mu_z^2\right) - (\Delta)\frac{16}{\gamma_b}\mu_x\mu_z\right]\frac{\bar{\omega}_z}{C_{a1}C_{b1}}\end{aligned} \tag{6-6}$$

式中

$$\lambda_1 = \lambda_0 - \bar{v}_1 = -\left(\mu_y + \frac{C_T}{4\sqrt{\mu_x^2+\mu_y^2+\lambda_1^2}}\right)$$

$$C_{a1} = 1 - \frac{1}{2}\left(\mu_x^2 + \mu_z^2\right)$$

$$C_{b1} = 1 + \frac{1}{2}\left(\mu_x^2 + \mu_z^2\right)$$

从式(6-4)～式(6-6)可以看出 $\mu_z$ 的作用与 $\mu_x$ 相同。由第 3 章的讨论可知，$\mu_x$ 会引起旋

翼锥体的后倒和侧倒，如果将风速改为从侧向吹向旋翼(即 $\mu_z$)，则 $\mu_z$ 也应引起与之对应的旋翼锥体后倒和侧倒，只是 $\mu_z$ 引起的旋翼锥体后倒和侧倒分别对应于 $\mu_x$ 引起的旋翼锥体侧倒和后倒。这样，不难理解为什么 $\mu_x$ 和 $\mu_z$ 在式(6-4)～式(6-6)中对称出现。如果令式(6-4)～式(6-6)中的 $\mu_z,\bar{\omega}_x,\bar{\omega}_z$ 为零，则式(6-4)～式(6-6)蜕变为式(5-5)～式(5-7)。

式(6-5)和式(6-6)等号右边最后两项为直升机角运动引起的随动挥舞，第 3 章对其进行了详细解释，这里不再重复。

旋翼拉力系数为

$$
\begin{aligned}
C_T = \kappa a_\infty \sigma \Bigg\{ & \left[\frac{1}{3}+\frac{1}{2}\left(\mu_x^2+\mu_z^2\right)\right]\theta_0+\frac{1}{4}\left(1+\mu_x^2+\mu_z^2\right)\theta_1+\frac{1}{2}\lambda_1 \\
& -(\Delta)\frac{1}{2}\mu_z A_1-\frac{1}{2}\mu_x B_1+(\Delta)\frac{1}{4}\left(\mu_x\bar{\omega}_x+\frac{1}{4}\mu_z\bar{\omega}_z\right)\Bigg\}
\end{aligned}
\tag{6-7}
$$

与定常直线飞行相比，旋翼拉力系数中多了与 $\mu_z,\bar{\omega}_x,\bar{\omega}_z$ 有关的项，{ }中第一项和第二项的 $\mu_z$ 与 $\mu_x$ 的效果相同，这是由于旋翼为轴对称。$\bar{\omega}_x$ 及 $\bar{\omega}_z$ 各自引起左右或前后桨叶剖面迎角不对称，其作用与 $B_1,A_1$ 相同。

旋翼后向力系数为

$$
\begin{aligned}
C_H = & \frac{1}{2}C_x\sigma\mu_x+\kappa a_\infty\sigma a_{1s}\Bigg\{\left(\frac{1}{3}+\frac{1}{2}\mu_z^2\right)\theta_0+\frac{1}{4}\left(1+\mu_z^2\right)\theta_1+\frac{3}{4}\lambda_1-\frac{(\Delta)}{6}\left(1-3\mu_z^2\right)\frac{a_0 b_{1s}}{a_{1s}} \\
& +\frac{1}{4a_{1s}}\mu_x\left[\left(a_0^2+a_{1s}^2\right)-\left(2\theta_0+\theta_1\right)\lambda_1\right]+\frac{1}{6a_{1s}}\left(1+3\mu_z^2\right)a_0A_1-\frac{1}{4a_{1s}}\left(\mu_x a_{1s}-\lambda_1\right)B_1\Bigg\} \\
& +(\Delta)\kappa a_\infty\sigma\mu_z\Bigg\{\frac{1}{4}\left[(\Delta)2\mu_x b_{1s}-3a_0\right]\theta_0+\frac{1}{4}\left[(\Delta)\mu_x b_{1s}-2a_0\right]\theta_1-\frac{3}{2}a_0\lambda_1 \\
& -\frac{(\Delta)}{4}a_{1s}b_{1s}-\mu_x a_0 a_{1s}-\frac{1}{2}a_{1s}A_1-\frac{1}{4}\left[(\Delta)b_{1s}-2\mu_x a_0\right]B_1\Bigg\} \\
& +(\Delta)\kappa a_\infty\sigma\bar{\omega}_x\left\{-\frac{1}{6}\theta_0-\frac{1}{8}\theta_1+\frac{1}{16}\left[(\Delta)\mu_z A_1+3\mu_x B_1-a_{1s}\mu_x-7b_{1s}\mu_z\right]-\frac{1}{2}\lambda_1\right\} \\
& +\kappa a_\infty\sigma\bar{\omega}_z\left\{\frac{1}{16}\left[\mu_x A_1+(\Delta)\mu_z B_1\right]+\frac{(\Delta)}{16}\left(5a_{1s}\mu_z-b_{1s}\mu_x\right)-\frac{1}{6}a_0\right\}
\end{aligned}
\tag{6-8}
$$

旋翼的后向力系数中也出现了与 $\mu_z,\bar{\omega}_x,\bar{\omega}_z$ 有关的项。式(6-8)中的第一项和第二项与定常飞行时的后向力系数相对应，如果令这两项中的 $\mu_z$ 为零，则这两项与定常飞行时的后向力系数完全相同。式(6-8)中的后三项为 $\mu_z,\bar{\omega}_x,\bar{\omega}_z$ 对后向力系数的影响。$\mu_z$ 和 $a_0$ 的共同作用一方面使旋翼的迎风一侧(右半圆)的桨叶剖面迎角加大，来流角减小；另一方面使左半圆的桨叶剖面迎角减小，来流角加大，引起右半圆桨叶剖面升力的前倾和左半圆桨叶剖面升力的后倾，由于右半圆桨叶剖面升力增大而左半圆桨叶剖面升力减小，最终得到向前的净合力，产生负的 $C_H$，即式(6-8)中的第三项。机身的角运动 $\bar{\omega}_x$ 和 $\bar{\omega}_z$ 引起旋翼的随动挥舞，即旋翼锥体对机身倾转的滞后和相位导前 90° 的交叉耦合(详见第 3 章)。旋翼对 $\bar{\omega}_z$ 的滞后造成锥体相对机身前倾，产生负的 $C_H$；旋翼因 $\bar{\omega}_x$ 而发生的交叉耦合也使锥体前倾，同样是负的 $C_H$。它们的作用表现为式(6-8)中的第四项和第五项。

旋翼侧向力系数为

$$
\begin{aligned}
C_s = & -\frac{(\varDelta)}{2}C_x\sigma\mu_z + (\varDelta)\kappa a_\infty\sigma b_{1s}\left\{\left(\frac{1}{3}+\frac{1}{2}\mu_x^2\right)\theta_0 + \frac{1}{4}\left(1+\mu_x^2\right)\theta_1 + \frac{3}{4}\lambda_1 + (\varDelta)\left(\frac{1}{6}-\mu_x^2\right)\frac{a_0 a_{1s}}{b_{1s}}\right. \\
& \left. -\frac{1}{4b_{1s}}\mu_z\left[\left(a_0^2+b_{1s}^2\right)-\left(2\theta_0+\theta_1\right)\lambda_1\right] - \frac{(\varDelta)}{4b_{1s}}\left(\mu_z b_{1s}+\lambda_1\right)A_1 + \frac{(\varDelta)}{6b_{1s}}\left(1+3\mu_x^2\right)a_0 B_1\right\} \\
& + \kappa a_\infty\sigma\mu_x\left\{\frac{1}{4}\left[(\varDelta)2\mu_z a_{1s}-3a_0\right]\theta_0 + \frac{1}{4}\left[(\varDelta)\mu_z a_{1s}-2a_0\right]\theta_1 - \frac{3}{2}a_0\lambda_1\right. \\
& \left. + \frac{(\varDelta)}{4}a_{1s}b_{1s} + \mu_z a_0 b_{1s} - \frac{1}{4}\left[a_{1s}-(\varDelta)2\mu_z a_0\right]A_1 - \frac{(\varDelta)}{2}b_{1s}B_1\right\} \\
& - (\varDelta)\kappa a_\infty\sigma\bar{\omega}_x\left\{\frac{1}{16}\left[\mu_x A_1 + (\varDelta)\mu_z B_1 - (\varDelta)5b_{1s}\mu_x + a_{1s}\mu_z\right] + \frac{1}{6}a_0\right\} \\
& + \kappa a_\infty\sigma\bar{\omega}_z\left\{\frac{1}{6}\theta_0 + \frac{1}{8}\theta_1 + \frac{1}{16}\left[-(\varDelta)3\mu_z A_1 - \mu_x B_1 + 7a_{1s}\mu_x - b_{1s}\mu_z\right] + \frac{1}{2}\lambda_1\right\}
\end{aligned}
\tag{6-9}
$$

对侧向力系数各项的物理含义的分析与对后向力系数物理含义的分析相同。旋翼反扭矩系数为

$$
\begin{aligned}
m_k = & \frac{(\varDelta)}{4}C_x\sigma\left(1+\mu_x^2+\mu_z^2\right) + \kappa a_\infty\sigma\left\{\left[-\frac{(\varDelta)}{3}\lambda_1 - \frac{1}{6}\mu_x\bar{\omega}_x - \frac{1}{6}\mu_z\bar{\omega}_z\right]\theta_0 + \left[-\frac{(\varDelta)}{4}\lambda_1 - \frac{1}{8}\mu_x\bar{\omega}_x - \frac{1}{8}\mu_z\bar{\omega}_z\right]\theta_1\right. \\
& - \left[\frac{(\varDelta)}{6}\mu_x a_0 - \frac{1}{8}\left(b_{1s}+(\varDelta)\bar{\omega}_z\right) - \frac{1}{4}\mu_z\lambda_1 - \frac{1}{8}\mu_x\mu_z a_{1s} + \frac{1}{16}\left(\mu_z^2-\mu_x^2\right)b_{1s}\right]A_1 \\
& - \left[-\frac{1}{6}\mu_z a_0 - \frac{1}{8}\left((\varDelta)a_{1s}-\bar{\omega}_x\right) - \frac{(\varDelta)}{4}\mu_x\lambda_1 + \frac{(\varDelta)}{8}\mu_x\mu_z b_{1s} + \frac{(\varDelta)}{16}\left(\mu_z^2-\mu_x^2\right)a_{1s}\right]B_1 \\
& - \frac{(\varDelta)}{4}\left(\mu_x^2+\mu_z^2\right)a_0^2 - \frac{(\varDelta)}{8}\left(1+\frac{3}{2}\mu_x^2+\frac{1}{2}\mu_z^2\right)a_{1s}^2 - \frac{(\varDelta)}{8}\left(1+\frac{1}{2}\mu_x^2+\frac{3}{2}\mu_z^2\right)b_{1s}^2 \\
& + \frac{1}{3}\left(\mu_z a_{1s}+\mu_x b_{1s}\right)a_0 + \frac{(\varDelta)}{4}\mu_x\mu_z a_{1s}b_{1s} - \frac{(\varDelta)}{2}\lambda_1\left(\mu_x a_{1s}-\mu_z b_{1s}+\lambda_1\right) \\
& \left. - \left[\frac{1}{4}b_{1s} + \frac{(\varDelta)}{3}\mu_x a_0\right]\bar{\omega}_z - \left[\frac{1}{4}a_{1s} - \frac{(\varDelta)}{3}\mu_z a_0\right]\bar{\omega}_x\right\}
\end{aligned}
\tag{6-10a}
$$

或采用简化近似式

$$
m_k = (\varDelta)\left[\frac{1}{4}C_{x7}\sigma K_{p0}\left(1+5\mu^2\right) + C_T v_0 J_0\left(1+3\mu^2\right) + C_T\mu_y - C_H\mu_x + C_S\mu_z\right] \tag{6-10b}
$$

与定常直线飞行相比，式(6-10a)表示的反扭矩系数中多了由 $\mu_z$ 引起的反扭矩，其效果与式(6-10b)中的第四项相当，其物理含义是侧滑飞行所引起的附加扭矩。

桨毂力矩的表达式没有变化，仍然为

$$
M_{Gx} = (\varDelta)\frac{1}{2}k\varOmega^2 M_b e b_{1s} \tag{6-11}
$$

$$
M_{Gz} = \frac{1}{2}k\varOmega^2 M_b e a_{1s} \tag{6-12}
$$

将上述旋翼空气动力转换到体轴系，可得旋翼空气动力在体轴系的力和力矩分量：

$$\begin{bmatrix} F_{x,M} \\ F_{y,M} \\ F_{z,M} \end{bmatrix} = \begin{bmatrix} \cos\delta & \sin\delta & 0 \\ -\sin\delta & \cos\delta & 0 \\ 0 & 0 & 1 \end{bmatrix} \begin{bmatrix} -H \\ T \\ S \end{bmatrix} = \frac{1}{2}\rho\pi R^2 (\Omega R)^2 \begin{bmatrix} \cos\delta & \sin\delta & 0 \\ -\sin\delta & \cos\delta & 0 \\ 0 & 0 & 1 \end{bmatrix} \begin{bmatrix} -C_H \\ C_T \\ C_S \end{bmatrix} \tag{6-13}$$

$$\begin{bmatrix} M_{x,M} \\ M_{y,M} \\ M_{z,M} \end{bmatrix} = \begin{bmatrix} \cos\delta & \sin\delta & 0 \\ -\sin\delta & \cos\delta & 0 \\ 0 & 0 & 1 \end{bmatrix} \begin{bmatrix} M_{Gx} \\ -M_k \\ M_{Gz} \end{bmatrix} + \begin{bmatrix} F_{z,M} y_M - F_{y,M} z_M \\ F_{x,M} z_M - F_{z,M} x_M \\ F_{y,M} x_M - F_{x,M} y_M \end{bmatrix} \tag{6-14}$$

2. 旋翼气动导数求解

根据式(6-13)和式(6-14)可确定旋翼空气动力对直升机全机运动参数 $V_x, V_y, V_z$ 和 $\omega_x, \omega_y, \omega_z$ 及 $\varphi_7, A_1, B_1$ 的一阶偏导数，其中对 $V_x, V_y, V_z$ 和 $\omega_x, \omega_y, \omega_z$ 的导数为旋翼气动导数，对 $\varphi_7, A_1, B_1$ 的导数为旋翼操纵导数。这里先确定旋翼气动导数，旋翼操纵导数在第 7 章中给出。

1) 旋翼空气动力对 $V_x, V_y, V_z$ 的气动导数

以旋翼空气动力对 $V_x$ 的导数为例，由式(6-13)可得

$$\begin{bmatrix} F_{x,M}^{V_x} \\ F_{y,M}^{V_x} \\ F_{z,M}^{V_x} \end{bmatrix} = \frac{\partial}{\partial V_x} \begin{bmatrix} F_{x,M} \\ F_{y,M} \\ F_{z,M} \end{bmatrix} = \frac{\partial}{\partial \mu_x} \begin{bmatrix} F_{x,M} \\ F_{y,M} \\ F_{z,M} \end{bmatrix} \frac{\partial \mu_x}{\partial V_x} + \frac{\partial}{\partial \mu_y} \begin{bmatrix} F_{x,M} \\ F_{y,M} \\ F_{z,M} \end{bmatrix} \frac{\partial \mu_y}{\partial V_x} + \frac{\partial}{\partial \mu_z} \begin{bmatrix} F_{x,M} \\ F_{y,M} \\ F_{z,M} \end{bmatrix} \frac{\partial \mu_z}{\partial V_x}$$

同理，可得旋翼空气动力对 $V_y$ 和 $V_z$ 的导数为

$$\begin{bmatrix} F_{x,M}^{V_y} \\ F_{y,M}^{V_y} \\ F_{z,M}^{V_y} \end{bmatrix} = \frac{\partial}{\partial V_y} \begin{bmatrix} F_{x,M} \\ F_{y,M} \\ F_{z,M} \end{bmatrix} = \frac{\partial}{\partial \mu_x} \begin{bmatrix} F_{x,M} \\ F_{y,M} \\ F_{z,M} \end{bmatrix} \frac{\partial \mu_x}{\partial V_y} + \frac{\partial}{\partial \mu_y} \begin{bmatrix} F_{x,M} \\ F_{y,M} \\ F_{z,M} \end{bmatrix} \frac{\partial \mu_y}{\partial V_y} + \frac{\partial}{\partial \mu_z} \begin{bmatrix} F_{x,M} \\ F_{y,M} \\ F_{z,M} \end{bmatrix} \frac{\partial \mu_z}{\partial V_y}$$

$$\begin{bmatrix} F_{x,M}^{V_z} \\ F_{y,M}^{V_z} \\ F_{z,M}^{V_z} \end{bmatrix} = \frac{\partial}{\partial V_z} \begin{bmatrix} F_{x,M} \\ F_{y,M} \\ F_{z,M} \end{bmatrix} = \frac{\partial}{\partial \mu_x} \begin{bmatrix} F_{x,M} \\ F_{y,M} \\ F_{z,M} \end{bmatrix} \frac{\partial \mu_x}{\partial V_z} + \frac{\partial}{\partial \mu_y} \begin{bmatrix} F_{x,M} \\ F_{y,M} \\ F_{z,M} \end{bmatrix} \frac{\partial \mu_y}{\partial V_z} + \frac{\partial}{\partial \mu_z} \begin{bmatrix} F_{x,M} \\ F_{y,M} \\ F_{z,M} \end{bmatrix} \frac{\partial \mu_z}{\partial V_z}$$

式中，$\mu_x, \mu_y, \mu_z$ 与 $V_x, V_y, V_z$ 的关系为

$$\begin{bmatrix} \mu_x \\ \mu_y \\ \mu_z \end{bmatrix} = \frac{1}{\Omega R} \begin{bmatrix} \cos\delta & \sin\delta & 0 \\ -\sin\delta & \cos\delta & 0 \\ 0 & 0 & 1 \end{bmatrix} \begin{bmatrix} V_x \\ V_y \\ V_z \end{bmatrix}$$

于是

$$\frac{\partial}{\partial V_x}\begin{bmatrix}\mu_x\\ \mu_y\\ \mu_z\end{bmatrix}=\frac{1}{\Omega R}\begin{bmatrix}\cos\delta & \sin\delta & 0\\ -\sin\delta & \cos\delta & 0\\ 0 & 0 & 1\end{bmatrix}\begin{bmatrix}1\\0\\0\end{bmatrix}\approx\frac{1}{\Omega R}\begin{bmatrix}1\\0\\0\end{bmatrix}$$

$$\frac{\partial}{\partial V_y}\begin{bmatrix}\mu_x\\ \mu_y\\ \mu_z\end{bmatrix}=\frac{1}{\Omega R}\begin{bmatrix}\cos\delta & \sin\delta & 0\\ -\sin\delta & \cos\delta & 0\\ 0 & 0 & 1\end{bmatrix}\begin{bmatrix}0\\1\\0\end{bmatrix}\approx\frac{1}{\Omega R}\begin{bmatrix}0\\1\\0\end{bmatrix}$$

$$\frac{\partial}{\partial V_z}\begin{bmatrix}\mu_x\\ \mu_y\\ \mu_z\end{bmatrix}=\frac{1}{\Omega R}\begin{bmatrix}\cos\delta & \sin\delta & 0\\ -\sin\delta & \cos\delta & 0\\ 0 & 0 & 1\end{bmatrix}\begin{bmatrix}0\\0\\1\end{bmatrix}=\frac{1}{\Omega R}\begin{bmatrix}0\\0\\1\end{bmatrix}$$

这样

$$\begin{bmatrix}F_{x,M}^{V_x}\\ F_{y,M}^{V_x}\\ F_{z,M}^{V_x}\end{bmatrix}=\frac{\partial}{\partial\mu_x}\begin{bmatrix}F_{x,M}\\ F_{y,M}\\ F_{z,M}\end{bmatrix}\frac{1}{\Omega R}=\frac{1}{2}\rho\pi R^2(\Omega R)\begin{bmatrix}\cos\delta & \sin\delta & 0\\ -\sin\delta & \cos\delta & 0\\ 0 & 0 & 1\end{bmatrix}\frac{\partial}{\partial\mu_x}\begin{bmatrix}-C_H\\ C_T\\ C_S\end{bmatrix}\tag{6-15}$$

同理，可得旋翼空气动力对$V_y,V_z$的导数，即

$$\begin{bmatrix}F_{x,M}^{V_y}\\ F_{y,M}^{V_y}\\ F_{z,M}^{V_y}\end{bmatrix}=\frac{\partial}{\partial\mu_y}\begin{bmatrix}F_{x,M}\\ F_{y,M}\\ F_{z,M}\end{bmatrix}\frac{1}{\Omega R}=\frac{1}{2}\rho\pi R^2(\Omega R)\begin{bmatrix}\cos\delta & \sin\delta & 0\\ -\sin\delta & \cos\delta & 0\\ 0 & 0 & 1\end{bmatrix}\frac{\partial}{\partial\mu_y}\begin{bmatrix}-C_H\\ C_T\\ C_S\end{bmatrix}\tag{6-16}$$

$$\begin{bmatrix}F_{x,M}^{V_z}\\ F_{y,M}^{V_z}\\ F_{z,M}^{V_z}\end{bmatrix}=\frac{\partial}{\partial\mu_z}\begin{bmatrix}F_{x,M}\\ F_{y,M}\\ F_{z,M}\end{bmatrix}\frac{1}{\Omega R}=\frac{1}{2}\rho\pi R^2(\Omega R)\begin{bmatrix}\cos\delta & \sin\delta & 0\\ -\sin\delta & \cos\delta & 0\\ 0 & 0 & 1\end{bmatrix}\frac{\partial}{\partial\mu_z}\begin{bmatrix}-C_H\\ C_T\\ C_S\end{bmatrix}\tag{6-17}$$

类似前面的做法，根据式(6-14)可得旋翼空气动力矩对$V_x,V_y,V_z$的气动导数为

$$\begin{bmatrix}M_{x,M}^{V_x}\\ M_{y,M}^{V_x}\\ M_{z,M}^{V_x}\end{bmatrix}=\begin{bmatrix}\cos\delta & \sin\delta & 0\\ -\sin\delta & \cos\delta & 0\\ 0 & 0 & 1\end{bmatrix}\frac{1}{\Omega R}\frac{\partial}{\partial\mu_x}\begin{bmatrix}M_{Gx}\\ -M_k\\ M_{Gz}\end{bmatrix}+\begin{bmatrix}\dfrac{\partial F_{z,M}}{\partial\mu_x}\cdot y_M-\dfrac{\partial F_{y,M}}{\partial\mu_x}\cdot z_M\\ \dfrac{\partial F_{x,M}}{\partial\mu_x}\cdot z_M-\dfrac{\partial F_{z,M}}{\partial\mu_x}\cdot x_M\\ \dfrac{\partial F_{y,M}}{\partial\mu_x}\cdot x_M-\dfrac{\partial F_{x,M}}{\partial\mu_x}\cdot y_M\end{bmatrix}\tag{6-18}$$

$$\begin{bmatrix}M_{x,M}^{V_y}\\ M_{y,M}^{V_y}\\ M_{z,M}^{V_y}\end{bmatrix}=\begin{bmatrix}\cos\delta & \sin\delta & 0\\ -\sin\delta & \cos\delta & 0\\ 0 & 0 & 1\end{bmatrix}\frac{1}{\Omega R}\frac{\partial}{\partial\mu_y}\begin{bmatrix}M_{Gx}\\ -M_k\\ M_{Gz}\end{bmatrix}+\begin{bmatrix}\dfrac{\partial F_{z,M}}{\partial\mu_y}\cdot y_M-\dfrac{\partial F_{y,M}}{\partial\mu_y}\cdot z_M\\ \dfrac{\partial F_{x,M}}{\partial\mu_y}\cdot z_M-\dfrac{\partial F_{z,M}}{\partial\mu_y}\cdot x_M\\ \dfrac{\partial F_{y,M}}{\partial\mu_y}\cdot x_M-\dfrac{\partial F_{x,M}}{\partial\mu_y}\cdot y_M\end{bmatrix}\tag{6-19}$$

$$\begin{bmatrix} M_{x,M}^{V_z} \\ M_{y,M}^{V_z} \\ M_{z,M}^{V_z} \end{bmatrix} = \begin{bmatrix} \cos\delta & \sin\delta & 0 \\ -\sin\delta & \cos\delta & 0 \\ 0 & 0 & 1 \end{bmatrix} \frac{1}{\Omega R} \frac{\partial}{\partial \mu_z} \begin{bmatrix} M_{Gx} \\ -M_k \\ M_{Gz} \end{bmatrix} + \begin{bmatrix} \dfrac{\partial F_{z,M}}{\partial \mu_z} \cdot y_M - \dfrac{\partial F_{y,M}}{\partial \mu_z} \cdot z_M \\ \dfrac{\partial F_{x,M}}{\partial \mu_z} \cdot z_M - \dfrac{\partial F_{z,M}}{\partial \mu_z} \cdot x_M \\ \dfrac{\partial F_{y,M}}{\partial \mu_z} \cdot x_M - \dfrac{\partial F_{x,M}}{\partial \mu_z} \cdot y_M \end{bmatrix} \tag{6-20}$$

2) 旋翼空气动力对 $\omega_x,\omega_y,\omega_z$ 的气动导数

以旋翼空气动力对 $\omega_x$ 的导数为例，由式(6-13)有

$$\begin{bmatrix} F_{x,M}^{\omega_x} \\ F_{y,M}^{\omega_x} \\ F_{z,M}^{\omega_x} \end{bmatrix} = \frac{\partial}{\partial \omega_x} \begin{bmatrix} F_{x,M} \\ F_{y,M} \\ F_{z,M} \end{bmatrix}$$

$$= \frac{\partial}{\partial \bar{\omega}_x} \begin{bmatrix} F_{x,M} \\ F_{y,M} \\ F_{z,M} \end{bmatrix} \frac{\partial \bar{\omega}_x}{\partial \omega_x} + \frac{\partial}{\partial \bar{\omega}_y} \begin{bmatrix} F_{x,M} \\ F_{y,M} \\ F_{z,M} \end{bmatrix} \frac{\partial \bar{\omega}_y}{\partial \omega_x} + \frac{\partial}{\partial \bar{\omega}_z} \begin{bmatrix} F_{x,M} \\ F_{y,M} \\ F_{z,M} \end{bmatrix} \frac{\partial \bar{\omega}_z}{\partial \omega_x}$$

$$+ \frac{\partial}{\partial V_{XM}} \begin{bmatrix} F_{x,M} \\ F_{y,M} \\ F_{z,M} \end{bmatrix} \frac{\partial V_{XM}}{\partial \omega_x} + \frac{\partial}{\partial V_{YM}} \begin{bmatrix} F_{x,M} \\ F_{y,M} \\ F_{z,M} \end{bmatrix} \frac{\partial V_{YM}}{\partial \omega_x} + \frac{\partial}{\partial V_{ZM}} \begin{bmatrix} F_{x,M} \\ F_{y,M} \\ F_{z,M} \end{bmatrix} \frac{\partial V_{ZM}}{\partial \omega_x}$$

式中，$V_{XM},V_{YM},V_{ZM}$ 为旋翼桨毂中心的速度，与 $\omega_x,\omega_y,\omega_z$ 的关系为

$$\begin{bmatrix} V_{XM} \\ V_{YM} \\ V_{ZM} \end{bmatrix} = \begin{bmatrix} V_x \\ V_y \\ V_z \end{bmatrix} + \begin{bmatrix} \omega_y \cdot z_M - \omega_z \cdot y_M \\ \omega_z \cdot x_M - \omega_x \cdot z_M \\ \omega_x \cdot y_M - \omega_y \cdot x_M \end{bmatrix}$$

相应地，有

$$\frac{\partial}{\partial \omega_x} \begin{bmatrix} V_{XM} \\ V_{YM} \\ V_{YM} \end{bmatrix} = \begin{bmatrix} 0 \\ -z_M \\ y_M \end{bmatrix}$$

$\omega_x,\omega_y,\omega_z$ 与 $\bar{\omega}_x,\bar{\omega}_y,\bar{\omega}_z$ 的关系为

$$\begin{bmatrix} \bar{\omega}_x \\ \bar{\omega}_y \\ \bar{\omega}_z \end{bmatrix} = \frac{1}{\Omega} \begin{bmatrix} \omega_x \\ \omega_y \\ \omega_z \end{bmatrix}$$

相应地，有

$$\frac{\partial}{\partial \omega_x} \begin{bmatrix} \bar{\omega}_x \\ \bar{\omega}_y \\ \bar{\omega}_z \end{bmatrix} = \frac{1}{\Omega} \begin{bmatrix} 1 \\ 0 \\ 0 \end{bmatrix}$$

这样

$$\begin{bmatrix} F_{x,M}^{\omega_x} \\ F_{y,M}^{\omega_x} \\ F_{z,M}^{\omega_x} \end{bmatrix} = \frac{\partial}{\partial \bar{\omega}_x} \begin{bmatrix} F_{x,M} \\ F_{y,M} \\ F_{z,M} \end{bmatrix} \frac{1}{\Omega} + \begin{bmatrix} F_{x,M}^{V_y} \\ F_{y,M}^{V_y} \\ F_{z,M}^{V_y} \end{bmatrix} \cdot (-z_M) + \begin{bmatrix} F_{x,M}^{V_z} \\ F_{y,M}^{V_z} \\ F_{z,M}^{V_z} \end{bmatrix} \cdot y_M$$

$$= \frac{1}{2}\rho\pi R^2 \Omega R^2 \begin{bmatrix} \cos\delta & \sin\delta & 0 \\ -\sin\delta & \cos\delta & 0 \\ 0 & 0 & 1 \end{bmatrix} \frac{\partial}{\partial \bar{\omega}_x} \begin{bmatrix} -C_H \\ C_T \\ C_S \end{bmatrix} - \begin{bmatrix} F_{x,M}^{V_y} \\ F_{y,M}^{V_y} \\ F_{z,M}^{V_y} \end{bmatrix} \cdot z_M + \begin{bmatrix} F_{x,M}^{V_z} \\ F_{y,M}^{V_z} \\ F_{z,M}^{V_z} \end{bmatrix} \cdot y_M \tag{6-21}$$

类似地，根据式(6-14)可得旋翼空气动力矩对 $\omega_x$ 的气动导数为

$$\begin{bmatrix} M_{x,M}^{\omega_x} \\ M_{y,M}^{\omega_x} \\ M_{z,M}^{\omega_x} \end{bmatrix} = \begin{bmatrix} \cos\delta & \sin\delta & 0 \\ -\sin\delta & \cos\delta & 0 \\ 0 & 0 & 1 \end{bmatrix} \frac{1}{\Omega} \frac{\partial}{\partial \bar{\omega}_x} \begin{bmatrix} M_{Gx} \\ -M_k \\ M_{Gz} \end{bmatrix} + \begin{bmatrix} \frac{\partial F_{z,M}}{\partial \bar{\omega}_x} \cdot y_M - \frac{\partial F_{y,M}}{\partial \bar{\omega}_x} \cdot z_M \\ \frac{\partial F_{x,M}}{\partial \bar{\omega}_x} \cdot z_M - \frac{\partial F_{z,M}}{\partial \bar{\omega}_x} \cdot x_M \\ \frac{\partial F_{y,M}}{\partial \bar{\omega}_x} \cdot x_M - \frac{\partial F_{x,M}}{\partial \bar{\omega}_x} \cdot y_M \end{bmatrix}$$

$$= \begin{bmatrix} \cos\delta & \sin\delta & 0 \\ -\sin\delta & \cos\delta & 0 \\ 0 & 0 & 1 \end{bmatrix} \begin{bmatrix} \frac{1}{2}k\Omega M_b e \\ \frac{1}{2}\rho\pi\Omega R^5 \\ \frac{1}{2}k\Omega M_b e \end{bmatrix} \frac{\partial}{\partial \bar{\omega}_x} \begin{bmatrix} b_{1s} \\ -m_k \\ a_{1s} \end{bmatrix} + \begin{bmatrix} \frac{\partial F_{z,M}}{\partial \bar{\omega}_x} \cdot y_M - \frac{\partial F_{y,M}}{\partial \bar{\omega}_x} \cdot z_M \\ \frac{\partial F_{x,M}}{\partial \bar{\omega}_x} \cdot z_M - \frac{\partial F_{z,M}}{\partial \bar{\omega}_x} \cdot x_M \\ \frac{\partial F_{y,M}}{\partial \bar{\omega}_x} \cdot x_M - \frac{\partial F_{x,M}}{\partial \bar{\omega}_x} \cdot y_M \end{bmatrix} \tag{6-22}$$

同理，可得旋翼空气动力和力矩对 $\omega_z, \omega_y$ 的气动导数为

$$\begin{bmatrix} F_{x,M}^{\omega_z} \\ F_{y,M}^{\omega_z} \\ F_{z,M}^{\omega_z} \end{bmatrix} = \frac{1}{2}\rho\pi R^2 \Omega R^2 \begin{bmatrix} \cos\delta & \sin\delta & 0 \\ -\sin\delta & \cos\delta & 0 \\ 0 & 0 & 1 \end{bmatrix} \frac{\partial}{\partial \bar{\omega}_z} \begin{bmatrix} -C_H \\ C_T \\ C_S \end{bmatrix} - \begin{bmatrix} F_{x,M}^{V_x} \\ F_{y,M}^{V_x} \\ F_{z,M}^{V_x} \end{bmatrix} \cdot y_M + \begin{bmatrix} F_{x,M}^{V_y} \\ F_{y,M}^{V_y} \\ F_{z,M}^{V_y} \end{bmatrix} \cdot x_M \tag{6-23}$$

$$\begin{bmatrix} M_{x,M}^{\omega_z} \\ M_{y,M}^{\omega_z} \\ M_{z,M}^{\omega_z} \end{bmatrix} = \begin{bmatrix} \cos\delta & \sin\delta & 0 \\ -\sin\delta & \cos\delta & 0 \\ 0 & 0 & 1 \end{bmatrix} \begin{bmatrix} \frac{1}{2}k\Omega M_b e \\ \frac{1}{2}\rho\pi\Omega R^5 \\ \frac{1}{2}k\Omega M_b e \end{bmatrix} \frac{\partial}{\partial \bar{\omega}_z} \begin{bmatrix} b_{1s} \\ -m_k \\ a_{1s} \end{bmatrix} + \begin{bmatrix} \frac{\partial F_{z,M}}{\partial \bar{\omega}_z} \cdot y_M - \frac{\partial F_{y,M}}{\partial \bar{\omega}_z} \cdot z_M \\ \frac{\partial F_{x,M}}{\partial \bar{\omega}_z} \cdot z_M - \frac{\partial F_{z,M}}{\partial \bar{\omega}_z} \cdot x_M \\ \frac{\partial F_{y,M}}{\partial \bar{\omega}_z} \cdot x_M - \frac{\partial F_{x,M}}{\partial \bar{\omega}_z} \cdot y_M \end{bmatrix} \tag{6-24}$$

和

$$\begin{bmatrix} F_{x,M}^{\omega_y} \\ F_{y,M}^{\omega_y} \\ F_{z,M}^{\omega_y} \end{bmatrix} = \frac{\partial}{\partial \bar{\omega}_y} \begin{bmatrix} F_{x,M} \\ F_{y,M} \\ F_{z,M} \end{bmatrix} \frac{1}{\Omega} + \begin{bmatrix} F_{x,M}^{V_x} \\ F_{y,M}^{V_x} \\ F_{z,M}^{V_x} \end{bmatrix} \cdot z_M - \begin{bmatrix} F_{x,M}^{V_z} \\ F_{y,M}^{V_z} \\ F_{z,M}^{V_z} \end{bmatrix} \cdot x_M \tag{6-25}$$

$$\begin{bmatrix} M_{x,M}^{\omega_y} \\ M_{y,M}^{\omega_y} \\ M_{z,M}^{\omega_y} \end{bmatrix} = \begin{bmatrix} \cos\delta & \sin\delta & 0 \\ -\sin\delta & \cos\delta & 0 \\ 0 & 0 & 1 \end{bmatrix} \begin{bmatrix} \frac{1}{2}k\Omega M_b e \\ \frac{1}{2}\rho\pi\Omega R^5 \\ \frac{1}{2}k\Omega M_b e \end{bmatrix} \frac{\partial}{\partial\bar{\omega}_y} \begin{bmatrix} b_{1s} \\ -m_k \\ a_{1s} \end{bmatrix} + \begin{bmatrix} \frac{\partial F_{z,M}}{\partial\bar{\omega}_y}\cdot y_M - \frac{\partial F_{y,M}}{\partial\bar{\omega}_y}\cdot z_M \\ \frac{\partial F_{x,M}}{\partial\bar{\omega}_y}\cdot z_M - \frac{\partial F_{z,M}}{\partial\bar{\omega}_y}\cdot x_M \\ \frac{\partial F_{y,M}}{\partial\bar{\omega}_y}\cdot x_M - \frac{\partial F_{x,M}}{\partial\bar{\omega}_y}\cdot y_M \end{bmatrix} \tag{6-26}$$

以上分析表明，为了确定旋翼空气动力对直升机运动参数的导数，需确定旋翼拉力系数 $C_T$ 、后向力系数 $C_H$ 、侧向力系数 $C_S$ 、反扭矩系数 $m_k$ 和桨毂力矩 $M_{Gx},M_{Gz}$ 对 $\mu_x,\mu_y,\mu_z,\bar{\omega}_x,\bar{\omega}_z$ 的偏导数。由于 $C_T,C_H,C_S,m_k,M_{Gx},M_{Gz}$ 中都包含挥舞系数 $a_0,a_{1s},b_{1s}$ 和流入比 $\lambda_1$ ，而它们也是 $\mu_x,\mu_y,\mu_z,\bar{\omega}_x,\bar{\omega}_z$ 的函数，因此确定 $C_T,C_H,C_S,m_k,M_{Gx},M_{Gz}$ 对 $\mu_x,\mu_y,\mu_z,\bar{\omega}_x,\bar{\omega}_z$ 导数的关键是确定 $a_1,b_1,C_T,C_H,C_S,m_k,\lambda_1$ 对 $\mu_x,\mu_y,\mu_z,\bar{\omega}_x,\bar{\omega}_z$ 的导数，而且是复合求导问题。因为入流比 $\lambda_1$ 不仅是 $\mu_x,\mu_y,\mu_z$ 的函数，而且是 $C_T$ 的函数，它们互为函数。

气动导数中需确定旋翼空气动力对 $\bar{\omega}_y$ 的导数，由于 $C_T,C_H,C_S,m_k,M_{Gx},M_{Gz}$ 中没有 $\bar{\omega}_y$ 项，故应单独处理。有关 $\bar{\omega}_y$ 的气动导数稍后讨论。

3) 拉力系数 $C_T$ 对 $\mu_x,\mu_y,\mu_z,\bar{\omega}_x,\bar{\omega}_z$ 的导数

若 $X$ 代表 $\mu_x,\mu_y,\mu_z,\bar{\omega}_x,\bar{\omega}_z$ ，则

$$\frac{\partial C_T}{\partial X} = \left(\frac{\partial C_T}{\partial X}\right)_0 + \left(\frac{\partial C_T}{\partial \lambda_1}\right)_0 \left(\frac{\partial \lambda_1}{\partial X}\right) + \left(\frac{\partial C_T}{\partial a_0}\right)_0 \left(\frac{\partial a_0}{\partial X}\right) \tag{6-27}$$

$$\frac{\partial \lambda_1}{\partial X} = \left(\frac{\partial \lambda_1}{\partial X}\right)_0 + \left(\frac{\partial \lambda_1}{\partial C_T}\right)_0 \left(\frac{\partial C_T}{\partial X}\right) \tag{6-28}$$

$$\frac{\partial a_0}{\partial X} = \left(\frac{\partial a_0}{\partial X}\right)_0 + \left(\frac{\partial a_0}{\partial \lambda_1}\right)_0 \left(\frac{\partial \lambda_1}{\partial X}\right) \tag{6-29}$$

式中，$(\cdot)_0$ 表示函数对变量的简单导数，根据函数关系直接求导。有关简单导数的详细求解见附录 C。

由式(6-27)～式(6-29)可求得拉力系数 $C_T$ 对 $\mu_x,\mu_y,\mu_z,\bar{\omega}_x,\bar{\omega}_z$ 的导数的通式为

$$\frac{\partial C_T}{\partial X} = \frac{\left(\frac{\partial C_T}{\partial X}\right)_0 + \left(\frac{\partial C_T}{\partial a_0}\right)_0 \left(\frac{\partial a_0}{\partial X}\right)_0 + C\left(\frac{\partial \lambda_1}{\partial X}\right)_0}{1 - C\left(\frac{\partial \lambda_1}{\partial C_T}\right)_0} \tag{6-30}$$

式中

$$C = \left(\frac{\partial C_T}{\partial \lambda_1}\right)_0 + \left(\frac{\partial C_T}{\partial a_0}\right)_0 \left(\frac{\partial a_0}{\partial \lambda_1}\right)_0$$

4) 后向力系数 $C_H$ 、侧向力系数 $C_S$ 和反扭矩系数 $m_k$ 对 $\mu_x,\mu_y,\mu_z,\bar{\omega}_x,\bar{\omega}_z$ 的导数

若 $Y$ 代表 $C_H$ , $C_S$ , $m_k$ ，$X$ 代表 $\mu_x,\mu_y,\mu_z,\bar{\omega}_x,\bar{\omega}_z$ ，则

$$\frac{\partial Y}{\partial X}=\left(\frac{\partial Y}{\partial X}\right)_0+\left(\frac{\partial Y}{\partial \lambda_1}\right)_0\frac{\partial \lambda_1}{\partial X}+\left(\frac{\partial Y}{\partial a_0}\right)_0\frac{\partial a_0}{\partial X}+\left(\frac{\partial Y}{\partial a_{1s}}\right)_0\frac{\partial a_{1s}}{\partial X}+\left(\frac{\partial Y}{\partial b_{1s}}\right)_0\frac{\partial b_{1s}}{\partial X} \tag{6-31}$$

式中

$$\frac{\partial a_{1s}}{\partial X}=\left(\frac{\partial a_{1s}}{\partial X}\right)_0+\left(\frac{\partial a_{1s}}{\partial \lambda_1}\right)_0\frac{\partial \lambda_1}{\partial X}+\left(\frac{\partial a_{1s}}{\partial a_0}\right)_0\frac{\partial a_0}{\partial X} \tag{6-32}$$

$$\frac{\partial b_{1s}}{\partial X}=\left(\frac{\partial b_{1s}}{\partial X}\right)_0+\left(\frac{\partial b_{1s}}{\partial \lambda_1}\right)_0\frac{\partial \lambda_1}{\partial X}+\left(\frac{\partial b_{1s}}{\partial a_0}\right)_0\frac{\partial a_0}{\partial X} \tag{6-33}$$

5) $\lambda_1$ 对 $\mu_x,\mu_y,\mu_z,\bar{\omega}_x,\bar{\omega}_z$ 的导数

若 $X$ 代表 $\mu_x,\mu_y,\mu_z,\bar{\omega}_x,\bar{\omega}_z$，则

$$\frac{\partial \lambda_1}{\partial X}=\left(\frac{\partial \lambda_1}{\partial X}\right)_0+\left(\frac{\partial \lambda_1}{\partial C_T}\right)_0\frac{\partial C_T}{\partial X}$$

6) 旋翼空气动力对 $\bar{\omega}_y$ 的导数

旋翼空气动力对 $\bar{\omega}_y$ 的导数可按式(6-34)确定：

$$\begin{aligned}\frac{\partial}{\partial \bar{\omega}_y}\begin{bmatrix}F_{x,M}\\F_{y,M}\\F_{z,M}\end{bmatrix}=&\frac{\partial f_M}{\partial \bar{\omega}_y}\begin{bmatrix}\cos\delta & \sin\delta & 0\\-\sin\delta & \cos\delta & 0\\0 & 0 & 1\end{bmatrix}\begin{bmatrix}-C_H\\C_T\\C_S\end{bmatrix}+\frac{\partial}{\partial \mu_x}\begin{bmatrix}F_{x,M}\\F_{y,M}\\F_{z,M}\end{bmatrix}\frac{\partial \mu_x}{\partial \bar{\omega}_y}\\&+\frac{\partial}{\partial \mu_y}\begin{bmatrix}F_{x,M}\\F_{y,M}\\F_{z,M}\end{bmatrix}\frac{\partial \mu_y}{\partial \bar{\omega}_y}+\frac{\partial}{\partial \mu_z}\begin{bmatrix}F_{x,M}\\F_{y,M}\\F_{z,M}\end{bmatrix}\frac{\partial \mu_z}{\partial \bar{\omega}_y}\end{aligned} \tag{6-34}$$

式中，$f_M=\frac{1}{2}\rho\pi R^4\Omega^2$，由此可得

$$\frac{\partial f_M}{\partial \bar{\omega}_y}=\frac{1}{2}\rho\pi R^4\frac{\partial\left(\Omega^2\right)}{\partial\left(\dfrac{\omega_y}{\Omega_0}\right)}=2f_M$$

$\mu_x,\mu_y,\mu_z$ 对 $\bar{\omega}_y$ 的偏导数为

$$\frac{\partial}{\partial \bar{\omega}_y}\begin{bmatrix}\mu_x\\\mu_y\\\mu_z\end{bmatrix}=\frac{\partial\left(\dfrac{1}{\Omega}\right)}{\partial\left(\dfrac{\omega_y}{\Omega_0}\right)}\frac{1}{R}\begin{bmatrix}V_{XM}\\V_{YM}\\V_{ZM}\end{bmatrix}=-\begin{bmatrix}\mu_x\\\mu_y\\\mu_z\end{bmatrix}$$

将上述式子代入式(6-34)，有

$$\frac{\partial}{\partial \bar{\omega}_y}\begin{bmatrix}F_{x,M}\\F_{y,M}\\F_{z,M}\end{bmatrix}=2\begin{bmatrix}F_{x,M}\\F_{y,M}\\F_{z,M}\end{bmatrix}-\frac{\partial}{\partial \mu_x}\begin{bmatrix}F_{x,M}\\F_{y,M}\\F_{z,M}\end{bmatrix}-\frac{\partial}{\partial \mu_y}\begin{bmatrix}F_{x,M}\\F_{y,M}\\F_{z,M}\end{bmatrix}-\frac{\partial}{\partial \mu_z}\begin{bmatrix}F_{x,M}\\F_{y,M}\\F_{z,M}\end{bmatrix} \tag{6-35}$$

$m_k,M_{Gx},M_{Gz}$ 的导数可类似求得。

前面给出了旋翼气动导数的计算公式，具体计算时上述过程应倒过来进行，即先按附录 C 确定旋翼的简单导数，然后确定旋翼 $C_T, C_H, C_S, m_k$ 对 $\mu_x, \mu_y, \mu_z, \bar{\omega}_x, \bar{\omega}_z$ 的导数，最后确定旋翼部件导数。

### 6.5.2 尾桨气动导数

尾桨气动导数的确定方法与旋翼类似。但与旋翼气动导数相比，尾桨气动导数的计算相对简单，只需计算尾桨拉力和反扭矩的气动导数。

1. 尾桨空气动力与直升机运动参数之间的关系

类似旋翼的分析方法，可得尾浆拉力系数和反扭矩系数与直升机运动参数之间的关系：

$$C_{T,T} = K_v a_\infty \sigma_T \left\{ \left[ \frac{1}{3} + \frac{1}{2}\left(\mu_{x,T}^2 + \mu_{z,T}^2\right) \right] \theta_T - \frac{1}{2}\lambda_{1,T} + \frac{1}{4}\mu_{x,T}\bar{\omega}_{x,T} + \frac{1}{4}\mu_{z,T}\bar{\omega}_{z,T} \right\} \tag{6-36}$$

$$\begin{aligned} m_{k,T} = {} & \frac{(\varDelta)}{4} C_{x,T}\sigma_T \left(1 + \mu_{x,T}^2 + \mu_{z,T}^2\right) - (\varDelta)\kappa a_\infty \sigma_T \left\{ \left[ \frac{1}{3}\lambda_{1,T} + \frac{(\varDelta)}{6}\left(\mu_{x,T}\bar{\omega}_{x,T} + \mu_{z,T}\bar{\omega}_{z,T}\right) \right] \theta_T \right. \\ & \left. + \frac{1}{4}\left(\mu_{x,T}^2 + \mu_{z,T}^2\right) a_{0,T}^2 + \frac{1}{2}\lambda_{1,T}^2 + \frac{1}{3}\mu_{x,T} a_{0,T} \bar{\omega}_{z,T} + \frac{1}{3}\mu_{z,T} a_{0,T} \bar{\omega}_{x,T} \right\} \end{aligned} \tag{6-37}$$

式中，$a_{0,T}$ 为尾桨锥度角，

$$a_{0,T} = \kappa \gamma_T \left\{ \frac{1}{4}\left(1 + \mu_{x,T}^2 + \mu_{z,T}^2\right)\theta_T + \frac{1}{3}\lambda_{1,T} - \frac{(\varDelta)}{3}\left(\mu_{x,T}\bar{\omega}_{x,T} + \mu_{z,T}\bar{\omega}_{z,T}\right) \right\} \tag{6-38}$$

需说明的是，上述各式中的 $\mu_{x,T}, \mu_{z,T}, \bar{\omega}_{x,T}, \bar{\omega}_{z,T}, \lambda_{0,T}$ 是在尾桨构造轴系下的值。$(\varDelta) = 1$ 对应尾桨转向为底向前，$(\varDelta) = -1$ 对应底向后。

尾桨拉力和反扭矩在体轴系的力和力矩为

$$\begin{bmatrix} F_{x,T} \\ F_{y,T} \\ F_{z,T} \end{bmatrix} = \begin{bmatrix} 0 \\ 0 \\ T_T \end{bmatrix} \tag{6-39}$$

$$\begin{bmatrix} M_{x,T} \\ M_{y,T} \\ M_{z,T} \end{bmatrix} = \begin{bmatrix} 0 \\ 0 \\ M_{k,T} \end{bmatrix} + \begin{bmatrix} F_{z,T} y_T \\ -F_{z,T} x_T \\ 0 \end{bmatrix} \tag{6-40}$$

2. 尾桨气动导数求解

1) 尾桨空气动力对 $V_x, V_y, V_z$ 的导数

以尾桨空气动力对 $V_x$ 的导数为例，由式(6-39)得

$$\begin{bmatrix} F_{x,T}^{V_x} \\ F_{y,T}^{V_x} \\ F_{z,T}^{V_x} \end{bmatrix} = \frac{\partial}{\partial V_x}\begin{bmatrix} F_{x,T} \\ F_{y,T} \\ F_{z,T} \end{bmatrix} = \frac{\partial}{\partial \mu_{x,T}}\begin{bmatrix} F_{x,T} \\ F_{y,T} \\ F_{z,T} \end{bmatrix}\frac{\partial \mu_{x,T}}{\partial V_x} + \frac{\partial}{\partial \mu_{y,T}}\begin{bmatrix} F_{x,T} \\ F_{y,T} \\ F_{z,T} \end{bmatrix}\frac{\partial \mu_{y,T}}{\partial V_x} + \frac{\partial}{\partial \mu_{z,T}}\begin{bmatrix} F_{x,T} \\ F_{y,T} \\ F_{z,T} \end{bmatrix}\frac{\partial \mu_{z,T}}{\partial V_x}$$

$\mu_{x,T},\mu_{y,T},\mu_{z,T}$ 与 $V_x,V_y,V_z$ 的关系可写为

$$\mu_{x,T}=\left(V_x\sqrt{K_{QT}}+\omega_y\cdot z_T-\omega_z\cdot y_T\right)\Big/(\Omega R)_T$$

$$\mu_{y,T}=\left(V_z\sqrt{K_{QT}}+\omega_x\cdot y_T-\omega_y\cdot x_T\right)\Big/(\Omega R)_T$$

$$\mu_{z,T}=\left(V_y\sqrt{K_{QT}}+\omega_z\cdot x_T-\omega_x\cdot z_T\right)\Big/(\Omega R)_T$$

根据上式，可得

$$\frac{\partial}{\partial V_x}\begin{bmatrix}\mu_{x,T}\\ \mu_{y,T}\\ \mu_{z,T}\end{bmatrix}=\frac{\sqrt{K_{QT}}}{(\Omega R)_T}\begin{bmatrix}1\\0\\0\end{bmatrix}$$

于是，由式(6-39)及上式可得

$$\begin{bmatrix}F_{x,T}^{V_x}\\ F_{y,T}^{V_x}\\ F_{z,T}^{V_x}\end{bmatrix}=\frac{\partial}{\partial \mu_{x,T}}\begin{bmatrix}F_{x,T}\\ F_{y,T}\\ F_{z,T}\end{bmatrix}\cdot\frac{\sqrt{K_{QT}}}{(\Omega R)_T}=\frac{\sqrt{K_{QT}}}{2}\rho\pi R_T^2(\Omega R)_T\frac{\partial}{\partial \mu_{x,T}}\begin{bmatrix}0\\0\\C_{T,T}\end{bmatrix}\tag{6-41}$$

同理有

$$\begin{bmatrix}F_{x,T}^{V_y}\\ F_{y,T}^{V_y}\\ F_{z,T}^{V_y}\end{bmatrix}=\frac{\sqrt{K_{QT}}}{2}\rho\pi R_T^2(\Omega R)_T\frac{\partial}{\partial \mu_{z,T}}\begin{bmatrix}0\\0\\C_{T,T}\end{bmatrix}\tag{6-42}$$

$$\begin{bmatrix}F_{x,T}^{V_z}\\ F_{y,T}^{V_z}\\ F_{z,T}^{V_z}\end{bmatrix}=\frac{\sqrt{K_{QT}}}{2}\rho\pi R_T^2(\Omega R)_T\frac{\partial}{\partial \mu_{y,T}}\begin{bmatrix}0\\0\\C_{T,T}\end{bmatrix}\tag{6-43}$$

类似地，可得尾桨空气动力矩对 $V_x,V_y,V_z$ 的导数为

$$\begin{bmatrix}M_{x,T}^{V_x}\\ M_{y,T}^{V_x}\\ M_{z,T}^{V_x}\end{bmatrix}=\frac{\sqrt{K_{QT}}}{2}\rho\pi R_T^3(\Omega R)_T\frac{\partial}{\partial \mu_{x,T}}\begin{bmatrix}0\\0\\m_{k,T}\end{bmatrix}+\begin{bmatrix}F_{z,T}^{V_x}\cdot y_T\\ -F_{z,T}^{V_x}\cdot x_T\\ 0\end{bmatrix}\tag{6-44}$$

$$\begin{bmatrix}M_{x,T}^{V_y}\\ M_{y,T}^{V_y}\\ M_{z,T}^{V_y}\end{bmatrix}=\frac{\sqrt{K_{QT}}}{2}\rho\pi R_T^3(\Omega R)_T\frac{\partial}{\partial \mu_{z,T}}\begin{bmatrix}0\\0\\m_{k,T}\end{bmatrix}+\begin{bmatrix}F_{z,T}^{V_y}\cdot y_T\\ -F_{z,T}^{V_y}\cdot x_T\\ 0\end{bmatrix}\tag{6-45}$$

$$\begin{bmatrix}M_{x,T}^{V_z}\\ M_{y,T}^{V_z}\\ M_{z,T}^{V_z}\end{bmatrix}=\frac{\sqrt{K_{QT}}}{2}\rho\pi R_T^3(\Omega R)_T\frac{\partial}{\partial \mu_{y,T}}\begin{bmatrix}0\\0\\m_{k,T}\end{bmatrix}+\begin{bmatrix}F_{z,T}^{V_z}\cdot y_T\\ -F_{z,T}^{V_z}\cdot x_T\\ 0\end{bmatrix}\tag{6-46}$$

2) 尾桨空气动力对 $\omega_x,\omega_y$ 的导数

以尾桨空气动力对 $\omega_x$ 的导数为例，由式(6-39)得

$$\begin{bmatrix} F_{x,T}^{\omega_x} \\ F_{y,T}^{\omega_x} \\ F_{z,T}^{\omega_x} \end{bmatrix} = \frac{\partial}{\partial \bar{\omega}_{x,T}} \begin{bmatrix} F_{x,T} \\ F_{y,T} \\ F_{z,T} \end{bmatrix} \frac{\partial \bar{\omega}_{x,T}}{\partial \omega_x} + \frac{\partial}{\partial V_{y,T}} \begin{bmatrix} F_{x,T} \\ F_{y,T} \\ F_{z,T} \end{bmatrix} \frac{\partial V_{y,T}}{\partial \omega_x} + \frac{\partial}{\partial V_{z,T}} \begin{bmatrix} F_{x,T} \\ F_{y,T} \\ F_{z,T} \end{bmatrix} \frac{\partial V_{z,T}}{\partial \omega_x} \tag{6-47}$$

$\bar{\omega}_{x,T}, \bar{\omega}_{y,T}, \bar{\omega}_{z,T}$ 和 $V_{x,T}, V_{y,T}, V_{z,T}$ 与 $\omega_x, \omega_y, \omega_z$ 的关系为

$$\begin{bmatrix} \bar{\omega}_{x,T} \\ \bar{\omega}_{y,T} \\ \bar{\omega}_{z,T} \end{bmatrix} = \frac{1}{\Omega_T} \begin{bmatrix} \omega_x \\ \omega_z \\ \omega_y \end{bmatrix}$$

$$V_{x,T} = V_x \sqrt{K_{QT}} + \omega_y \cdot z_T - \omega_z \cdot y_T$$

$$V_{y,T} = V_z \sqrt{K_{QT}} + \omega_x \cdot y_T - \omega_y \cdot x_T$$

$$V_{z,T} = V_y \sqrt{K_{QT}} + \omega_z \cdot x_T - \omega_x \cdot z_T$$

根据上述关系式可得

$$\frac{\partial \bar{\omega}_{x,T}}{\partial \omega_x} = \frac{1}{\Omega_T}, \qquad \frac{\partial V_{y,T}}{\partial \omega_x} = y_T, \qquad \frac{\partial V_{z,T}}{\partial \omega_x} = -z_T$$

代入式(6-47)，有

$$\begin{bmatrix} F_{x,T}^{\omega_x} \\ F_{y,T}^{\omega_x} \\ F_{z,T}^{\omega_x} \end{bmatrix} = \frac{1}{\Omega_T} \frac{\partial}{\partial \bar{\omega}_{x,T}} \begin{bmatrix} 0 \\ 0 \\ F_{z,T} \end{bmatrix} + \begin{bmatrix} 0 \\ 0 \\ F_{z,T}^{V_y} \end{bmatrix} \cdot y_T - \begin{bmatrix} 0 \\ 0 \\ F_{z,T}^{V_z} \end{bmatrix} \cdot z_T \tag{6-48}$$

同理，可得尾桨空气动力矩对 $\omega_x$ 的导数为

$$\begin{bmatrix} M_{x,T}^{\omega_x} \\ M_{y,T}^{\omega_x} \\ M_{z,T}^{\omega_x} \end{bmatrix} = \frac{1}{\Omega_T} \frac{\partial}{\partial \bar{\omega}_{x,T}} \begin{bmatrix} 0 \\ 0 \\ M_{k,T} \end{bmatrix} - \begin{bmatrix} 0 \\ F_{z,T}^{\omega_x} \\ 0 \end{bmatrix} \cdot x_T + \begin{bmatrix} F_{z,T}^{\omega_x} \\ 0 \\ M_{k,T}^{V_y} \end{bmatrix} \cdot y_T - \begin{bmatrix} 0 \\ 0 \\ M_{k,T}^{V_z} \end{bmatrix} \cdot z_T \tag{6-49}$$

采用类似的分析方法可得尾桨空气动力和力矩对 $\omega_y$ 的导数为

$$\begin{bmatrix} F_{x,T}^{\omega_y} \\ F_{y,T}^{\omega_y} \\ F_{z,T}^{\omega_y} \end{bmatrix} = \frac{1}{\Omega_T} \frac{\partial}{\partial \bar{\omega}_{y,T}} \begin{bmatrix} 0 \\ 0 \\ F_{z,T} \end{bmatrix} - \begin{bmatrix} 0 \\ 0 \\ F_{z,T}^{V_y} \end{bmatrix} \cdot x_T + \begin{bmatrix} 0 \\ 0 \\ F_{z,T}^{V_x} \end{bmatrix} \cdot z_T \tag{6-50}$$

$$\begin{bmatrix} M_{x,T}^{\omega_y} \\ M_{y,T}^{\omega_y} \\ M_{z,T}^{\omega_y} \end{bmatrix} = \frac{1}{\Omega_T} \frac{\partial}{\partial \bar{\omega}_{y,T}} \begin{bmatrix} 0 \\ 0 \\ M_{k,T} \end{bmatrix} - \begin{bmatrix} 0 \\ F_{z,T}^{\omega_y} \\ M_{k,T}^{V_y} \end{bmatrix} \cdot x_T + \begin{bmatrix} F_{z,T}^{\omega_y} \\ 0 \\ 0 \end{bmatrix} \cdot y_T - \begin{bmatrix} 0 \\ 0 \\ M_{k,T}^{V_x} \end{bmatrix} \cdot z_T \tag{6-51}$$

3) 尾桨空气动力对 $\omega_z$ 的导数

求尾桨空气动力对 $\omega_z$ 的导数与求旋翼空气动力对 $\omega_y$ 的导数类似，这里直接给出结果。

$$\frac{\partial}{\partial\omega_z}\begin{bmatrix}F_{x,T}\\F_{y,T}\\F_{z,T}\end{bmatrix}=\frac{2}{\Omega_T}\begin{bmatrix}0\\0\\F_{z,T}\end{bmatrix}-\frac{\partial}{\partial\mu_{x,T}}\begin{bmatrix}0\\0\\F_{z,T}\end{bmatrix}-\frac{\partial}{\partial\mu_{y,T}}\begin{bmatrix}0\\0\\F_{z,T}\end{bmatrix}-\frac{\partial}{\partial\mu_{z,T}}\begin{bmatrix}0\\0\\F_{z,T}\end{bmatrix} \tag{6-52}$$

$$\frac{\partial}{\partial\omega_z}\begin{bmatrix}M_{x,T}\\M_{y,T}\\M_{z,T}\end{bmatrix}=\frac{2}{\Omega_T}\begin{bmatrix}0\\0\\M_{k,T}\end{bmatrix}-\frac{\partial}{\partial\mu_{x,T}}\begin{bmatrix}0\\0\\M_{k,T}\end{bmatrix}-\frac{\partial}{\partial\mu_{y,T}}\begin{bmatrix}0\\0\\M_{k,T}\end{bmatrix}-\frac{\partial}{\partial\mu_{z,T}}\begin{bmatrix}0\\0\\M_{k,T}\end{bmatrix}-\begin{bmatrix}0\\F_{z,T}^{\omega_z}\\0\end{bmatrix}\cdot x_T+\begin{bmatrix}F_{z,T}^{\omega_z}\\0\\0\end{bmatrix}\cdot y_T \tag{6-53}$$

与旋翼导数一样，为了确定尾桨空气动力对直升机运动参数的导数，需确定尾桨拉力系数$C_{T,T}$、反扭矩$M_{k,T}$对$\mu_{x,T},\mu_{y,T},\mu_{z,T},\bar{\omega}_{x,T},\bar{\omega}_{z,T}$的偏导数。同样，这也是一个复合求导的过程。只是尾桨往往采用挥舞调节为(−1)的结构布局，避免了尾桨锥体的后倒和侧倒及相应的后向力和侧向力。有关$C_{T,T}$、$M_{k,T}$对$\mu_{x,T},\mu_{y,T},\mu_{z,T},\bar{\omega}_{x,T},\bar{\omega}_{z,T}$导数和尾桨简单导数的求法过程与旋翼一样，这里不再重复。

### 6.5.3 平尾气动导数

平尾的功能是提供直升机纵向稳定性，在分析平尾的气动导数时，可忽略对横航向运动参数的导数，即只分析平尾空气动力对运动参数$V_x,V_y,\omega_z$的导数。

在第 5 章已经得到平尾在体轴系的力和力矩，即

$$\begin{cases}F_{x,H}=-D_H\cos(\alpha_H-\varphi_H)+L_H\sin(\alpha_H-\varphi_H)\\F_{y,H}=-D_H\sin(\alpha_H-\varphi_H)-L_H\cos(\alpha_H-\varphi_H)\\F_{z,H}=0\end{cases} \tag{6-54}$$

$$\begin{cases}M_{x,H}=F_{y,H}\cdot z_H\\M_{y,H}=-F_{x,H}\cdot z_H\\M_{z,H}=F_{y,H}\cdot x_H-F_{x,H}\cdot y_H\end{cases} \tag{6-55}$$

很显然，平尾的空气动力是平尾速度和迎角的函数，由小扰动理论可得

$$\begin{cases}\Delta F_{x,H}=\dfrac{\partial F_{x,H}}{\partial V_H}\Delta V_H+\dfrac{\partial F_{x,H}}{\partial\alpha_H}\Delta\alpha_H\\\Delta F_{y,H}=\dfrac{\partial F_{y,H}}{\partial V_H}\Delta V_H+\dfrac{\partial F_{y,H}}{\partial\alpha_H}\Delta\alpha_H\end{cases} \tag{6-56}$$

$$\begin{cases}\Delta M_{x,H}=\Delta F_{y,H}\cdot z_H\\\Delta M_{y,H}=-\Delta F_{x,H}\cdot z_H\\\Delta M_{z,H}=\Delta F_{y,H}\cdot x_H-\Delta F_{x,H}\cdot y_H\end{cases} \tag{6-57}$$

当平尾安装角$\varphi_H$与旋翼总距$\varphi_7$有联动时，$\varphi_H$随$\varphi_7$的变化而变化，此时$\Delta F_{x,H}$和$\Delta F_{y,H}$中还应包括由$\varphi_7$变化引起的变化部分，即平尾空气动力对$\varphi_7$的导数。平尾空气动力对$\varphi_7$的导数属操纵导数，将在第 7 章中讨论。

为了确定平尾的气动导数，首先应确定$\frac{\partial F_{x,H}}{\partial V_H},\frac{\partial F_{x,H}}{\partial \alpha_H}$和$\frac{\partial F_{y,H}}{\partial V_H},\frac{\partial F_{y,H}}{\partial \alpha_H}$，由式(6-54)可得

$$\frac{\partial}{\partial V_H}\begin{bmatrix}F_{x,H}\\F_{y,H}\end{bmatrix}=\frac{2}{V_H}\begin{bmatrix}F_{x,H}\\F_{y,H}\end{bmatrix}$$

$$\frac{\partial}{\partial \alpha_H}\begin{bmatrix}F_{x,H}\\F_{y,H}\end{bmatrix}=\frac{1}{2}\rho V_H^2 A_H\begin{bmatrix}-\cos(\alpha_H-\varphi_H) & \sin(\alpha_H-\varphi_H)\\-\sin(\alpha_H-\varphi_H) & -\cos(\alpha_H-\varphi_H)\end{bmatrix}\frac{\partial}{\partial \alpha_H}\begin{bmatrix}C_{x,H}\\C_{y,H}\end{bmatrix}+\begin{bmatrix}-F_{y,H}\\F_{x,H}\end{bmatrix}$$

式中

$$\frac{\partial}{\partial \alpha_H}\begin{bmatrix}C_{x,H}\\C_{y,H}\end{bmatrix}=\begin{cases}\begin{bmatrix}2a_H^2\alpha_H/(\pi\lambda_H)\\a_H\end{bmatrix}, & |\alpha_H|\leqslant|(\alpha_H)_{lj}|\\\begin{bmatrix}3\sin\alpha_H+C_{LH}\\3\cos\alpha_H-C_{DH}\end{bmatrix}, & |(\alpha_H)_{lj}|<|\alpha_H|\leqslant\frac{2}{9}\pi\\\begin{bmatrix}C_{LH}\\-C_{DH}\end{bmatrix}, & |\alpha_H|>\frac{2}{9}\pi\end{cases}$$

式(6-56)中的$\Delta V_H,\Delta\alpha_H$可表示为

$$\Delta V_H=\frac{V_{XH}}{V_H}\Delta V_{XH}+\frac{V_{YH}}{V_H}\Delta V_{YH}$$

$$\Delta\alpha_H=\frac{\sin\alpha_H}{V_H}\Delta V_{XH}+\frac{\cos\alpha_H}{V_H}\Delta V_{YH}$$

如果只考虑旋翼对平尾的下洗，$V_{XH},V_{YH}$与直升机运动参数$V_x,V_y,\omega_z$之间的关系为

$$V_{XH}=V_x\sqrt{K_{QH}}-\omega_z y_H$$

$$V_{YH}=V_y\sqrt{K_{QH}}+\omega_z x_H+K_{MH}v_1$$

式中

$$v_1=-(\lambda_1+\mu_y)\Omega R$$

这样，$\Delta V_{XH},\Delta V_{YH}$与直升机运动参数之间的关系为

$$\Delta V_{XH}=\sqrt{K_{QH}}\Delta V_x-y_H\Delta\omega_z$$

$$\Delta V_{YH}=\left[1-K_{MH}\left(1+\frac{\partial\lambda_1}{\partial\mu_y}\right)\right]\Delta V_y+x_H\Delta\omega_z$$

式中，$K_{MH}$为旋翼对平尾的下洗因子，第 5 章已进行了讨论。

将上述各式代入式(6-56)，经整理可得平尾空气动力对运动参数$V_x,V_y,\omega_z$的气动导数为

$$F_{x,H}^{V_x}=\sqrt{K_{QH}}\frac{2F_{x,H}\cos\alpha_H-\frac{\partial F_{x,H}}{\partial\alpha_H}\sin\alpha_H}{V_H}\tag{6-58}$$

$$F_{y,H}^{V_x}=\sqrt{K_{QH}}\frac{2F_{y,H}\cos\alpha_H-\frac{\partial F_{y,H}}{\partial\alpha_H}\sin\alpha_H}{V_H}\tag{6-59}$$

$$F_{x,H}^{V_y}=-\frac{2F_{x,H}\sin\alpha_H+\dfrac{\partial F_{x,H}}{\partial\alpha_H}\cos\alpha_H}{V_H}\left[1-K_{MH}\left(1+\frac{\partial\lambda_1}{\partial\mu_y}\right)\right] \tag{6-60}$$

$$F_{y,H}^{V_y}=-\frac{2F_{y,H}\sin\alpha_H+\dfrac{\partial F_{y,H}}{\partial\alpha_H}\cos\alpha_H}{V_H}\left[1-K_{MH}\left(1+\frac{\partial\lambda_1}{\partial\mu_y}\right)\right] \tag{6-61}$$

$$F_{x,H}^{\omega_z}=-\frac{2F_{x,H}\sin\alpha_H+\dfrac{\partial F_{x,H}}{\partial\alpha_H}\cos\alpha_H}{V_H}x_H-\frac{2F_{x,H}\cos\alpha_H-\dfrac{\partial F_{x,H}}{\partial\alpha_H}\sin\alpha_H}{V_H}y_H \tag{6-62}$$

$$F_{y,H}^{\omega_z}=-\frac{2F_{y,H}\sin\alpha_H+\dfrac{\partial F_{x,H}}{\partial\alpha_H}\cos\alpha_H}{V_H}x_H-\frac{2F_{y,H}\cos\alpha_H-\dfrac{\partial F_{y,H}}{\partial\alpha_H}\sin\alpha_H}{V_H}y_H \tag{6-63}$$

平尾空气动力对其余运动参数的导数为零。

根据式(6-57)，可得平尾空气动力矩对$V_x,V_y,\omega_z$的导数，以平尾空气动力矩对$V_x$的导数为例：

$$\begin{bmatrix} M_{x,H}^{V_x} \\ M_{y,H}^{V_x} \\ M_{z,H}^{V_x} \end{bmatrix}=\begin{bmatrix} F_{y,H}^{V_x}\cdot z_H \\ F_{x,H}^{V_x}\cdot z_H \\ -F_{x,H}^{V_x}\cdot y_H+F_{y,H}^{V_x}\cdot x_H \end{bmatrix} \tag{6-64}$$

平尾空气动力矩对$V_y,\omega_z$的导数只需将$V_x$用相应的变量置换即可。

### 6.5.4　垂尾气动导数

与平尾不同的是，垂尾的功能是提供直升机航向稳定性，这样在分析垂尾的气动导数时，主要分析垂尾空气动力对运动参数$V_x,V_z,\omega_y$的导数。

第5章已经得到垂尾在体轴系的力和力矩，即

$$\begin{cases} F_{x,V}=-D_V\cos(\varphi_V-\alpha_V)-L_V\sin(\varphi_V-\alpha_V) \\ F_{y,V}=0 \\ F_{z,V}=-D_V\sin(\varphi_V-\alpha_V)+L_V\cos(\varphi_V-\alpha_V) \end{cases} \tag{6-65}$$

$$\begin{cases} M_{x,V}=F_{z,V}\cdot y_V \\ M_{y,V}=F_{x,V}\cdot z_V-F_{z,V}\cdot x_V \\ M_{y,V}=-F_{x,V}\cdot y_V \end{cases} \tag{6-66}$$

垂尾的空气动力是垂尾相对气流速度和迎角(直升机侧滑角)的函数，由小扰动理论可得

$$\begin{cases} \Delta F_{x,V} = \dfrac{\partial F_{x,V}}{\partial V_V}\Delta V_V + \dfrac{\partial F_{x,V}}{\partial \alpha_V}\Delta \alpha_V \\ \Delta F_{z,V} = \dfrac{\partial F_{y,V}}{\partial V_V}\Delta V_V + \dfrac{\partial F_{y,V}}{\partial \alpha_V}\Delta \alpha_V \end{cases} \tag{6-67}$$

$$\begin{cases} \Delta M_{x,V} = \Delta F_{z,V} \cdot y_V \\ \Delta M_{y,V} = \Delta F_{x,V} \cdot z_V - \Delta F_{z,V} \cdot x_V \\ \Delta M_{z,V} = -\Delta F_{x,V} \cdot y_V \end{cases} \tag{6-68}$$

为了确定垂尾的气动导数，首先应确定$\dfrac{\partial F_{x,V}}{\partial V_V},\dfrac{\partial F_{x,V}}{\partial \alpha_V}$和$\dfrac{\partial F_{y,V}}{\partial V_V},\dfrac{\partial F_{y,V}}{\partial \alpha_V}$，由式(6-65)可得

$$\frac{\partial}{\partial V_V}\begin{bmatrix} F_{x,V} \\ F_{z,V} \end{bmatrix} = \frac{2}{V_V}\begin{bmatrix} F_{x,V} \\ F_{z,V} \end{bmatrix}$$

$$\frac{\partial}{\partial \alpha_V}\begin{bmatrix} F_{x,V} \\ F_{z,V} \end{bmatrix} = \frac{1}{2}\rho V_V^2 A_V \begin{bmatrix} -\cos(\varphi_V - \alpha_V) & -\sin(\varphi_V - \alpha_V) \\ -\sin(\varphi_V - \alpha_V) & \cos(\varphi_V - \alpha_V) \end{bmatrix} \frac{\partial}{\partial \alpha_V}\begin{bmatrix} C_{x,V} \\ C_{y,V} \end{bmatrix} + \begin{bmatrix} F_{z,V} \\ -F_{x,V} \end{bmatrix}$$

其中，确定垂尾升力系数和阻力系数对其迎角的导数方法与平尾相似。

$\Delta V_V, \Delta \alpha_V$ 可表示为

$$\Delta V_V = \frac{V_{XV}}{V_V}\Delta V_{XV} + \frac{V_{ZV}}{V_V}\Delta V_{ZV}$$

$$\Delta \alpha_V = \frac{\sin\beta_*}{V_V}\Delta V_{XV} + \frac{\cos\beta_*}{V_V}\Delta V_{ZV}$$

式中

$$\beta_* = \varphi_V - \alpha_V$$

如果只考虑尾桨对垂尾的侧洗，$V_{XV}, V_{ZV}$ 与直升机运动参数 $V_x, V_y, \omega_z$ 之间的关系为

$$V_{XV} = \sqrt{K_{QV}} V_V + \omega_y \cdot z_V$$

$$V_{ZV} = \sqrt{K_{QV}} V_V - \omega_y \cdot x_V - K_{TV} v_T$$

式中，$K_{TV}$ 为尾桨对垂尾的侧洗因子，由于垂尾离尾桨较近，$K_{TV}$ 在 1.0 左右；$v_T$ 为尾桨诱导速度，由下式确定：

$$v_T = -\left(\lambda_T + \mu_{y,T}\right) \cdot (\Omega R)_T$$

这样，$\Delta V_{XV}, \Delta V_{ZV}$ 与直升机运动参数之间的关系为

$$\Delta V_{XV} = \sqrt{K_{QV}} \Delta V_x + z_V \Delta \omega_y$$

$$\Delta V_{ZV} = \left[1 + K_{TV}\left(1 + \frac{\partial \lambda_T}{\partial \mu_{y,T}}\right)\right]\Delta V_y - x_V \Delta \omega_y$$

将上述各式代入式(6-67)，经整理可得平尾空气动力对运动参数 $V_x, V_z, \omega_y$ 的气动导数：

$$F_{x,V}^{V_x}=\sqrt{K_{QV}}\frac{2F_{x,V}\cos\beta_*-\dfrac{\partial F_{x,V}}{\partial\alpha_V}\sin\beta_*}{V_V} \tag{6-69}$$

$$F_{z,V}^{V_x}=\sqrt{K_{QV}}\frac{2F_{z,V}\cos\beta_*-\dfrac{\partial F_{z,V}}{\partial\alpha_V}\sin\beta_*}{V_V} \tag{6-70}$$

$$F_{x,V}^{V_z}=-\frac{2F_{x,V}\sin\beta_*+\dfrac{\partial F_{x,V}}{\partial\alpha_V}\cos\beta_*}{V_V}\left[1+K_{TV}\left(1+\frac{\partial\lambda_{1,T}}{\partial\mu_{y,T}}\right)\right] \tag{6-71}$$

$$F_{z,V}^{V_z}=-\frac{2F_{z,V}\sin\beta_*+\dfrac{\partial F_{z,V}}{\partial\alpha_V}\cos\beta_*}{V_V}\left[1+K_{TV}\left(1+\frac{\partial\lambda_{1,T}}{\partial\mu_{y,T}}\right)\right] \tag{6-72}$$

$$F_{x,V}^{\omega_y}=-\frac{2F_{x,V}\sin\beta_*+\dfrac{\partial F_{x,V}}{\partial\alpha_V}\cos\beta_*}{V_V}x_V-\frac{2F_{x,V}\cos\beta_*-\dfrac{\partial F_{x,V}}{\partial\alpha_V}\sin\beta_*}{V_V}z_V \tag{6-73}$$

$$F_{z,V}^{\omega_y}=-\frac{2F_{z,V}\sin\beta_*+\dfrac{\partial F_{z,V}}{\partial\alpha_V}\cos\beta_*}{V_V}x_V-\frac{2F_{z,V}\cos\beta_*-\dfrac{\partial F_{z,V}}{\partial\alpha_V}\sin\beta_*}{V_V}z_V \tag{6-74}$$

垂尾空气动力对其余运动参数的导数为零。

根据式(6-68)，可得垂尾空气动力矩对$V_x,V_z,\omega_y$的导数，以垂尾空气动力矩对$V_x$的导数为例：

$$\begin{bmatrix} M_{x,V}^{V_x} \\ M_{y,V}^{V_x} \\ M_{z,V}^{V_x} \end{bmatrix}=\begin{bmatrix} F_{z,V}^{V_x}\cdot y_V \\ F_{x,V}^{V_x}\cdot z_V-F_{z,V}^{V_x}\cdot x_V \\ -F_{x,V}^{V_x}\cdot y_V \end{bmatrix} \tag{6-75}$$

垂尾空气动力矩对$V_z,\omega_y$的导数只需相应置换式(6-75)中的$V_x$即可。

### 6.5.5 机身气动导数

第 5 章已经得到机身在体轴系引起的力和力矩，即

$$\begin{bmatrix} F_{x,F} \\ F_{y,F} \\ F_{z,F} \\ M_{x,F} \\ M_{y,F} \\ M_{z,F} \end{bmatrix}=\frac{1}{2}\rho V^2 A_F\begin{bmatrix} -C_{DF} \\ C_{LF} \\ C_{SF} \\ C_{MxF}\cdot l_F \\ C_{MyF}\cdot l_F \\ C_{MzF}\cdot l_F \end{bmatrix}+\begin{bmatrix} 0 \\ (K_{\perp}-1)G \\ 0 \\ \Delta M_{x,F} \\ \Delta M_{y,F} \\ \Delta M_{z,F}+\delta M_{z,F} \end{bmatrix} \tag{6-76}$$

机身的空气动力是速度、迎角和侧滑角的函数，由小扰动理论可得

$$\begin{bmatrix}\Delta F_{x,F}\\ \Delta F_{y,F}\\ \Delta F_{z,F}\\ \Delta M_{x,F}\\ \Delta M_{y,F}\\ \Delta M_{z,F}\end{bmatrix}=\begin{bmatrix}\dfrac{\partial F_{x,F}}{\partial V}\\ \dfrac{\partial F_{y,F}}{\partial V}\\ \dfrac{\partial F_{z,F}}{\partial V}\\ \dfrac{\partial M_{x,F}}{\partial V}\\ \dfrac{\partial M_{y,F}}{\partial V}\\ \dfrac{\partial M_{z,F}}{\partial V}\end{bmatrix}\Delta V+\begin{bmatrix}\dfrac{\partial F_{x,F}}{\partial \alpha}\\ \dfrac{\partial F_{y,F}}{\partial \alpha}\\ \dfrac{\partial F_{z,F}}{\partial \alpha}\\ \dfrac{\partial M_{x,F}}{\partial \alpha}\\ \dfrac{\partial M_{y,F}}{\partial \alpha}\\ \dfrac{\partial M_{z,F}}{\partial \alpha}\end{bmatrix}\Delta \alpha+\begin{bmatrix}\dfrac{\partial F_{x,F}}{\partial \beta_s}\\ \dfrac{\partial F_{y,F}}{\partial \beta_s}\\ \dfrac{\partial F_{z,F}}{\partial \beta_s}\\ \dfrac{\partial M_{x,F}}{\partial \beta_s}\\ \dfrac{\partial M_{y,F}}{\partial \beta_s}\\ \dfrac{\partial M_{z,F}}{\partial \beta_s}\end{bmatrix}\Delta \beta_s \tag{6-77}$$

式中

$$\frac{\partial}{\partial V}\begin{bmatrix}F_{x,F}\\ F_{y,F}\\ F_{z,F}\end{bmatrix}=\rho V A_F\begin{bmatrix}C_{DF}\\ C_{LF}\\ C_{SF}\end{bmatrix}$$

$$\frac{\partial}{\partial V}\begin{bmatrix}M_{x,F}\\ M_{y,F}\\ M_{z,F}\end{bmatrix}=\rho V A_F l_F\begin{bmatrix}C_{MxF}\\ C_{MyF}\\ C_{MzF}\end{bmatrix}+\begin{bmatrix}\dfrac{\partial F_{z,F}}{\partial V}\Delta y_G-\dfrac{\partial F_{y,F}}{\partial V}\Delta z_G\\ \dfrac{\partial F_{x,F}}{\partial V}\Delta z_G-\dfrac{\partial F_{z,F}}{\partial V}\Delta x_G\\ \dfrac{\partial F_{y,F}}{\partial V}\Delta x_G+\dfrac{\partial F_{x,F}}{\partial V}\Delta y_G\end{bmatrix}+\begin{bmatrix}0\\ 0\\ \dfrac{\partial(\delta M_{z,F})}{\partial V}\end{bmatrix}$$

$$\frac{\partial}{\partial \alpha}\begin{bmatrix}F_{x,F}\\ F_{y,F}\\ F_{z,F}\end{bmatrix}=\frac{1}{2}\rho V^2 A_F\begin{bmatrix}-C_{DF}^{\alpha}\\ C_{LF}^{\alpha}\\ C_{SF}^{\alpha}\end{bmatrix}$$

$$\frac{\partial}{\partial \alpha}\begin{bmatrix}M_{x,F}\\ M_{y,F}\\ M_{z,F}\end{bmatrix}=\frac{1}{2}\rho V^2 A_F l_F\begin{bmatrix}C_{MxF}^{\alpha}\\ C_{MyF}^{\alpha}\\ C_{MzF}^{\alpha}\end{bmatrix}+\begin{bmatrix}\dfrac{\partial F_{z,F}}{\partial \alpha}\Delta y_G-\dfrac{\partial F_{y,F}}{\partial \alpha}\Delta z_G\\ \dfrac{\partial F_{x,F}}{\partial \alpha}\Delta z_G-\dfrac{\partial F_{z,F}}{\partial \alpha}\Delta x_G\\ \dfrac{\partial F_{y,F}}{\partial \alpha}\Delta x_G+\dfrac{\partial F_{x,F}}{\partial \alpha}\Delta y_G\end{bmatrix}+\begin{bmatrix}0\\ 0\\ \dfrac{\partial(\delta M_{z,F})}{\partial \alpha}\end{bmatrix}$$

$$\frac{\partial}{\partial \beta_s}\begin{bmatrix}F_{x,F}\\ F_{y,F}\\ F_{z,F}\end{bmatrix}=\frac{1}{2}\rho V^2 A_F\begin{bmatrix}-C_{DF}^{\beta_s}\\ C_{LF}^{\beta_s}\\ C_{SF}^{\beta_s}\end{bmatrix}$$

$$\frac{\partial}{\partial \beta_s}\begin{bmatrix} M_{x,F} \\ M_{y,F} \\ M_{z,F} \end{bmatrix} = \frac{1}{2}\rho V^2 A_F l_F \begin{bmatrix} C_{MxF}^{\beta_s} \\ C_{MyF}^{\beta_s} \\ C_{MzF}^{\beta_s} \end{bmatrix} + \begin{bmatrix} \dfrac{\partial F_{z,F}}{\partial \beta_s}\Delta y_G - \dfrac{\partial F_{y,F}}{\partial \beta_s}\Delta z_G \\ \dfrac{\partial F_{x,F}}{\partial \beta_s}\Delta z_G - \dfrac{\partial F_{z,F}}{\partial \beta_s}\Delta x_G \\ \dfrac{\partial F_{y,F}}{\partial \beta_s}\Delta x_G + \dfrac{\partial F_{x,F}}{\partial \beta_s}\Delta y_G \end{bmatrix} + \begin{bmatrix} 0 \\ 0 \\ \dfrac{\partial(\delta M_{z,F})}{\partial \beta_s} \end{bmatrix}$$

$\Delta V, \Delta\alpha, \Delta\beta_s$ 可表示为

$$\Delta V = \cos\alpha\cos\beta_s \Delta V_x + \sin\alpha\cos\beta_s \Delta V_y + \sin\beta_s \Delta V_z$$

$$\Delta\alpha = -\left(\sin\alpha \Delta V_x + \cos\alpha \Delta V_y\right)/V$$

$$\Delta\beta_s = \left(-\cos\alpha\sin\beta_s \Delta V_x + \sin\alpha\sin\beta_s \Delta V_y + \cos\beta_s \Delta V_z\right)/V$$

将 $\Delta V, \Delta\alpha, \Delta\beta_s$ 代入式(6-77)，则该式成为

$$\begin{bmatrix} \Delta F_{x,F} \\ \Delta F_{y,F} \\ \Delta F_{z,F} \\ \Delta M_{x,F} \\ \Delta M_{y,F} \\ \Delta M_{z,F} \end{bmatrix} = \begin{bmatrix} F_{x,F}^{V_x} \\ F_{y,F}^{V_x} \\ F_{z,F}^{V_x} \\ M_{x,F}^{V_x} \\ M_{y,F}^{V_x} \\ M_{z,F}^{V_x} \end{bmatrix}\Delta V_x + \begin{bmatrix} F_{x,F}^{V_y} \\ F_{y,F}^{V_y} \\ F_{z,F}^{V_y} \\ M_{x,F}^{V_y} \\ M_{y,F}^{V_y} \\ M_{z,F}^{V_y} \end{bmatrix}\Delta V_y + \begin{bmatrix} F_{x,F}^{V_z} \\ F_{y,F}^{V_z} \\ F_{z,F}^{V_z} \\ M_{x,F}^{V_z} \\ M_{y,F}^{V_z} \\ M_{z,F}^{V_z} \end{bmatrix}\Delta V_z$$

即机身空气动力的气动导数最终归结为对运动参数 $V_x, V_y, V_z$ 的气动导数，它们分别是

$$\begin{bmatrix} F_{x,F}^{V_x} \\ F_{y,F}^{V_x} \\ F_{z,F}^{V_x} \\ M_{x,F}^{V_x} \\ M_{y,F}^{V_x} \\ M_{z,F}^{V_x} \end{bmatrix} = \cos\alpha\cos\beta_s \begin{bmatrix} \dfrac{\partial F_{x,F}}{\partial V} \\ \dfrac{\partial F_{y,F}}{\partial V} \\ \dfrac{\partial F_{z,F}}{\partial V} \\ \dfrac{\partial M_{x,F}}{\partial V} \\ \dfrac{\partial M_{y,F}}{\partial V} \\ \dfrac{\partial M_{z,F}}{\partial V} \end{bmatrix} - \frac{\sin\alpha}{V}\begin{bmatrix} \dfrac{\partial F_{x,F}}{\partial \alpha} \\ \dfrac{\partial F_{y,F}}{\partial \alpha} \\ \dfrac{\partial F_{z,F}}{\partial \alpha} \\ \dfrac{\partial M_{x,F}}{\partial \alpha} \\ \dfrac{\partial M_{y,F}}{\partial \alpha} \\ \dfrac{\partial M_{z,F}}{\partial \alpha} \end{bmatrix} - \frac{\cos\alpha\sin\beta_s}{V}\begin{bmatrix} \dfrac{\partial F_{x,F}}{\partial \beta_s} \\ \dfrac{\partial F_{y,F}}{\partial \beta_s} \\ \dfrac{\partial F_{z,F}}{\partial \beta_s} \\ \dfrac{\partial M_{x,F}}{\partial \beta_s} \\ \dfrac{\partial M_{y,F}}{\partial \beta_s} \\ \dfrac{\partial M_{z,F}}{\partial \beta_s} \end{bmatrix} \tag{6-78}$$

$$\begin{bmatrix} F_{x,F}^{V_y} \\ F_{y,F}^{V_y} \\ F_{z,F}^{V_y} \\ M_{x,F}^{V_y} \\ M_{y,F}^{V_y} \\ M_{z,F}^{V_y} \end{bmatrix} = \sin\alpha\cos\beta_s \begin{bmatrix} \dfrac{\partial F_{x,F}}{\partial V} \\ \dfrac{\partial F_{y,F}}{\partial V} \\ \dfrac{\partial F_{z,F}}{\partial V} \\ \dfrac{\partial M_{x,F}}{\partial V} \\ \dfrac{\partial M_{y,F}}{\partial V} \\ \dfrac{\partial M_{z,F}}{\partial V} \end{bmatrix} - \frac{\cos\alpha}{V} \begin{bmatrix} \dfrac{\partial F_{x,F}}{\partial \alpha} \\ \dfrac{\partial F_{y,F}}{\partial \alpha} \\ \dfrac{\partial F_{z,F}}{\partial \alpha} \\ \dfrac{\partial M_{x,F}}{\partial \alpha} \\ \dfrac{\partial M_{y,F}}{\partial \alpha} \\ \dfrac{\partial M_{z,F}}{\partial \alpha} \end{bmatrix} + \frac{\sin\alpha\sin\beta_s}{V} \begin{bmatrix} \dfrac{\partial F_{x,F}}{\partial \beta_s} \\ \dfrac{\partial F_{y,F}}{\partial \beta_s} \\ \dfrac{\partial F_{z,F}}{\partial \beta_s} \\ \dfrac{\partial M_{x,F}}{\partial \beta_s} \\ \dfrac{\partial M_{y,F}}{\partial \beta_s} \\ \dfrac{\partial M_{z,F}}{\partial \beta_s} \end{bmatrix} \tag{6-79}$$

$$\begin{bmatrix} F_{x,F}^{V_z} \\ F_{y,F}^{V_z} \\ F_{z,F}^{V_z} \\ M_{x,F}^{V_z} \\ M_{y,F}^{V_z} \\ M_{z,F}^{V_z} \end{bmatrix} = \sin\beta_s \begin{bmatrix} \dfrac{\partial F_{x,F}}{\partial V} \\ \dfrac{\partial F_{y,F}}{\partial V} \\ \dfrac{\partial F_{z,F}}{\partial V} \\ \dfrac{\partial M_{x,F}}{\partial V} \\ \dfrac{\partial M_{y,F}}{\partial V} \\ \dfrac{\partial M_{z,F}}{\partial V} \end{bmatrix} + \frac{\cos\beta_s}{V} \begin{bmatrix} \dfrac{\partial F_{x,F}}{\partial \beta_s} \\ \dfrac{\partial F_{y,F}}{\partial \beta_s} \\ \dfrac{\partial F_{z,F}}{\partial \beta_s} \\ \dfrac{\partial M_{x,F}}{\partial \beta_s} \\ \dfrac{\partial M_{y,F}}{\partial \beta_s} \\ \dfrac{\partial M_{z,F}}{\partial \beta_s} \end{bmatrix} \tag{6-80}$$

### 6.5.6　全机气动导数

将旋翼、尾桨、平尾、垂尾和机身各部件的导数在体轴系的坐标分量进行代数和可得直升机的气动导数。附录 D 列出了直升机导数的表达式，并给出了样例直升机悬停和前飞速度 $\mu=0.2$ 时的气动导数值及各部件的导数值。

## 6.6　直升机气动导数分析及稳定根

6.5 节讨论的直升机气动导数有的具有明确的物理含义。对气动导数作进一步讨论，有利于对它们更深入的理解，便于指导直升机的设计。

### 6.6.1　直升机气动导数分析

1. 空速稳定性导数 $\left(\dfrac{\partial M_z}{\partial V_x}\right)$

在 6.2 节讨论直升机空速静稳定性的物理概念时指出，当操纵机构不动，空速偶然增大时，若$\dfrac{\partial M_z}{\partial V_x}>0$，则直升机趋向于抬头，会自动减速，即直升机对空速是静稳定的；若$\dfrac{\partial M_z}{\partial V_x}<0$，则直升机趋向于低头，将自动加速，即直升机对空速是静不稳定的。

悬停状态的气动俯仰力矩来自旋翼的桨毂力矩和拉力及后向力引起的力矩。样例直升机悬停时$\dfrac{\partial M_z}{\partial V_x}=67.81\text{kg}\cdot\text{s}$，其中桨毂力矩的贡献为$\dfrac{\partial M_{Gz}}{\partial V_x}=60.89\text{kg}\cdot\text{s}$，约占 90%。可见桨毂力矩对空速稳定性导数的贡献是主要的，表明水平铰偏置量的引入有利于提高直升机悬停时的空速稳定性。

前飞时，机身和平尾也起作用，直升机机身在前飞时起稳定效应。例如，样例直升机前飞速度$\mu=0.2$时，机身对空速稳定性导数的贡献为$\left(\dfrac{\partial M_z}{\partial V_x}\right)_F=2.43\text{kg}\cdot\text{s}$。

平尾在前飞时产生向下的升力，$F_{y,H}=\dfrac{1}{2}\rho V^2 A_H C_{yH}$，该升力对直升机重心产生抬头力矩$(M_z)_H=F_{y,H}\cdot x_H$，对速度的导数为$\dfrac{\partial (M_z)_H}{\partial V_x}=\rho V A_H C_{yH}\cdot x_H$。样例直升机前飞速度$\mu=0.2$时，平尾的空速稳定性导数为$\left(\dfrac{\partial M_z}{\partial V_x}\right)_H=9.2\text{kg}\cdot\text{s}$，起稳定效应。随着前飞速度的增加，平尾的升力也增大，因而在较大速度时，平尾能改善直升机的速度稳定性。

在低速飞行时，旋翼尾流会影响到平尾的迎角。速度增加造成旋翼尾流后倾，使平尾迎角减小，升力因而减小；但如果平尾迎角由失速改为不失速，则升力会增大。总之，旋翼尾流对尾部和机身的影响相当复杂，难以精确计算，应做旋翼／机身组合吹风试验。

一般情况是，在低速时平尾提供静不稳定力矩，尤其旋翼桨盘载荷大(诱导速度大)或平尾面积大的直升机，此作用更明显。速度增大到旋翼尾流不影响平尾后，平尾提供静稳定力矩。

在前飞时，旋翼也提供速度稳定性。例如，样例直升机前飞速度$\mu=0.2$时，旋翼的空速稳定性导数为$\left(\dfrac{\partial M_z}{\partial V_x}\right)_M=54.34\text{kg}\cdot\text{s}$，起稳定效应。但对比悬停时的情况，前飞时的旋翼空速稳定性导数偏小，这是引入平尾的原因之一。

2. 迎角稳定性导数$\left(\dfrac{\partial M_z}{\partial \alpha}\right)$

迎角稳定性导数也用$\dfrac{\partial M_z}{\partial V_y}$表示，这是因为$\Delta\alpha=-\dfrac{\Delta V_y}{V_0}$，所以

$$\frac{\partial M_z}{\partial \alpha}=\frac{\partial M_z}{\partial V_y}\frac{\partial V_y}{\partial \alpha}=-V_0\frac{\partial M_z}{\partial V_y}$$

直升机前飞时的迎角稳定性导数主要来自旋翼、平尾和机身，即

$$\frac{\partial M_z}{\partial V_y}=\left(\frac{\partial M_z}{\partial V_y}\right)_M+\left(\frac{\partial M_z}{\partial V_y}\right)_H+\left(\frac{\partial M_z}{\partial V_y}\right)_F$$

旋翼的迎角稳定性导数可写为

$$\left(\frac{\partial M_z}{\partial V_y}\right)_M=\left(\frac{\partial M_{Gz}}{\partial a_{1s}}\right)_M\left(\frac{\partial a_{1s}}{\partial \lambda_1}\right)\left(\frac{\partial \lambda_1}{\partial V_y}\right)+\frac{\partial T}{\partial V_y}\cdot x_M+\frac{\partial H}{\partial V_y}\cdot y_M$$

上式的物理说明如下：

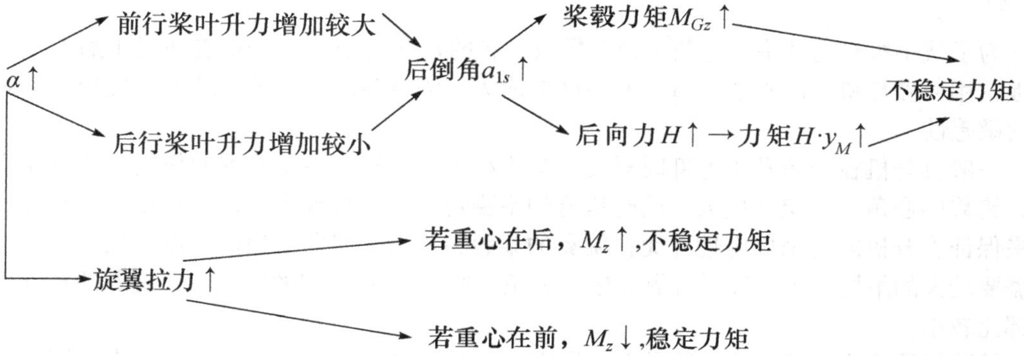


可见，直升机重心对迎角稳定性有明显的影响。例如，样例直升机正常重心位置时的$\left(\frac{\partial M_z}{\partial V_y}\right)_M=-50.85\text{kg}\cdot\text{s}$，而后重心位置时的$\left(\frac{\partial M_z}{\partial V_y}\right)_M=-71.95\text{kg}\cdot\text{s}$。后重心时的迎角不稳定性之所以比正常重心时严重，是因为旋翼拉力的增量对重心的力矩是不稳定的抬头力矩。为了使旋翼对迎角的不稳定程度不是太严重，在直升机设计时须严格限制后重心。

直升机的飞行重量(或过载)对迎角稳定性也有影响。同一架直升机，在大重量($T$ 大)飞行时，后重心情况下旋翼会产生更大的$M_z$，即不稳定程度大。因而有可能出现这种情况：轻载或平稳飞行是稳定的，但大载重飞行或大过载机动飞行(如由俯冲中拉起、大坡度盘旋)时变为不稳定。

桨毂力矩大的旋翼($e$ 大，或$\Omega$大，或$M_b$大)，迎角不稳定性更严重。这是挥舞铰偏置量 $e$ 不可过大的主要原因。

总之，旋翼提供迎角不稳定性，即$\left(\frac{\partial M_z}{\partial \alpha}\right)_M>0$或$\left(\frac{\partial M_z}{\partial V_y}\right)_M<0$。

平尾对迎角稳定性的贡献为

$$\left(\frac{\partial M_z}{\partial V_y}\right)_H=-\frac{\partial F_{y,H}}{\partial V_y}\cdot x_H$$

在较大速度下，当旋翼尾流不影响到平尾时，平尾改善直升机的迎角稳定性。例如，前飞速度$\mu=0.2$时，样例直升机正常重心位置时的$\left(\frac{\partial M_z}{\partial V_y}\right)_H=30.06\ \text{kg}\cdot\text{s}$，具有迎角稳定性。

其物理说明如下：

$$\alpha_s \uparrow \rightarrow -\alpha_H \downarrow \rightarrow -F_{y,H} \downarrow \rightarrow M_{z,H} \downarrow \rightarrow \text{起稳定作用}$$

机身一般产生低头力矩。当机身迎角增大时，低头力矩减小，即 $\left(\dfrac{\partial M_z}{\partial \alpha}\right)_F > 0$ 或 $\left(\dfrac{\partial M_z}{\partial V_y}\right)_F < 0$，是迎角静不稳定的。例如，前飞速度 $\mu = 0.2$ 时，样例直升机正常重心位置时的 $\left(\dfrac{\partial M_z}{\partial V_y}\right)_F = -1.68\text{kg}\cdot\text{s}$。

为了减小机身的低头力矩及不稳定导数，有的直升机(如 BO-105)在机身下后方装有扰流板，用以破坏机身的平滑绕流，使该区域成为气流分离的紊乱区，减弱了机身力矩对迎角的敏感性。

一般直升机在悬停及小速度时对迎角是不稳定的，这主要是旋翼的作用。前飞速度增大，旋翼的迎角不稳定性更大，同时机身的不稳定作用也表现出来，只有靠平尾的稳定作用来保证直升机的迎角稳定性。无铰旋翼的桨毂力矩大，迎角不稳定性也更强，这种直升机需要较大的平尾。中心铰式旋翼无桨毂力矩，所以 Bell 公司的跷跷板式旋翼的直升机平尾都比较小。

检验迎角稳定性的方便方法是在风洞中进行全机模型(带旋翼)吹风试验，在不同迎角下测量俯仰力矩。若 $M_z$ 随 $\alpha_s$ 而减小，则是稳定的。

迎角稳定性也可用飞行试验进行检验，但较复杂，须进行有角速度的机动飞行，如拉起、下冲、转弯，所以迎角稳定性也称机动飞行稳定性。机动中迎角在变化，测记不同迎角下配平的驾驶杆的纵向位置即可判断其迎角稳定性。

### 3. 航向稳定性导数 $\left(\dfrac{\partial M_y}{\partial V_z}\right)$

当直升机受到扰动偏离原航向而成为侧滑飞行时，随即产生的航向力矩 $M_y$ 对侧向运动速度 $V_z$ 的偏导数即航向稳定性导数。人们很早就懂得使用雕翎箭，靠箭尾的羽毛来保证箭的方向稳定性。其他应用如风车、厂房引风管口多带有箭尾，也是为了自动保持迎风或顺风方向。

直升机的航向稳定性来自尾桨和与机身固接的垂尾，即

$$\frac{\partial M_y}{\partial V_z} = \left(\frac{\partial M_y}{\partial V_z}\right)_V + \left(\frac{\partial M_y}{\partial V_z}\right)_T = \left(\frac{\partial M_y}{\partial V_z}\right)_V + \frac{\partial T_T}{\partial V_z}\cdot x_T$$

直升机都具有方向稳定性，当发生侧滑时，尾桨和垂尾自动纠正侧滑的偏航力矩 $M_y$。例如，前飞速度 $\mu = 0.2$ 时，样例直升机正常重心位置时的 $\left(\dfrac{\partial M_y}{\partial V_z}\right)_V = -240.3\,\text{kg}\cdot\text{s}$，$\left(\dfrac{\partial M_y}{\partial V_z}\right)_T = -57.0\,\text{kg}\cdot\text{s}$。

### 4. 上反效应 $\left(\dfrac{\partial M_x}{\partial V_z}\right)$

上反效应是指侧向运动速度 $V_z$ 引起的滚转力矩。上反效应这一名称来自飞机，因为机

翼的上反角提供横向稳定性。现代高速飞机因采用后掠机翼，上反效应很大，因而多采用下反角，以避免呈现荷兰滚不稳定性。关于荷兰滚模态将在 6.7 节讨论。

当直升机出现侧滑(如侧风使尾桨拉力突变而引起直升机转向)时，侧向分速会引起旋翼的侧向吹风挥舞(旋翼顺风倒)，旋翼合力随之倾斜，拉动直升机滚转并顺风侧移，从而消除侧滑。这种滚转力矩提供了横向稳定性，即 $\dfrac{\partial M_x}{\partial V_z}<0$。

$$\left(\frac{\partial M_x}{\partial V_z}\right)_M=\left(\frac{\partial M_{Gx}}{\partial b_{1s}}\right)_M\cdot\frac{\partial b_{1s}}{\partial V_z}+\frac{\partial S}{\partial V_z}h_M$$

例如前飞速度 $\mu=0.2$ 时，样例直升机正常重心位置时的 $\left(\dfrac{\partial M_x}{\partial V_z}\right)_M=-52.79\text{kg}\cdot\text{s}$，提供横向稳定性。

其物理解释如下：

右侧滑→旋翼左倾挥舞→直升机左滚→向左偏移→右侧滑减小

上反效应主要来自旋翼的吹风挥舞，尤其是因之而产生的桨毂力矩。上反效应的实质与速度稳定性相同。

高于重心的垂尾也提供上反效应，因为侧滑所引起的垂尾升力变化也形成起稳定作用的滚转力矩。

如果旋翼的上反效应过强，有可能使直升机具有荷兰滚动不稳定性，为减小上反效应，可采用下垂尾(位于重心之下)。

### 5. 垂直运动阻尼导数 $\left(\dfrac{\partial F_y}{\partial V_y}\right)$

垂直运动阻尼主要是旋翼的作用。因垂直速度不大，机身阻力的作用很小：

$$\frac{\partial F_y}{\partial V_y}=\frac{\partial T}{\partial V_y}=\frac{1}{2}\rho\pi R^2(\Omega R)^2\frac{\partial C_T}{\partial \lambda_1}\cdot\frac{\partial \lambda_1}{\partial V_y}$$

$\lambda_1$ 向上吹为正，而向上的 $V_y$ 运动引起向下的相对气流，使 $\lambda_1$ 减小，所以 $\dfrac{\partial C_T}{\partial \lambda_1}>0$，而 $\dfrac{\partial \lambda_1}{\partial V_y}<0$。样例直升机悬停时的 $\dfrac{\partial F_y}{\partial V_y}=-333.9\text{ kg}\cdot\text{s}$，前飞速度 $\mu=0.2$ 时的 $\dfrac{\partial F_y}{\partial V_y}=-162.6\text{ kg}\cdot\text{s}$，均具有较大的垂直运动阻尼。

其物理解释如下：

若直升机向下运动→剖面迎角↑→拉力 $T$↑→阻滞向下的运动

反之，

若直升机向上运动→剖面迎角↓→拉力 $T$↓→阻滞向上的运动

6. 俯仰运动阻尼导数$\left(\dfrac{\partial M_z}{\partial \omega_z}\right)$

当直升机有俯仰运动$\omega_z$(或$\dot{\vartheta}$)时，旋翼的随动挥舞(滞后)和平尾的升力会发生变化，提供阻尼，机身的作用不大。

旋翼对俯仰运动阻尼的贡献：

$$\left(\frac{\partial M_z}{\partial \omega_z}\right)_M = \frac{1}{2}kM_b\Omega^2 e\frac{\partial a_{1s}}{\partial \omega_z} + \left(\frac{\partial H}{\partial \omega_z}y_M + \frac{\partial T}{\partial \omega_z}x_M\right) + \left(\frac{\partial M_z}{\partial V_{x,M}}\right)_M \frac{\partial V_{x,M}}{\partial \omega_z}$$

其中主要成分是桨毂力矩的导数，即随动挥舞的滞后效应：

$$\frac{\partial a_{1s}}{\partial \omega_z} = \frac{\partial a_{1\omega}}{\partial \omega_z} = -\frac{16}{\gamma}\frac{1}{\Omega}\bigg/\left(1-\frac{1}{2}\mu^2\right) < 0$$

第二项是后向力和拉力的作用，其中$\dfrac{\partial H}{\partial \omega_z} < 0$，$\dfrac{\partial T}{\partial \omega_z} \approx 0$；最后一项是由于上仰运动使桨毂处有附加的纵向速度$V_{x,M} = -y_M\omega_z$，因此$\dfrac{\partial V_{x,M}}{\partial \omega_z} = -y_M < 0$。

平尾对俯仰运动阻尼的贡献：上仰运动使平尾具有向下的运动速度$V_{YH} = -x_H \cdot \omega_z$，其相对气流$V_{YH}$造成平尾负迎角减小，即

$$\Delta\alpha_H = -\frac{V_{YH}}{V_0} = \frac{\omega_z \cdot x_H}{V_0}$$

$$\left(\frac{\partial M_z}{\partial \omega_z}\right)_H = \frac{\partial}{\partial \omega_z}\left[-\frac{1}{2}\rho V_0^{\,2} A_H a_H(\alpha_H + \Delta\alpha_H)\right]\cdot x_H$$

$$= -\frac{1}{2}\rho V_0 A_H a_H \cdot x_H^2$$

可知，平尾的面积越大，位置越往后，则阻尼越大；而且平尾的俯仰运动阻尼与飞行速度成正比。

俯仰运动阻尼是在发生俯仰运动时，伴随运动速度而产生的俯仰力矩，运动一旦停止，阻尼同时消失，是力矩对(角)速度的导数。

7. 偏航阻尼导数$\left(\dfrac{\partial M_y}{\partial \omega_y}\right)$或$\left(\dfrac{\partial M_y}{\partial \dot{\psi}}\right)$

偏航阻尼来自尾桨和垂尾的作用。垂尾对偏航运动的阻尼作用与平尾对俯仰运动的阻尼作用原理相同。而尾桨的阻尼作用是由于偏航角速度引起尾桨轴向气流的变化，使尾桨拉力变化，道理与旋翼垂直运动的阻尼相同。垂尾和尾桨对偏航运动都提供阻尼，样例直升机$\mu = 0.2$时的偏航阻尼分别为$\left(\dfrac{\partial M_y}{\partial \omega_y}\right)_V = -341.6\text{kg}\cdot\text{m}\cdot\text{s}$和$\left(\dfrac{\partial M_y}{\partial \omega_y}\right)_T = -366.6\text{kg}\cdot\text{m}\cdot\text{s}$。

8. 滚转阻尼导数$\left(\dfrac{\partial M_x}{\partial \omega_x}\right)$或$\left(\dfrac{\partial M_x}{\partial \dot{\gamma}}\right)$

旋翼的滚转阻尼与其俯仰运动阻尼原理相同，即旋翼偏转滞后所引起的桨毂力矩和侧

向力 $S$ 的变化。

机身、尾梁和垂尾的作用不大，但垂尾很高时，对滚转运动有一定阻尼。

9. 气动导数小结

表 6-1 列出了上述各导数的组成情况及稳定性符号。

**表 6-1　直升机的主要稳定性导数**

| 名称 | 偏导数 | 稳定性符号 | 旋翼 | 尾桨 | 机身 | 平尾 | 垂尾 | 总和 |
|---|---|---|---|---|---|---|---|---|
| 空速稳定性 | $\frac{\partial M_z}{\partial V_x}$ | + | + / Δ + | 0 / 0 | 0 / – | 0 / + | 0 / 0 | + / + |
| 迎角稳定性 | $\frac{\partial M_z}{\partial \alpha}$ 或 $\frac{\partial M_z}{\partial V_y}$ | – | + / Δ + | 0 / 0 | 0 / Δ + | 0 / Δ – | 0 / 0 | + / + – |
| 航向稳定性 | $\frac{\partial M_y}{\partial V_z}$ 或 $\frac{\partial M_y}{\partial \beta_s}$ | – | 0 / 0 | – / Δ – | 0 / + | 0 / 0 | 0 / Δ – | – / – |
| 上反效应 | $\frac{\partial M_x}{\partial V_z}$ | – | – / Δ – | – / – | 0 / + | 0 / 0 | 0 / – | – / – |
| 垂直阻尼 | $\frac{\partial F_y}{\partial V_y}$ | – | – / Δ – | 0 / 0 | – / – | 0 / 0 | 0 / 0 | – / – |
| 俯仰阻尼 | $\frac{\partial M_z}{\partial \omega_z}$ 或 $\frac{\partial M_z}{\partial \dot{\vartheta}}$ | – | – / Δ – | 0 / 0 | 0 / 0 | – / Δ – | 0 / 0 | – / – |
| 滚转阻尼 | $\frac{\partial M_x}{\partial \omega_x}$ 或 $\frac{\partial M_x}{\partial \dot{\gamma}}$ | – | – / Δ – | – / – | 0 / 0 | 0 / 0 | 0 / 0 | – / – |
| 偏航阻尼 | $\frac{\partial M_y}{\partial \omega_y}$ 或 $\frac{\partial M_y}{\partial \dot{\psi}}$ | – | 0 / 0 | – / Δ – | 0 / 0 | 0 / 0 | – / Δ – | – / – |

注：斜杆上下对应两种飞行状态，即悬停 / 前飞，Δ 表示起主要作用。

直升机的稳定性导数中有若干交叉导数，它们反映了直升机纵横向耦合效应，例如，$\frac{\partial M_z}{\partial V_z}$ 反映的是直升机侧滑(有侧向分速度)引起低头俯仰力矩，$\frac{\partial F_z}{\partial \omega_x}$ 反映的是滚转运动引起的侧向力。

$\frac{\partial M_z}{\partial V_z}$ 的物理含义可解释如下：

当直升机前飞中有侧滑时，$V_0$ 的纵向分量 $V_x$ 减小，即 $\mu$ 减小，导致吹风挥舞的后倒角 $a_{10}$ 减小，这相当于附加了桨盘前倾。无论是左侧滑还是右侧滑，无论旋翼是左旋还是右旋，上述分析结论相同，即侧滑使旋翼产生低头力矩。

但是，如果计入旋翼尾流对平尾的影响，可能会有不同的结果。因为旋翼前行桨叶一侧的尾流与后行桨叶一侧的尾流大小不等，在低速飞行时若有侧滑，吹到平尾上的尾流会改变，引起平尾升力变化而使俯仰力矩改变。这一现象已被注意，但尚未研究清楚。

$\dfrac{\partial F_z}{\partial \omega_x}$ 的产生主要是由于旋翼随动挥舞的滞后。

事实上，研究直升机稳定性方程中，三个力、三个力矩分别对 6 个运动自由度求导，应有 36 个偏导数。其中许多为 0 或很小，这里只讨论了一部分较重要和物理意义清楚的偏导数。

由于气动复杂、干扰和耦合较多，许多偏导数难以计算准确，须靠试验测得。

### 6.6.2　直升机稳定根

把 6.5 节得到的直升机气动导数代入方程(4-24)，并令方程(4-24)的右边为零，得齐次方程：

$$(\mathrm{D}\boldsymbol{E}-\boldsymbol{A}_s)\boldsymbol{X}=0$$

由上式得特征方程：

$$\boldsymbol{F}(\lambda)=\left|\lambda\boldsymbol{E}-\boldsymbol{A}_s\right|$$

由 $\boldsymbol{F}(\lambda)=0$ 展开得到特征方程式，解得全部特征根。根据特征根可判断直升机的动稳定性。

表 6-2 列出了样例直升机正常重心位置时，悬停及前飞速度 $\mu=0.2$ 的特征根。作为对比，表中分别给出了纵、横向分离和耦合时的特征根。

**表 6-2　样例直升机悬停及前飞时的特征根**

| | $\mu$=0 | $\mu$=0.2 |
|---|---|---|
| 纵向 | $0.00894\pm0.375$j<br>−0.871<br>−1.644 | $0.122\pm0.361$j<br>−0.596<br>−1.273 |
| 横向 | $-0.0656\pm0.304$j<br>−3.105<br>−0.997<br>0.0 | $-0.137\pm1.768$j<br>−3.053<br>−0.0256<br>0.0 |
| 纵、横向耦合 | $0.118\pm0.375$j<br>−1.642<br>−0.777<br>$-0.0644\pm0.347$j<br>−3.191<br>−1.067<br>0 | $0.174\pm0.369$j<br>−1.442<br>−0.480<br>$-0.142\pm1.767$j<br>−3.092<br>−0.0284<br>0 |

从表 6-2 中可以看出，有的特征根为实数，有的特征根为复数。在实数特征根中，有的是正实数，有的是负实数。在复数特征根中，有的特征根的实部为正，有的为负。

根据 6.3 节的分析可知，当实数稳定根或复数稳定根的实部为正值时，直升机是不稳定的。样例直升机稳定根的计算结果说明直升机的动稳定性不令人满意，这一现象对单旋翼带尾桨式直升机来说是普遍存在的。但由于实数特征根和复数特征根的实部值较小，其不稳定性一般不会危及直升机的安全飞行，因为驾驶员能及时地、适当地实施操纵来抑制直升机的不稳定运动，不过这却增加了驾驶员的工作负荷。现代直升机通过引入飞行控制系统来改善稳定性和消除交叉耦合，以减轻驾驶员的工作负荷。

对比表 6-2 中纵、横向分离特征根和纵、横向耦合特征根还可以发现，两者差别较大，这说明直升机的纵、横向耦合很突出，为了简化求解而忽略这种耦合，把纵向和横向分离求解，会带来较大的误差，这是直升机与固定翼飞机的主要区别之一。引起直升机纵、横向耦合的主要原因是旋翼气动力之间的耦合，这些耦合产生了纵、横向耦合的交叉导数。对于定性分析和为了说明其物理概念，将纵、横向分开来讨论是比较方便的。

直升机重心位置的变化会引起稳定性导数的改变。稳定性导数的变化则影响直升机的稳定根，所以直升机重心位置的变化必定会影响稳定性。表 6-3 列出了悬停时样例直升机不同重心位置的稳定根，表 6-4 为前飞速度 $\mu = 0.2$ 的情况。

从表 6-3 可以看出，当直升机重心位置变化时，悬停时的纵向稳定根几乎没有变化，这是由于悬停时旋翼对迎角是中性稳定的。前飞时的情况大不一样，如表 6-4 所示。这是由于前飞时旋翼对迎角是不稳定的，当直升机重心由前向后移动时，旋翼拉力对重心产生的力矩由低头渐渐改为抬头，使旋翼对迎角的静不稳定效应更严重，因而直升机纵向运动的不稳定性加剧。

由表 6-3 和表 6-4 可知，无论是悬停还是前飞，直升机重心位置的变化对横航向的稳定性影响不大，这是由于直升机的重心位置只在纵向变化。

**表 6-3　重心位置对样例直升机悬停稳定根的影响**

| | 前重心 | 正常重心 | 后重心 |
|---|---|---|---|
| 纵向 | $0.00895 \pm 0.375j$<br>$-0.868$<br>$-1.650$ | $0.00894 \pm 0.375j$<br>$-0.871$<br>$-1.644$ | $0.00893 \pm 0.375j$<br>$-0.872$<br>$-1.642$ |
| 横航向 | $-0.0583 \pm 0.317j$<br>$-3.107$<br>$-1.044$<br>$0.0$ | $-0.0656 \pm 0.304j$<br>$-3.105$<br>$-0.997$<br>$0.0$ | $-0.0733 \pm 0.290j$<br>$-3.103$<br>$-0.952$<br>$0.0$ |

**表 6-4　重心位置对样例直升机前飞稳定根的影响**

| | 前重心 | 正常重心 | 后重心 |
|---|---|---|---|
| 纵向 | $0.00857 \pm 0.356j$<br>$-0.899 \pm 0.122j$ | $0.122 \pm 0.361j$<br>$-0.596$<br>$-1.273$ | $0.158 \pm 0.359j$<br>$-0.494$<br>$-1.445$ |
| 横航向 | $-0.138 \pm 1.784j$<br>$-3.051$<br>$-0.0275$<br>$0.0$ | $-0.137 \pm 1.768j$<br>$-3.053$<br>$-0.0256$<br>$0.0$ | $-0.137 \pm 1.754j$<br>$-3.051$<br>$-0.0238$<br>$0.0$ |

## 6.7　直升机的主要运动模态

6.6 节详细讨论了直升机稳定根的确定方法，并以样例直升机为例计算了悬停和前飞时的稳定根。本节将具体讨论与这些稳定根对应的运动模态。

直升机的运动纵横向耦合比较严重，严格地说，直升机的运动模态应是纵横向耦合的运动模态，但是，为了便于说明和理解运动模态的物理特征与图像，本节按纵横向分离的运动模态来讨论。

### 6.7.1　直升机的纵向运动模态

悬停是直升机特有的飞行方式，受扰运动也有其特殊性，所以首先对悬停状态的运动模态进行讨论。

1. 直升机悬停时的纵向运动模态

根据 6.6 节对样例直升机的纵向稳定根计算，直升机悬停时纵向有 4 个特征根，其中 1 对共轭复根(0.00894 ± 0.375j)，倍幅时间为 77.52s，周期为 16.76s；2 个负实根(−0.871 和 −1.644)，半衰期分别为 0.796s 和 0.422s。有的直升机没有这样的 2 个负实根，而代之为一对有负实部的大共轭复根(实部和虚部值相对较大)，这一现象对于一般的直升机来说具有典型性。

通过对特征向量的分析，可以发现与 2 个负实根对应的主要运动变量是直升机的升降率和俯仰角速度，它们衰减很快；而与共轭复根对应的主要运动变量是直升机的速度和俯仰角，这一振荡运动周期长且缓慢发散。

直升机悬停时迅速衰减的纵向稳定模态是由旋翼的气动阻尼决定的。当直升机受扰后，由于旋翼具有较大的气动阻尼、较大的垂向运动及俯仰运动气动阻尼，飞行高度的变化和俯仰角速率迅速衰减。因而这一运动模态是稳定的。

直升机受扰后，除了力矩不平衡引起角运动外，还由于力的平衡遭破坏而出现线运动。直升机悬停时受扰后出现的角运动和线运动构成了直升机的悬停振荡模态。

悬停振荡模态是由旋翼的速度稳定性和迎角不稳定性决定的。其物理过程可作如下解释。

假如直升机受扰后造成旋翼前倾，由于拉力前倾产生前向加速度，随着速度的增加，吹风挥舞使旋翼桨尖平面逐渐后倒，而旋翼对迎角的不稳定性使旋翼后倒更大，于是前向加速度渐渐减小。当前向加速度减至零时，前向速度达到最大，此时旋翼继续后倒，产生后向力和后向加速度，前向速度逐渐减小，直到前向速度为零。这时，尽管前向速度已为零，但后向加速度达到了最大，直升机开始向后运动，后向速度使旋翼前倒，而旋翼对迎角的不稳定性使旋翼前倒更大，后向加速度逐渐减小至零，此时，后向速度达到最大。此后旋翼继续前倒，产生前向加速度，使直升机的后向速度减小。当直升机后向速度达到零时，前向加速度达到了最大。此后，新的一轮运动又开始。这样重复进行，形成了直升机的悬停振荡模态。由于旋翼对迎角的不稳定性，上述振荡过程往往是发散的，驾驶员须及时制止。因为悬停状态具有这种固有的不稳定性，长时间悬停会使驾驶员疲劳。

悬停振荡模态的简化分析方法。由于悬停振荡模态表现为速度与俯仰角两个运动变量之间的耦合，因此可以简化分析方法，仅用线化纵向运动方程组中的两个方程，即主要控制直升机前后运动和俯仰运动的两个方程来研究。经拉普拉斯变换(也可简单地以通解代入，即取 $V_x = V_x(s)\mathrm{e}^{st}$，$\vartheta = \vartheta(s)\mathrm{e}^{st}$)，令操纵为零，得稳定性方程：

$$m\left(s-\frac{\partial F_x}{\partial V_x}\right)V_x+\left[-\left(\frac{\partial F_x}{\partial \omega_z}+mV_y\right)s-mg\cos\vartheta\right]\vartheta=0 \tag{6-81}$$

$$-\frac{\partial M_z}{\partial V_x}V_x+\left(I_z s^2-\frac{\partial M_z}{\partial \omega_z}s\right)\vartheta=0 \tag{6-82}$$

其特征方程为

$$\left(ms-\frac{\partial F_x}{\partial V_x}\right)\cdot\left(I_z s^2-\frac{\partial M_z}{\partial \omega_z}s\right)+\frac{\partial M_z}{\partial V_x}\cdot\left[-\left(\frac{\partial F_x}{\partial \omega_z}+mV_y\right)s-mg\cos\vartheta\cos\gamma\right]=0 \tag{6-83}$$

对于样例直升机，其特征方程为

$$9.9114s^3+6.9781s^2-0.1393s+1.3324=0$$

它的根为

$$\lambda_{1,2}=0.0928\pm0.3775\mathrm{j},\quad \lambda_3=-0.8897$$

这些根与简化前的解几乎相同，仅仅少了一个单调衰减的根。

如果只研究振荡周期，则可忽略绕自身的转动运动，为此可令式(6-83)中的直升机惯性矩 $I_z \approx 0$，并忽略小量，特征方程简化为

$$-\frac{\partial M_z}{\partial \omega_z}s^2+\frac{\partial M_z}{\partial V_x}g=0 \tag{6-84}$$

对比单自由度的弹簧质量系统(如单摆)，$ms^2+k=0$，可见悬停振荡类似于绕远处某点振荡的单摆，其固有频率：

$$\omega_n=\sqrt{\frac{k}{m}}=\sqrt{\frac{\dfrac{\partial M_z}{\partial V_x}g}{-\dfrac{\partial M_z}{\partial \omega_z}}}$$

若挥舞铰偏置量 $e$=0，悬停状态的俯仰力矩只来自旋翼的拉力，则式(6-84)中两个偏导数(速度稳度性及俯仰运动阻尼)比较简单，经简化得

$$\omega_n=\sqrt{\frac{C_T}{a_\infty\sigma}\frac{\gamma_b}{2}}\Bigg/\sqrt{\frac{R}{g}}$$

或振荡周期

$$T=2\pi\sqrt{\frac{R}{g}}\Bigg/\sqrt{\frac{C_T}{a_\infty\sigma}\frac{\gamma_b}{2}}$$

已知单摆的周期 $T=2\pi\sqrt{\dfrac{l}{g}}$，而一般直升机的 $R\Big/\left(\dfrac{C_T}{a_\infty\sigma}\dfrac{\gamma_b}{2}\right)\approx 3R$，因而 $T\approx 2\pi\sqrt{\dfrac{3R}{g}}$，即直升机的悬停振荡，类似于它被吊做单摆，绕上方 $3R$ 处的悬挂点做摆动。大多数直升机

$R$=5～15m，其振荡周期 $T$ 为 8～15s。

2. 直升机前飞时的纵向运动模态——纵向沉浮运动模态

直升机前飞时，由于旋翼的纵向运动阻尼特性，在受到垂直方向扰动后，初期的短时响应会很快衰减，而悬停时的振荡模态则演变成沉浮运动模态，但仍是主要速度与俯仰角两个运动参数之间的耦合运动。这是一种长周期的运动模态，如图 6-10 所示。

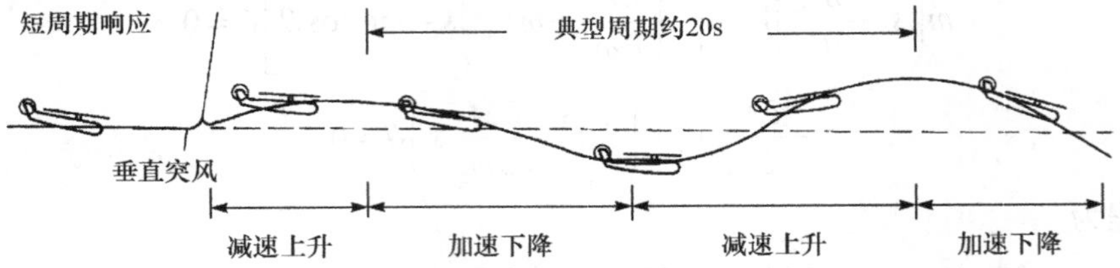


图 6-10　沉浮运动模态运动图

直升机前飞时的沉浮运动模态也是由速度稳定性与迎角不稳定性决定的。当速度增大时，速度稳定性使直升机上仰、减速上升，迎角不稳定性使直升机因上升而低头，进而导致加速下冲，再由速度稳定性导致上仰、减速、上升，往复不已，呈现速度与高度的互相转换，姿态也周期性变化。

若速度稳定性为负，或迎角不稳定性过大，则会单调发散。只有当直升机具有适当的迎角不稳定性和速度稳定性时，才是振荡模态。振荡过程中，机身姿态伴随改变，但迎角变化不大。阻尼主要来自机身的阻力，但由于设计中都追求较好的飞行性能，尽可能减小了机身阻力，因而会持续振荡。所幸这一振荡模态的周期较长(10～30s)，驾驶员可以抑制。

实际上，前飞中的沉浮运动模态与悬停振荡模态在本质上是相同的，都是速度稳定性与迎角不稳定性相结合的产物。可以认为，当直升机由悬停转为前飞后，悬停振荡模态叠加了直升机的前飞速度，发展为前飞时的沉浮运动模态。

平尾有助于提高直升机的纵向稳定性，如果增加平尾的面积，可以改善直升机沉浮运动模态的稳定性。图 6-11 给出了样例直升机前飞速度 $\mu$=0.2，平尾面积增加一倍和两倍时，沉浮运动特征根的变化情况。从图中可以看出，随着平尾面积的增加，沉浮运动的特征根从不稳定发散区移到稳定区。这样，在设计时，可以通过改变平尾的几何尺寸来改善直升机的纵向稳定性。不过，增加平尾面积，是以增加直升机重量和旋翼的负担为代价的(因为平尾的升力向下)，所以在设计时应综合考虑各方面的因素，力求达到最佳配合。

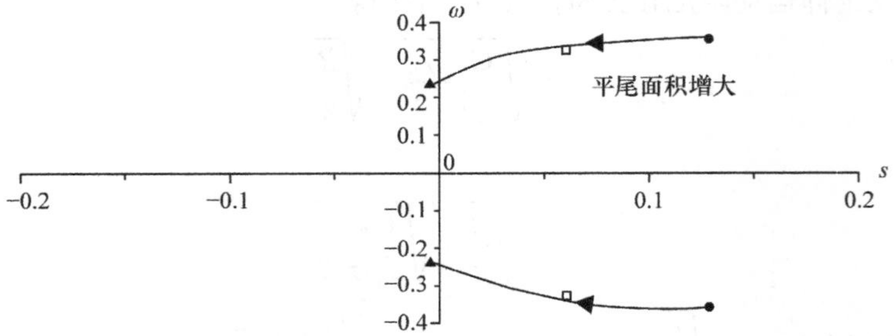


图 6-11　平尾面积对纵向稳定性的影响

● 原始平尾面积　□ 平尾面积增加一倍　▲ 平尾面积增加两倍

### 6.7.2 直升机的横航向运动模态

1. 直升机悬停时的横航向运动模态

根据 6.6 节样例直升机的横航向稳定性计算，直升机悬停时横航向有 5 个稳定根，即 1 个收敛的大实根(−3.105)，半衰期为 0.223s；1 个收敛的小实根(−0.997)，半衰期为 0.695s；1 对收敛的共轭复根(−0.0656 ± 0.304j)，周期为 20.67s，半衰期为 10.56s；1 个零根。

共轭复根所反映的横侧运动模态与纵向悬停振荡模态相类似，这是由于悬停时旋翼工作条件是轴对称的。如果旋翼受到侧向扰动，则类似于纵向的悬停振荡模态在横向也会出现。与纵向不同的是，在横向还有尾桨和垂尾的作用，它们除引起附加的航向摆动外，还提供侧向运动阻尼。如果侧向运动阻尼足够大，则横向悬停振荡模态可由发散振荡变成收敛振荡。样例直升机的横向悬停振荡模态是收敛的，说明尾桨和垂尾提供的侧向运动阻尼起到了足够大的作用。

与大负实根对应的是滚转收敛模态。当直升机受到侧向扰动后，直升机绕纵轴转动。由于旋翼具有较大的滚转气动阻尼，而绕纵轴的转动惯量又是三个转动自由度中最小的，加上尾桨提供的滚转阻尼，直升机受扰后引起的滚转角速度会很快地在气动阻尼的作用下消失。

与小负实根对应的是螺旋模态。如果直升机受到扰动产生右倾，则旋翼拉力和重力的合力会使直升机向右侧滑。这时，尾桨拉力变化会使直升机向右偏转，表现出方向稳定性的作用，而旋翼的上反效应会纠正直升机的侧滑甚至引起左滚，于是右侧滑消失，航向改变也中止。但是，如果旋翼的上反效应不足，不能及时克服右侧滑，而尾桨的方向稳定作用使直升机持续转向，航向角单调发散。样例直升机悬停的螺旋模态是稳定的，说明旋翼的上反效应很强。

至于直升机横航向的零特征根，代表直升机对航向的“随遇平衡”特点，可理解为直升机受扰之后可朝任何方向继续保持悬停。

2. 直升机前飞时的横航向运动模态

若直升机前飞时受到横向扰动，由于旋翼的横向运动阻尼，滚转收敛模态的初期响应会很快衰减。

螺旋模态随前飞速度的增加稳定性变坏。造成这一结果的原因是前飞时偏航引起的垂尾侧向力显著地增强了直升机的航向稳定性，而滚转力矩仍主要来自旋翼的上反效应，这样，就使直升机的航向和横向两者的稳定性匹配关系发生变化，造成螺旋模态的稳定性减弱。

当直升机由悬停转入前飞时，直升机横向的悬停振荡模态叠加前飞速度，演变成为荷兰滚模态。

与螺旋模态一样，荷兰滚模态也是由横向稳定性(主要来自旋翼的上反效应) $\dfrac{\partial M_x}{\partial V_z}$ 与航向稳定性 $\dfrac{\partial M_y}{\partial V_z}$ (主要来自尾桨和垂尾)决定的，其物理成因是两者的匹配关系，与螺旋模态不同。

如果直升机受扰后向右侧倾，侧倾导致右侧滑。此时上反效应使直升机产生左滚，航向稳定性使直升机向右偏转。上述情况的分析与螺旋模态时的叙述是相同的。但是，如果上反效应很强，左滚迅速增大，导致侧向力不平衡，使直升机向左侧滑，此时上反效应则引起直升机右滚。如果航向稳定性较弱，在反复侧倾中只产生不大的偏航力矩，则振荡模态会是以横滚与侧滑为主并伴有偏航耦合的振荡模态，称为荷兰滚模态，其名称取自荷兰人在结冰的河面上双人拉手并排滑冰的形象。

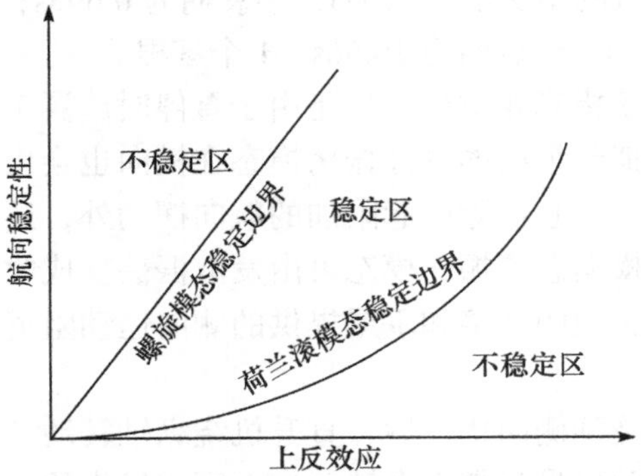

图 6-12　直升机横/航向稳定性区域

如果上反效应不足而航向稳定性过强，则不能形成反复滚转，而是保持向一侧倾斜，同时由航向稳定性持续纠正侧滑，即一直在转弯，形成螺旋下降，即前面所述的螺旋模态。

横向与航向稳定性的匹配不同，造成不同的横／航向稳定性模态，如图 6-12 所示。

荷兰滚模态在振荡过程中，会受到滚转阻尼、偏航阻尼及滚转和偏航之间的交叉导数的作用，荷兰滚运动有可能是衰减的，也有可能是振荡发散的。

样例直升机荷兰滚模态随前飞速度变化的根轨迹如图 6-13 所示。随着前飞速度的增加，横向和航向稳定性加大，使振荡模态的刚度都提高，因而荷兰滚模态的频率随前飞速度的增加而加大。阻尼一开始也随前飞速度的增加而增加，但当前飞速度达到一定值后，滚转阻尼、偏航阻尼及滚转和偏航之间的交叉导数也随之增加，它们的共同作用使荷兰滚的阻尼有所降低，呈现出图 6-13 所示的情形。

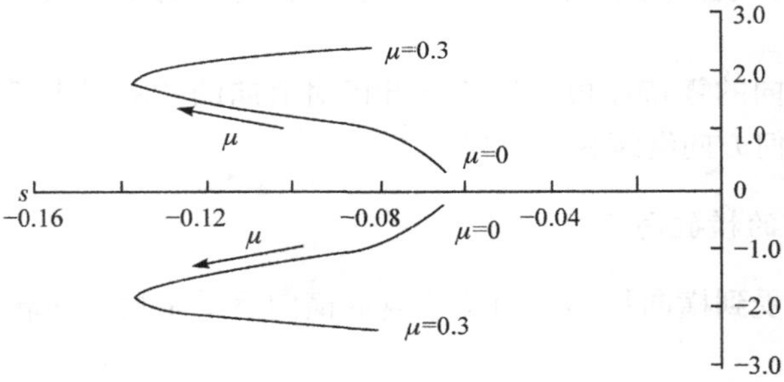

图 6-13　样例直升机荷兰滚模态随前飞速度变化的根轨迹

荷兰滚模态及螺旋不稳定性在放风筝时会经常出现。风筝摇摆即荷兰滚，应增大其航向稳定性(加一个长尾)或减小上反角予以克服；若打转，即螺旋，应增大上反角，或剪短其长尾。

航模飞机也经常出现螺旋，只要将其垂尾截短即可。中心铰式旋翼的贝尔直升机没有桨毂力矩，因而上反效应较小，为了避免螺旋不稳定性，应匹配较小的航向稳定性，如贝尔 212 在机身前部安装了垂尾以削弱尾桨和垂尾的航向稳定性作用。

大多数直升机的荷兰滚周期少于 10s，驾驶员不易控制。例如，样例直升机前飞速度 $\mu = 0.2$ 时代表荷兰滚模态的特征根为$(-0.137 \pm 1.767\mathrm{j})$。其周期为 3.56s。飞行品质规范对这一模态的特性总是提出多方面的严格要求。

# 第 7 章　直升机的操纵响应

## 7.1　直升机操纵性基本概念

第 6 章讨论的直升机定常飞行时的稳定性反映了直升机保持基准运动状态的能力。本章将讨论直升机的操纵响应。具体地说，就是确定直升机在驾驶员操纵输入下的反应。怎样使所设计的直升机在完成飞行任务所规定的各项动作时，操纵简单、省力，符合驾驶员的生理习惯，使直升机能按驾驶员的操纵要求改变飞行状态等，这就是直升机操纵性的研究目的。

操纵响应与驾驶员的操纵输入直接有关，前面曾提到，直升机的座舱操纵包括总距、纵横向周期变距和尾桨操纵。驾驶员通过操纵总距来改变直升机的飞行高度，借助纵横向周期变距来改变直升机的俯仰角和侧倾角，而航向的改变则通过操纵尾桨来实现。直升机的操纵响应就是研究直升机在上述操纵下的直升机运动。

驾驶员不仅希望操纵力和操纵机构的位移合适，而且希望直升机对座舱操纵的反应既不太小或过于迟钝，又不太大或过于灵敏。这样就衍生出与直升机操纵响应有关的两个术语：灵敏度和反应时差。其中灵敏度说明了直升机对操纵输入的反应大小，反应时差则反映了直升机对操纵输入的反应快慢。

### 7.1.1　操纵功效

操纵功效是指单位操纵倾角或位移(自动倾斜器倾斜角或驾驶杆位移，尾桨总距或脚蹬位移)所引起的绕直升机重心的操纵力矩，如$\dfrac{\partial M_x}{\partial A_1}$或$\dfrac{\partial M_x}{\partial \delta_c}$。直升机的纵向和横向操纵力矩是通过驾驶杆的纵向和横向位移(即改变自动倾斜器的倾角)来获得的。当旋翼与直升机重心的垂直距离较大时，可获得较大的操纵功效。通过适当增大旋翼桨叶挥舞铰偏置量也可增大操纵功效。显然，无铰旋翼有很大的操纵功效。

### 7.1.2　操纵灵敏度

操纵灵敏度是指操纵机构移动一个角度或一段行程后，如自动倾斜器偏转一个角度或驾驶杆移动一段行程，直升机可能达到的最大稳态转动角速度，如纵向灵敏度$=\dfrac{\Delta\omega_z}{\Delta\delta_s}$。灵敏度应当大小适中，太小会使驾驶员感觉直升机反应太迟钝，太大则驾驶员难以精确控制直升机。

灵敏度与操纵功效和阻尼有关，操纵功效大，阻尼小，则灵敏度高；反之，则灵敏度低。轻型直升机有较高的灵敏度，因为它的惯量和阻尼较小。在构造设计上增加旋翼阻尼，如增加桨叶绕挥舞铰的惯性矩或安装“稳定杆”等，可使灵敏度降到满意程度。

### 7.1.3 反应时差

灵敏度说明的是直升机达到稳态时的响应大小，但操纵后直升机不是马上达到稳态值，而是经过一个过渡过程，花一段时间后才能达到稳态，这就是直升机的反应快慢问题——反应时差。

驾驶员的反应时间一般在 0.5～1.0s，因此希望直升机在操纵后，无论是俯仰、滚转还是偏航，最好在 0.5～1.0s 达到最大值的 90%～95%。

直升机在操纵后的反应时间主要取决于阻尼与机身惯性矩之比。阻尼越大，机身惯性矩越小，反应时间越短。

一般来说，直升机的响应比较迟缓，轻型多用途直升机悬停时的俯仰角速度响应在 2～7.5s 达到最大，偏航角速度响应为 2.5～5.5s，滚转角速度响应为 1～1.5s。

灵敏度和反应时差是 20 世纪 80 年代前评价直升机操纵性的两个重要指标。随着直升机的用途越来越广泛，尤其是直升机在军事中受到越来越多的重视，用灵敏度和反应时差已不能合理地评价直升机的操纵性。2000 年颁布的美国军用直升机飞行品质规范(ADS-33E-PRF)用带宽、相位滞后、快捷性代替灵敏度和反应时差来评价直升机的操纵性。有关直升机的飞行品质及规范将在第 8 章进行详细讨论，本节仅根据其中与带宽、相位滞后、快捷性有关的要求和指标来分析直升机的操纵响应。

### 7.1.4 带宽和相位滞后

直升机在执行需要精确控制或迅猛机动的飞行时，驾驶员经常对直升机进行修正，操纵输入频繁反向。飞行中的直升机实际上是一个包含驾驶员在内的闭环系统。在包含驾驶员的闭环系统中，直升机对较慢的操纵(低频)一般会有较好的跟随性，操纵响应幅值大致与操纵量成正比，相位滞后也较小。在驾驶员进行快速或高频操纵输入时，直升机的跟随性变差，滞后加大且响应幅度减小，甚至会出现驾驶员诱发振荡现象。这表明直升机存在一个操纵频率的适应范围，称为带宽。直升机的带宽越大，则它越能够对快速的操纵作出合格的响应。带宽过小的直升机不适合需要高频操纵的飞行。

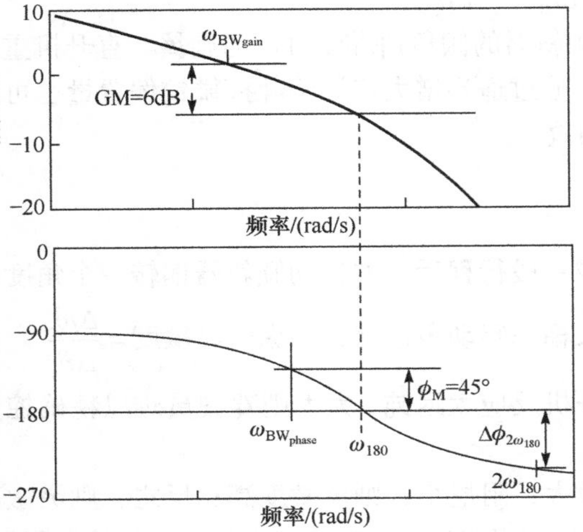


图 7-1　带宽的定义

因此，ADS-33E-PRF 对小幅/中高频的操纵响应用频域要求来衡量，即带宽和相位滞后。带宽和相位滞后可由传递函数对应的 Bode 图确定。图 7-1 给出了根据 Bode 图确定带宽和相位滞后的方法。

姿态响应对操纵输入的相位滞后 180°，认为是可能发生驾驶员诱发振荡的边界。为了避免发生驾驶员诱发振荡，在相频曲线上留出 45° 的安全余度，把滞后 135° 的频率定义为相位带宽。但这仅仅保证了不发生驾驶员的诱发振荡，还不能确保直升机是否有足够的响应幅值。为了满足直升机既不发生驾驶员诱发振荡，又具有足够响应幅值的要求，ADS-33E-PRF 在幅频曲线上留出 6dB 的余量，并定义此点所对应的频率为增益带宽。取相位带宽和增益带宽中的小者为直升机的带宽。

直升机操纵响应的滞后特性还与相频曲线的斜率有关，它与直升机的动力学特性、操纵系统的特性和缺陷(如间隙、动作延迟等)有关。驾驶员对相频曲线的斜率很敏感，斜率过大不能精确判断操纵的导前量。为了综合考虑两方面的因素，ADS-33E-PRF 用延迟时间来考评直升机的响应滞后，即

$$\tau_p = \frac{\Delta\phi_{2\omega_{180}}}{57.3\times(2\omega_{180})} \tag{7-1}$$

$\tau_p$ 越小，说明相频曲线随频率下降越慢，系统越接近理想系统，直升机的操纵性越好。带宽越大，$\tau_p$ 越小，直升机的操纵性越好。当带宽足够大时，相位滞后的要求可适当放宽，即 $\tau_p$ 可大些。反之，当相位滞后足够小时，带宽也可适当小些。

### 7.1.5　快捷性

对于大幅/低中频的操纵响应，ADS-33E-PRF 用快捷性来衡量。快捷性定义为角速率峰值与最大姿态变化量之比 $\omega_z^{pk}/\Delta\vartheta_{pk}$ (或 $\omega_x^{pk}/\Delta\gamma_{pk}$)，它反映了直升机从一种飞行状态向另一种飞行状态变化的能力，用以表征直升机机动动作的时间短暂性，或操纵产生机动响应的有效性。

图 7-2 示出了有关参数的含义，该图表示施加脉冲操纵时的响应。由于快捷性强调的是直升机操纵响应的短暂性，用快捷性来评价直升机的操纵性时，不仅要考虑 $\omega_z^{pk}/\Delta\vartheta_{pk}$ (或 $\omega_x^{pk}/\Delta\gamma_{pk}$)的大小，还需考虑操纵响应的姿态变化情况。如果对于同样大小的 $\omega_z^{pk}/\Delta\vartheta_{pk}$ (或 $\omega_x^{pk}/\Delta\gamma_{pk}$)，直升机从一种飞行状态向另一种飞行状态变化过程中姿态角的振荡程度不同，所反映的快捷性也不一样。

ADS-33E-PRF 用操纵响应的最小姿态变化量来体现这种不同，如图 7-2 所示。不同的最小姿态变化量对应不同的快捷性。

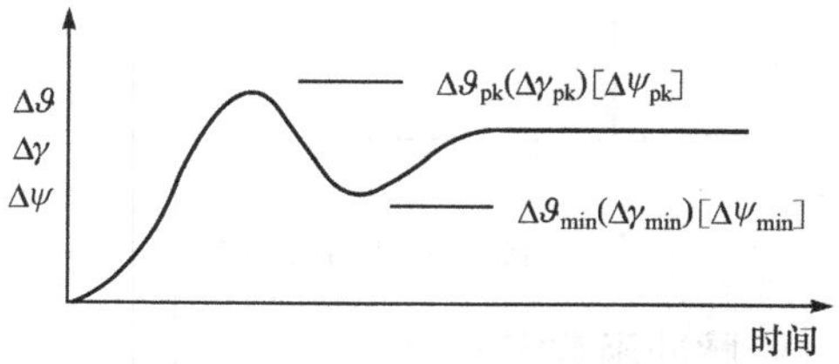


图 7-2　快捷性参数

快捷性概念用于评价直升机的操纵效果和机动性比较适当，也适用于混合模态的响应及非线性系统。早期的 MIL-H-8501A 及国家军用标准 GJB90—92 采用“1 秒末的姿态变化量”不如快捷性指标更适宜。

## 7.2　分 析 方 法

直升机的操纵响应是直升机对驾驶员操纵输入的反应。直升机的操纵响应涉及两方面的内容：一是操纵响应的输入形式；二是在给定操纵输入形式下操纵响应的分析方法。

### 7.2.1 操纵输入形式

在实际飞行中，操纵输入形式是多种多样的，我们不能也没有必要讨论每种操纵输入形式下直升机的反应。只能抽出一些具有典型性和代表性的操纵输入加以研究。所选择的操纵输入形式应满足以下条件。

(1) 在实际飞行和地面模拟时经常用到。

(2) 在选择的操纵输入下，直升机的反应特性反映直升机的飞行品质。

(3) 数学表达简单，便于理论分析。

根据以上条件，直升机飞行动力学中常用的典型操纵输入形式有阶跃函数形式、谐波函数形式和脉冲函数形式。

阶跃函数的数学形式为

$$f(t)=\begin{cases}0, & t<0\\ R, & t\geqslant 0\end{cases}$$

上式代表一个幅值为 $R$ 的阶跃变化函数，如图 7-3 所示。幅值 $R$=1 的阶跃函数称为单位阶跃函数，一般用 $1(t)$表示。

直升机在飞行过程中，驾驶员突然操纵和直升机遇到常值阵风扰动，可近似为阶跃函数形式。

谐波函数的数学表达式(对于正弦函数)为

$$f(t)=A\sin(\omega t)$$

式中，$A$ 为输入的幅值；$\omega$ 为输入的频率，如图 7-4 所示。

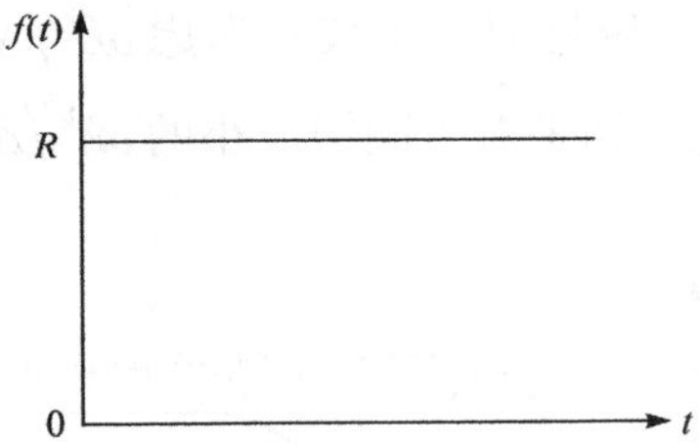


图 7-3　阶跃函数

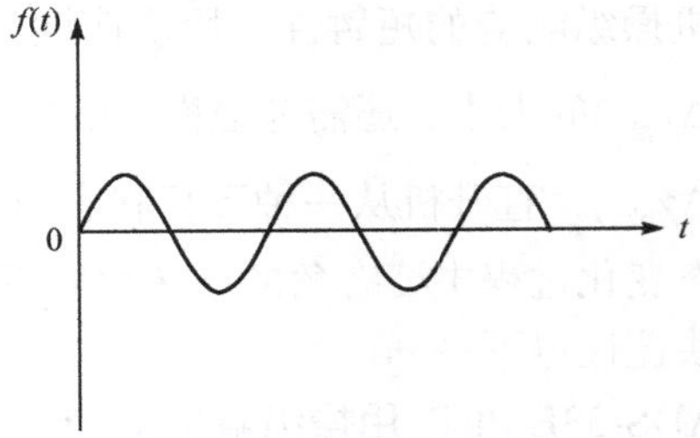


图 7-4　正弦函数

脉冲函数定义为

$$f(t)=\lim_{t_0\to 0}\frac{A}{t_0}\left[1(t)-1(t-t_0)\right]$$

式中，$\frac{A}{t_0}\left[1(t)-1(t-t_0)\right]$是由 $t$=0 时幅值为$\frac{A}{t_0}$的阶跃函数与$t=t_0$时幅值为$\frac{A}{t_0}$的负阶跃函数叠加而成的矩形脉动函数，如图 7-5(a)所示。矩形脉动函数的面积为$\frac{A}{t_0}t_0=A$。因此，脉冲函数是脉动函数当其宽度$t_0$趋于零时的极限。这是一个宽度为零、幅值为无穷大、面积为 $A$ 的极限脉冲，如图 7-5(b)所示。脉冲函数的强度通常用它的面积表示。

真正的脉冲函数在现实中是不存在的，但驾驶员瞬时的操纵动作和直升机受到的瞬时扰动可近似为脉冲函数。

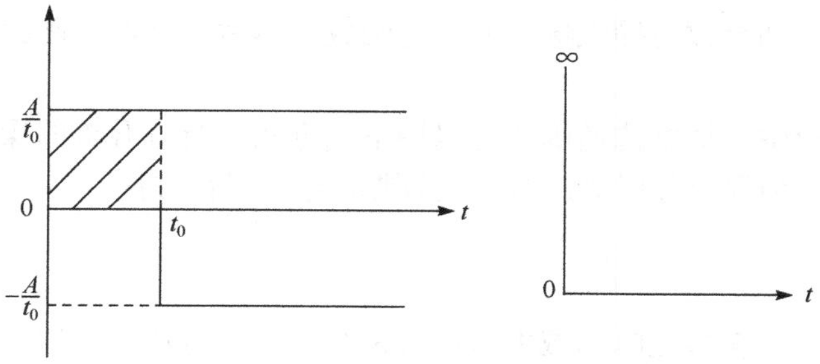


(a) 脉动函数　　(b) 脉冲函数

图 7-5　脉动函数和脉冲函数

从已有的数学知识可知，任何一种实际的操纵输入都可以通过傅里叶级数或傅里叶积分表达为各种频率的谐波型操纵输入之和。因此，如果将直升机看作常系数线性系统，则只要分析了各种频率的操纵输入下直升机的反应，直升机对任意操纵输入的反应就可以通过线性叠加的方法求得。此外，任何一种操纵输入还可看作不同瞬时作用的脉冲或阶跃输入叠加的结果。这样，可以把直升机对各种典型操纵输入的反应归结为一种基本的反应。不过，这些典型的操纵输入也各有特点，如分析谐波输入形式的直升机反应着重从不同频率的角度(频域)来考虑，而对于脉冲或阶跃输入形式的直升机反应则从时间角度(时域)进行研究。当然，无论从哪一个角度进行分析，对直升机作出的评价应当是完全一致的。

### 7.2.2　操纵响应分析方法

从第 6 章的分析可以看出，研究直升机的稳定性，在数学上归结为求解常系数线性齐次微分方程。研究直升机的操纵响应，在数学上则归结为求解非齐次微分方程。

根据直升机的运动微分方程，在给定操纵输入及初始条件下，通过求解运动微分方程可以得到直升机对操纵输入的响应。这种方法比较直观，特别是借助电子计算机可以迅速而准确地求得结果。但是如果直升机运动方程的某个参数变化，就要重新列写并求解微分方程，不便于分析和设计。

拉普拉斯变换法是求解常系数线性微分方程的有效方法。拉普拉斯变换将常系数线性微分方程变换成代数方程，可以得到直升机运动微分方程在复数域中的数学模型——传递函数，与变换前的方程同样描述操纵输入与直升机反应(输出)之间的关系。

传递函数是一种用系统参数表示输出量与输入量之间关系的表达式，它与输入量的形式无关。传递函数不仅可以表征系统的动态性能，而且可以研究系统的结构或参数变化对系统性能的影响。经典控制理论中广泛应用的频率法和根轨迹法就是以传递函数为基础建立起来的，传递函数是经典控制理论中最基本和最重要的概念。

传递函数与微分方程有相通性。传递函数的分子多项式系数及分母多项式系数，分别与相应微分方程的右端及左端微分算符多项式系数相对应。故在零初始条件下，将微分方程的算符 $\mathrm{d}/\mathrm{d}t$ 用复数 $s$ 置换便得到传递函数；反之，将传递函数多项式中的变量 $s$ 用算符 $\mathrm{d}/\mathrm{d}t$ 置换便得到微分方程。

用传递函数可有效地研究直升机稳定性和操纵响应。本章将通过传递函数来分析直升机的操纵响应，先将线性化的运动方程作拉普拉斯变换，把常系数的微分方程化为复数域的代数方程，得到运动参数对操纵输入的传递函数，然后根据传递函数分析直升机的操纵响应。

在经典控制理论中，根据传递函数可以用不同方法分析直升机的操纵响应，常用的分析方法有时域分析法和频域分析法，本节先简要讨论这两种方法。

1. 时域分析

时域分析法是一种直接在时间域中对系统进行分析的方法，可以得到系统对输入的响应随时间变化的历程，具有直观、准确的优点，并且可以提供系统时间响应的全部信息。

在典型操纵输入作用下，直升机的响应由动态过程和稳态过程两部分组成。

直升机响应的动态过程又称过渡过程或瞬态过程，指直升机在典型操纵输入作用下，状态量从初始状态到最终状态的响应过程。动态过程表现为衰减、发散或等幅振荡形式。动态过程除提供系统稳定性的信息外，还可以提供响应速度及阻尼情况等信息，这些信息用动态性能描述。

直升机响应的稳态过程是指直升机在典型操纵输入作用下，当时间 $t$ 趋于无穷时，直升机状态量的表现方式。稳态过程又称稳态响应，表征系统输出量最终复现输入量的程度，提供系统有关稳态误差的信息，用稳态性能描述。

由此可见，直升机在典型输入信号作用下的性能指标通常由动态性能和稳态性能两部分组成。稳定是控制系统能够运行的首要条件，因此只有当动态过程收敛时，研究系统的动态性能才有意义。通常在阶跃函数作用下测定或计算系统的动态性能。一般认为，阶跃输入对系统来说是最严峻的工作状态。如果系统在阶跃函数作用下的动态性能满足要求，那么系统在其他形式的函数作用下的动态性能也是令人满意的。

描述稳定的系统在单位阶跃函数作用下，动态过程随时间 $t$ 的变化状况的指标，称为动态性能指标。为了便于分析和比较，假定系统在单位阶跃输入信号作用前处于静止状态，而且输出量及其各阶导数均等于零。对于大多数控制系统来说，这种假设是符合实际情况的。对于如图 7-6 所示单位阶跃响应 $h(t)$，其动态性能指标通常如下。

延迟时间 $t_d$：指响应曲线第一次达到终值 50%所需的时间。

上升时间 $t_r$：指响应从终值 10%上升到终值 90%所需的时间；对于有振荡的系统，也可定义为响应从零第一次上升到终值所需的时间。上升时间是系统响应速度的一种度量。上升时间越短，响应速度越快。

峰值时间 $t_p$：指响应超过其终值到达第一个峰值所需的时间。

调节时间 $t_s$：指响应到达并保持在终值±5%(或±2%)内所需的最短时间。

超调量 $\sigma\%$：指响应的最大偏离量 $h(t_p)$ 与终值 $h(\infty)$ 的差与终值 $h(\infty)$ 比的百分数，即

$$\sigma\% = \frac{h(t_p) - h(\infty)}{h(\infty)} \times 100\% \tag{7-2}$$

若 $h(t_p) < h(\infty)$，则响应无超调。超调量也称最大超调量，或百分比超调量。

上述五个动态性能指标基本上可以体现系统动态过程的特征。在实际应用中，常用的动态性能指标多为上升时间、调节时间和超调量。通常，用 $t_r$ 或 $t_p$ 评价系统的响应速度；用 $\sigma\%$ 评价系统的阻尼速度；而 $t_s$ 是同时反映响应速度和阻尼程度的综合性指标。应当指

出，除简单的一、二阶系统外，要精确确定这些动态性能指标的解析表达式是很困难的。7.1 节中直升机的反应时间与此处的调节时间对应。

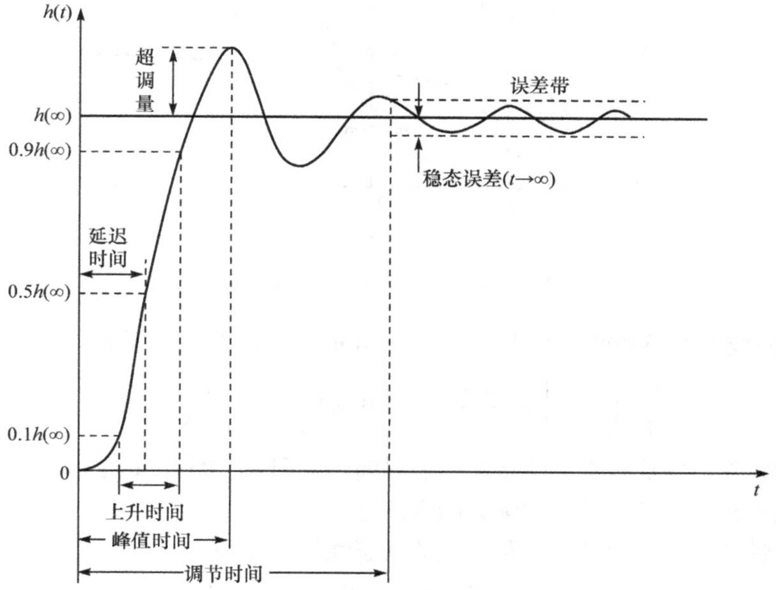


图 7-6　时域响应指标

稳态误差是描述系统稳态性能的一种性能指标，通常在阶跃函数、斜坡函数或加速度函数作用下进行测定或计算。若时间趋于无穷，系统的输出量不等于输入量或输入量的确定函数，则系统存在稳态误差。稳态误差是系统控制精度或抗扰能力的一种度量。

上述的动态性能和稳态性能指标是时域分析法的重要组成部分。

根据传递函数的分母多项式阶次，所对应的系统可分为一阶、二阶及高阶系统。

1) 一阶系统的时域分析

一阶系统的传递函数为

$$\varPhi(s)=\frac{C(s)}{R(s)}=\frac{1}{Ts+1} \tag{7-3}$$

设一阶系统的输入信号为单位阶跃函数，则一阶系统的单位阶跃响应为

$$h(t)=1-\mathrm{e}^{-t/T},\quad t\geqslant 0 \tag{7-4}$$

由式(7-4)可见，一阶系统的单位阶跃响应是一条初始值为零，以指数规律单调上升到终值 1 的曲线，如图 7-7 所示。

图 7-7 表明一阶系统的单位阶跃响应为非周期响应，具备如下两个重要特点。

(1) 可用时间常数 $T$ 去度量系统输出量的数值。例如，当 $t=T$ 时，$h(T)=0.632$；而当 $t$ 分别等于 $2T$、$3T$ 和 $4T$ 时，$h(t)$ 的数值将分别等于终值的 86.5%、95%和 98.2%。根据这一特点，可用试验方法测定一阶系统的时间常数，或判定所测系统是否属于一阶系统。

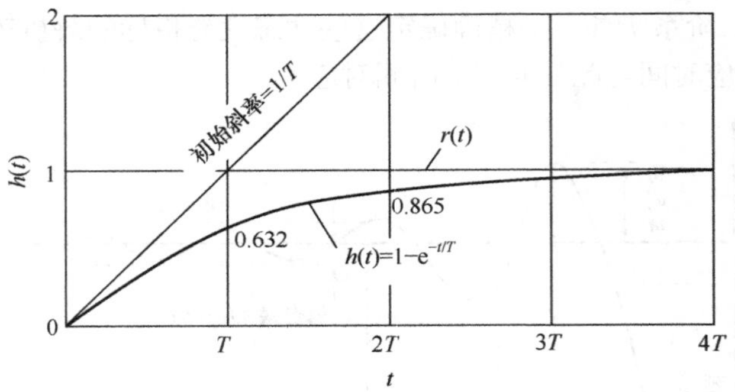


图 7-7　一阶系统的单位阶跃响应曲线

(2) 响应曲线的斜率初始值为 $1/T$，并随时间的推移而下降。例如，

$$\left.\frac{\mathrm{d}h(t)}{\mathrm{d}t}\right|_{t=0}=\frac{1}{T},\quad \left.\frac{\mathrm{d}h(t)}{\mathrm{d}t}\right|_{t=T}=0.368\frac{1}{T},\quad \left.\frac{\mathrm{d}h(t)}{\mathrm{d}t}\right|_{t=\infty}=0 \tag{7-5}$$

从而使单位阶跃响应完成全部变化量所需的时间为无限长，即有 $h(\infty)=1$ 。此外，初始斜率特性也是常用的确定一阶系统时间常数的方法之一。

根据动态性能指标的定义，一阶系统的动态性能指标为

$$t_d=0.69T,\quad t_r=2.20T,\quad t_s=3T$$

显然，峰值时间 $t_p$ 和超调量 $\sigma\%$ 都不存在。

由于时间常数 $T$ 反映系统的惯性，所以一阶系统的惯性越小，其响应过程越快；反之，惯性越大，响应越慢。

设一阶系统的输入信号为单位脉冲函数，则一阶系统的单位脉冲响应为

$$w(t)=\frac{1}{T}\mathrm{e}^{-t/T},\quad t\geqslant 0$$

由上式可见，一阶系统的单位脉冲响应是初值为 $1/T$，以指数规律不断衰减到 0 的曲线，如图 7-8 所示。单位脉冲响应和单位阶跃响应的幅值和符号不同，但指数变化规律是相似的，所以时域性能指标也是相似的。

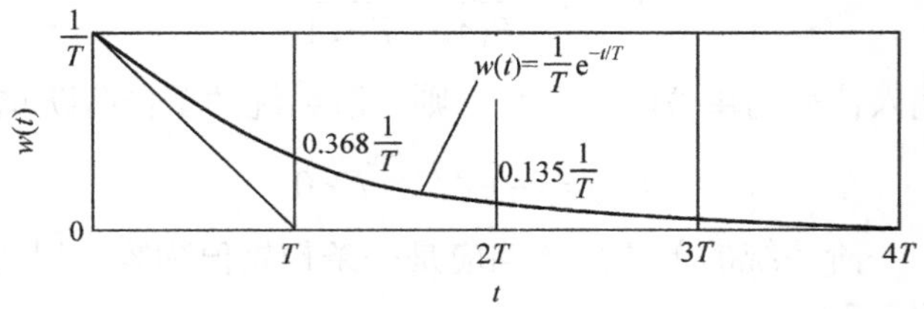


图 7-8　一阶系统单位脉冲响应

2) 二阶系统的时域分析

二阶系统的传递函数为

$$\Phi(s)=\frac{C(s)}{R(s)}=\frac{\omega_n^2}{s^2+2\zeta\omega_n s+\omega_n^2} \tag{7-6}$$

式中，$\omega_n$ 为自然频率(或无阻尼振荡频率)；$\zeta$ 为阻尼比(或相对阻尼系数)。令式(7-6)分母多项式为零，得二阶系统的特征方程为

$$s^2 + 2\zeta\omega_n s + \omega_n^2 = 0 \tag{7-7}$$

其两个根为

$$s_{1,2} = -\zeta\omega_n \pm \omega_n\sqrt{\zeta^2 - 1} \tag{7-8}$$

显然，二阶系统的时间响应取决于 $\zeta$ 和 $\omega_n$ 这两个参数。式(7-8)表明，二阶系统特征根的性质取决于 $\zeta$ 的大小。若 $\zeta$<0，则二阶系统具有两个正实部的特征根，其单位阶跃响应为

$$h(t) = 1 - \frac{e^{-\zeta\omega_n t}}{\sqrt{1-\zeta^2}}\sin\left(\omega_n\sqrt{1-\zeta^2}\,t + \beta\right), \quad -1 < \zeta < 0, \quad t \geqslant 0 \tag{7-9}$$

式中

$$\beta = \arctan\left(\sqrt{1-\zeta^2}\,/\,\zeta\right)$$

于是式(7-9)可表示为

$$h(t) = 1 + \frac{e^{-\left(\zeta+\sqrt{\zeta^2-1}\right)\omega_n t}}{2\sqrt{\zeta^2-1}\left(\zeta+\sqrt{\zeta^2-1}\right)} - \frac{e^{-\left(\zeta-\sqrt{\zeta^2-1}\right)\omega_n t}}{2\sqrt{\zeta^2-1}\left(\zeta-\sqrt{\zeta^2-1}\right)}, \quad \zeta < -1, \quad t \geqslant 0 \tag{7-10}$$

由于阻尼比 $\zeta$ 为负，指数因子具有正幂指数，因此系统的动态过程为发散正弦振荡或单调发散的形式，从而表明 $\zeta$<0 的二阶系统是不稳定的。如果 $\zeta$=0，则特征方程有一对纯虚根，$s_{1,2} = \pm j\omega_n$，对应于 $s$ 平面虚轴上一对共轭极点，可以算出系统的阶跃响应为等幅振荡，此时系统相当于无阻尼情况。如果 0<$\zeta$<1，则特征方程有一对具有负实部的共轭复根，$s_{1,2} = -\zeta\omega_n \pm j\omega_n\sqrt{1-\zeta^2}$，对应于 $s$ 平面左半部的共轭复数极点，相应的阶跃响应为衰减振荡过程，此时系统处于欠阻尼情况。如果 $\zeta$=1，则特征方程具有两个相等的负实根，$s_{1,2} = -\zeta\omega_n$，对应于 $s$ 平面负实轴上的两个相等实极点，相应的阶跃响应非周期地趋于稳态输出，此时系统处于临界阻尼情况。如果 $\zeta$>1，则特征方程具有两个不相等的负实根，$s_{1,2} = -\zeta\omega_n \pm \omega_n\sqrt{\zeta^2-1}$，对应于 $s$ 平面负实轴上的两个不等实极点，相应的单位阶跃响应也是非周期地趋于稳态输出，但响应速度比临界阻尼情况缓慢，因此称为过阻尼情况。上述各种情况的闭环极点分布如图 7-9 所示。

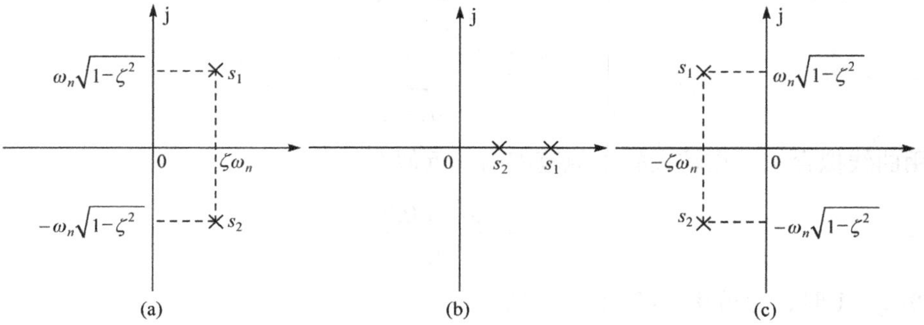

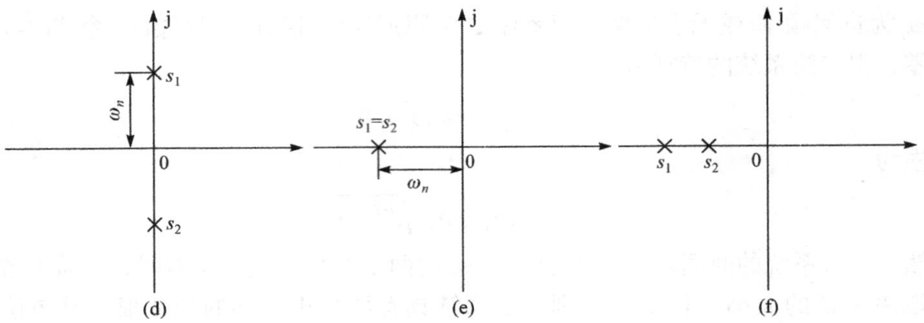


图 7-9 二阶系统的闭环极点分布

下面着重讨论工程中最常见的欠阻尼(0<$\zeta$<1)二阶系统。若令$\sigma=\zeta\omega_n$，$\omega_d=\omega_n\sqrt{1-\zeta^2}$，则有

$$s_{1,2}=-\sigma\pm \mathrm{j}\omega_d \tag{7-11}$$

式中，$\sigma$称为衰减系数；$\omega_d$称为阻尼振荡频率。单位阶跃响应为

$$h(t)=1-\frac{\mathrm{e}^{-\sigma t}}{\sqrt{1-\zeta^2}}\sin(\omega_d t+\beta),\quad t\geqslant 0 \tag{7-12}$$

式中，$\beta=\arccos\zeta$。式(7-12)表明，欠阻尼二阶系统的单位阶跃响应由两部分组成：稳态分量为 1，即在阶跃函数作用下不存在稳态误差；瞬态分量为阻尼正弦振荡项，其振荡频率为$\omega_d$，故称为阻尼振荡频率。由于瞬态分量衰减速度取决于包络线$1\pm\mathrm{e}^{-\zeta\omega_n t}\big/\sqrt{1-\zeta^2}$收敛的速度，当$\zeta$一定时，包络线的收敛速度又取决于指数函数$\mathrm{e}^{-\zeta\omega_n t}$的幂，所以$\sigma=\zeta\omega_n$称为衰减系数。

应当指出，实际的控制系统通常都有一定的阻尼比，因此不可能通过试验方法测得$\omega_n$，而只能测得$\omega_d$，且其值总小于自然频率$\omega_n$。只有在$\zeta$=0 时，才有$\omega_d=\omega_n$。当阻尼比$\zeta$增大时，阻尼振荡频率$\omega_d$将减小。如果$\zeta\geqslant 1$，$\omega_d$将不复存在，系统的响应不再出现振荡。

在控制工程中，除不容许产生振荡响应的系统外，通常都希望控制系统具有适度的阻尼、较快的响应速度和较短的调节时间。因此，二阶控制系统在设计时一般取$\zeta$=0.4～0.8，其各项动态性能指标，除峰值时间、超调量和上升时间可用$\zeta$与$\omega_n$准确表示外，延迟时间和调节时间很难用$\zeta$与$\omega_n$准确描述，不得不采用工程上的近似计算方法。

(1) 延迟时间$t_d$的计算。延迟时间$t_d$的隐函数表达式为

$$\omega_n t_d=\frac{1}{\zeta}\ln\frac{2\sin\left(\sqrt{1-\zeta^2}\,\omega_n t_d+\arccos\zeta\right)}{\sqrt{1-\zeta^2}} \tag{7-13}$$

利用曲线拟合法，在较大的$\zeta$值范围内，近似有

$$t_d=\frac{1+0.6\zeta+0.2\zeta^2}{\omega_n} \tag{7-14}$$

当 0<$\zeta$<1 时，也可用式(7-15)近似描述：

$$t_d = \frac{1+0.7\zeta}{\omega_n} \tag{7-15}$$

式(7-14)和式(7-15)表明，增大自然频率或减小阻尼比，都可以减小延迟时间。或者说，当$\zeta$不变时，闭环极点距 $s$ 平面的坐标原点越远，系统的延迟时间越短；而当$\omega_n$不变时，闭环极点距 $s$ 平面上的虚轴越近，系统的延迟时间越短。

(2) 上升时间$t_r$的计算。上升时间$t_r$满足

$$t_r = \frac{\pi-\beta}{\omega_d} \tag{7-16}$$

由式(7-16)可见，当阻尼比$\zeta$一定时，阻尼角$\beta$不变，系统的响应速度与$\omega_d$成正比；而当阻尼振荡频率$\omega_d$一定时，阻尼比越小，上升时间越短。

(3) 峰值时间$t_p$的计算。峰值时间$t_p$为

$$t_d = \frac{\pi}{\omega_d} \tag{7-17}$$

式(7-17)表明，峰值时间等于阻尼振荡周期的一半。或者说，峰值时间与闭环极点的虚部数值成反比，当阻尼比一定时，闭环极点离负实轴的距离越远，系统的峰值时间越短。

(4) 超调量$\sigma\%$的计算。超调量$\sigma\%$为

$$\sigma\% = \mathrm{e}^{-\sigma\zeta/\sqrt{1-\zeta^2}} \times 100\% \tag{7-18}$$

式(7-18)表明，超调量$\sigma\%$仅是阻尼比$\zeta$的函数，而与自然频率$\omega_n$无关。超调量与阻尼比的关系曲线如图 7-10 所示。由图可见，阻尼比越大，超调量越小，反之亦然。一般，当选取$\zeta$=0.4～0.8 时，$\sigma\%$介于 1.5%～25.4%。

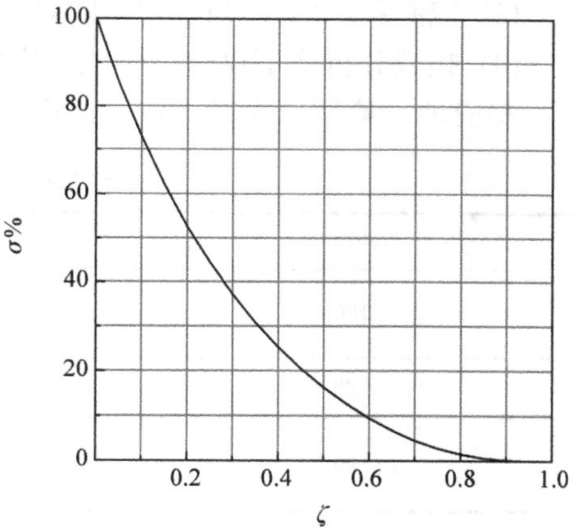

图 7-10 欠阻尼二阶系统$\zeta$与$\sigma\%$关系曲线

(5) 调节时间$t_s$的计算。如果令$\Delta$代表实际响应与稳态输出之间的误差，则有

$$\Delta = \left|\frac{\mathrm{e}^{-\zeta\omega_n t}}{\sqrt{1-\zeta^2}}\sin(\omega_d t+\beta)\right| \leqslant \frac{\mathrm{e}^{-\zeta\omega_n t}}{\sqrt{1-\zeta^2}} \tag{7-19}$$

假定$\zeta \leqslant 0.8$，并在式(7-19)右端分母中代入$\zeta = 0.8$，选取误差带$\Delta$=0.05，可以解得$t_s \leqslant 3.5/(\zeta\omega_n)$。在分析时，常取

$$t_s = \frac{3.5}{\zeta\omega_n} = \frac{3.5}{\sigma} \tag{7-20}$$

若选取误差带$\Delta$=0.02，则有

$$t_s = \frac{4.4}{\zeta\omega_n} = \frac{4.4}{\sigma} \tag{7-21}$$

式(7-21)表明，调节时间与闭环极点的实部数值成反比。闭环极点与虚轴的距离越远，系统的调节时间越短。由于阻尼比主要根据对系统超调量的要求来确定，所以调节时间主

要由自然频率决定。若能保持阻尼比不变而加大自然频率，则可以在不改变超调量的情况下缩短调节时间。

从上述各项动态性能指标的计算式可以看出，各指标之间是有矛盾的。例如，上升时间和超调量，即响应速度和阻尼程度，不能同时达到满意的结果。

欠阻尼二阶系统的单位脉冲响应为

$$w(t)=\frac{\omega_n}{\sqrt{1-\zeta^2}}\mathrm{e}^{-\sigma t}\sin(\omega_d t),\quad t\geqslant 0 \tag{7-22}$$

式(7-22)表明，欠阻尼二阶系统的单位脉冲响应的稳态分量为 0，即脉冲函数作用下也不存在稳态误差；瞬态分量为阻尼正弦振荡，振荡频率和衰减系数均与阶跃响应相同。

2. 频域分析

频域分析法是一种应用频率特性研究线性系统的经典方法。驾驶员的操纵输入可以表示为不同频率正弦信号的合成，频率特性反映正弦信号作用下直升机响应的性能。频域分析法具有以下特点。

(1) 控制系统及其元部件的频率特性可以运用分析法和试验方法获得，并可用多种形式的曲线表示，因而系统分析和控制器设计可以应用图解法进行。

(2) 频率特性物理意义明确。对于一阶系统和二阶系统，频域性能指标和时域性能指标有确定的对应关系；对于高阶系统，可建立近似的对应关系。

(3) 控制系统的频域设计可以兼顾动态响应和噪声抑制两方面的要求。

(4) 频域分析法不仅适用于线性定常系统，还可以推广应用于某些非线性控制系统。

相应地，典型操纵输入也可以用时间域和传递函数表示，如表 7-1 所示。

**表 7-1　典型操纵输入的表示方法**

| 名称 | 时域表达式 | 复域表达式 |
|---|---|---|
| 单位阶跃函数 | $1(t), t\geqslant 0$ | $\frac{1}{s}$ |
| 单位脉冲函数 | $\delta(t), t=0$ | 1 |
| 正弦函数 | $A\sin(\omega t)$ | $\frac{A\omega}{s^2+\omega^2}$ |

设有稳定的线性定常系统，其传递函数为

$$G(s)=\frac{\sum_{i=0}^{m}b_i s^{m-i}}{\sum_{i=0}^{n}a_i s^{n-i}}=\frac{B(s)}{A(s)} \tag{7-23}$$

对于稳定的线性定常系统，由于谐波输入产生的输出稳态分量仍然是与输入同频率的谐波函数，而幅值和相位的变化是频率 $\omega$ 的函数，且与数学模型有关。为此，定义谐波输入下，输出响应中与输入同频率的谐波分量与谐波输入的幅值之比 $A(\omega)$ 为幅频特性，相位之差 $\varphi(\omega)$ 为相频特性，并称为系统的频率特性，其指数表达形式：

$$G(\mathrm{j}\omega) = A(\omega)\mathrm{e}^{\mathrm{j}\varphi(\omega)} \tag{7-24}$$

在直升机的频域分析中，伯德(Bode)图是比较常用的一组曲线。伯德图由对数幅频曲线和对数相频曲线组成。对数频率曲线的横坐标按 $\lg\omega$ 分度，单位为弧度/秒(rad/s)。对数幅频曲线的纵坐标按线性分度，单位是分贝(dB)。

$$L(\omega) = 20\lg\left|G(\mathrm{j}\omega)\right| = 20\lg A(\omega) \tag{7-25}$$

对数相频曲线的纵坐标按 $\varphi(\omega)$ 线性分度，单位为度(°)。由此构成的坐标系称为半对数坐标系。7.1 节中的带宽和相位延迟正是基于伯德图提出的。

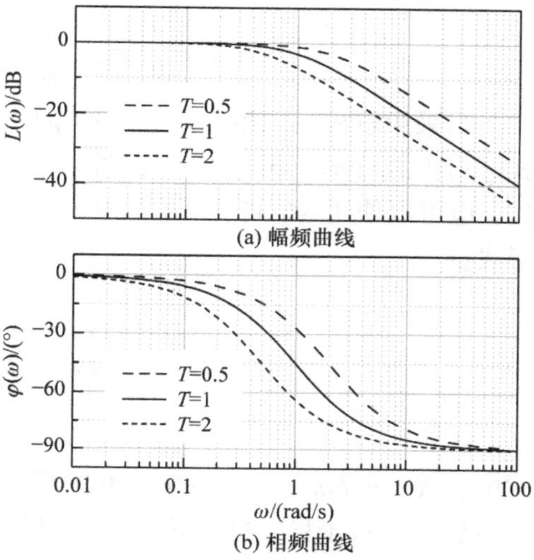


图 7-11　一阶系统伯德图

1) 一阶系统的频域分析方法

设一阶系统的输入信号为 0.01～100rad/s 的正弦信号，图 7-11 中给出了对应的一阶系统的频率特性。由幅值特性可知，当频率小于 $(1/T)$rad/s 时，幅值特性衰减比较缓慢，当频率大于 $(1/T)$rad/s 时，幅值特性以 20dB/10 倍频程的速率减小。由相位特性可知，当频率小于 $(1/T)$rad/s 时，相位滞后增加由慢变快，从 0°变化到−45°，当频率大于 $(1/T)$rad/s 时，相位滞后增加由快变慢，从−45°变化到−90°。

2) 二阶系统的频域分析方法

凡以二阶微分方程作为运动方程的控制系统，称为二阶系统。在控制工程中，不仅二阶系统的典型应用极为普遍，而且不少高阶系统的特性在一定条件下可用二阶系统的特性来表征。因此，研究二阶系统的分析和计算方法具有较大的实际意义。

设输入信号为 0.01～100rad/s 的正弦信号，图 7-12 为欠阻尼二阶系统的频率特性。

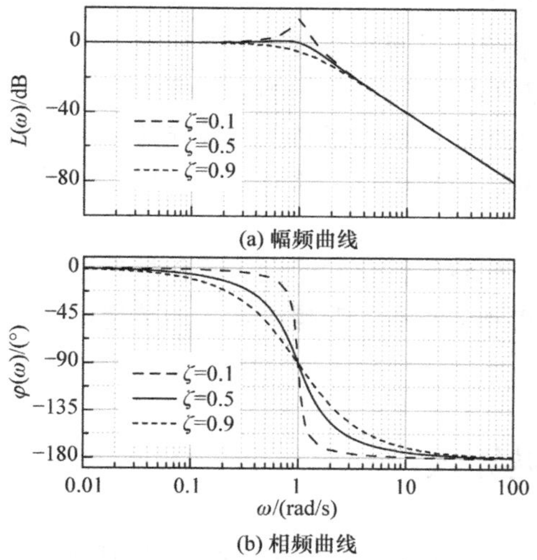


图 7-12　欠阻尼二阶系统的伯德图

当 $0<\zeta\leqslant\sqrt{2}/2$ 时，欠阻尼二阶系统存在谐振频率为

$$\omega_r = \omega_n\sqrt{1-2\zeta^2} \tag{7-26}$$

对应的幅值特性中谐振峰值为

$$M_r = 20\lg\frac{1}{2\zeta\sqrt{1-\zeta^2}} \tag{7-27}$$

而且谐振频率和谐振峰值均为阻尼比的减函数。当 $0<\zeta\leqslant\sqrt{2}/2$ 且 $\omega\in(0,\omega_r)$ 时，幅值特性单调增，随后单调减。当 $\sqrt{2}/2<\zeta<1$ 时，幅值特性单调减。相位特性中，随着频率增加，相位滞后逐渐从 0°变为 180°，且在 $\omega_n$ 处变化最剧烈，阻尼比越小，$\omega_n$ 处的相位变化越快。

3) 高阶系统的频域分析方法

在控制工程中，几乎所有的控制系统都是高阶系统，即用高阶微分方程描述的系统。对于不能用一、二阶系统近似的高阶系统来说，其动态性能指标的确定是比较复杂的。工程上常采用闭环主导极点的概念对高阶系统进行近似分析，或直接应用MATLAB软件进行高阶系统分析。

设高阶系统一般情况下的传递函数为

$$\Phi(s)=\frac{M(s)}{D(s)}=\frac{b_0s^m+b_1s^{m-1}+\cdots+b_{m-1}s+b_m}{a_0s^n+a_1s^{n-1}+\cdots+a_{n-1}s+a_n},\quad m\leqslant n \tag{7-28}$$

当采用解析法求解高阶系统的单位阶跃响应时，应将式(7-28)的分子多项式和分母多项式进行因式分解，再进行拉普拉斯逆变换。这种分解方法可采用高次代数方程的近似求根法，也可以使用MATLAB中的tf2zp命令。因此，式(7-28)必定可以表示为如下因式的乘积形式：

$$\Phi(s)=\frac{M(s)}{D(s)}=\frac{K\prod_{i=1}^{m}(s-z_i)}{\prod_{i=1}^{n}(s-s_i)} \tag{7-29}$$

式中，$K=b_0/a_0$；$z_i$为$M(s)=0$的根，称为闭环零点；$s_i$为$D(s)=0$的根，称为闭环极点。

显然，对于稳定的高阶系统，闭环极点负实部的绝对值越大，其对应的响应分量衰减得越迅速；反之，则衰减越缓慢。应当指出，系统时间响应的类型虽然取决于闭环极点的性质和大小，然而时间响应的形状却与闭环零点有关。对于稳定的高阶系统，其闭环极点和零点在左半$s$开平面上虽有各种分布模式，但就与虚轴的距离来说，却只有远近之别。如果在所有的闭环极点中，距虚轴最近的极点周围没有闭环零点，而其他闭环极点又远离虚轴，那么距虚轴最近的闭环极点所对应的响应分量随时间的推移衰减缓慢，在系统的时间响应过程中起主导作用，这样的闭环极点就称为闭环主导极点。闭环主导极点可以是实数极点，也可以是复数极点，或者是它们的组合。除闭环主导极点外，所有其他闭环极点由于其对应的响应分量随时间的推移迅速衰减，对系统的时间响应过程影响甚微，因而统称为非主导极点。在控制工程实践中，通常要求控制系统具有较快的响应速度，又具有一定的阻尼程度，此外还要减少死区、间隙和库仑摩擦等非线性因素对系统性能的影响，因此高阶系统的增益常常调整到使系统具有一对闭环共轭主导极点。这时，可以用二阶系统的动态性能指标来估算高阶系统的动态性能。

本章将采用传递函数来分析直升机的操纵响应，先将线性化的运动方程作拉普拉斯变换，把常系数的微分方程化为复数域的代数方程。得到运动参数对操纵输入的传递函数，然后根据传递函数分析直升机的操纵响应。

## 7.3　直升机操纵导数

为了分析直升机的操纵响应，即求解式(4-24)，除了第6章讨论的直升机的气动导数外，还必须确定直升机的操纵导数，即式(4-23)右边的系数矩阵$\boldsymbol{C}$。

操纵导数即单位操纵量产生的空气动力的变化。直升机的操纵包括旋翼总距、纵横向周期变距及尾桨总距，相应的操纵导数为这些操纵的单位操纵量所产生的旋翼及尾桨空气动力的变化。如果平尾安装角与总距联动，则旋翼总距的单位操纵量除引起旋翼空气动力的变化外，还引起平尾空气动力的变化，这样对旋翼总距的操纵导数应是旋翼和平尾的共同作用。

### 7.3.1 旋翼操纵导数

旋翼操纵导数包括旋翼空气动力对 $\varphi_7$、$A_1$、$B_1$ 的偏导数。

与求旋翼的气动导数相类似，旋翼空气动力对总距 $\varphi_7$ 的导数可表示为

$$\begin{bmatrix} F_{x,M}^{\varphi_7} \\ F_{y,M}^{\varphi_7} \\ F_{z,M}^{\varphi_7} \end{bmatrix} = \frac{\partial}{\partial \varphi_7}\begin{bmatrix} F_{x,M} \\ F_{y,M} \\ F_{z,M} \end{bmatrix} = \frac{1}{2}\rho\pi R^2(\Omega R)\begin{bmatrix} \cos\delta & \sin\delta & 0 \\ -\sin\delta & \cos\delta & 0 \\ 0 & 0 & 1 \end{bmatrix}\frac{\partial}{\partial \varphi_7}\begin{bmatrix} -C_H \\ C_T \\ C_S \end{bmatrix} \tag{7-30}$$

$$\begin{aligned}\begin{bmatrix} M_{x,M}^{\varphi_7} \\ M_{y,M}^{\varphi_7} \\ M_{z,M}^{\varphi_7} \end{bmatrix} &= \begin{bmatrix} \cos\delta & \sin\delta & 0 \\ -\sin\delta & \cos\delta & 0 \\ 0 & 0 & 1 \end{bmatrix}\frac{\partial}{\partial \varphi_7}\begin{bmatrix} M_{Gx} \\ -M_k \\ M_{Gz} \end{bmatrix} + \begin{bmatrix} \dfrac{\partial F_{z,M}}{\partial \varphi_7}\cdot y_M - \dfrac{\partial F_{y,M}}{\partial \varphi_7}\cdot z_M \\ \dfrac{\partial F_{x,M}}{\partial \varphi_7}\cdot z_M - \dfrac{\partial F_{z,M}}{\partial \varphi_7}\cdot x_M \\ \dfrac{\partial F_{y,M}}{\partial \varphi_7}\cdot x_M - \dfrac{\partial F_{x,M}}{\partial \varphi_7}\cdot y_M \end{bmatrix} \\ &= \begin{bmatrix} \cos\delta & \sin\delta & 0 \\ -\sin\delta & \cos\delta & 0 \\ 0 & 0 & 1 \end{bmatrix}\begin{bmatrix} \dfrac{1}{2}k\Omega^2 M_b e \\ \dfrac{1}{2}\rho\pi\Omega^2 R^5 \\ \dfrac{1}{2}k\Omega^2 M_b e \end{bmatrix}\frac{\partial}{\partial \varphi_7}\begin{bmatrix} b_{1s} \\ -m_k \\ a_{1s} \end{bmatrix} + \begin{bmatrix} \dfrac{\partial F_{z,M}}{\partial \varphi_7}\cdot y_M - \dfrac{\partial F_{y,M}}{\partial \varphi_7}\cdot z_M \\ \dfrac{\partial F_{x,M}}{\partial \varphi_7}\cdot z_M - \dfrac{\partial F_{z,M}}{\partial \varphi_7}\cdot x_M \\ \dfrac{\partial F_{y,M}}{\partial \varphi_7}\cdot x_M - \dfrac{\partial F_{x,M}}{\partial \varphi_7}\cdot y_M \end{bmatrix}\end{aligned} \tag{7-31}$$

从式(7-30)和式(7-31)可以看出，要求旋翼空气动力对 $\varphi_7$ 的导数，必须先确定 $C_T,C_H,C_S,m_k$ 和 $a_0,a_{1s},b_{1s}$ 对 $\varphi_7$ 的导数，这又回到了第 6 章求 $C_T,C_H,C_S,m_k$ 和 $a_0,a_{1s},b_{1s}$ 对 $\mu_x,\mu_y,\mu_z,\bar{\omega}_x,\bar{\omega}_z$ 导数的情形。同样，$C_T,C_H,C_S,m_k$ 和 $a_0,a_{1s},b_{1s}$ 对 $\varphi_7$ 的导数也是复合求导问题，即 $C_T,C_H,C_S,m_k$ 不仅是 $\varphi_7$ 的函数，也是 $a_0,a_{1s},b_{1s}$ 的函数，而 $a_0,a_{1s},b_{1s}$ 又是 $\varphi_7$ 的函数。

求 $C_T,C_H,C_S,m_k$ 和 $a_0,a_{1s},b_{1s}$ 对 $\varphi_7$ 的导数，与求它们对 $\mu_x,\mu_y,\mu_z,\bar{\omega}_x,\bar{\omega}_z$ 的导数一样，可直接运用第 6 章中的有关公式，只需将其中的变量改为 $\varphi_7$，并事先确定 $C_T,C_H,C_S,m_k$ 和 $a_0,a_{1s},b_{1s}$ 对 $\varphi_7$ 的简单导数。这些简单导数已在附录 B 中列出。

旋翼空气动力对纵、横向周期变距 $A_1,B_1$ 的导数求解过程与上述过程完全一样，只需将式(7-30)和式(7-31)中的 $\varphi_7$ 用 $A_1,B_1$ 置换即可，这里不再重复。有关 $C_T,C_H,C_S,m_k$ 和 $a_0,a_{1s},b_{1s}$ 对 $A_1,B_1$ 的简单导数也已在附录 C 中列出。

### 7.3.2 尾桨操纵导数

尾桨空气动力对 $\varphi_T$ 的导数确定方法与旋翼空气动力对 $\varphi_7$ 的导数相同，可直接套用

式(7-30)和式(7-31)。

### 7.3.3 平尾操纵导数

当平尾安装角与旋翼总距有联动时，存在平尾空气动力对 $\varphi_7$ 的操纵导数，由式(6-54)可得平尾空气动力对 $\varphi_7$ 的操纵导数为

$$\begin{bmatrix} F_{x,H}^{\varphi_7} \\ F_{y,H}^{\varphi_7} \\ F_{z,H}^{\varphi_7} \end{bmatrix} = i_H \begin{bmatrix} -F_{y,H} \\ F_{x,H} \\ 0 \end{bmatrix} \tag{7-32}$$

$$\begin{bmatrix} M_{x,H}^{\varphi_7} \\ M_{y,H}^{\varphi_7} \\ M_{z,H}^{\varphi_7} \end{bmatrix} = \begin{bmatrix} F_{y,H}^{\varphi_7} \cdot z_H \\ F_{x,H}^{\varphi_7} \cdot z_H \\ -F_{x,H}^{\varphi_7} \cdot y_H + F_{y,H}^{\varphi_7} \cdot x_H \end{bmatrix} \tag{7-33}$$

式中，$i_H$ 为平尾安装角到旋翼总距的传动比。

### 7.3.4 全机操纵导数

综合旋翼、尾桨和平尾的操纵导数，可得直升机对 $\varphi_7$、$A_1$、$B_1$ 和 $\varphi_T$ 的操纵导数，附录 D 中给出了确定这些导数的公式和样例直升机悬停及 $\mu = 0.2$ 时的操纵导数值。

上述各导数中，$\dfrac{\partial F_y}{\partial \varphi_7}$、$\dfrac{\partial M_z}{\partial B_1}$、$\dfrac{\partial M_x}{\partial A_1}$ 和 $\dfrac{\partial M_y}{\partial \varphi_T}$ 分别为直升机升降、俯仰、滚转和偏航操纵导数。其中，$\dfrac{\partial F_y}{\partial \varphi_7}$ 和 $\dfrac{\partial M_y}{\partial \varphi_T}$ 是直接改变旋翼或尾桨的桨距而产生的作用，其他皆是通过操纵挥舞 $a_{1c}$ 和 $b_{1c}$ 而起作用，即这些导数最后都归结为对 $a_{1c}$ 和 $b_{1c}$ 的偏导数。由此也可以看出旋翼挥舞对操纵性的关键作用。

此外，还有一些其他的操纵导数反映了耦合效应，例如：

$\dfrac{\partial M_z}{\partial \varphi_7}$ 为总距操纵引起的俯仰力矩。总距操纵用于直升机升降，但由于直升机重心不在旋翼轴上，旋翼拉力对重心产生俯仰力矩。

$\dfrac{\partial F_z}{\partial \varphi_T}$ 为尾桨操纵引起的直升机侧向力。尾桨总距 $\varphi_T$ 本用于操纵偏航力矩 $M_y$，但同时引起横向力 $F_z$ 的改变。

$\dfrac{\partial F_x}{\partial A_1}$ 及 $\dfrac{\partial F_z}{\partial B_1}$ 为挥舞耦合引起力的交叉，等等。

## 7.4 直升机操纵响应

### 7.4.1 垂直上升的操纵响应

在第 4 章的线化运动方程组中，第二式的垂直运动与其他方程的耦合很小，可单独分

离出来并进行简化，简化后的直升机垂直运动方程为

$$m\frac{\mathrm{d}V_y}{\mathrm{d}t}=\frac{\partial F_y}{\partial V_y}V_y+\frac{\partial F_y}{\partial \varphi_7}\varphi_7 \tag{7-34}$$

对上述运动方程进行拉普拉斯变换，可得直升机垂直运动速度对总距的传递函数：

$$\frac{\Delta V_y}{\Delta \varphi_7}(s)=\frac{F_y^{\varphi_7}}{ms-F_y^{V_y}} \tag{7-35}$$

如果不考虑总距操纵机构和助力器的动力学特性及操纵间隙，则垂直运动速度与总距杆位移之间的传递函数可写为

$$\frac{V_y(s)}{\delta_e(s)}=\frac{k}{Ts+1} \tag{7-36}$$

式中，$T=\dfrac{m}{-F_y^{V_y}}$；$k=i_{\delta_e}\dfrac{F_y^{\varphi_7}}{-F_y^{V_y}}$，其中 $i_{\delta_e}$ 为总距杆到总距的传动比，样例直升机的传动比为 $i_{\delta_e}=0.011682\text{rad/cm}$。

式(7-36)为典型的一阶惯性环节，时间常数为 $T=\dfrac{m}{-F_y^{V_y}}$，对总距杆位移阶跃输入的稳态响应值为 $V_{yss}=k$。将样例直升机悬停时的 $F_y^{V_y}$ 和 $F_y^{\varphi_7}$ 代入式(7-36)，可求得样例直升机垂直上升对总距杆位移为 1cm 的阶跃操纵响应，如图 7-13 所示。

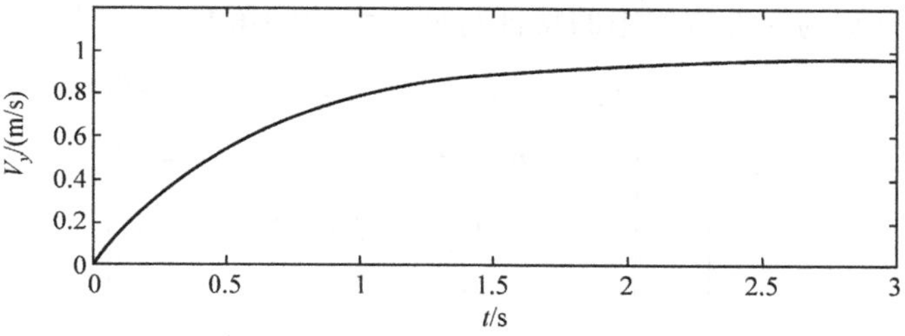


图 7-13　垂直上升速度对总距阶跃操纵输入的响应

时间常数 $T$ 和稳态响应值 $V_{yss}$ 是衡量直升机垂直升降机动能力的两个指标，$T$ 小且 $V_{yss}$ 大说明直升机的升降机动能力强。一般地，用于空战的直升机要求有较强的垂直升降能力，对大多数直升机来说，$T\approx 3\text{s}$，$V_{yss}=1\sim 2\text{m/s}$。样例直升机的稳态响应较小($V_{yss}=0.98\text{m/s}$)是因为样例直升机为运输型，对升降机动能力的要求不高。而其时间常数小($T=0.61\text{s}$)的原因是上述分析过程忽略了操纵机构和助力器的动力学特性与操纵间隙，并假定旋翼转速在总距阶跃操纵后是恒定的。实际情况是旋翼转速在总距阶跃操纵后，由于发动机动态特性的影响，需经过一段时间后才能达到操纵前的转速值。如果考虑操纵机构、助力器的动力学特性和操纵间隙及发动机的动态特性，时间常数应在3s 左右。

### 7.4.2　直升机对纵向周期变距的响应

直升机对纵向周期变距操纵的响应表现为直升机俯仰姿态的变化。为了分析直升机俯

仰运动对纵向周期变距的响应，首先应确定其传递函数。前面多次提到，直升机的纵横向运动存在耦合，纵向操纵除引起纵向运动外，还会引起横航向运动。为了使讨论的问题简化，忽略这些耦合关系。这样，从第 4 章的线化运动方程组中可分离出直升机的纵向运动方程，当总距杆位置不变时，可简写为

$$\begin{bmatrix} m & 0 & 0 & 0 \\ 0 & m & 0 & 0 \\ 0 & 0 & I_z & 0 \\ 0 & 0 & 0 & 1 \end{bmatrix}\begin{bmatrix} \dot{V}_x \\ \dot{V}_y \\ \dot{\omega}_z \\ \dot{\vartheta} \end{bmatrix} = \begin{bmatrix} F_x^{V_x} & F_x^{V_y} & F_x^{\omega_z} & F_x^{\vartheta} \\ F_y^{V_x} & F_y^{V_y} & F_y^{\omega_z} & F_y^{\vartheta} \\ M_z^{V_x} & M_z^{V_y} & M_z^{\omega_z} & 0 \\ 0 & 0 & 1 & 0 \end{bmatrix}\begin{bmatrix} V_x \\ V_y \\ \omega_z \\ \vartheta \end{bmatrix} + \begin{bmatrix} F_x^{B_1} \\ F_y^{B_1} \\ M_z^{B_1} \\ 0 \end{bmatrix} \cdot B_1 \tag{7-37}$$

将式(7-37)进行拉普拉斯变换，得到一组代数方程：

$$\begin{bmatrix} ms - F_x^{V_x} & -F_x^{V_y} & -F_x^{\omega_z} & -F_x^{\vartheta} \\ -F_y^{V_x} & ms - F_y^{V_y} & -F_y^{\omega_z} & -F_y^{\vartheta} \\ -M_z^{V_x} & -M_z^{V_y} & I_z s - M_z^{\omega_z} & 0 \\ 0 & 0 & 1 & s \end{bmatrix}\begin{bmatrix} V_x(s) \\ V_y(s) \\ \omega_z(s) \\ \vartheta(s) \end{bmatrix} = \begin{bmatrix} F_x^{B_1} \\ F_y^{B_1} \\ M_z^{B_1} \\ 0 \end{bmatrix} \cdot B_1(s) \tag{7-38}$$

由式(7-38)可得直升机俯仰角对纵向周期变距的传递函数为

$$\frac{\vartheta(s)}{B_1(s)} = \frac{\Delta_\vartheta(s)}{\Delta(s)} \tag{7-39}$$

式中，$\Delta(s), \Delta_\vartheta(s)$ 分别为线性方程组的特征行列式和俯仰角的解行列式，它们分别为

$$\Delta(s) = \begin{vmatrix} ms - F_x^{V_x} & -F_x^{V_y} & -F_x^{\omega_z} & -F_x^{\vartheta} \\ -F_y^{V_x} & ms - F_y^{V_y} & -F_y^{\omega_z} & -F_y^{\vartheta} \\ -M_z^{V_x} & -M_z^{V_y} & I_z s - M_z^{\omega_z} & 0 \\ 0 & 0 & -1 & s \end{vmatrix} \tag{7-40}$$

$$\Delta_\vartheta(s) = \begin{vmatrix} ms - F_x^{V_x} & -F_x^{V_y} & -F_x^{\omega_z} & F_x^{B_1} \\ -F_y^{V_x} & ms - F_y^{V_y} & -F_y^{\omega_z} & F_y^{B_1} \\ -M_z^{V_x} & -M_z^{V_y} & I_z s - M_z^{\omega_z} & M_z^{B_1} \\ 0 & 0 & -1 & 0 \end{vmatrix} \tag{7-41}$$

如果令 $\Delta(s) = 0$，则可解得四个根，对比第 6 章纵向特征根的求解，可以发现 $\Delta(s) = 0$ 即直升机纵向特征方程式，这说明用传递函数也可确定特征根。

将 $\Delta(s)$ 和 $\Delta_\vartheta(s)$ 展开，则式(7-39)可写为

$$\frac{\vartheta(s)}{B_1(s)} = \frac{\Delta_\vartheta(s)}{\Delta(s)} = \frac{b_2 s^2 + b_1 s + b_0}{a_4 s^4 + a_3 s^3 + a_2 s^2 + a_1 s + a_0} \tag{7-42}$$

式中，系数 $a_i (i = 0,1,2,3,4)$ 和 $b_i (i = 0,1,2)$ 分别为

$$a_4 = m^2 I_z$$

$$a_3 = -m^2 M_z^{\omega_z} - mI_z\left(F_x^{V_x} + F_y^{V_y}\right)$$

$$a_2 = m\left[M_z^{\omega_z}\left(F_x^{V_x} + F_y^{V_y}\right) - F_x^{\omega_z} M_z^{V_x} - F_y^{\omega_z} M_z^{V_y}\right] + I_z\left(F_x^{V_x} F_y^{V_y} - F_x^{V_y} F_y^{V_x}\right)$$

$$a_1 = -m\left(F_y^{\vartheta} M_z^{V_y} + F_x^{\vartheta} M_z^{V_x}\right) - F_z^{\omega_z}\left(F_y^{V_x} M_z^{V_y} - F_y^{V_y} M_z^{V_x}\right)$$
$$+ F_y^{\omega_z}\left(F_x^{V_x} M_z^{V_y} - F_x^{V_y} M_z^{V_x}\right) - M_z^{\omega_z}\left(F_x^{V_x} F_y^{V_y} - F_x^{V_y} F_y^{V_x}\right)$$

$$a_0 = -F_x^{\vartheta}\left(F_y^{V_x} M_z^{V_y} - F_y^{V_y} M_z^{V_x}\right) + F_y^{\vartheta}\left(F_x^{V_x} M_z^{V_y} - F_x^{V_y} M_z^{V_x}\right)$$

$$b_2 = m^2 M_z^{B_1}$$

$$b_1 = m\left[F_x^{B_1} M_z^{V_x} + F_y^{B_1} M_z^{V_y} - M_z^{B_1}\left(F_x^{V_x} + F_y^{V_y}\right)\right]$$

$$b_0 = F_x^{B_1}\left(F_y^{V_x} M_z^{V_y} - F_y^{V_y} M_z^{V_x}\right) - F_y^{B_1}\left(F_x^{V_x} M_z^{V_y} - F_x^{V_y} M_z^{V_x}\right) + M_z^{B_1}\left(F_x^{V_x} F_y^{V_y} - F_x^{V_y} F_y^{V_x}\right)$$

式(7-42)称为直升机纵向操纵响应的传递函数，它反映的是纵向运动参数对纵向周期变距的响应，有时也称式(7-42)为直升机纵向通道的传递函数。

根据纵向通道的传递函数，可以用带宽、延迟时间和快捷性分析直升机的操纵性，具体过程不妨以前飞速度 $\mu = 0.2$，平尾面积加二倍后的样例直升机为例加以说明。

将前飞速度 $\mu = 0.2$，平尾面积加二倍后的样例直升机的气动导数和操纵导数代入式(7-42)，可得纵向传递函数：

$$\frac{\vartheta(s)}{B_1(s)} = \frac{\Delta_{\vartheta}(s)}{\Delta(s)} = \frac{19.83s^2 + 19.26s + 0.631}{2.023s^4 + 3.763s^3 + 3.275s^2 + 0.253s + 0.182} \tag{7-43}$$

该传递函数描述的是旋翼纵向周期变距与俯仰角之间的关系，从驾驶员操纵杆到桨叶变距之间还有操纵机构和助力器。一般直升机的操纵机构可用一个二阶系统来等效，即

$$\frac{B_1(s)}{\delta_s(s)} = \frac{K}{s^2 + 2\zeta\omega_n s + \omega_n^2}$$

样例直升机纵向操纵机构的 $\zeta = 0.707$，$\omega_n = 31.4\ \text{rad/s}$，$K = 16.9747$。

助力器则可用惯性环节 $\dfrac{1}{Ts+1}$ 来等效，样例直升机的 $T$=0.02s。

这样，驾驶杆到俯仰角之间的传递函数为(忽略高阶小量)

$$\begin{aligned}\frac{\vartheta(s)}{\delta_s(s)} &= \frac{\Delta_{\vartheta}(s)}{\Delta(s)} \cdot \frac{K}{s^2 + 2\zeta\omega_n s + \omega_n^2} \cdot \frac{1}{Ts+1} \\ &= \frac{0.336s^2 + 0.327s + 0.0107}{0.004s^6 + 0.137s^5 + 2.242s^4 + 3.921s^3 + 3.245s^2 + 0.261s + 0.198}\end{aligned} \tag{7-44}$$

1. 带宽和相位滞后

根据上述传递函数，可画出直升机纵向通道的 Bode 图，如图 7-14 所示。由图可见，在长周期模态所对应的频率(0.3rad/s)附近出现峰值。众所周知，出现峰值的原因是共振现象。随着操纵输入频率的增大，直升机的响应减小，此后，响应幅值就很小了。

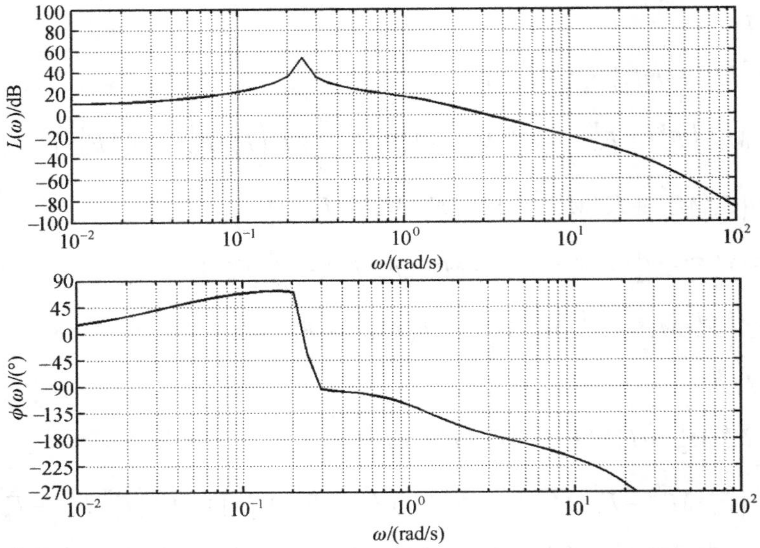


图 7-14 样例直升机 $\mu = 0.2$ 时的纵向通道 Bode 图

根据图 7-14 可得样例直升机纵向通道的相位带宽为 1.3rad/s，增益带宽为 2.3rad/s，取两者中的小者，得样例直升机 $\mu = 0.2$ 时纵向通道的带宽为 1.3rad/s。

由图 7-14 还可得 $\omega_{180} = 3.75\,\text{rad/s}$，$\Delta\phi_{2\omega_{180}} = 20°$，根据式(7-1)得样例直升机 $\mu = 0.2$ 时纵向通道的延迟时间为 $\tau_p = 0.04\text{s}$。

带宽大、$\tau_p$ 小的直升机适合于空战。用于空战的直升机一般要求纵向带宽大于 2.0rad/s，而对其他用途的直升机要求纵向带宽大于 1.0rad/s。样例直升机为运输型直升机，对带宽的要求不高。

2. 快捷性

ADS-33E-PRF 只对直升机悬停时的纵向快捷性提出具体要求。将悬停时的气动导数和操纵导数代入式(7-42)，并考虑操纵机构和助力器的作用，得传递函数为

$$\frac{\vartheta(s)}{\delta_s(s)} = \frac{0.3369s^2 + 0.5506s + 0.00306}{0.0039s^6 + 0.1387s^5 + 2.3025s^4 + 4.8207s^3 + 2.3079s^2 + 0.286s + 0.431}$$

上述传递函数的脉冲响应如图 7-15 所示，由图可得 $\omega_z^{\text{pk}} = 10.0(°)/\text{s}$，$\Delta\vartheta_{\text{pk}} = 10.0°$，$\Delta\vartheta_{\min} = 21.0°$，$\omega_z^{\text{pk}} / \Delta\vartheta_{\text{pk}} = 1.0/\text{s}$。

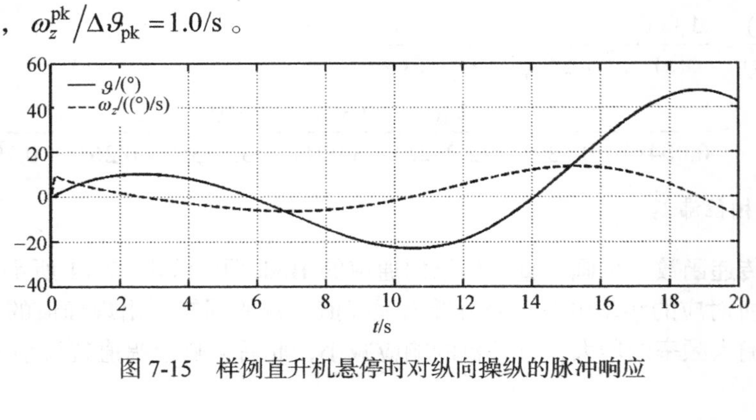


图 7-15 样例直升机悬停时对纵向操纵的脉冲响应

前面提到，快捷性反映了直升机从一种飞行状态向另一种飞行状态变化的能力，表征直升机机动动作的时间短暂性，所以，快捷性对空战直升机是一个重要指标。一般要求用于空战的直升机纵向快捷性大于 1.0/s，而对其他用途的直升机要求纵向快捷性大于 0.5/s。显然，样例直升机对空战不甚适合，但作为通用机已是足够灵敏了。

### 7.4.3　直升机对横向周期变距的响应

直升机滚转通道的操纵性响应分析过程与纵向通道一样，首先确定传递函数，然后确定直升机滚转通道的带宽、相位滞后及快捷性。

从第 4 章的线化运动方程组中可分离出直升机的横航向运动方程，脚蹬位置保持不变，则直升机滚转通道的运动方程为

$$\begin{bmatrix} m & 0 & 0 & 0 & 0 \\ 0 & I_x & 0 & 0 & 0 \\ 0 & 0 & I_y & 0 & 0 \\ 0 & 0 & 0 & 1 & 0 \\ 0 & 0 & 0 & 0 & 1 \end{bmatrix}\begin{bmatrix} \dot{V}_z \\ \dot{\omega}_x \\ \dot{\omega}_y \\ \dot{\gamma} \\ \dot{\psi} \end{bmatrix} = \begin{bmatrix} F_z^{V_z} & F_z^{\omega_x} & F_z^{\omega_z} & F_z^{\gamma} & F_z^{\psi} \\ M_x^{V_z} & M_x^{\omega_x} & M_x^{\omega_y} & 0 & 0 \\ M_y^{V_z} & M_y^{\omega_x} & M_y^{\omega_y} & 0 & 0 \\ 0 & 1 & 0 & 0 & 0 \\ 0 & 0 & 1 & 0 & 0 \end{bmatrix}\begin{bmatrix} V_z \\ \omega_x \\ \omega_y \\ \gamma \\ \psi \end{bmatrix} + \begin{bmatrix} F_z^{A_1} \\ M_x^{A_1} \\ M_y^{A_1} \\ 0 \\ 0 \end{bmatrix}\cdot A_1 \tag{7-45}$$

经拉普拉斯变换，可得直升机侧倾角对横向周期变距的传递函数为

$$\frac{\gamma(s)}{A_1(s)} = \frac{\Delta_\gamma(s)}{\Delta(s)} \tag{7-46}$$

式中，$\Delta(s),\Delta_\gamma(s)$ 分别为线性方程组的特征行列式和侧倾角的解行列式，它们分别为

$$\Delta(s) = \begin{vmatrix} ms - F_z^{V_z} & -F_z^{\omega_x} & -F_z^{\omega_z} & -F_z^{\gamma} & -F_z^{\psi} \\ -M_x^{V_z} & I_x s - M_x^{\omega_x} & -M_x^{\omega_y} & 0 & 0 \\ -M_y^{V_z} & -M_y^{\omega_x} & I_y s - M_y^{\omega_y} & 0 & 0 \\ 0 & -1 & 0 & s & 0 \\ 0 & 0 & -1 & 0 & s \end{vmatrix} \tag{7-47}$$

$$\Delta_\gamma(s) = \begin{vmatrix} ms - F_z^{V_z} & -F_z^{\omega_x} & -F_z^{\omega_z} & F_z^{A_1} & -F_z^{\psi} \\ -M_x^{V_z} & I_x s - M_x^{\omega_x} & -M_x^{\omega_y} & M_x^{A_1} & 0 \\ -M_y^{V_z} & -M_y^{\omega_x} & I_y s - M_y^{\omega_y} & M_y^{A_1} & 0 \\ 0 & -1 & 0 & 0 & 0 \\ 0 & 0 & -1 & 0 & 0 \end{vmatrix} \tag{7-48}$$

将 $\Delta(s)$ 和 $\Delta_\gamma(s)$ 展开，则式(7-46)可写为

$$\frac{\gamma(s)}{A_1(s)} = \frac{\Delta_\gamma(s)}{\Delta(s)} = \frac{b_3 s^3 + b_2 s^2 + b_1 s + b_0}{a_5 s^5 + a_4 s^4 + a_3 s^3 + a_2 s^2 + a_1 s + a_0} \tag{7-49}$$

式中，系数 $a_i(i=0,1,2,3,4,5)$ 和 $b_i(i=0,1,2,3)$ 分别为

$$
\begin{cases}
a_5 = mI_xI_y \\
a_4 = -m\left(I_xM_x^{\omega_x} + I_yM_y^{\omega_y}\right) - I_xI_yF_z^{V_z} \\
a_3 = I_x\left(F_z^{V_z}M_y^{\omega_y} - F_z^{\omega_y}M_y^{V_z}\right) - I_y\left(F_z^{\omega_x}M_x^{V_z} - F_z^{V_z}M_x^{\omega_x}\right) + m\left(M_y^{\omega_y}M_x^{\omega_x} - M_x^{\omega_y}M_y^{\omega_x}\right) \\
a_2 = F_z^{\omega_y}\left(M_y^{V_z}M_x^{\omega_x} - M_x^{V_z}M_y^{\omega_x}\right) + M_x^{\omega_y}\left(F_z^{V_z}M_y^{\omega_x} - F_z^{\omega_x}M_y^{V_z}\right) \\
\quad + M_y^{\omega_y}\left(F_z^{\omega_x}M_x^{V_z} - F_z^{V_z}M_x^{\omega_x}\right) - I_yF_z^{\gamma}M_x^{V_z} \\
a_1 = F_z^{\gamma}\left(M_x^{V_z}M_y^{\omega_y} - M_y^{V_z}M_x^{\omega_y}\right) \\
a_0 = 0 \\
b_3 = mI_yM_x^{A_1} \\
b_2 = I_y\left(M_x^{V_z}F_z^{A_1} - F_z^{V_z}M_x^{A_1}\right) + m\left(M_x^{\omega_y}M_y^{A_1} - M_y^{\omega_y}M_x^{A_1}\right) \\
b_1 = -F_z^{A_1}\left(M_x^{V_z}M_y^{\omega_y} - M_y^{V_z}M_x^{\omega_y}\right) + M_x^{A_1}\left(F_z^{V_z}M_y^{\omega_y} - F_z^{\omega_y}M_y^{V_z}\right) + M_y^{A_1}\left(F_z^{\omega_y}M_x^{V_z} - F_z^{V_z}M_x^{\omega_y}\right) \\
b_0 = F_z^{\psi}\left(M_x^{V_z}M_y^{A_1} - M_y^{V_z}M_x^{A_1}\right)
\end{cases} \tag{7-50}
$$

考虑操纵机构和助力器的作用，驾驶杆到侧倾角之间的传递函数为

$$
\frac{\gamma(s)}{\delta_c(s)} = \frac{\Delta_\gamma(s)}{\Delta(s)} \cdot \frac{K}{s^2 + 2\zeta\omega_n s + \omega_n^2} \cdot \frac{1}{Ts+1} \tag{7-51}
$$

样例直升机横向操纵机构的 $K=15.0422$，其余参数与纵向情况相同。悬停时，样例直升机的横向传递函数为

$$
\frac{\gamma(s)}{\delta_c(s)} = \frac{0.8274s^3 + 1.0197s^2 + 0.0023s - 0.0297}{0.0025s^7 + 0.093s^6 + 1.63s^5 + 5.66s^4 + 4.73s^3 + 1.05s^2 + 0.38s} \tag{7-52}
$$

1．带宽和相位滞后

上述传递函数的 Bode 图如图 7-16 所示。从图中可得样例直升机悬停时，滚转通道的相位带宽和增益带宽分别为 2.1rad/s 和 4.0rad/s。取两者中的小者，得样例直升机悬停时纵向通道的带宽为 2.1rad/s。

由图 7-16 还可得 $\omega_{180} = 6\ \text{rad/s}$，$\Delta\phi_{2\omega_{180}} = 35°$，根据式(7-1)得样例直升机悬停时滚转通道的延迟时间为 $\tau_p = 0.15\text{s}$ 。

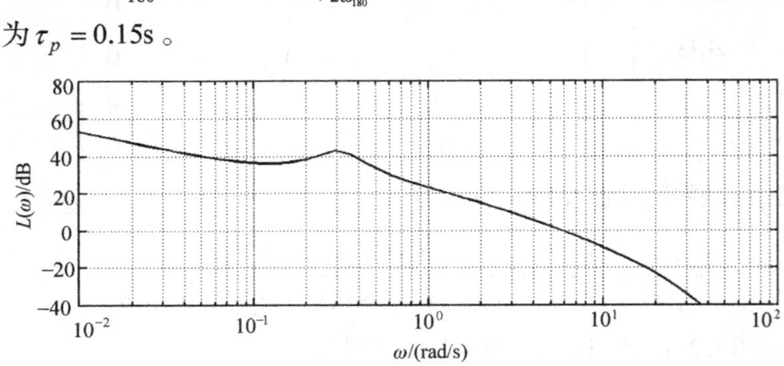

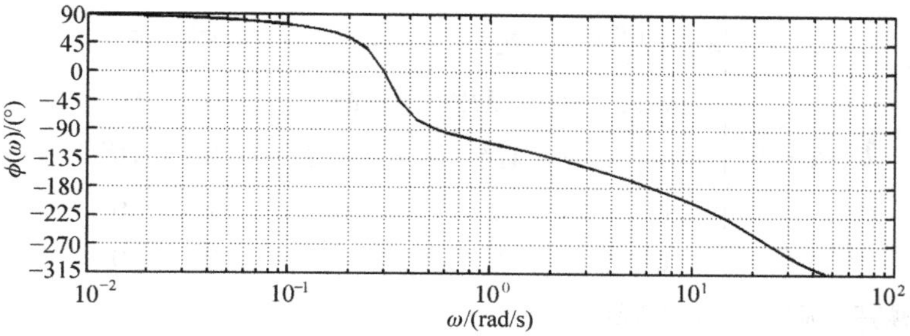


图 7-16　样例直升机悬停时的滚转通道 Bode 图

2. 快捷性

根据式(7-24)可求出样例直升机悬停时滚转角速度和侧倾姿态对驾驶杆横向脉冲输入的操纵响应，如图 7-17 所示。由图可得 $\omega_x^{\mathrm{pk}}=29.4\,(°)/\mathrm{s}$，$\Delta\gamma_{\mathrm{pk}}=12.2°$，$\Delta\gamma_{\min}=15.3°$，$\omega_x^{\mathrm{pk}}/\Delta\gamma_{\mathrm{pk}}=2.41/\mathrm{s}$。

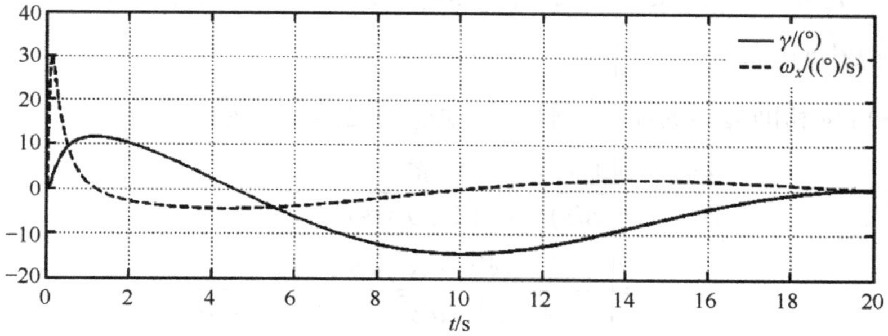


图 7-17　样例直升机悬停时对横向操纵的脉冲响应

### 7.4.4　直升机对航向(尾桨)操纵的响应

从第 4 章的线化运动方程组中可分离出直升机的横航向运动方程，总距和驾驶杆位置保持不变，则直升机偏航通道的运动方程为

$$\begin{bmatrix} m & 0 & 0 & 0 & 0 \\ 0 & I_x & 0 & 0 & 0 \\ 0 & 0 & I_y & 0 & 0 \\ 0 & 0 & 0 & 1 & 0 \\ 0 & 0 & 0 & 0 & 1 \end{bmatrix}\begin{bmatrix} \dot{V}_z \\ \dot{\omega}_x \\ \dot{\omega}_y \\ \dot{\gamma} \\ \dot{\psi} \end{bmatrix}=\begin{bmatrix} F_z^{V_z} & F_z^{\omega_x} & F_z^{\omega_y} & F_z^{\gamma} & F_z^{\psi} \\ M_x^{V_z} & M_x^{\omega_x} & M_x^{\omega_y} & 0 & 0 \\ M_y^{V_z} & M_y^{\omega_x} & M_y^{\omega_y} & 0 & 0 \\ 0 & 1 & 0 & 0 & 0 \\ 0 & 0 & 1 & 0 & 0 \end{bmatrix}\begin{bmatrix} V_z \\ \omega_x \\ \omega_y \\ \gamma \\ \psi \end{bmatrix}+\begin{bmatrix} F_z^{\varphi_T} \\ M_x^{\varphi_T} \\ M_y^{\varphi_T} \\ 0 \\ 0 \end{bmatrix}\cdot\varphi_T \tag{7-53}$$

经拉普拉斯变换，可得直升机偏航角速度对尾桨总距的传递函数为

$$\frac{\psi(s)}{\varphi_T(s)}=\frac{\Delta_\psi(s)}{\Delta(s)} \tag{7-54}$$

式中，特征行列式 $\Delta(s)$ 与式(7-47)相同，$\Delta_\psi(s)$ 为偏航角的解行列式：

$$
\Delta_\psi(s)=\begin{vmatrix} ms-F_z^{V_z} & -F_z^{\omega_x} & -F_z^{\omega_y} & -F_z^{\gamma} & F_z^{\varphi_T} \\ -M_x^{V_z} & I_x s-M_x^{\omega_x} & -M_x^{\omega_y} & 0 & M_x^{\varphi_T} \\ -M_y^{V_z} & -M_y^{\omega_x} & I_y s-M_y^{\omega_y} & 0 & M_y^{\varphi_T} \\ 0 & -1 & 0 & s & 0 \\ 0 & 0 & -1 & 0 & 0 \end{vmatrix} \tag{7-55}
$$

将 $\Delta_\psi(s)$ 展开，则式(7-54)可写为

$$
\frac{\psi(s)}{\varphi_T(s)}=\frac{\Delta_\psi(s)}{\Delta(s)}=\frac{b_3s^3+b_2s^2+b_1s+b_0}{a_5s^5+a_4s^4+a_3s^3+a_2s^2+a_1s+a_0} \tag{7-56}
$$

式中，系数 $a_i(i=0,1,2,3,4,5)$ 已由式(7-50)给出。$b_i(i=0,1,2,3)$ 为

$$
b_3=mI_yM_y^{\varphi_T}
$$

$$
b_2=I_x\left(M_y^{V_z}F_z^{\varphi_T}-F_z^{V_z}M_y^{\varphi_T}\right)+m\left(M_y^{\omega_x}M_x^{\varphi_T}-M_x^{\omega_x}M_y^{\varphi_T}\right)
$$

$$
b_1=F_z^{\varphi_T}\left(M_x^{V_z}M_y^{\omega_x}-M_y^{V_z}M_x^{\omega_x}\right)-M_x^{\varphi_T}\left(F_z^{V_z}M_y^{\omega_x}-F_z^{\omega_x}M_y^{V_z}\right)+M_y^{\varphi_T}\left(F_z^{V_z}M_x^{\omega_x}-F_z^{\omega_x}M_x^{V_z}\right)
$$

$$
b_0=F_z^{\gamma}\left(M_y^{V_z}M_x^{\varphi_T}-M_x^{V_z}M_y^{\varphi_T}\right)
$$

考虑操纵机构和助力器的作用，脚蹬到偏航角之间的传递函数为

$$
\begin{aligned}\frac{\psi(s)}{\delta_P(s)}&=\frac{\Delta_\psi(s)}{\Delta(s)}\cdot\frac{K}{s^2+2\zeta\omega_ns+\omega_n^2}\cdot\frac{1}{Ts+1}\\&=\frac{b_3s^3+b_2s^2+b_1s+b_0}{a_5s^5+a_4s^4+a_3s^3+a_2s^2+a_1s+a_0}\end{aligned} \tag{7-57}
$$

样例直升机航向操纵机构和助力器中的 $K$=43.964，其余参数与纵向情况相同。根据式(7-57)可得样例直升机悬停时的航向传递函数为

$$
\frac{\psi(s)}{\delta_P(s)}=\frac{0.23s^3+0.67s^2+0.007s+0.13}{0.0025s^7+0.093s^6+1.63s^5+5.66s^4+4.73s^3+1.1s^2+0.51s} \tag{7-58}
$$

1. 带宽和相位滞后

图 7-18 为样例直升机悬停时航向通道的 Bode 图。由图可得样例直升机悬停时航向通道的相位带宽为 0.24rad/s，增益带宽为 0.12rad/s。这样，样例直升机悬停时航向通道的带宽为 0.12rad/s。可见样例直升机的航向带宽非常小。

由图 7-18 还可得 $\omega_{180}=0.31\,\text{rad/s}$，$\Delta\phi_{2\omega_{180}}=290°$，根据式(7-1)得样例直升机悬停时滚转通道的延迟时间为 $\tau_p=8.16\text{s}$。

由此可知，样例直升机悬停时不仅航向带宽太窄，而且时间滞后很严重。

2. 快捷性

根据式(7-58)可求出样例直升机悬停时对驾驶员脚蹬脉冲输入的响应，如图 7-19 所示。由图可得 $\omega_y^{\text{pk}}=8.25(°)/\text{s}$，$\Delta\psi_{\text{pk}}=22.25°$，$\Delta\psi_{\min}=14.5°$，$\omega_y^{\text{pk}}/\Delta\psi_{\text{pk}}=0.37$。

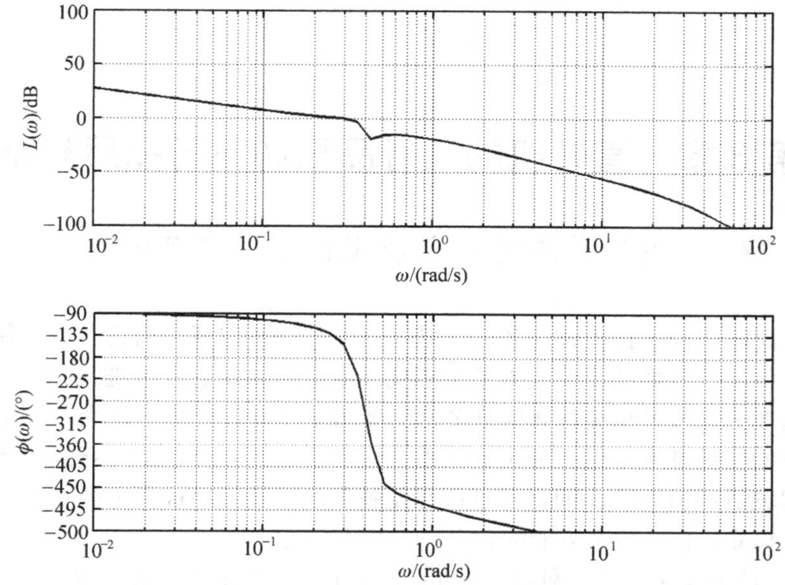


图 7-18　样例直升机悬停时的航向通道 Bode 图

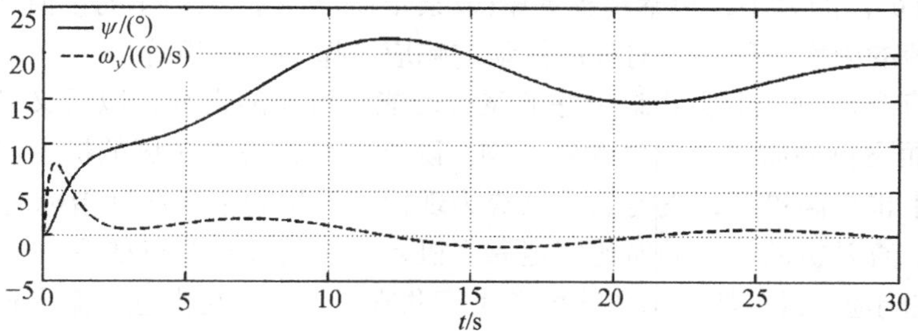


图 7-19　样例直升机悬停时对航向操纵的脉冲响应

样例直升机悬停时的航向快捷性也不好。

以上分析表明，样例直升机的航向操纵性并不理想，原因是多方面的，主要是尾桨的气动设计问题。有时从气动布局和结构设计上来改善直升机的操纵性会付出很大的代价，解决这一问题的有效方法是采用自动飞行控制系统(AFCS)。这样可以在不改变直升机气动布局的情况下，改善直升机的稳定性和操纵反应特性。

# 第 8 章　直升机的飞行品质和飞行品质规范

## 8.1　飞行品质的含义及飞行品质规范的作用

直升机广泛应用于执行各种任务。但是，对于某一特定任务而言，并非任何一种直升机都能胜任。例如，笨拙的直升机不适于空战，稳定性差的直升机难以胜任吊装或救生。同时，驾驶员在操纵直升机完成规定任务时，是得心应手还是紧张吃力，又从另一方面反映出该直升机的这种基本特性，即飞行品质。简而言之，直升机的飞行品质是直升机在执行任务中对驾驶员的适应性，即直升机按照驾驶员的需要而完成任务的适宜程度。由这一定义可知，飞行品质包含两个方面的含义。

(1) 直升机能够实施的飞行科目的质量，它与直升机的基本操稳特性有关。例如，受到扰动后衰减的速度，定点悬停时漂浮的偏差范围，机动动作可能达到的迅猛程度等。

(2) 驾驶员负荷的大小，包括精神集中(或紧张)程度、操纵动作的量值和频繁程度、其他使驾驶员疲劳的因素。例如，对阵风扰动的响应、振动、噪声等。

早期研制直升机时，主要着眼于好的飞行性能和可靠的强度，以后又扩展到要求舒适性和可靠性，而飞行品质只是附属性的产物。随着直升机应用领域的扩展和技术的进步，对直升机的要求也更高更严，飞行品质已成为现代直升机的主要设计指标之一。

总体来说，直升机的飞行品质比固定翼飞机差，它的基本弱点如下。

(1) 各轴主响应不纯，如姿态和速度总是交联在一起，而且由悬停至高速飞行的很大范围内这种交联关系变化颇大。

(2) 各轴之间的交叉耦合强而且复杂。

(3) 在飞行包线附近的响应品质降低，且缺乏任何固有的自动处置功能。例如，在靠近失速限制的空速边界处，失速引起直升机后仰，若驾驶员本能地以推杆来纠正，则反而加剧失速。

(4) 直升机的稳定性是由各种模态决定的，在悬停、低速、高速飞行时的气动刚度和阻尼各不相同，使稳定性问题复杂化；对稳定性有利的措施(如大平尾、减少挥舞铰偏置量)又会损害操纵性。

(5) 旋翼作为操纵面有其固有的缺点，对于大增益操纵其阻尼过低，对于高频操纵又有过滤器的作用。

直升机的固有特点使其飞行品质较差，而直升机的使用任务却要求它具有良好的飞行品质。例如，军用机的空战机动、贴地隐蔽飞行，或者民用机的抢险救生、海上平台降落、外吊挂飞行等。更有甚者，往往需要直升机在天气或环境不好、能见度差等条件下执行任务，使驾驶员工作负荷很大，因而飞行品质就更具有重要意义。良好的飞行品质，不仅是高质量完成任务的基本保证，而且对飞行安全有重要作用，飞行品质不好，会增大驾驶员发生操纵错误的可能性。

目前在航空界对于飞行品质、驾驶品质这类术语尚无统一的界定，本书采用如下的理解：飞行品质(flying quality)包含驾驶品质和乘坐品质两个方面。驾驶品质(handling quality)指直升机对驾驶员操纵输入的响应特性；乘坐品质(ride quality)是直升机对外部大气扰动的响应特性。

关于飞行品质的优劣，国内外通用的方法是把飞行品质分为三个等级，按如下含义予以区分。

等级 1 品质适合于顺利地完成使用任务。

等级 2 品质适合于完成任务，但驾驶员负荷较大；任务效果降低(有其中之一或二者兼有)。

等级 3 品质能满足安全地操纵直升机，但驾驶员负荷过重；任务效果不好(有其中之一或二者兼有)。

为了保证直升机完成任务的质量和飞行安全，要求在使用飞行包线(OFE)内直升机的飞行品质为等级 1，在可用飞行包线(SFE)内为等级 2，只有在罕见的故障状态下才可以允许降为等级 3。使用飞行包线是依据订货方提出的使用任务来确定的，也就是把预定执行的任务转换为直升机应当具有的飞行性能参数、机动性和灵活性参数，包括空速、高度、载荷系数、升降率、侧飞速度及其他由任务需要所必须规定的参数，这些参数的组合定义了使用飞行包线。可用飞行包线的内边界即使用飞行包线的外边界，而可用飞行包线的外边界则根据飞行安全而定，即由直升机的下述各种限制之一来确定：直升机的非指令运动、结构限制、发动机/动力传动限制、旋翼限制等。

判定某一种直升机的飞行品质等级，必须依据飞行品质规范。飞行品质规范是国家颁布的技术标准，由政府权威部门负责制定，包括国防系统的军用直升机的飞行品质规范、民航管理部门制定的民用直升机规范，后者也有可能包含在适航条例之中而不单独成册。也有的不称为规范而名为标准或要求，但实质内容和作用是相同的。直升机飞行品质规范规定了合格的直升机在飞行中的表现，以及在飞行品质各方面应当达到的具体技术指标和要求。飞行品质规范的作用是保证直升机具有完成任务的性能，同时保证直升机适合于驾驶员的体力和精力，使之能够有效地执行飞行任务，并保证飞行安全。

目前国际上有多个直升机飞行品质规范，其中内容最新且较为完善的是美国陆军的航空设计标准“军用旋翼飞行器驾驶品质要求”(ADS-33E-PRF)。本章中有关飞行品质规范的讨论大都参考该规范的内容。

直升机的飞行品质是其整体的、综合的特性，是包括气动、结构、控制等各方面的许多因素结合在一起的集中体现。因此，新研制的直升机是否满足规范的各项指标要求，难以在设计之初就见分晓。为了保证所研制的直升机最终具有合格的飞行品质，应当在各个研制阶段逐次进行核查和控制，以免在最终完成后才发现存在缺陷甚至不能达标。阶段核查应当这样安排：在方案设计阶段，应利用已有的或通用直升机数学模型和该直升机的设计参数进行飞行品质计算。在总体设计评审之前，使用专为该直升机建立的数学模型(必须是计入发动机/燃油控制、旋翼系统及 SCAS 的全量非线性模型)进行飞行品质计算，所得结果应当符合规范的指标要求。在最终设计评审时，故障状态应予以定义并完成其品质分析计算，还应在飞行模拟器上由试飞员进行机动飞行科目以及操纵器特性和特殊故障状态的飞行品质检查，如果仿真结果与计算结果有差异，应找出原因并加以解决。在首飞前，试飞员在飞行模拟器上完成全部飞行仿真，证明品质合格。在首飞后，进行飞行品质的飞行试验，由试飞员对该直升机的飞行品质等级进行评价。

由此可知，判定某种直升机的飞行品质必须经两条途径：一种是由设计部门的工程技术人员进行的飞行品质评价，称为预估的飞行品质等级，其依据是分析计算或计算机仿真所得到的各项定量数据，将这些数据与规范中的指标相对比，从而得到品质等级；另一种是试飞员对规定的任务科目进行飞行检验而给出的等级，它是对该直升机飞行品质的综合、定性的评价，称为认定的飞行品质等级。该直升机最终确定的飞行品质等级，则是对这两种评级进行综合所得出的结论。

直升机飞行品质规范是直升机设计、使用、鉴定、验收的依据文件，内容应当协调统一。例如，定量的由计算分析得出的预估品质等级与定性的由试飞员给出的认定品质等级应当一致。飞行品质规范的制定和完善，依赖于长期的使用经验和研制经验的积累。同时，随着直升机使用领域的拓展，对直升机飞行品质的要求越来越高；而技术的发展进步，包括设计技术和材料、工艺、控制、电子、计算机等领域的技术进步，为提高直升机的飞行品质提供了可能，在这样的背景下，飞行品质规范应当多次修订和发展。

## 8.2　飞行品质评价的三维领域

8.1 节已经指出，直升机的飞行品质是直升机按照驾驶员的指令而执行任务的适应性。这个定义中包含几个方面的内容，即驾驶员的要求或操纵指令所期望的直升机响应、直升机要执行的任务、驾驶员和直升机所处的环境条件，以及直升机的自身特性和在飞行中的表现。由此可知，在评定某一种直升机的飞行品质等级时，应根据前述各个参照方面的综合，来判定该直升机的表现对于驾驶员和对于任务的适宜程度。

上面关于飞行品质评价的参照条件的表述，如所执行的任务、所处的环境、所需要的响应等，是定性的和笼统的，直接用于评定品质等级则难以实际操作。美国陆军的航空设计标准 ADS-33 将这些内容归纳为三个要素并将其具体化和量化，使等级评定具有较好的可操作性。对于直升机的飞行品质特性，包括对操纵和外界干扰的响应的优劣，就是在此三维领域内予以评价。下面讨论这三个要素的具体含义。

### 8.2.1　任务科目基元

飞行品质规范的出发点，是要保证直升机的飞行品质能够适合执行规定的任务。在提出研制新的直升机时，首先要根据直升机的预定使命，逐项列出其需要执行的任务，进而将每一项任务细化，分解为若干个任务科目基元(mission task element，MTE)，如悬停、加减速等。由订货方完成该直升机所要选定的 MTE。ADS-33 列出了 23 种 MTE，并对于各种 MTE 给出了具体说明。

每一种 MTE 都是一个独立的飞行单元，有明确的时间限制和空间限制，有确切的起始状态和终止状态。不同用途的直升机除要执行一些共性的 MTE(如加减速、悬停等)之外，还需要完成一些专用的 MTE，如运输机的“出航/中断”、攻击机的“转弯到目标”等。直升机的飞行品质评定都是针对规定的 MTE 的。某种直升机对某些 MTE 可能达到等级 1，而对另外的 MTE 则可能只达到等级 2。如果该直升机执行它的全部 MTE 都能达到等级 1 的品质，就保证了该直升机能够很好地胜任预定的任务使命。

ADS-33 针对不同类型的直升机，列出了在不同的可用目视环境条件下应当能够执行的 MTE，并对这些 MTE 的机动性程度进行区分，见表 8-1。

**表 8-1　直升机的 MTE**

| 飞行任务单元 | 要求的机动性 | 直升机类别 | | | | 带有外吊挂物 |
|---|---|---|---|---|---|---|
| | | 攻击型 | 侦察型 | 通用型 | 运输型 | |
| 良好目视环境下的任务 | | | | | | |
| 悬停 | L | √ | √ | √ | √ | √ |
| 着陆 | L | √ | √ | √ | √ | |
| 斜面着陆 | L | √ | √ | √ | √ | |
| 悬停转弯 | M | √ | √ | √ | √ | |
| 向心回转 | M | √ | √ | √ | √ | |
| 垂直机动 | M | √ | √ | √ | √ | √ |
| 出航和中断 | M | | | √ | √ | √ |
| 横向移位 | M | | | √ | √ | √ |
| “障碍滑雪” | M | √ | √ | √ | √ | |
| 垂直隐蔽 | A | √ | √ | | | |
| 加速和减速 | A | √ | √ | | | |
| 急速侧跃 | A | √ | √ | | | |
| 减速到冲刺 | A | √ | √ | √ | | |
| 瞬态转弯 | A | √ | √ | √ | | |
| 急拉杆和急推杆 | A | √ | √ | √ | | |
| 滚转回动 | A | √ | √ | √ | | |
| 转向目标 | T | √ | √ | | | |
| 高“摇—摇” | T | √ | √ | | | |
| 低“摇—摇” | T | √ | √ | | | |
| 不良目视环境下的任务 | | | | | | |
| 悬停 | L | √ | √ | √ | √ | √ |
| 着陆 | L | √ | √ | √ | √ | |
| 悬停转弯 | L | √ | √ | √ | √ | |
| 向心回转 | L | √ | √ | √ | √ | |
| 垂直机动 | L | √ | √ | √ | √ | √ |

续表

| 飞行任务单元 | 要求的机动性 | 直升机类别 | | | | 带有外吊挂物 |
|---|---|---|---|---|---|---|
| | | 攻击型 | 侦察型 | 通用型 | 运输型 | |
| 出航和中断 | L | | | √ | √ | √ |
| 横向移位 | L | | | √ | √ | √ |
| “障碍滑雪” | L | √ | √ | √ | | |
| 加速和减速 | L | √ | √ | | | |
| 急速侧跃 | L | √ | √ | | | |
| 仪表飞行气象条件下的任务 | | | | | | |
| 减速进场 | L | √ | √ | √ | √ | √ |
| 用仪表着陆系统进场 | L | √ | √ | √ | √ | |
| 中断进场复飞 | L | √ | √ | √ | √ | |
| 速度控制 | L | √ | √ | √ | √ | |

注：√为建议的 MTE，以适当的性能标准实施；L 为有限的机动性；M 为中等的机动性；A 为迅猛的机动性；T 为目标捕获和跟踪。

### 8.2.2 驾驶员的可用感示环境

驾驶员能否操纵直升机顺利而精确地完成预定任务，不仅取决于直升机自身的操纵性和稳定性水平，还取决于驾驶员所能得知的环境信息，即驾驶员对直升机状态和外部情况的了解程度。

先前的规范只把飞行环境条件区分为仪表飞行(IMC)和目视飞行(VMC)两类，而对于目视飞行中驾驶员对环境的感知程度或他们所能获得的信息量未进行区分。实际上，环境信息对执行任务影响很大。如果驾驶舱有良好的视界和醒目的仪表信号指示，机外能见度良好，使驾驶员能够清楚地了解直升机姿态、速度、位置及机外周围环境，那么他就容易操纵直升机顺利完成预定的任务。在这种条件下，对直升机本身的操稳特性的要求就可以宽松些。反之，如果驾驶员的目视条件差，则他只能施加柔和的小杆量的操纵修正动作，完成任务的难度和驾驶员负荷都会增大。在这种不良环境条件下，直升机的飞行品质必须更好才能胜任预定任务。

ADS-33 把驾驶员可能得到的关于直升机姿态、水平速度、升降速度的目视信息，都划分为 5 个目视信息等级(VCR)，见图 8-1。规定至少 3 名试飞员分别进行规定的 MTE 飞行。他们依据对直升机的三轴姿态和两维线速度这 5 个参数的稳控能力，各自按照图 8-1 的尺度给出评定值。然后对每个参数取这些试飞员评级的平均值，得到 5 个 VCR 值。分别从 3 个姿态和 2 个移动速度这两组参数中各取一个最差(量值最大)的级别数为依据，到可用感示环境区分图(图 8-2)上确定驾驶员的可用感示环境，即 UCE。UCE 分为三种级别，UCE=1 可在白天良好能见度条件下仅靠目视达到，UCE=3 相当于夜间晴空满月且无起伏地貌(如水面或者沙漠)的目视条件，如果此时要提高 UCE 的等级，则必须借助夜视镜等助视装置或其他显示装备。

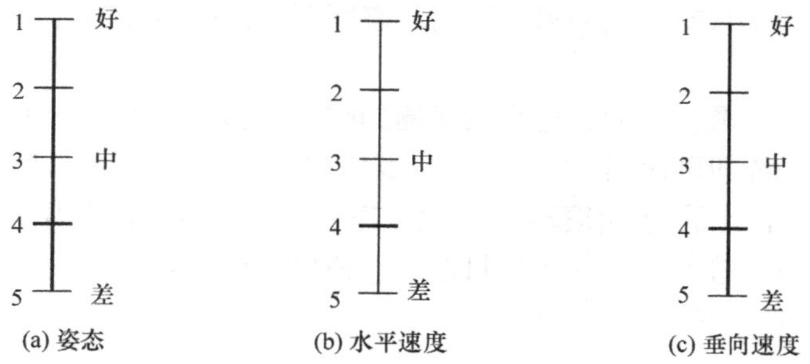


图 8-1　VCR 的评估尺度

根据下述定义，对俯仰、滚转和偏航姿态，以及纵横向和垂向速度的有效控制能力进行评估：
好为有把握完成迅猛而精确的修正动作，且精度高；中为有把握实施有限的修正动作，精度尚可；
差为仅能施加小幅而平缓的修正动作，且精度难以保证

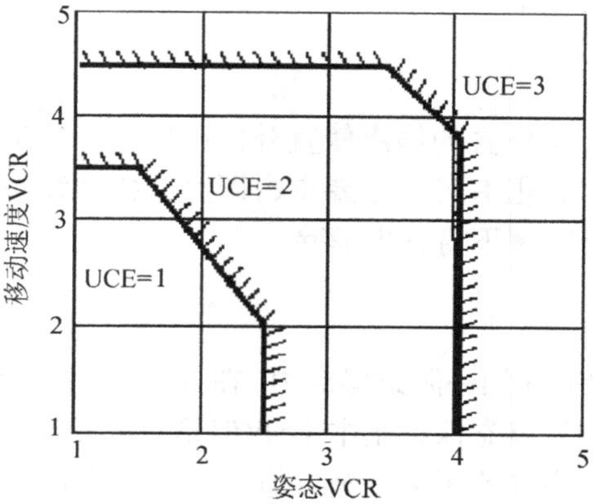


图 8-2　可用感示环境的级别划分

ADS-33 针对直升机执行规定任务所处的不同环境，规定了相应的飞行品质要求。驾驶员所能得知的环境信息越差(UCE 级数越大)则要求越高，即要求直升机具有更好的操稳特性，以保证执行任务的精确性和驾驶员操纵负荷不至于过大。

### 8.2.3　直升机对操纵指令的响应类型

直升机对操纵指令的响应是由其本身特性及其控制系统决定的。直升机的初期响应十分重要，直接关系到驾驶员完成飞行任务的质量和驾驶员的负荷，是决定直升机飞行品质的一个重要方面。

直升机的响应包括角速率、平移速度、升降率和姿态角 4 个方面的基本形式。它们又与稳定性(保持功能)相结合，构成直升机的多种响应类型。

下面讨论这些响应类型的含义，并研究它们在飞行品质等级评定中的应用。

1. 速率(Rate)响应类型

恒定的杆力及杆位移输入应在相应的轴(俯仰、滚转和偏航)产生基本成正比的角速度。

关于速率响应类型，ADS-33 对于操纵输入后的响应形状并无具体规定。但是有一点必须达到，即从某一稳定状态改变到另一稳定状态所要求的座舱操纵力，其初始值和最终值不可反号。

这是一种最简单、最基本的，也是最普遍的响应类型。一般直升机若无设计缺陷，仅靠裸机的基本操纵系统即可达到。例如，对旋翼施加纵(横)向周期变距后，旋翼桨尖平面随之倾转，产生基本成正比的俯仰(滚转)角速度。速率响应类型适合于有快速机动的要求，如需要迅速改变速度或轨迹的那些任务科目基元。使用上往往与稳定性要求相结合，如具有姿态保持、方向保持等功能的响应类型。

2. 平移速度(TRC)响应类型

俯仰和滚转操纵机构的恒定力或位移输入将使直升机在相应方向上产生成正比的稳定的移动速度(指地速)。纵、横向平移速度的等效增长时间应为 2.5～5s。平移速度及俯仰和滚转姿态都不得有明显的过冲量。

3. 垂向速率响应类型

垂直轴操纵机构对于配平位置的偏离使直升机产生稳态恒定的垂直速度。这种响应类型与平移速度响应类型类似，但有另一个要求，即直升机操纵系统中应有配平机构，使驾驶员能够在所达到的任意升降率下将杆力消除。

4. 姿态指令(AC)响应类型

座舱纵(横)向操纵机构上施加一阶跃操纵力，在 6s 内产生与力成正比的俯仰(滚转)姿态变化。阶跃输入后 6～12s 内该姿态保持基本不变(但是只要相对地面的纵横向平移加速度是常数，或者其绝对值单调减小并趋于某一渐近值，则在上述 6～12s 内直升机的姿态角也可以改变)。直升机必须具有单独的配平机构，使驾驶员能够在所达到的任意稳定姿态将杆力消除。这种响应类型适合于小幅度的修正动作，对于在不良目视环境下要求精确控制的任务科目基元，如精确悬停、斜面着陆等，是必须具有的特性。

5. 姿态保持(AH)和方向保持(DH)响应类型

在纵(横)向和航向操纵执行机构上施加一脉冲输入后，其响应形状应当如图 8-3 所示。俯仰姿态应在 20s 内(对于 UCE=1)或 10s 内(对于 UCE=2)回到俯仰姿态偏离峰值的 10%或 1°以内(取较大值)；滚转姿态和方向角一律在 10s 内回到偏离峰值的 10%或 1°以内(取较大值)。对于等级 1，姿态角和方向角保持在上述 10%之内至少 30s。试验时姿态角和方向角的偏离峰值应从勉强感知变化到至少 10°。当松开航向操纵器时，直升机应保持在基准方向，偏差不得超过松开瞬时偏航角速度的 10%或 1°(取较大值)，任何情况下不得发散。

6. 高度保持(HH)响应类型

直升机在执行悬停、悬停转弯、向心回转和急速侧跃等 MTE 过程中，能够自动保持对于一水平面的相对高度，偏差不超过各 MTE 相应的规定值。直升机的升降操纵机构上应有一个使驾驶员清楚感知的控制接通和断开保持功能的卡锁，而且对驾驶员应有明晰的指示，表明高度保持功能处于接通状态。

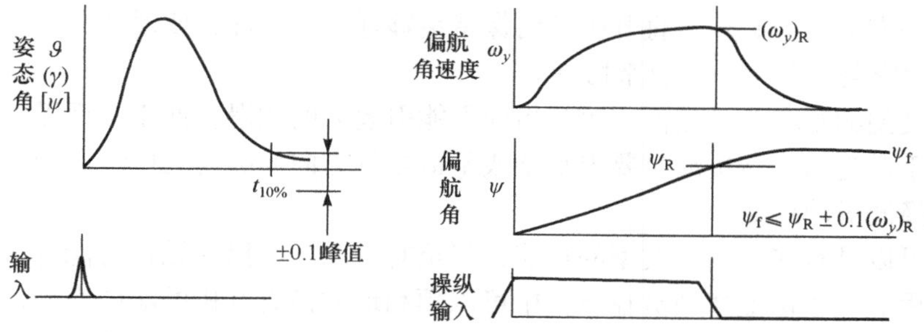


(a) 作动器脉冲输入响应　　(b) 座舱操纵器输入及其方向保持类型的响应

图 8-3　姿态保持和方向保持响应类型对操纵输入响应

7. 位置保持(PH)响应类型

直升机能自动保持相对于地面固定点或舰船上的悬停参照点的相对位置，偏差不超过相应的 MTE 的规定值。在风速不大于 35kn(64.8km/h)的稳定风中做 360°回转时，直升机应保持其位置在一个直径 3.05m(10ft，1ft=0.3048m)的圆内。对于迅猛机动，360°回转应在 10s 内完成。回转中姿态角不得超过±18°(纵横向操纵器松浮)。此外，直升机上应有对驾驶员的清楚指示，表明其位置保持功能处于接通状态。

8. 具有方向保持功能的速率(RCDH)响应类型

具有 RCDH 特性的直升机在悬停中做滚转机动时，为保持方向不变而所需施加的方向操纵不应过大或过于复杂。

9. 具有姿态保持功能的姿态(ACAH)响应类型

在阶跃操纵输入后产生正比于操纵机构输入量的姿态角；输入撤销时直升机回到操纵之前的配平状态。

具有 ACAH 特性的直升机在低能见度下做低速飞行，尤其悬停特别有利，因为驾驶员可以相信在每次松开操纵后，直升机总是回到同一配平状态。如果要改变配平姿态的基准，可在操纵系统中安置某种型式的配平机构，以便在任一新的配平姿态下将杆力消除，使该姿态变为以后的基准。

10. 具有高度保持功能的垂向速率(RCHH)响应类型

直接在垂向轴操纵执行机构上施加并撤销操纵输入后，直升机应产生高度改变并应回到原高度，并且没有不良滞后及过冲。在悬停及低速段，当高度操纵机构松浮时，直升机相对于某一平面(陆地飞行时)或起伏的海面(海上飞行时)能自动保持高度。

应当给驾驶员清晰可见及可触及的指示，使他清楚地知道高度保持功能处于接通状态。驾驶员不必将手从飞行操纵机构上移开就能解除高度保持、改变高度及重新接通高度保持。

11. 转弯协调(TC)响应类型

直升机在低速飞行和前飞时做带坡度转弯中，在不接通方向保持功能的情况下，对横向操纵输入的方向响应必须与直升机航向保持足够好的一致性，使驾驶员可以接受。应当不需要偏航操纵与滚转操纵的复杂协调。

此响应类型的基本含义是保证滚转指令不能引起大的侧滑，便于实现无侧滑的滚转机动，目的在于避免做滚转机动时要求复杂或不适当的方向操纵与之协调配合，从而增加驾驶员负荷或降低机动精度。

直升机可以具有多种响应类型的功能，甚至对于同一个操纵轴也可能有多个响应类型供驾驶员选用。为了保证驾驶员在飞行中可以顺利地改换直升机的响应类型，首先，直升机上必须有驾驶员清晰易辨的指示，表明当前正在使用或接通着的响应类型，而驾驶员无须过大地移动其视点或重新对助视设备调焦，就能看到这一指示。

其次，驾驶员在执行飞行任务过程中主动改换响应类型时，所引起的配平变化和瞬态过程应是驾驶员可接受的，他为抑制这些变化所需的操纵杆力不应超过规定的极限操纵力的 1/3，且操纵力应无脉冲或突变；任何两种响应类型之间的过渡过程随着时间的变化应是基本上线性的，且需在限定的数秒之内完成。例如，减速过程中的过渡时间应在 2～10s，而加速过程中的过渡时间为 2～5s。

直升机在执行飞行任务中，往往需要多种响应类型的功能。针对不同的 MTE 和 UCE 等级的需要，ADS-33 列出了共 6 种响应类型组合，这些组合所达到的稳定程度，由低级到高级的排序是：①Rate；②Rate+RCDH+RCHH+PH；③ACAH+RCDH；④ACAH+RCDH+RCHH；⑤ACAH+RCDH+RCHH+PH；⑥TRC+RCDH+RCHH+PH。所研制的直升机需要具备的响应类型应根据直升机所要执行的任务、使用环境条件和所要求的飞行品质等级来确定。一般说，悬停和低速飞行段(空速小于 45kn(83.3km/h))多受地形地物的影响，且执行的 MTE 种类多，对直升机飞行品质要求高，因而必须具备较高级的响应类型组合。前飞段(空速大于 45kn)则要求较低，仅需具备 Rate 或 ACAH 即可。

表 8-2 是 ADS-33 规定的悬停和低速飞行的响应类型要求。显然，对于难度不同的 MTE 和不同级别的 UCE，要求直升机具有不同档次的响应类型。这里留给设计人员可供选择的余地，如要在不良目视环境中执行某种飞行任务，为了达到等级 1 的品质，可以选用高等级的响应类型从而需要配备更复杂的飞控系统，也可以采用贵而重的助视及显示设备来提高可用感知环境的等级，从而降低对响应类型的要求。

**表 8-2　悬停和低速飞行所要求的响应类型**

| 任务科目基元 | UCE=1 | | UCE=2 | | UCE=3 | |
|---|---|---|---|---|---|---|
| | 等级 1 | 等级 2 | 等级 1 | 等级 2 | 等级 1 | 等级 2 |
| 所需的响应类型 | RATE | RATE | ACAH | RATE+RCDH | TRC+RCDH+RCHH+PH | ACAH |
| 悬停 | | | RCDH+RCHH | | | RCDH+RCHH |
| 着陆 | | | RCDH | | | RCDH |
| 斜面着陆 | | | RCDH | | | RCDH |
| 悬停转弯 | | | RCHH | | | RCHH |
| 向心回转 | | | RCHH | | | RCHH |

续表

| 任务科目基元 | UCE=1 | | UCE=2 | | UCE=3 | |
|---|---|---|---|---|---|---|
| | 等级 1 | 等级 2 | 等级 1 | 等级 2 | 等级 1 | 等级 2 |
| 垂直机动 | | | RCDH | | | RCDH |
| 出航和中断 | | | RCDH+RCHH | | | RCDH+RCHH |
| 横向移位 | | | RCDH+RCHH | | | RCDH+RCHH |
| “障碍滑雪” | NA | NA | RCHH | | | RCHH |
| 垂直隐蔽 | | | RCDH | | | RCDH |
| 加速和减速 | | | RCDH+RCHH | | | RCDH+RCHH |
| 急速侧跃 | | | RCDH+RCHH | | | RCDH+RCHH |
| 返向目标 | | | RCDH+RCHH | | | RCDH+RCHH |
| 分配注意力飞行 | RCDH+RCHH+PH | | RCDH+RCHH | | | RCDH+RCHH |

直升机一般都具有速率特征，甚至还具有姿态保持特性，因此，在良好目视环境(UCE=1)执行普通的 MTE，可以达到等级 1 的飞行品质。对于不良目视环境中的迅猛或精确 MTE，则必须具有更高的操稳特性，单靠改善“裸机”的基本气动特性则相当困难或不能达到，需要依靠优良的电子飞控系统，但是“裸机”的基本操稳特性仍然是很重要的。第一，它是飞控系统发挥功能的基础，基本特性好，则飞控系统易于设计和实现；第二，必须考虑到飞控系统发生故障或失效的情况。

以上讨论了确定直升机飞行品质的三个前提，即要求直升机执行的 MTE、驾驶员所能得到的可用感示环境，以及直升机对操纵输入的响应类型。在这个三维框架内，对直升机的飞行品质等级进行评定。按照这一思路构筑成飞行品质规范的总体框架见图 8-4。图 8-4

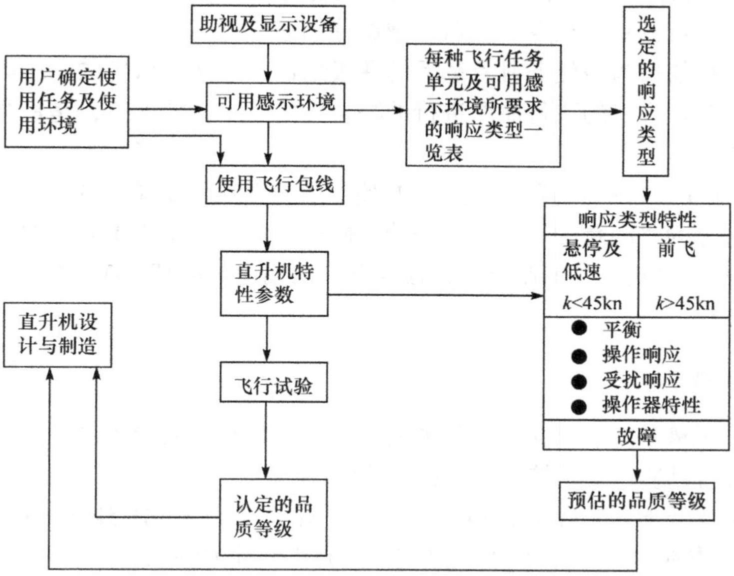


图 8-4　直升机飞行品质规范的总体框架

中给出了两种评定方法：一是按照选定的响应类型特性和直升机特性参数计算直升机的配平特性、操纵响应特性和稳定性特性，根据计算得到的特性数据给出飞行品质等级，称为预估的品质等级；二是由试飞员在规定环境条件对选定的 MTE 进行试飞，并根据试飞感受和任务精度给出飞行品质等级，称为认定的品质等级。最后，结合这两种方法得出的评价，确定最终的飞行品质等级。如果两种评定方法得出的结果不一致，则应分析产生差别的原因，然后由政府决定最终等级或是否需要补充试飞。

除上述三个基本要素之外，ADS-33 还针对驾驶员的精力集中程度不同，对直升机的响应类型和品质参数规定了不同的要求。因为在有些直升机上或在执行某些任务基元时，驾驶员在一段时间内必须完成与操纵直升机无关的其他任务，而不能将全部注意力用于飞行高度和飞行轨迹的控制。对于这种分配注意力飞行，为保证规定的飞行品质，响应类型和品质参数的指标必须更高一些。对于全部注意力飞行，则可适度放宽。

## 8.3　试飞员的评价——认定的飞行品质等级

直升机的飞行品质取决于许多因素，是由任务需求、环境条件、直升机本身的技术特性，以及人-机工程各个方面综合的结果。因此，对直升机的飞行品质进行评定是一项系统工程，其中驾驶员的观点是关键因素。ADS-33 规定，在最终确定某种直升机的飞行品质等级时，必须经过试飞员对规定的任务科目基元(MTE)进行试飞评定，并规定了 23 种有待试飞验证的 MTE。

如此强调对直升机飞行品质的飞行试验，是 ADS-33 的重要特点之一。归根结底，直升机是用来执行飞行任务的，是由驾驶员来操纵的。它的飞行品质应由驾驶员根据其适于完成任务的性能水平和驾驶员的操纵负荷大小来进行评定。

ADS-33 采用库珀-哈珀飞行品质驾驶员评级规定(图 8-5)作为驾驶员评定等级的依据，并规定每一种任务科目基元至少由三名驾驶员分别完成试飞并各自给出主观评定值，最后取他们的算术平均值作为该任务科目基元的评级结论。显然，认定的品质等级是试飞员根据各自的判断，对直升机的飞行品质进行的综合性的、定性的评价，是最终确定直升机的飞行品质等级的依据之一。

ADS-33 列出了 23 种任务科目基元，规定了每一基元的试验目的、方法和性能指标，其中性能指标又分为“满意的”与“合格的”两种，以帮助试飞员和地面参试人员区分任务性能达到的等级。订货方和研制方可根据直升机的用途选取其中应当执行的基元(表 8-1)，下面举例介绍几种。

**【例 8-1】　悬停**

悬停是直升机最基本、最常用的任务科目基元，机动性要求不高但精确性高。试飞员为评定悬停的飞行品质，必须按下述过程实施(图 8-6)。

操纵直升机在低于 6.5m(20ft)的某一高度上，开始以 11.1～18.5km/h(6～10kn)的地速向悬停目标点(地面参照点)飞去，该参照点应在直升机斜前方约 45°方位。以平滑的速度变化到达参照点上空并保持稳定悬停。这项试飞的目的是检验直升机自平飞状态以适度的迅猛

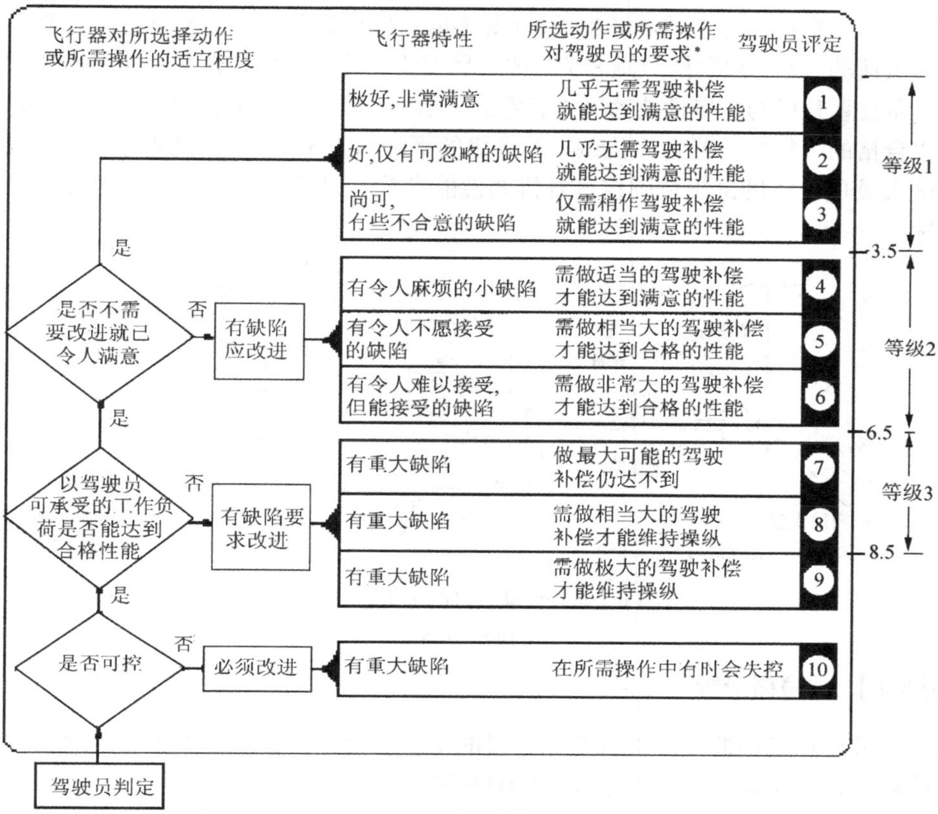


图 8-5　库珀-哈珀飞行品质驾驶员评级规定

* 所需操作的定义包括指定的飞行阶段和(或)各个子阶段，以及有关条件

程度和精确性过渡到稳定悬停的能力，以及在最危险风向下保持精确定位、定向、定高的能力。

对于悬停试飞的性能指标，ADS-33 的规定见表 8-3。此外，在整个飞行过程中，不得有不适当的振荡，但对带有外吊挂物的飞行无此要求，且飞行高度应适当提高，保证吊挂物的离地高度不小于 3m(10ft)。

**表 8-3　悬停试飞的性能指标**

| 机种 / 目视条件 / 性能(满意的/合格的) | 侦察/攻击 | | 运输/通用 | | 带外吊挂物 | |
|---|---|---|---|---|---|---|
| | 良好 | 不良 | 良好 | 不良 | 良好 | 不良 |
| 从开始减速到稳定悬停，时间不超过 $X$(s) | 3/8 | 10/20 | 5/8 | 10/15 | 10/15 | 13/18 |
| 保持稳定悬停的最短时间为 $X$(s) | 30 | 30 | 30 | 30 | 30 | 30 |
| 相对地面参照点的纵横向偏差在 ± $X$(ft)以内 | 3/6 | 3/8 | 3/6 | 3/6 | 3/6 | 3/6 |
| 高度偏差应保持在 ± $X$(ft)以内 | 2/4 | 2/4 | 2/4 | 2/4 | 4/6 | 4/6 |
| 航向偏差应保持在 ± $X$(°)以内 | 5/10 | 5/10 | 5/10 | 5/10 | 5/10 | 5/10 |

试飞员可以根据悬停参照屏和参照标(图 8-6)来判断直升机的位置偏差，并考虑驾驶难度和操纵负荷的大小，然后按照图 8-5 的评级尺度给出评定。如果试飞员对直升机的响应感到满意，而且直升机的悬停性能达到“满意的”指标，则驾驶品质当属等级 1。如果性能只能达到“合格的”指标，或者 3 位试飞员评级的平均值大于 3.5，则只能是等级 2 或更低。地面参试人员也可协助试飞员确定直升机的性能参数，以辨别是达到“满意的”或“合格的”指标。

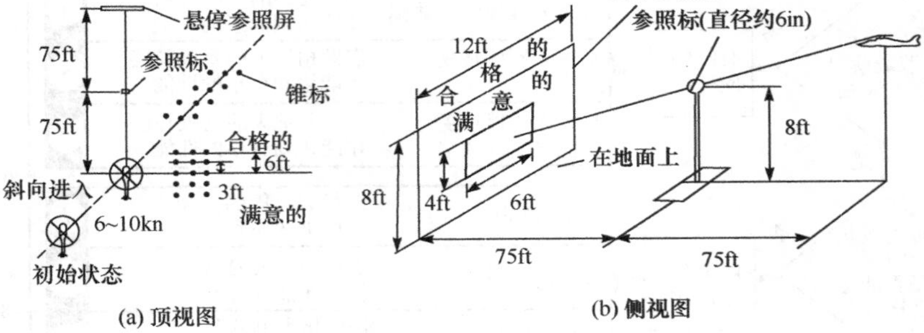


图 8-6　悬停机动科目的试验路线和标志

1in=2.54cm

**【例 8-2】　“障碍滑雪”**

这是一种迅猛机动的任务科目基元，目的是检验直升机在前飞中相对于地面物标做迅猛机动的能力，以及机动中的转弯协调和轴间耦合程度。

试验路线如图 8-7 所示。直升机沿路标中线以匀速飞行开始，进行一系列的左右平滑转弯。转弯间隔为 152.4m(500ft)，转弯中偏离中线至少 15.2m(50ft)，即飞行轨迹的横向宽度应不小于 30.5m(100ft)，对标准轨迹的横向偏差不应大于 15.2m(50ft)。性能指标列于表 8-4。

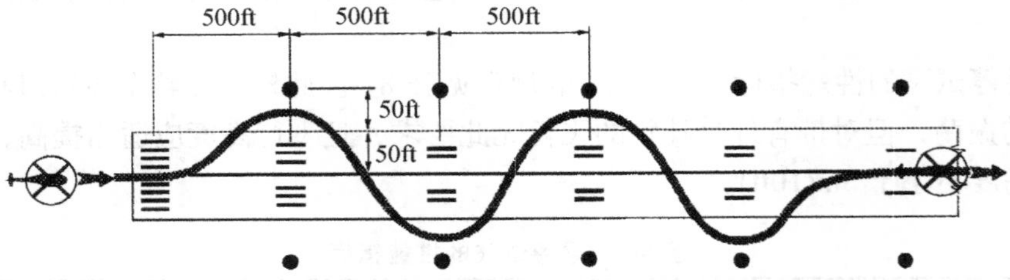


图 8-7　“障碍滑雪”机动科目的试验路线

**表 8-4　“障碍滑雪”的性能指标**

| 性能 | | 良好目视条件 | 不良目视条件 |
|---|---|---|---|
| 满意的 | 保持空速不低于 $X$(kn) | 60 | 30 |
| | 高度低于 $X$(ft) | 100 或 2 倍旋翼直径 | 100 |
| 合格的 | 保持空速不低于 $X$(kn) | 40 | 15 |
| | 高度低于 $X$(ft) | 100 | 100 |

【例 8-3】　**向心回转**

这是一种中等机动程度及较高精确性的机动飞行科目。试验路线见图 8-8。首先，直升机在一个半径为 30.5m(100ft)的圆周上某一点的上方 3m(10ft)高度处做稳定悬停，机头指向圆心处的参考点。由此状态开始，直升机沿该圆周做基本恒速(地速)的侧向移动，且始终保持机头指向圆心，完成一周转回到原起始位置做稳定悬停。性能指标列于表 8-5。

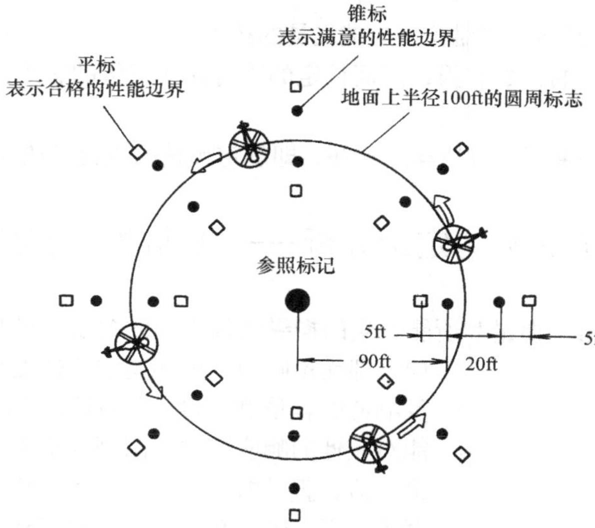


图 8-8　向心回转机动科目的试验线路

**表 8-5　向心回转的性能指标**

| 性能(满意的/合格的) | 目视条件良好 | 目视条件不良 |
|---|---|---|
| 直升机上选定的参考点在地面上的投影距圆周的偏差在 ± X(ft)以内 | 10/15 | 10/15 |
| 高度偏差在 ± X(ft)以内 | 3/10 | 4/10 |
| 机头方向指向圆心，偏差在 ± X(°)之内 | 10/15 | 10/15 |
| 完成一周回到原起始点所需时间不大于 X(s) | 45/60 | 60/75 |
| 转回起始点后应在 X(s)内实现稳定悬停 | 5/10 | 10/20 |
| 保持稳定悬停 X(s) | 5/5 | 5/5 |

向心回转科目基元的试验目的在于检查直升机对俯仰、滚转、偏航及升降轴同时实施精确操纵的能力，并检查在和风中精确操纵直升机连续改变航向的能力。直升机沿圆周向左及向右两个方向都要进行飞行试验。45s 绕圆一圈对应于横向速度为 8kn，60s 绕一周则是 6kn。

上面讨论的品质评定方法，即由试飞员给出认定的飞行品质等级，是基于直升机实际的飞行状态的，满足执行规定任务的实际需求，而且是依据试飞员工作负荷和直升机任务性能进行的综合评价，应当是准确的、可信的，但是，仅依靠这种方法，尚不足以准确决定直升机的飞行品质等级，也不能保证所研制的直升机具有满意的飞行品质。这是因为：

(1) 试飞评定只可能在直升机造出来之后进行，是一种事后的鉴定，不能用来事先指导设计，而且由此得到的评价是对全机的整体的结论，难以找出与直升机具体参数和结构的对应关系，不便用于具体指导和改进设计以保证达到良好的飞行品质。

(2) 飞行试验不可能完全包括直升机在所有环境中要执行的一切飞行任务科目，也不可能对整个使用飞行包线内的所有装载状态都进行试飞，因而对飞行品质的检验是不够充分、不够完整的。

(3) 试飞员给出的品质评定结论，与试飞员的技术、经验、试飞时的生理和心理状况有直接关系，何况试飞员的人数有限，因而认定的飞行品质等级的客观性和准确性并非无可置疑。

因此，还需要另一种评定方法与之互补，即确定预估的飞行品质等级的方法。

## 8.4 品质参数的定量分析——预估的飞行品质等级

依据直升机的质量、惯量和所能产生的操纵功效之间的关系，可知直升机对操纵的响应，即无论响应幅度还是响应速度是有一定限度的，而且响应的幅值和速度(频率)是相互制约的，大的幅值只能对应低的响应频率。限制因素来自旋翼拉力及力矩的最大值、直升机操纵机构的运动范围、作动器的运动速度等方面。图 8-9 示出了直升机最大机动能力，在响应的幅频图上大致呈双曲线状。

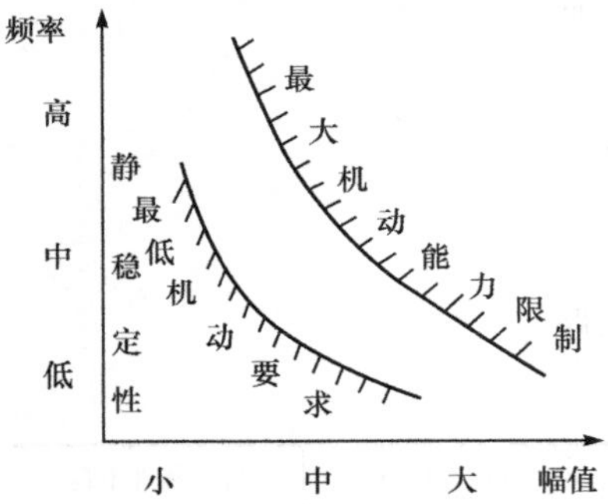


图 8-9 直升机的操纵响应

直升机为了胜任规定的任务，必须具有一定的机动能力。飞行品质规范对此做了具体的规定，对于不同幅频范围的操纵响应分别提出了若干品质参数指标，要求直升机的响应特性必须达到这些指标，以保证具有适合执行任务的飞行品质。显然，合格的响应特性应在图 8-9 所示的两条限制线之间。

此外，在图 8-9 横坐标轴附近(即 0 频或甚低频)的响应属于直升机配平范畴。飞行品质规范要求直升机在稳定的配平飞行中俯仰和滚转姿态应当适度，不得使驾驶员感觉不适、视野受到限制或失去方向感，以致妨碍执行规定的 MTE，而且近地面时抬头姿态不能过大，以免产生尾梁触地的危险。沿纵坐标轴(即近乎 0 幅值)的响应是准静稳定性问题，它是研究直升机动稳定性的基础。关于直升机的稳定性，品质规范有具体规定，将在本节后面讨论。

在直升机开始设计之初，在进行总体布局和确定设计参数时，就要进行品质参数计算，并将计算结果与品质规范所规定的指标相对比，使之达到品质规范的要求。本节仅讨论飞行品质规范中的主要指标及其意义。

### 8.4.1 对操纵的姿态响应

直升机的俯仰、滚转和偏航姿态分别对其同轴操纵输入的响应是直升机最重要的飞行品质参数。ADS-33 分别对小幅、中幅、大幅的姿态变化规定了响应的要求和指标。对于俯仰姿态变化，5°以下为小幅，30°以上为大幅；滚转姿态的划分界限值则为 10°和 60°，对偏航角没有明确数据。

### 1. 小幅度的姿态变化响应——带宽和相位延迟应符合规定的范围

小幅度/高频率的姿态变化多用于精确的直升机轨迹调整操纵。带宽足够大且相位延迟在适当限度之内，才能保证当驾驶员进行快速操纵时直升机有良好的跟随性和灵敏度，而且不会发生驾驶员诱发振荡。也就是说，直升机具有良好的开环传递函数和闭环稳定性。

对于不同的 MTE、UCE、飞行速度段(悬停低速或前飞)，以及注意力分配程度，品质规范对三个姿态响应的不同品质等级规定了相应的要求，如图 8-10 所示。显然，带宽大而相位延迟小，则飞行品质等级高。

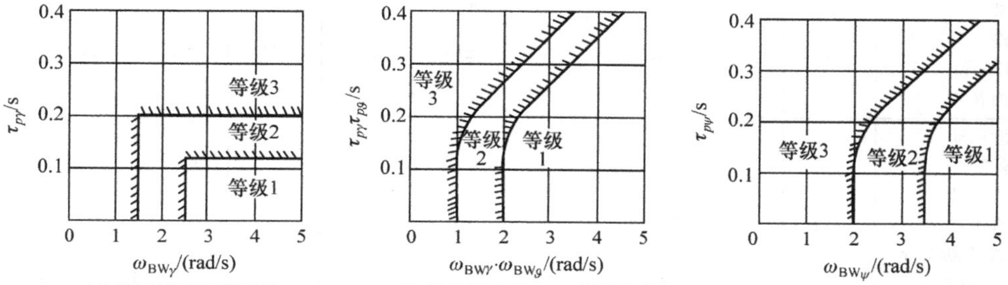


(a) 目标捕获及跟踪的3种MTE,滚转姿态,悬停和低速　(b) 其他所有的MTE,滚转和俯仰姿态,UCE>1且(或)分配注意力飞行,悬停和低速　(c) 目标捕获及跟踪的3种MTE,偏航响应,前飞

图 8-10　小幅度姿态变化要求——带宽和相位延迟

### 2. 中等幅度的姿态变化响应——要求姿态角变化速率足够大

中幅/中、低频的姿态变化多用于地形规避和追踪飞行时的操纵。此时应具有迅速改变姿态的能力，即从一个稳定姿态过渡到另一稳定姿态所需的姿态角改变应尽可能快地完成，且相对于配平位置不得有明显的座舱操纵反向。

衡量中幅姿态变化的指标是姿态响应的角速度峰值与姿态角变化峰值之比。品质规范规定了这一比值与最小姿态角变化的关系，如图 8-11 所示。由图 8-11 可见，对于一定的最小姿态角改变量，姿态变化越快(该比值越大)，则品质越好。

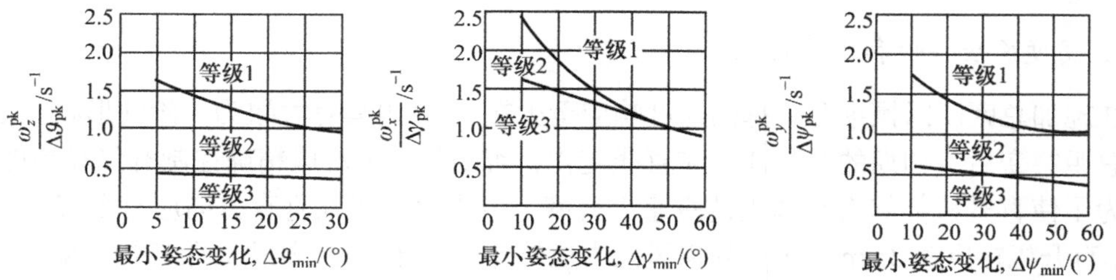


(a) 目标捕获及跟踪的3种MTE,俯仰姿态　(b) 目标捕获及跟踪,滚转姿态　(c) 目标捕获及跟踪,偏航

图 8-11　中等幅度姿态变化要求(悬停和低速)

3. 大幅度的姿态变化响应——姿态改变量或变化速率不得小于规定值

大幅度/中低频的姿态改变用于大机动飞行时的操纵。直升机应能达到足够大的姿态变化(对于姿态指令/姿态保持响应类型)或足够大的角速度(对于速率响应类型)。品质规范规定了它们的最低限，表 8-6 是对悬停和低速飞行段的要求。对于前飞，则数值更大。

**表 8-6 大幅度姿态变化要求——悬停和低速**

| 任务科目基元 | 速率响应类型 | | | | | | 姿态指令响应类型 | | | |
|---|---|---|---|---|---|---|---|---|---|---|
| | 能达到的角速度/((°)/s) | | | | | | 能达到的姿态角/(°) | | | |
| | 等级 1 | | | 等级 2 和等级 3 | | | 等级 1 | | 等级 2 和等级 3 | |
| | 俯仰 | 滚转 | 偏航 | 俯仰 | 滚转 | 偏航 | 俯仰 | 滚转 | 俯仰 | 滚转 |
| 有限机动<br>悬停<br>精确着陆<br>斜面着陆 | ±6 | ±21 | ±9.5 | ±3 | ±15 | ±5 | ±15 | ±15 | ±7 | ±10 |
| 中等程度机动<br>悬停转弯<br>向心回转<br>垂直机动<br>飞离/中断飞行<br>横侧定位<br>“障碍滑雪” | ±13 | ±50 | ±22 | ±6 | ±21 | ±9.5 | +20<br>−30 | ±60 | ±13 | ±30 |
| 迅猛机动<br>垂直隐蔽<br>加速和减速<br>快速侧移<br>目标捕获和跟踪<br>转弯到目标 | ±30 | ±50 | ±60 | ±13 | ±50 | ±22 | ±30 | ±60 | +20<br>−30 | ±30 |

### 8.4.2 对总距操纵的响应

旋翼总距操纵用来控制直升机的升降，即直升机垂直轴的机动。同时，由于旋翼总距变化直接关联到扭矩的变化，因此会引起转速及发动机工作状态的改变。品质规范在对总距操纵响应的要求中也包含对扭矩和转速控制的规定。品质规范中只规定了响应的时域要求，而未进行频域规定。

1. 高度响应特性和操纵功效

在施加总距阶跃操纵后，垂向速度响应至少在 5s 之内具有大致为一阶的形状。也就是说，总距突变后，初期的升降速度应直线变化，否则驾驶员难以精确控制升降和高度。

为了使直升机能够有足够大的垂直上升率，要求直升机在垂直方向应有足够大的操纵功效：直升机在风速 35kn 以下的任何风向中地效外定点悬停时，操纵总距杆快速偏离配平位置，自开始操纵动作起 1.5s 内，产生的垂向速度至少达到 0.81m/s(等级 1)或 0.28m/s(等级 2)。

2. 旋翼转速和扭矩

在执行任何 MTE 过程中，旋翼转速必须保持在可用飞行包线设定的界限之内。

在施加总距阶跃操纵之后，扭矩过冲不应过大和持续过久。图 8-12 为品质规范对扭矩动态特性的要求，纵坐标过冲比是总距操纵引起的扭矩峰值和 10s 内的扭矩最小值之比。

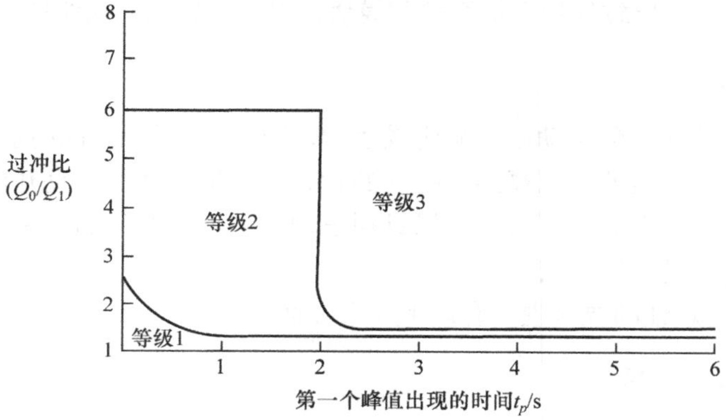


图 8-12　总距阶跃操纵后的扭矩动态特性要求

### 8.4.3　轴间耦合

轴间耦合是指在某一轴上的操纵输入所产生的其他轴上的响应。例如，为了使直升机产生俯仰运动而施加了纵向周期变距操纵，如果同时引起了滚转、偏航或升降响应，即产生了轴间耦合。轴间耦合使直升机的运动不纯，不利于执行任务的精确性，并且使驾驶复杂化，增加驾驶员的工作负荷，是损害直升机飞行品质的主要因素之一。如前所述，由于旋翼既是升力面又是最主要的操作面，加上旋翼的运转和挥舞运动的特点，直升机操纵响应的轴间耦合是必然存在的。为了使直升机具有良好的飞行品质，必须在设计上及飞控系统中采取有效措施予以限制。品质规范对轴间耦合的大小和特性有若干规定，如对于悬停和低速飞行，主要有：

(1) 总距操纵引起的偏航。总距阶跃操纵输入后，若 3s 末的升降率为 $V_{y3}$，则等级 1 对偏航耦合响应的限制为 1s 末的偏航角速度对 $V_{y3}$ 之比应小于 2.1°/m，3s 末的偏航角速度对 $V_{y3}$ 之比应小于 0.5°/m；对于等级 2，分别放宽到 3°/m 和 2.3°/m。此外，不得产生偏航角速度大于 5°/m 的振荡。总距操纵对俯仰和滚转姿态应无明显影响。

(2) 俯仰和滚转的轴间耦合。在施加纵向或横向周期变距阶跃操纵之后 4s 内，异轴偏离配平姿态的响应峰值与操纵轴上第 4s 的响应值之比，等级 1 应不超过±0.25，等级 2 应不超过±0.60。方向应基本保持恒定。对于目标捕获和跟踪一类的三种 MTE，品质规范有更为严苛的要求，而且与带宽频率相联系，以保证这种大机动迅猛动作的准确性。

直升机前飞中，旋翼合力前倾较大，其作用线偏离直升机重心较远，总距操纵的改变必然引起直升机的俯仰运动，不能再如对悬停和低速段那样要求俯仰姿态基本恒定。品质规范对前飞中总距操纵引起的俯仰姿态角改变量做了规定，尤其对于引起扭矩变化大的大幅总距操纵输入，其俯仰耦合受到严格限制。

此外，前飞中滚转与侧滑之间的耦合是直升机的重要特点，它既是一种不利的轴间耦合，但有时又作为一种操纵方式，如用滚转-侧滑来实现转弯操纵。品质规范对此也做了具体规定。

直升机操纵响应的轴间耦合是飞控系统设计中必须着力解决的重要问题之一。因此，在建立直升机飞行动力学方程组时，应力求使这些耦合得以准确反映。除直升机本身的气动特性之外，还应包含比较好的发动机控制模块，以计入转速、扭矩的响应特性。

### 8.4.4　稳定性要求

直升机的稳定性指受到扰动后的响应或运动表现。飞行品质好的直升机在受扰而偏离平衡状态后会自动地、迅速地回复到受扰前的状态。如果扰动引起直升机振荡，则振荡迅速衰减至消失。这样，驾驶员不必采取操纵纠正动作来消除扰动的后果，直升机执行任务的精度也不至于受到过多的影响。

ADS-33 中对稳定性的要求主要有以下几个方面。

1. 对操纵扰动的响应

直升机无论在悬停和低速飞行段还是在前飞段，对于作用到俯仰、滚转或航向操纵执行机构(如舵机)的扰动，直升机的短周期受扰响应必须符合品质规范对各轴的带宽和相位延迟的规定。此外，中等周期的响应必须有良好的动稳定性，对于等级 1，任何振荡模态的有效阻尼比不得少于0.35 。

2. 前飞中的横-航向振荡

扰动引起的横-航向振荡(即通常所说的荷兰滚模态的动稳定性)的振荡频率 $\omega_n$ 和阻尼比 $\zeta$ 应满足图 8-13 的要求。

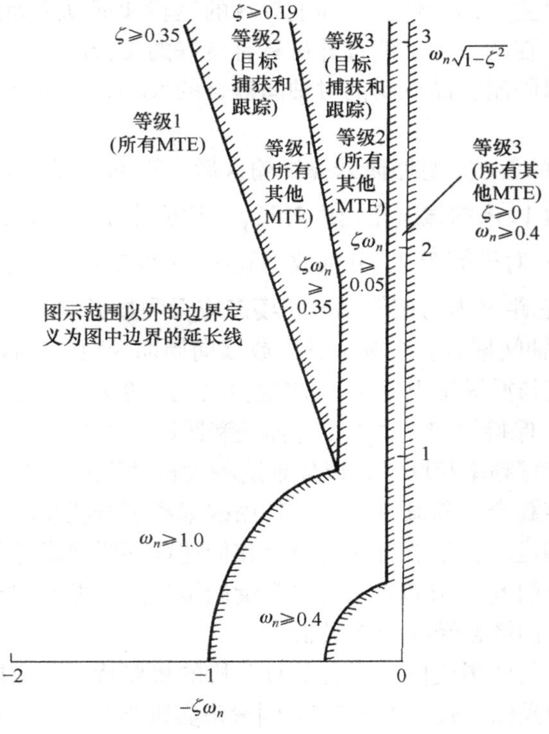


图 8-13　前飞横-航向稳定性规定

3. 前飞中的螺旋稳定性

螺旋模态是直升机偏航角按指数规律的发散。品质规范并未要求螺旋模态不得发散，但倍幅时间应足够长，以便驾驶员能够容易地抑制其发散。品质规范规定，等级 1 的倍幅时间应大于 20s，等级 2 大于 12s，等级 3 大于 4s。

4. 前飞中的纵向和航向稳定性

ADS-33 对前飞的纵向和航向稳定性只规定了定性的要求。对于纵向稳定性，要求增(减)速度与纵向杆位移的方向一致，即增速需推杆，减速需拉杆，而且杆力的变化与位移的方向一致，或者杆力总为零。对于航向稳定性，规定在左侧滑中要求有向右的偏航操纵位移和操纵力，而右侧滑中要求有向左的偏航操纵位移和操纵力，且这种操纵位移和操纵力的大小随侧滑角的变化应基本上是线性的。

一般说，直升机本身的稳定性往往不能全面满足上述稳定性要求。借助飞控系统的增稳作用，这些要求是不难达到的。

根据计算得到飞行品质规范中列出的所有品质参数，将这些参数与品质规范中的指标相对比，就可得到直升机飞行品质的预估的飞行品质等级。这种预估方法得出的数据对于直升机的品质评定当然是不完全的，不可能仅由这些参数来保证直升机所有的飞行任务都具有良好的飞行品质。与认定的飞行品质等级一样，都是从一个方面来反映或评价飞行品质。但预估方法可事先指导直升机的设计，可以定量地联系直升机的构造参数和运动参数，在直升机研制中起着不可缺少的作用。

如果预估的飞行品质等级和认定的飞行品质等级不一致，则应对两种方法的结果进行仔细的研究，确定出现差别的原因。由政府根据对比研究的结果，决定两者是否已达到一致，或者是否需要补充进行更多的试验。

# 第 9 章　倾转旋翼机的技术特点及飞行动力学建模

## 9.1　倾转旋翼机的技术特点

常规单旋翼带尾桨式直升机具有垂直起降、空中悬停、低速前飞/后飞/侧飞等独特的飞行能力，在军用和民用领域发挥着不可替代的作用。但是由于前飞时旋翼桨叶左右气流不对称，直升机的最大飞行速度受到了前行桨叶处气流压缩性以及后行桨叶气流分流的限制，仅为 300km/h 左右(虽然为创纪录，常规单旋翼带尾桨式直升机的飞行速度达到了 400.87km/h，但不实用)，因而飞行速度很难进一步提高。除此之外，直升机还存在航程短、经济效率低等方面的缺点。固定翼飞机则具有飞行速度大、航程长、经济性好等优点，但是不能悬停和低空、低速飞行，还需修建机场跑道供其起飞和降落，不仅增加了使用成本，也限制了固定翼飞机的应用领域。长期以来，人们一直在寻求兼具直升机和固定翼飞机优点的飞行器，经过多年探索和实践，出现了多种新概念飞行器，其中倾转旋翼机是目前为止成功地从研究阶段转入实用阶段的新型飞行器。

倾转旋翼机的核心思想是，悬停和低速飞行时以直升机模式工作，随着飞行速度的增加，机翼逐渐承载，旋翼逐渐卸载，当速度提高到一定值后，旋翼由垂直状态转为水平状态，成为固定翼飞机的拉力螺旋桨，之后以固定翼飞机模式飞行。

现有的倾转旋翼机在机翼两翼尖处各安装一套可在水平位置和垂直位置之间跟随发动机短舱转动的螺旋桨旋翼组件。该飞行器以直升机模式起飞并转入前飞，当速度达到一定值后旋翼随发动机短舱开始向前倾转，进入倾转过渡飞行模式(简称倾转过渡模式)，当旋翼随发动机短舱转过 90°后，旋翼成为螺旋桨，飞行器进入高速飞行的固定翼飞机模式。

与常规单旋翼带尾桨式直升机相比，倾转旋翼机具有速度高、航程远、经济性好的优点。其不足之处是机构复杂，空重比不佳，为了兼顾垂直起降和高速巡航的需求，其旋翼直径往往小于单旋翼带尾桨式直升机的旋翼直径，导致悬停及低速性能不好，悬停升限低，高原使用受限。

倾转旋翼机要同时具备垂直起降和高速巡航飞行的能力，必然经历直升机模式与固定翼飞机模式的变换过程，因而倾转旋翼机存在三种飞行模式，即低速飞行的直升机模式、高速飞行的固定翼飞机模式以及两种模式之间的倾转过渡模式，如图 9-1 所示。

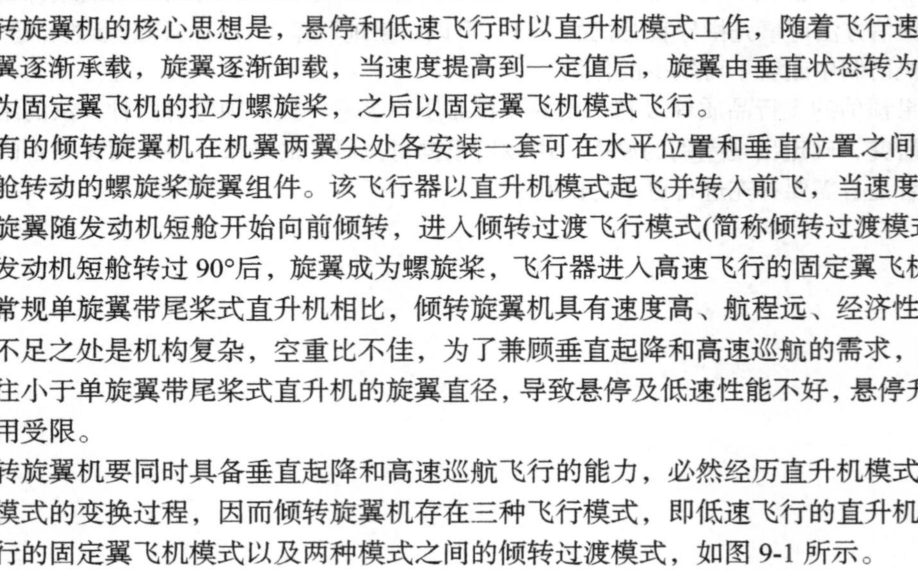

(a) 直升机模式　(b) 倾转过渡模式　(c) 固定翼飞机模式

图 9-1　倾转旋翼机的三种飞行模式

为适应三种飞行模式，倾转旋翼机同时配置直升机与固定翼飞机的两套升力装置和两套操纵装置，飞行中的升力、推力及飞行操纵较传统的直升机和固定翼飞机复杂，是飞行动力学建模中的技术难点。

本章建立倾转旋翼机全模式飞行的飞行动力学模型，涉及旋翼、机翼、机身、平尾和垂尾的参数化气动模型以及适合倾转旋翼机全飞行模式的操纵混合数学模型，并将其集成到机体运动方程，形成倾转旋翼机非线性飞行动力学数学模型。

## 9.2　假设与坐标系

### 9.2.1　模型假设

数学模型的复杂程度与建立模型的目的、模型的精细度及其应用有关，模型越精细则越复杂，求解难度和模型的应用成本越大。因此，建立数学模型时有必要对模型的精细度和应用进行折中。本章在建立倾转旋翼机飞行动力学模型时作如下假设。

(1) 不计地球曲率，把地球表面看作平面。

(2) 重力加速度不随飞行高度而变化。

(3) 倾转旋翼机是刚体，整机质量为常数。

(4) 桨叶为刚性，且为线性扭转。

(5) 不考虑桨叶的摆振运动，仅考虑变距和挥舞运动，且旋翼挥舞运动只取一阶谐波量。

(6) 仅考虑飞行器俯仰、滚转的角速度和角加速度以及法向加速度对桨叶挥舞运动的影响。

(7) 桨叶挥舞角和入流角为小量。

(8) 不考虑空气压缩性和气流分离，忽略反流区。

(9) 不考虑倾转旋翼机左右旋翼之间的气动干扰。

(10) 倾转旋翼机左右对称，机体坐标系 $OXY$ 平面为飞行器的对称平面，惯性积 $I_{xz}=I_{yz}=0$。

### 9.2.2　坐标系及其转换

任意系统的运动方程都是针对某一特定的参考坐标系建立的，倾转旋翼机飞行动力学建模用到的坐标系与第 1 章所用的坐标系相同，如图 9-2 所示。上述坐标系之间的转换也与第 1 章相同。

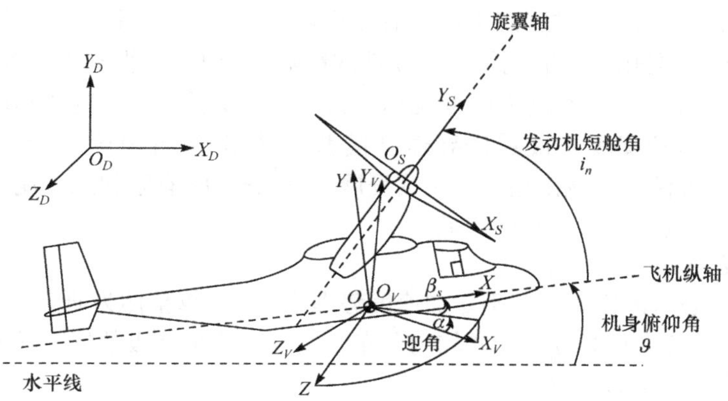


图 9-2　倾转旋翼机飞行动力学建模采用的四个坐标系

# 9.3 倾转旋翼机各部件空气动力

## 9.3.1 旋翼气动力模型

旋翼是倾转旋翼机的重要部件之一。在直升机模式，旋翼既是升力面，又是操纵面，还是推进器；在倾转过渡模式下，旋翼仍是推进器，只是部分起到升力面和操纵面的作用；在固定翼飞机模式下，旋翼的角色就仅限于飞行器的螺旋桨推进器。

在直升机模式和倾转过渡模式，旋翼处在斜流状态，在固定翼飞机模式，旋翼处在轴流状态，对应直升机模式的垂直上升情况。因此，仍然采用旋翼理论来建立倾转旋翼机的旋翼气动力数学模型。

旋翼气动力的数学模型包括旋翼诱导速度模型、桨叶挥舞运动模型以及旋翼气动力模型三部分。旋翼气动力、桨叶挥舞运动和旋翼诱导速度三者相互作用、相互影响，构成了如图 9-3 所示的关系。旋翼气动力的变化必然引起诱导速度的变化，而这一变化又会反过来影响旋翼的气动力。同时旋翼气动力的变化还将引起桨叶的运动，尤其是挥舞运动，桨叶的运动将影响各个叶素的气流速度，反过来又影响旋翼的气动力和旋翼诱导速度。旋翼气动力是三者达到动态平衡所对应的值。

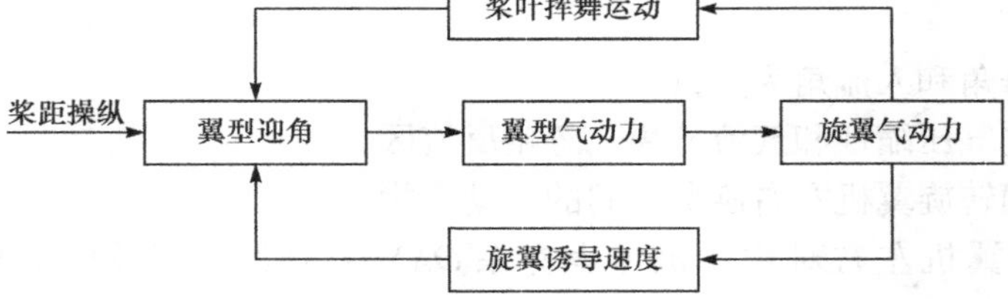


图 9-3 旋翼气动力模型

以下将分别讨论旋翼诱导速度、桨叶挥舞运动以及旋翼气动力的建模方法。

1. *旋翼诱导速度*

计算旋翼诱导速度最简单的模型是动量理论模型，它给出了旋翼桨盘等效诱导速度与旋翼拉力系数和前进比之间的静态关系。前飞状态下，旋翼桨盘诱导速度沿桨叶展向和方位角非均匀分布，并且由于旋翼周围空气惯性的影响，当改变操纵输入或者有扰动运动时，旋翼诱导速度大小和分布的变化有时间延迟。为了考虑旋翼诱导速度的非均匀性和动态特性，本章在建立倾转旋翼机旋翼诱导速度模型时采用 3 自由度一阶谐波线性入流的 Pitt-Peters 动态入流模型，该模型及其后续发展的 Peters-He 有限状态入流模型目前已广泛应用于直升机旋翼诱导速度的理论建模。

1) 旋翼动态入流模型

Pitt-Peters 动态入流模型的基础是加速度势理论，以旋翼整体为研究对象，为反映扰动运动所引起的诱导速度在桨盘上的非均匀分布，用一阶傅里叶级数把诱导速度表达为旋翼展向位置和桨叶方位角的函数，即

$$\overline{v}(\overline{r},\psi)=\lambda_0+\lambda_{1c}\overline{r}\cos\psi+\lambda_{1s}\overline{r}\sin\psi \tag{9-1}$$

式中，$\lambda_0$、$\lambda_{1c}$ 和 $\lambda_{1s}$ 分别为旋翼时均入流、一阶纵向和横向入流分量；$\psi$ 为桨叶方位角；$\bar{r}$ 为无量纲形式桨叶展向位置。

动态入流模型将扰动运动所引起的气动力变化和诱导速度变化通过一组线性微分方程联系起来：

$$\boldsymbol{M}\begin{Bmatrix}\dot{\lambda}_0\\ \dot{\lambda}_{1s}\\ \dot{\lambda}_{1c}\end{Bmatrix}+\boldsymbol{V}\tilde{\boldsymbol{L}}^{-1}\begin{Bmatrix}\lambda_0\\ \lambda_{1s}\\ \lambda_{1c}\end{Bmatrix}=\begin{Bmatrix}C_{Ta}\\ C_{La}\\ C_{Ma}\end{Bmatrix} \tag{9-2}$$

式中，矩阵 $\boldsymbol{M}$ 反映了空气惯性的影响，体现了入流的时间延迟；$\boldsymbol{V}$ 是质量流量参数矩阵；矩阵 $\tilde{\boldsymbol{L}}$ 反映了诱导速度扰动与气动载荷扰动之间的静态关系；$C_{Ta}$、$C_{La}$ 和 $C_{Ma}$ 分别为旋翼拉力系数、滚转力矩系数和俯仰力矩系数。

根据 Pitt-Peters 动态入流模型，包含时间常数的 $\boldsymbol{M}$ 和质量流量参数矩阵 $\boldsymbol{V}$ 分别为

$$\begin{cases}\boldsymbol{M}=\begin{bmatrix}128/(75\pi) & 0 & 0\\ 0 & -16/(45\pi) & 0\\ 0 & 0 & -16/(45\pi)\end{bmatrix}\\ \boldsymbol{V}=\begin{bmatrix}\bar{V}_m & 0 & 0\\ 0 & \bar{V} & 0\\ 0 & 0 & \bar{V}\end{bmatrix}\end{cases} \tag{9-3}$$

式中，$\bar{V}_m=\sqrt{\mu^2+(\lambda_0+\bar{V}_c)^2}$ 为与时均入流相关的质量流量参数；$\bar{V}=[\mu^2+(\lambda_0+\bar{V}_c)(2\lambda_0+\bar{V}_c)]/\bar{V}_m$ 为与一阶以及更高阶次入流相关的质量流量参数；$\bar{V}_c$ 为入流比。

$\tilde{\boldsymbol{L}}$ 为增益矩阵，是旋翼尾迹倾斜角的函数：

$$\tilde{\boldsymbol{L}}=\begin{bmatrix}\dfrac{1}{2} & 0 & \dfrac{15\pi}{64}\sqrt{\dfrac{1-\sin\alpha_w}{1+\sin\alpha_w}}\\ 0 & -\dfrac{4}{1+\sin\alpha_w} & 0\\ \dfrac{15\pi}{64}\sqrt{\dfrac{1-\sin\alpha_w}{1+\sin\alpha_w}} & 0 & -\dfrac{4\sin\alpha_w}{1+\sin\alpha_w}\end{bmatrix}$$

式中，$\alpha_w=\arctan(\lambda_0+\bar{V}_c)/\mu$ 为旋翼尾迹倾斜角。

代入表征尾迹倾斜程度的参数 $X=\sqrt{(1-\sin\alpha_w)/(1+\sin\alpha_w)}$，则对于轴流以及定常前飞状态下的 Pitt-Peters 动态入流模型，其入流增益矩阵可写成

$$\tilde{\boldsymbol{L}}=\begin{bmatrix}\dfrac{1}{2} & 0 & \dfrac{15}{64}\pi X\\ 0 & -2(1+X^2) & 0\\ \dfrac{15}{64}\pi X & 0 & 2(X^2-1)\end{bmatrix} \tag{9-4}$$

2) 旋翼动态入流增广模型

倾转旋翼机在直升机模式与飞机模式的相互转换过程中，发动机短舱带动旋翼倾转，

使旋翼尾迹几何形状发生改变，并改变旋翼的入流分布。Keller 指出旋翼做角运动时将引起旋翼尾迹堆垛效应(vortex stacking effect)和弯曲效应(curved wake effect)，合称为尾迹畸变效应(wake distortion effect)。Barocela、Krothapalli 和 Zhao 等采用简单预定尾迹模型对 Pitt-Peters 动态入流模型和 Peters-He 有限状态入流模型进行了增广，用来计算有尾迹畸变时的旋翼动态入流。其中 Zhao 还建立了一个动态尾迹畸变模型，用一组微分方程来描述尾迹弯曲、倾斜和拉伸畸变的动态特性。

Pitt-Peters 动态入流模型通过微分方程组，将非定常入流和旋翼拉力、力矩联系起来，但并未计及旋翼倾转时的尾迹畸变效应。为了适应倾转旋翼机的倾转过渡模式，可采用增广的 Pitt-Peters 动态入流模型来描述尾迹畸变效应，并用 Zhao 的动态尾迹畸变模型计入尾迹畸变的动态效应。

同旋翼桨盘诱导入流的表达形式类似，可用如下级数形式描述倾转旋翼机倾转过渡飞行时旋翼尾迹畸变所引起的轴向入流变化量：

$$\Delta\bar{v}(\bar{r},\psi)=\Delta\lambda_0+\Delta\lambda_{1c}\bar{r}\cos\psi+\Delta\lambda_{1s}\bar{r}\sin\psi$$

式中，$\Delta\lambda_0$、$\Delta\lambda_{1c}$、$\Delta\lambda_{1s}$ 分别为桨盘入流的时均项以及纵、横向分量变化量，可表示为

$$\begin{Bmatrix}\Delta\lambda_0\\ \Delta\lambda_{1s}\\ \Delta\lambda_{1c}\end{Bmatrix}=\frac{\Delta\boldsymbol{L}}{V_m}\begin{Bmatrix}C_{Ta}\\ C_{La}\\ C_{Ma}\end{Bmatrix} \tag{9-5}$$

式中，$\Delta\boldsymbol{L}=\Delta\boldsymbol{L}_1+\Delta\boldsymbol{L}_2+\Delta\boldsymbol{L}_3$，体现了倾转过程中时均和周期载荷所导致的入流增益矩阵变化量。具体来说，矩阵 $\Delta\boldsymbol{L}_1$ 代表尾迹弯曲与旋翼桨盘时均载荷之间的相互关系，$\Delta\boldsymbol{L}_2$ 体现尾迹弯曲、倾斜与桨盘时均载荷之间的相互关系，而 $\Delta\boldsymbol{L}_3$ 则表述了尾迹弯曲、倾斜与桨盘周期载荷之间的相互关系。它们的表达式如下：

$$\Delta\boldsymbol{L}_1=K_R\begin{bmatrix}0&0&0\\ \frac{1}{2}\kappa_s&0&0\\ \frac{1}{2}\kappa_c&0&0\end{bmatrix} \tag{9-6}$$

$$\Delta\boldsymbol{L}_2=K_R\begin{bmatrix}0&0&0\\ \frac{3}{4}\kappa_s X^2&0&0\\ -\frac{3}{4}\kappa_c X^2&0&0\end{bmatrix} \tag{9-7}$$

$$\Delta\boldsymbol{L}_3=K_R\begin{bmatrix}0&0&0\\ \frac{5}{4}\mu\kappa_c X&\frac{5}{2}\kappa_c X+\frac{3}{2}\mu\kappa_s\left(1+\frac{3}{2}X^2\right)&\frac{5}{2}\kappa_s X\\ \frac{5}{4}\mu\kappa_s X&\frac{5}{2}\kappa_s X+\frac{3}{2}\mu\kappa_c\left(1-\frac{3}{2}X^2\right)&\frac{3}{10}\kappa_c X\end{bmatrix} \tag{9-8}$$

$$\begin{cases} \kappa_c = \dfrac{\overline{q}_n - \dot{a}_1}{\lambda_0 + \overline{V}_c} \\ \kappa_s = \dfrac{-\dot{b}_1}{\lambda_0 + \overline{V}_c} \end{cases} \tag{9-9}$$

式中，$\kappa_c$、$\kappa_s$为纵、横向尾迹弯曲当量曲率；$\dot{a}_1$、$\dot{b}_1$为桨尖轨迹平面纵、横向挥舞角速率；$\overline{q}_n$为无量纲旋翼桨毂俯仰角速率，也就是倾转旋翼无量纲倾转角速率，这里不考虑旋翼桨毂滚转的情况。

用质量流量参数矩阵代替$V_m$得

$$\begin{Bmatrix} \Delta\lambda_0 \\ \Delta\lambda_{1s} \\ \Delta\lambda_{1c} \end{Bmatrix} = \boldsymbol{V}^{-1}\Delta\boldsymbol{L}\begin{Bmatrix} C_{Ta} \\ C_{La} \\ C_{Ma} \end{Bmatrix} \tag{9-10}$$

于是，考虑倾转过程中尾迹畸变效应后，增广 Pitt-Peters 动态入流模型为

$$\boldsymbol{M}\begin{Bmatrix} \dot{\lambda}_0 \\ \dot{\lambda}_{1s} \\ \dot{\lambda}_{1c} \end{Bmatrix} + \boldsymbol{V}\boldsymbol{L}^{-1}\begin{Bmatrix} \lambda_0 \\ \lambda_{1s} \\ \lambda_{1c} \end{Bmatrix} = \begin{Bmatrix} C_{Ta} \\ C_{La} \\ C_{Ma} \end{Bmatrix} \tag{9-11}$$

式中，$\boldsymbol{L} = \tilde{\boldsymbol{L}} + \Delta\boldsymbol{L} = \tilde{\boldsymbol{L}} + \Delta\boldsymbol{L}_1 + \Delta\boldsymbol{L}_2 + \Delta\boldsymbol{L}_3$。

式(9-11)中旋翼拉力系数、滚转力矩系数和俯仰力矩系数表达式见附录 F。

尾迹畸变动态效应可用一组一阶微分方程表示：

$$\boldsymbol{\tau}_D\begin{bmatrix} \dot{X} \\ \dot{S} \\ \dot{\kappa}_c \\ \dot{\kappa}_s \end{bmatrix} + \begin{bmatrix} X \\ S \\ \kappa_c \\ \kappa_s \end{bmatrix} = \begin{bmatrix} X \\ S \\ \kappa_c \\ \kappa_s \end{bmatrix}_{qs} \tag{9-12}$$

式中，$X$、$S$、$\kappa_c$和$\kappa_s$分别体现了尾迹倾斜、尾涡间距、纵向和横向尾迹弯曲；下标$qs$表示准定常值。其中，准定常尾迹倾斜参数$(X)_{qs} = \tan(\chi/2)$；准定常尾涡间距参数$(S)_{qs} = 2\pi V_m$；准定常尾迹弯曲曲率$(\kappa_c)_{qs} = \left(\overline{q}_n - \dot{a}_1\right)/\left(\lambda_0 + \overline{V}_c\right)$和$(\kappa_s)_{qs} = -\dot{b}_1/\left(\lambda_0 + \overline{V}_c\right)$。矩阵$\boldsymbol{\tau}_D$则包含与尾迹畸变动态效应相关的各时间常数。如果忽略尾迹倾斜、尾涡间距以及尾迹弯曲效应之间的相互关系，此时间常数矩阵为

$$\boldsymbol{\tau}_D = \begin{bmatrix} \tau_X & 0 & 0 & 0 \\ 0 & \tau_S & 0 & 0 \\ 0 & 0 & \tau_R & 0 \\ 0 & 0 & 0 & \tau_R \end{bmatrix} \tag{9-13}$$

式中，$\tau_X = 32/(15\pi\overline{V})$，$\tau_S = 32/(15\pi V_m)$。

## 2. 桨叶挥舞运动

旋翼在直升机模式下充当推进器的作用是通过挥舞运动来实现的，其原理与常规直升机相同。前面提到的挥舞运动与桨叶气动力和旋翼诱导速度密切相关，当桨叶气动力变化时，桨叶的挥舞运动经历动态响应过程，而桨叶挥舞运动反过来又会影响到各片桨叶的气

动力，并影响旋翼诱导速度。

第 3 章详细讨论了旋翼的挥舞运动，旋翼的挥舞运动可用桨盘的锥度角、后倒角和侧倒角来描述，前提是假定各片桨叶的运动轨迹基本一致，即各片桨叶的桨尖保持在同一平面内，也就是说各片桨叶空气动力的周期特性基本相同。这种情况对直升机做定常飞行时是适用的，当倾转旋翼机以直升机模式做定常飞行时也是适用的。

但是，当直升机做变速运动时，桨叶上作用的气动力和惯性力均处于变化之中，桨叶的挥舞运动不断变化，仅仅用锥度角、后倒角和侧倒角来描述旋翼挥舞运动不能反映挥舞运动的动态变化过程。对于倾转旋翼机的倾转过渡模式而言，旋翼的挥舞运动仅仅用锥度角、后倒角和侧倒角来描述也是不够的，应该考虑其动态变化过程。

为了考虑倾转旋翼机旋翼的动态挥舞过程，仍然从桨叶的挥舞运动方程入手。图 9-4 为桨叶挥舞运动模型。

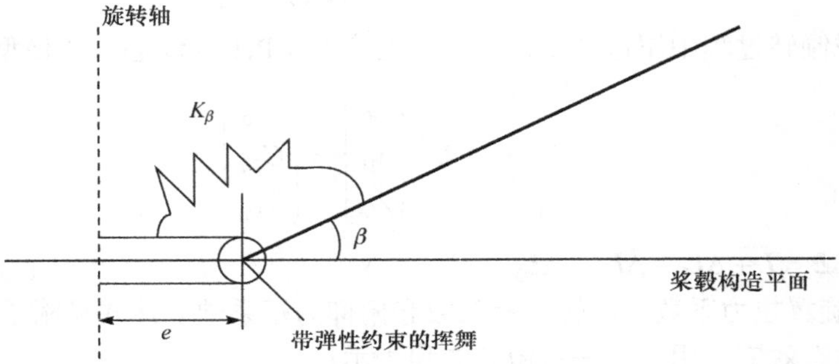


图 9-4　桨叶挥舞运动模型

作用在挥舞铰处的力矩包括气动力矩 $M_A$、离心力矩 $M_{CF}$、桨叶惯性力矩 $M_I$、柯氏力矩 $M_{\mathrm{Cor}}$、挥舞铰的约束力矩 $M_R$ 和桨毂中心角加速度引起的力矩 $M_{BA}$。它们的表达式为

$$\begin{cases} M_A = \int_0^{R-e} \dfrac{\rho}{2}(\Omega R)^2 ac\left(\bar{u}_T^2\theta + \bar{u}_T\bar{u}_P\right)(r-e)\mathrm{d}r \\ M_{CF} = -\Omega^2\left(I_\beta\cos\beta_i + eM_\beta\right)\sin\beta_i \\ M_I = -I_\beta\ddot{\beta}_i \\ M_{\mathrm{Cor}} = 2\left(I_\beta\cos^2\beta_i + eM_\beta\cos\beta_i\right)\left(\bar{\omega}_x\Omega\cos\psi_i - \bar{\omega}_z\Omega\sin\psi_i\right) \\ M_R = -K_\beta\beta_i \\ M_{BA} = \left(I_\beta\cos^2\beta_i + eM_\beta\cos\beta_i\right)\left(\dot{\bar{\omega}}_x\sin\psi_i + \dot{\bar{\omega}}_z\cos\psi_i\right) \end{cases} \tag{9-14}$$

式中，$e$ 是挥舞铰偏置量；$I_\beta$、$M_\beta$ 分别是桨叶绕挥舞铰的惯性矩和质量静矩；$\bar{\omega}_x$、$\bar{\omega}_z$ 分别是旋翼桨毂滚转和俯仰角速率；$K_\beta$ 是挥舞弹簧系数。

根据桨叶挥舞铰处的力矩平衡关系，忽略桨叶的重量，可得桨叶的挥舞运动方程：

$$M_A + M_{CF} + M_I + M_{\mathrm{Cor}} + M_R + M_{BA} = 0 \tag{9-15}$$

上述方程所描述的桨叶挥舞运动包含桨叶方位角，不同的桨叶由于方位角各不相同，因而在每一时刻，每片桨叶的挥舞运动各不相同。第 3 章中用式(9-16)近似每片桨叶的挥舞运动：

$$\beta_i = a_0 - a_1\cos\psi - b_1\sin\psi \tag{9-16}$$

这实际上是假定每片桨叶具有相同的周期挥舞，也就是说，式(9-16)描述的是每片桨叶周期挥舞的稳态情况，忽略了其动态挥舞的变化过程。

为了考虑每片桨叶挥舞运动的动态过程，认为式(9-16)的锥度角、后倒角和侧倒角也是时间的函数，即

$$\beta_i = a_0(t) - a_1(t)\cos(\Omega t) - b_1(t)\sin(\Omega t) \tag{9-17}$$

将式(9-16)代入式(9-14)，根据挥舞运动力矩平衡方程式(9-15)沿展向积分并无量纲化后，得到挥舞动力学方程为

$$\ddot{\boldsymbol{a}} + \boldsymbol{D}\dot{\boldsymbol{a}} + \boldsymbol{K}\boldsymbol{a} = \boldsymbol{f} \tag{9-18}$$

式中，$\boldsymbol{a} = \left[a_0, a_1, b_1\right]^{\mathrm{T}}$，$\boldsymbol{D}$、$\boldsymbol{K}$、$\boldsymbol{f}$ 的详细表达式详见附录 G。

式(9-18)可以改写成下列一阶微分方程组：

$$\begin{Bmatrix} \beta_0 \\ \beta_1 \\ \beta_2 \end{Bmatrix} = \begin{Bmatrix} \dot{a}_0 \\ \dot{a}_1 \\ \dot{b}_1 \end{Bmatrix} \tag{9-19}$$

$$\begin{Bmatrix} \dot{\beta}_0 \\ \dot{\beta}_1 \\ \dot{\beta}_2 \end{Bmatrix} = \boldsymbol{f} - \boldsymbol{D}\begin{Bmatrix} \beta_0 \\ \beta_1 \\ \beta_2 \end{Bmatrix} - \boldsymbol{K}\begin{Bmatrix} a_0 \\ a_1 \\ b_1 \end{Bmatrix} \tag{9-20}$$

3. *旋翼气动力*

倾转旋翼机有两副几何尺寸和转速完全相同但转向相反的旋翼，其中取左旋翼的转向为顶视顺时针方向(左旋)，右旋翼为逆时针方向(右旋)。第 5 章针对左、右旋旋翼建立了相应的气动力模型，本章也将分别建立倾转旋翼机左、右旋翼的空气动力模型。

1) 右旋翼气动模型

设倾转旋翼机机体质心的运动线速度为$[V_x, V_y, V_z]$，角速度为$[\omega_x, \omega_y, \omega_z]$，右旋翼桨毂中心在体轴系中的坐标为$[x_{r,r}, y_{r,r}, z_{r,r}]$，建立如图 9-5 所示的右旋翼桨轴系中的力与运动之间的关系。

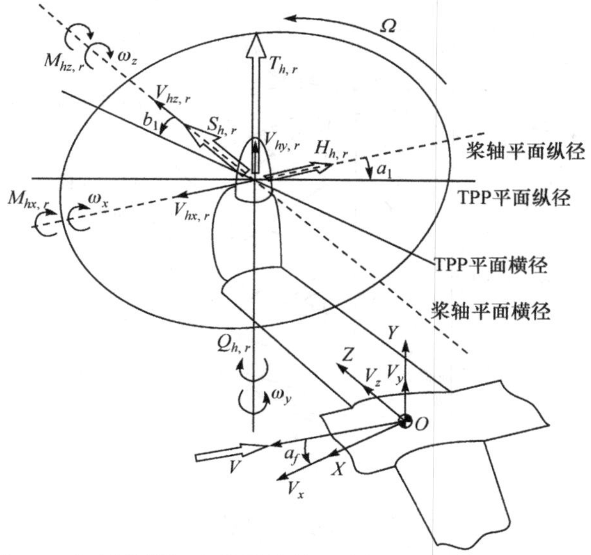


图 9-5　倾转旋翼机右旋翼桨轴系中的力与运动之间的关系

根据坐标转换关系，可得右旋翼桨毂中心处的气流速度在右旋翼桨轴系中的分量为

$$\begin{Bmatrix} V_{hx,r} \\ V_{hy,r} \\ V_{hz,r} \end{Bmatrix} = \boldsymbol{T}_{DT}^{-1} \begin{Bmatrix} V_x \\ V_y \\ V_z \end{Bmatrix} + \boldsymbol{T}_{DT}^{-1} \begin{bmatrix} 0 & z_{r,r} & -y_{r,r} \\ -z_{r,r} & 0 & x_{r,r} \\ y_{r,r} & -x_{r,r} & 0 \end{bmatrix} \begin{Bmatrix} \omega_x \\ \omega_y \\ \omega_z \end{Bmatrix} \tag{9-21}$$

由此可得右旋翼的前进比 $\mu$ 、流入比 $\lambda_0$ 和侧滑角 $\beta_{r,r}$ 为

$$\begin{cases} \mu = \dfrac{\sqrt{V_{hx,r}^2 + V_{hy,r}^2 + V_{hz,r}^2}}{\Omega R} \\ \lambda_1 = -\dfrac{V_{hy,r}}{\Omega R} - \lambda_0 \\ \beta_{r,r} = \arcsin \dfrac{V_{hz,r}}{\sqrt{V_{hx,r}^2 + V_{hz,r}^2}} \end{cases} \tag{9-22}$$

在第 5 章的旋翼空气动力计算方法中，先将前进比分解为前向和侧向两个分量，然后与流入比 $\lambda_0$ 一起作为旋翼的工作状态计算旋翼的空气动力。本章将介绍另外一种方法，该方法直接沿用“空气动力学”的方法，计算旋翼无侧滑情况下的空气动力，然后通过坐标转换计算旋翼侧滑情况下的空气动力。

为此，建立倾转旋翼机右旋翼风轴系，如图 9-6 所示。这样，先计算右旋翼风轴系下的气动力，然后通过坐标转换计算桨轴系下的旋翼气动力。由于在风轴系对应的侧滑角为零，于是可用“直升机空气动力学”的方法来计算旋翼的空气动力。图 9-7 给出了旋翼风轴系与桨轴系的关系。

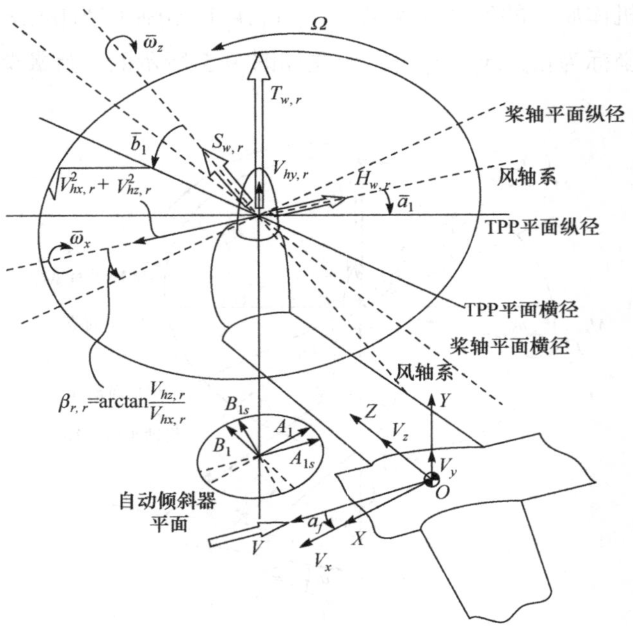


图 9-6　右旋翼风轴系

旋翼的纵向、横向周期变距是在桨轴系下定义的，需将其转换到风轴系，即

$$\begin{cases} A_1 = A_{1s}\cos\beta_{r,r} - B_{1s}\sin\beta_{r,r} \\ B_1 = A_{1s}\sin\beta_{r,r} + B_{1s}\cos\beta_{r,r} \end{cases} \tag{9-23}$$

同理，需将倾转旋翼机机体角速度转换到风轴系，即

$$\begin{cases} \bar{\omega}_{x,r} = \dfrac{\omega_x \sin i_n - \omega_y \cos i_n}{\Omega}\cos\beta_{r,r} + \dfrac{\omega_z}{\Omega}\sin\beta_{r,r} \\ \bar{\omega}_{z,r} = -\dfrac{\omega_x \sin i_n - \omega_y \cos i_n}{\Omega}\sin\beta_{r,r} + \dfrac{\omega_z}{\Omega}\cos\beta_{r,r} \end{cases} \tag{9-24}$$

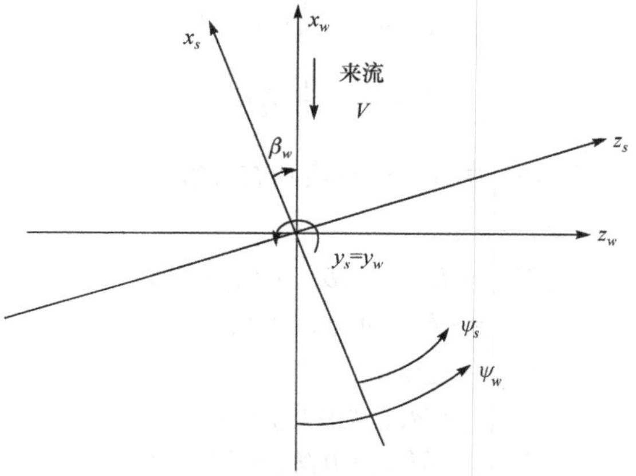


图 9-7　旋翼风轴系与桨轴系的关系

右旋翼的诱导速度、挥舞运动和气动力、力矩计算均在旋翼风轴系下进行。旋翼气动力和力矩计算采用叶素理论，桨叶微段的速度由机体运动速度、桨叶运动速度和旋翼诱导速度三部分确定，通过坐标转换得到桨叶微段的速度分量，根据这些速度分量计算桨叶微段处的合速度、当地迎角、马赫数等参数。

根据桨叶微段的速度、迎角，可计算桨叶微段的空气动力，然后计算整片桨叶及旋翼的气动力。由于旋翼的工作特点，即使直升机在定常飞行状态，旋翼桨叶剖面(翼型)一直在做周期性的俯仰和沉浮运动，其气动力具有非定常的特点。然而，桨叶剖面的非定常气动力计算并不是一件容易的事，即使采用精细化的 CFD 方法也难以得到直升机真实桨叶剖面的非定常气动力。飞行动力学建模研究的范畴大都属于低频，所以采用准定常线性模型计算二元翼型气动力。实践证明，二元翼型的准定常线性模型对研究直升机定常飞行状态的平衡、操纵性和稳定性具有足够的精度。

右旋翼拉力系数 $C_T$ 、后向力系数 $C_H$ 、侧向力系数 $C_S$ 和反扭矩系数 $m_k$ 的推导公式见附录 H。虽然倾转旋翼机旋翼为万向节结构，但由于桨叶根部有弹性约束，因而存在桨毂力矩。

右旋翼风轴系下的拉力、后向力、侧向力和反扭矩为

$$\begin{cases} T_{w,r} = \dfrac{1}{2}\rho\pi R^2(\Omega R)^2 C_T \\ H_{w,r} = \dfrac{1}{2}\rho\pi R^2(\Omega R)^2 C_H \\ S_{w,r} = \dfrac{1}{2}\rho\pi R^2(\Omega R)^2 C_S \\ Q_{w,r} = \dfrac{1}{2}\rho\pi R^2(\Omega R)^2 R\cdot m_k \end{cases} \tag{9-25}$$

右旋翼桨毂力矩为

$$\begin{cases} M_{wx,r} = \dfrac{1}{2}N_b K_\beta \overline{b}_1 \\ M_{wz,r} = \dfrac{1}{2}N_b K_\beta \overline{a}_1 \end{cases} \tag{9-26}$$

将右旋翼风轴系下的空气动力和力矩转换到右旋翼桨轴系下，可得

$$\begin{cases} T_{h,r} = T_{w,r} \\ H_{h,r} = H_{w,r}\cos\beta_{r,r} + S_{w,r}\sin\beta_{r,r} \\ S_{h,r} = -H_{w,r}\sin\beta_{r,r} + S_{w,r}\cos\beta_{r,r} \\ Q_{h,r} = -Q_{w,r} \\ M_{hx,r} = M_{wx,r}\cos\beta_{r,r} - M_{wz,r}\sin\beta_{r,r} \\ M_{hz,r} = M_{wx,r}\sin\beta_{r,r} + M_{wz,r}\cos\beta_{r,r} \end{cases} \tag{9-27}$$

风轴系下的旋翼挥舞角转换到旋翼桨轴系下为

$$\begin{cases} a_1 = \overline{a}_1\cos\beta_{r,r} + \overline{b}_1\sin\beta_{r,r} \\ b_1 = -\overline{a}_1\sin\beta_{r,r} + \overline{b}_1\cos\beta_{r,r} \end{cases} \tag{9-28}$$

最后将桨轴系下的力和力矩式(9-27)转换到倾转旋翼机体轴系下，得到右旋翼在机体重心处产生的气动力和力矩：

$$\begin{cases} \begin{Bmatrix} F_{x,rr} \\ F_{y,rr} \\ F_{z,rr} \end{Bmatrix} = \boldsymbol{T}_{DT}\begin{Bmatrix} -H_{h,r} \\ T_{h,r} \\ S_{h,r} \end{Bmatrix} \\ \begin{Bmatrix} M_{x,rr} \\ M_{y,rr} \\ M_{z,rr} \end{Bmatrix} = \boldsymbol{T}_{DT}\begin{Bmatrix} M_{hx,r} \\ Q_{h,r} \\ M_{hz,r} \end{Bmatrix} + \begin{bmatrix} 0 & -z_{r,r} & y_{r,r} \\ z_{r,r} & 0 & -x_{r,r} \\ -y_{r,r} & x_{r,r} & 0 \end{bmatrix}\begin{Bmatrix} F_{x,rr} \\ F_{y,rr} \\ F_{z,rr} \end{Bmatrix} \end{cases} \tag{9-29}$$

2) 左旋翼气动模型

左旋翼与右旋翼的区别在于它们的桨毂中心位置不同，此外左旋翼的旋转方向与右旋翼相反。因此除小部分公式稍许修改外，其余公式都可以借用，只需把下标由 $r$ 改为 $l$ 即可。

左旋翼气动力和力矩在体轴系下的表达式为

$$\begin{cases}H_{h,l}=H_{w,l}\cos\beta_{r,l}-S_{w,l}\sin\beta_{r,l}\\S_{h,l}=H_{w,l}\sin\beta_{r,l}+S_{w,l}\cos\beta_{r,l}\\Q_{h,l}=Q_{w,l}\\M_{hx,l}=-M_{wx,l}\cos\beta_{r,l}-M_{wz,l}\sin\beta_{r,l}\\M_{hz,l}=-M_{wx,l}\sin\beta_{r,l}+M_{wz,l}\cos\beta_{r,l}\end{cases}\tag{9-30}$$

$$\begin{Bmatrix}F_{x,lr}\\F_{y,lr}\\F_{z,lr}\end{Bmatrix}=\boldsymbol{T}_{DT}\begin{Bmatrix}-H_{h,l}\\T_{h,l}\\-S_{h,l}\end{Bmatrix}\tag{9-31}$$

### 9.3.2　机翼气动力模型

固定翼飞机机翼的空气动力有成熟的计算方法，但对倾转旋翼机而言，其独特的倾转旋翼加机翼构型使其具有特殊和复杂的气动现象。由于旋翼安装在两边机翼的翼尖处，旋翼的一部分尾流可以自由伸展，而另一部分尾流受机翼的阻挡，引起旋翼与机翼之间的气动干扰。旋翼对机翼的气动干扰使机翼产生额外的向下载荷，在悬停状态其值能达到旋翼拉力的 10%～15%。相比之下，机翼对旋翼的气动干扰作用相对较小，可以忽略，因此在建立旋翼气动力模型时没有考虑机翼对旋翼的气动干扰作用。

旋翼对机翼的气动干扰是机翼气动力建模中遇到的难题，其作用不仅受旋翼下洗流影响，而且与发动机短舱倾转角、机翼襟/副翼偏角、旋翼/机翼间距、飞行状态等密切相关。早期基于试验方法提出的经验公式与实际情况尚有一定的误差，且没有考虑倾转旋翼机的几何尺寸参数和飞行状态参数的影响，也不能计算侧风情况下的气动干扰载荷。本节在建立机翼气动力模型时，考虑了倾转旋翼机发动机短舱倾转角、飞行器几何尺寸和飞行条件下旋翼尾流对机翼载荷的影响。

为此，在机翼气动力建模中，将机翼分为两部分：一部分受到旋翼尾流的干扰作用，另一部分不受旋翼尾流的干扰作用。受到旋翼尾流影响的机翼部分称为滑流区，不受旋翼尾流影响的机翼部分称为自由流区。机翼的气动力模型由滑流区气动力模型和自由流区气动力模型两部分组成。滑流区的机翼气动力模型需要考虑旋翼在机翼处引起的干扰速度，自由流区的机翼气动力模型和常规飞机机翼类似。

为了建模方便，本节将机翼与短舱视为整体，所述机翼气动力建模均为机翼与短舱组合情况下的气动力建模。

1. 滑流区机翼气动力

要建立机翼在滑流区内的空气动力，首先应确定机翼受旋翼尾流影响的区域面积及相应的干扰速度。

1) 滑流区面积及干扰速度

图 9-8 示出了旋翼尾流在机翼处形成的滑流区(阴影部分)。图中 $V_x$ 和 $V_z$ 分别为机体的纵向、侧向运动速度，实线圆为旋翼，虚线圆为旋翼尾迹在机翼处的范围，$R_w$ 为悬停时旋翼尾迹在机翼处的收缩半径，$e$ 为机翼后缘到短舱旋转点的距离，$h$ 是由于前飞速度和发动机短舱倾转引起的旋翼尾迹后移量，$S_{iw,l}$ 和 $S_{iw,r}$ 分别为左、右机翼滑流区的面积，$X_{le},X_{te}$ 、 $Z_{le1},Z_{le2},Z_{te1},Z_{te2}$ 、 $R_{wx},R_{wz}$ 均为确定左、右机翼滑流区的面积所需的长度变量，

$S_{fw}$ 为不受旋翼尾流干扰的自由流区机翼面积。

滑流区面积 $S_{iw}$ 是旋翼尾迹半径 $R_w$、发动机短舱倾转角 $i_n$、尾迹角 $\alpha_w$ 和机身侧滑角 $\beta_f$ 的函数，可表示为

$$S_{iw} = f\left(R_w, i_n, \alpha_w, \beta_f\right) \tag{9-32}$$

为了区分左、右机翼，用下标$k$代表左机翼或者右机翼。悬停时，左、右旋翼尾迹在机翼处的收缩半径 $R_{w,k}$ 为

$$R_{w,k} = R\left(0.78 + 0.22\mathrm{e}^{-0.3-2L_n\sqrt{C_{HST,k}}-60C_{HST,k}}\right) \tag{9-33}$$

式中，$R$ 是旋翼半径；$C_{HST,k} = \sqrt{C_{H,k}^2 + C_{S,k}^2 + C_{T,k}^2}$ 是旋翼的气动合力系数；$L_n = d/R$ 是无量纲发动机短舱长度。

左、右机翼在滑流区的气流速度由旋翼在机翼处的诱导速度和远处来流叠加得到，三个轴方向的速度为

$$\begin{cases} V_{wx,k} = -V_x - v_{iw,k}\sin i_n \\ V_{wy,k} = -V_y - v_{iw,k}\cos i_n \\ V_{wz,r} = V_z, \quad V_{wz,l} = -V_z \end{cases} \tag{9-34}$$

式中，$v_{iw,k}$ 是倾转旋翼机旋翼在机翼滑流区的诱导速度，可表示为

$$v_{iw,k} = \left(k_0 + k_1\mu_k + k_2\mu_k^2 + k_3\lambda_k + k_4\lambda_k^2\right)v_{ik} \tag{9-35}$$

式中，$\mu_k$ 和 $\lambda_k$ 是旋翼的前进比和入流比，$v_{ik}$ 是旋翼的平均诱导速度，常系数 $k_0$、$k_1$、$k_2$、$k_3$ 和 $k_4$ 由旋翼试验得到。

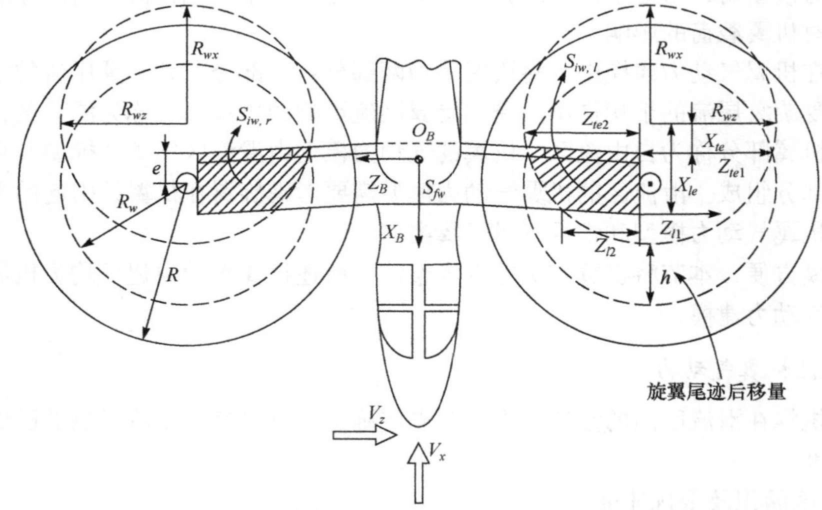


图 9-8　倾转旋翼机旋翼尾流在机翼处形成的滑流区

设机翼的弦长为 $c_w$，图 9-8 中有关旋翼尾迹位置的各个量为

$$L = L_n \sin i_n \tag{9-36}$$

$$X_{te,k} = -e - L_n\cos i_n - L\frac{V_{wx,k}}{V_{wy,k}} \tag{9-37}$$

$$X_{le,k} = c_w + X_{te,k} \tag{9-38}$$

$$R_{wx,k} = \left| R_w \left( -\sin i_n + \frac{V_{wx,k}}{V_{wy,k}} \cos i_n \right) \right| \tag{9-39}$$

$$R_{wz,k} = R_w \sqrt{1 + \left( \frac{V_{wz,k}}{V_{wy,k}} \cos i_n \right)^2} \tag{9-40}$$

$$\delta_k = \arctan\left( \frac{V_{wz,k}}{V_{wy,k}} \cos i_n \right) \tag{9-41}$$

$$Z_{te1,k} = \frac{R_{wz,k}}{R_{wx,k}} \left( X_{te,k} \sin\delta_k - \left|\cos\delta_k\right| \sqrt{R_{wx,k}^2 - X_{te,k}^2} \right) \tag{9-42}$$

$$Z_{te2,k} = \frac{R_{wz,k}}{R_{wx,k}} \left( X_{te,k} \sin\delta_k + \left|\cos\delta_k\right| \sqrt{R_{wx,k}^2 - X_{te,k}^2} \right) \tag{9-43}$$

$$Z_{le1,k} = \frac{R_{wz,k}}{R_{wx,k}} \left( X_{le,k} \sin\delta_k - \left|\cos\delta_k\right| \sqrt{R_{wx,k}^2 - X_{le,k}^2} \right) \tag{9-44}$$

$$Z_{le2,k} = \frac{R_{wz,k}}{R_{wx,k}} \left( X_{le,k} \sin\delta_k + \left|\cos\delta_k\right| \sqrt{R_{wx,k}^2 - X_{le,k}^2} \right) \tag{9-45}$$

$$Z_{tip,k} = -\frac{V_{wz,k}}{V_{wy,k}} L \tag{9-46}$$

$$X_{tip1,k} = \frac{R_{wx,k}}{R_{wz,k}} \left( Z_{tip,k} \sin\delta_k - \left|\cos\delta_k\right| \sqrt{R_{wz,k}^2 - Z_{tip,k}^2} \right) \tag{9-47}$$

$$X_{tip2,k} = \frac{R_{wx,k}}{R_{wz,k}} \left( Z_{tip,k} \sin\delta_k + \left|\cos\delta_k\right| \sqrt{R_{wz,k}^2 - Z_{tip,k}^2} \right) \tag{9-48}$$

为了确定旋翼尾迹对机翼的干扰面积，先根据飞行条件和发动机短舱倾转角判断旋翼尾迹的位置，确定旋翼尾迹的纵向位移量和侧向位移量，再计算旋翼对机翼的干扰面积。

图 9-9 为无侧风时，样例倾转旋翼机 XV-15 在直升机模式(发动机短舱为 90°)下左机翼受左旋翼尾迹干扰区面积随前飞速度的变化。由于无侧风，倾转旋翼机的左、右机翼干扰区对称，图中仅画出左机翼处的干扰区域，虚线为旋翼尾迹发展到机翼处的范围，阴影线为干扰区，实线圆为桨毂位置。从图中可以看出：

(1) 悬停时整个机翼干扰区的面积为 10.36m$^2$，前飞速度为 20m/s 时干扰区面积减小至 0。

(2) 随着前飞速度的增加，旋翼尾流向后偏转，干扰区逐渐向机翼后方移动，最后消失。

图 9-10 为样例倾转旋翼机在直升机模式悬停与前飞时，有、无侧风情况下旋翼尾迹对左、右机翼的干扰区面积随右侧风的变化。与无侧风的情况相比，右侧风速度增加，旋翼尾流逐渐顺侧风偏移，干扰区也逐渐顺侧风移动。也就是说，当存在侧风时，机翼左右两边的干扰区面积和气动力作用点均会有不同的变化，容易形成较大的滚转力矩。例如，向右侧滑时，机翼会产生向右的滚转力矩，从而使飞行器向右滚转，直接影响倾转旋翼机的飞行特性。

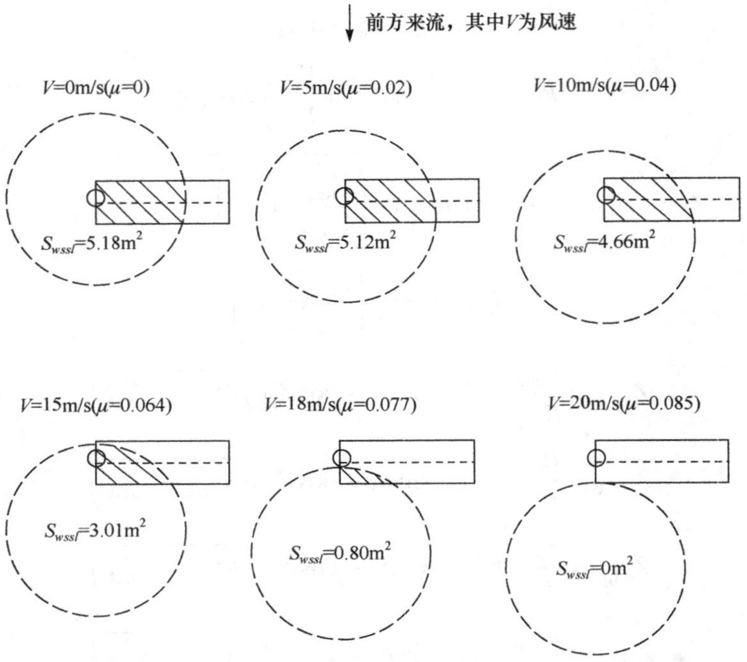


图 9-9　直升机模式下左机翼滑流区面积随前飞速度的变化(无侧风)

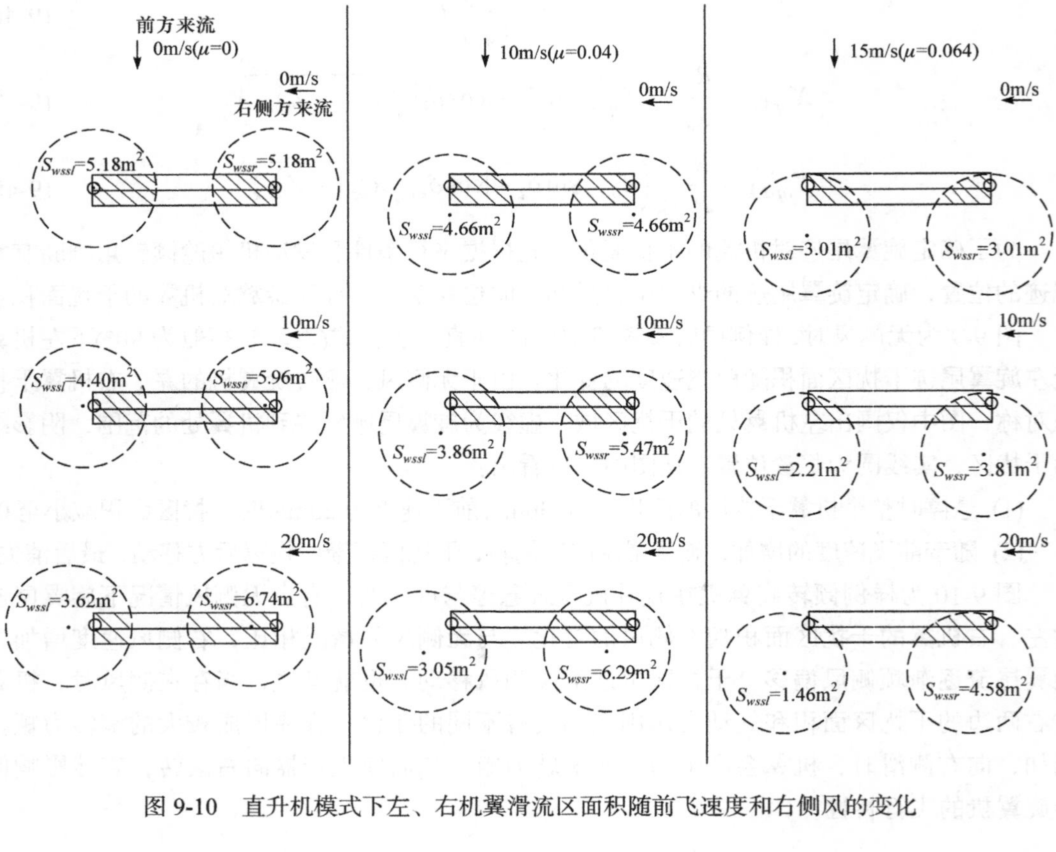


图 9-10　直升机模式下左、右机翼滑流区面积随前飞速度和右侧风的变化

2) 滑流区的机翼气动力模型

根据滑流区的干扰速度和干扰面积，可计算滑流区的机翼气动力。

滑流区机翼迎角 $\alpha_{iw,k}$ 、侧滑角 $\beta_{iw,k}$ 及动压 $q_{iw,k}$ 分别为

$$\begin{cases} \alpha_{iw,k} = \arctan\left(\dfrac{V_y + v_{iw,k}\sin i_n}{V_x + v_{iw,k}\cos i_n}\right) \\ \beta_{iw,k} = \arctan\left(V_z \Big/ \sqrt{\left(V_x + v_{iw,k}\cos i_n\right)^2 + \left(V_y + v_{iw,k}\sin i_n\right)^2}\right) \\ q_{iw,k} = \dfrac{1}{2}\rho\left[\left(V_x + v_{iw,k}\cos i_n\right)^2 + \left(V_y + v_{iw,k}\sin i_n\right)^2 + V_z^2\right] \end{cases} \tag{9-49}$$

根据滑流区机翼的迎角与动压，可得到滑流区机翼与短舱的升力 $L^{iwp,k}$ 、阻力 $D^{iwp,k}$ 及俯仰力矩 $M_z^{iwp,k}$ 为

$$\begin{cases} L^{iwp,k} = q_{iw,k} S_{iw,k} C_L^{iwp,k}\left(i_n, \alpha_{iw,k}, F_x, M\right) \\ D^{iwp,k} = q_{iw,k} S_{iw,k} C_D^{iwp,k}\left(i_n, \alpha_{iw,k}, F_x, M\right) \\ M_z^{iwp,k} = q_{iw,k} S_{iw,k} c_w C_{mz}^{iwp,k}\left(i_n, \alpha_{iw,k}, F_x, M\right) \end{cases} \tag{9-50}$$

式中，$C_L^{iwp,k}$ 、$C_D^{iwp,k}$ 、$C_{mz}^{iwp,k}$ 分别为机翼与短舱的升力系数、阻力系数及俯仰力矩系数，它们与发动机短舱倾转角 $i_n$ 、机翼迎角 $\alpha_w$ 、机翼襟/副翼状态 $F_x$ 和飞行马赫数 $M$ 有关。由于上述关系复杂，只能通过风洞试验得到。图 9-11 和图 9-12 为样例倾转旋翼机机翼在 $M < 0.2$ 时的升力和阻力系数，分别与直升机模式和飞机模式飞行时襟/副翼偏角相对应。在倾转过渡模式下的机翼升力和阻力系数通过插值得到。力矩系数按同样方法处理，这里不再赘述。

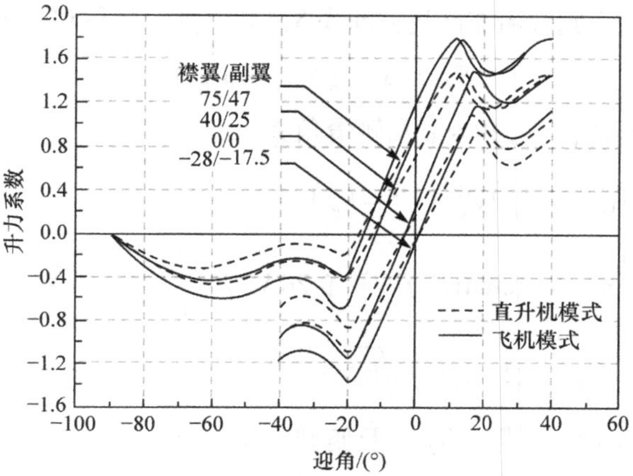


图 9-11　倾转旋翼机机翼升力系数

当倾转旋翼机无侧滑时，滑流区机翼的侧向力及滚转与偏航力矩很小，可以忽略。当有侧滑时，滑流区机翼自身由于侧滑会产生侧向力及滚转与偏航力矩，旋翼尾流对机翼的干扰产生附加的侧向力及滚转与偏航力矩。

根据滑流区机翼的侧滑角与动压，可得侧向力、滚转力矩和偏航力矩为

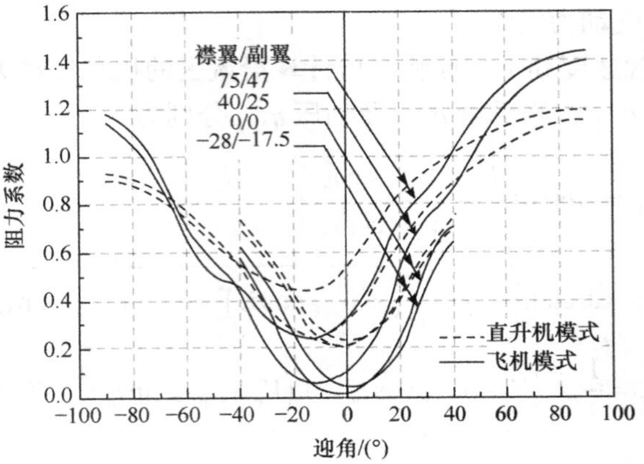


图 9-12　倾转旋翼机机翼阻力系数

$$\begin{cases} S^{iwp,k} = q_{iw,k} S_{iw,k} C_S^{iwp,k}\left(i_n, \beta_{iw,k}, F_x, M\right) \\ M_x^{iwp,k} = q_{iw,k} S_{iw,k} C_{mx}^{iwp,k}\left(i_n, \beta_{iw,k}, F_x, M\right) \\ M_y^{iwp,k} = q_{iw,k} S_{iw,k} c_w C_{my}^{iwp,k}\left(i_n, \beta_{iw,k}, F_x, M\right) \end{cases} \tag{9-51}$$

式中，$C_S^{iwp,k}$、$C_{mx}^{iwp,k}$、$C_{my}^{iwp,k}$ 分别为机翼与短舱的侧向力系数、滚转与偏航力矩系数，它们与发动机短舱倾转角 $i_n$、机翼迎角 $\alpha_w$、机翼襟/副翼状态 $F_x$ 和飞行马赫数 $M$ 有关，只能通过风洞试验得到。

2. 自由流区机翼气动力

不受旋翼下洗流影响的机翼处于自由流区，其气动力的计算和常规飞机类似。

设机翼总面积为 $S_w$，则自由流区机翼面积 $S_{fw}$ 为机翼总面积和滑流区机翼面积之差，即

$$S_{fw} = S_w - \left(S_{iw,r} + S_{iw,l}\right) \tag{9-52}$$

自由流区机翼动压 $q_{fw}$、迎角 $\alpha_{fw}$ 及侧滑角 $\beta_{fw}$ 为

$$\begin{cases} q_{fw} = \dfrac{1}{2}\rho\left(V_x^2 + V_y^2 + V_z^2\right) \\ \alpha_{fw} = \arctan\left(V_y / V_x\right) - 0.26 X_{RW} \cdot \dfrac{C_{HST,r} + C_{HST,l}}{\max^2\left(0.15, \mu\right)} \\ \beta_{fw} = \arctan\left(V_z \middle/ \sqrt{V_x^2 + V_y^2}\right) \end{cases} \tag{9-53}$$

自由流区机翼升力 $L^{fwp}$、阻力 $D^{fwp}$ 及俯仰力矩 $M_z^{fwp}$ 为

$$\begin{cases} L^{fwp} = q_{fw} S_{fw} (C_L^{fwp} - C_L^{\delta_a} \left|\delta_a\right| \\ D^{fwp} = q_{fw} S_{fw} C_D^{fwp} \\ M_z^{fwp} = q_{fw} S_{fw} c_w C_{mz}^{fwp} \end{cases} \tag{9-54}$$

式中，$c_w$ 为机翼弦长；$C_L^{fwp}$、$C_D^{fwp}$、$C_{mz}^{fwp}$ 为机翼与短舱的升力系数、阻力系数和俯仰力矩系数，由风洞试验得到；$C_L^{\delta_a}$ 与机翼襟/副翼状态有关；$\delta_a$ 为副翼偏角。

自由流区的机翼侧向力 $S^{fwp}$、滚转力矩 $M_x^{fwp}$ 和偏航力矩 $M_y^{fwp}$ 为

$$\begin{cases} S^{fwp} = q_{fw}S_{fw}\left[C_s^{\beta_f}\left(\beta_f\right)+\dfrac{b_w}{2V_x}\left(C_s^{\bar{\omega}_x}\bar{\omega}_x + C_s^{\bar{\omega}_y}\bar{\omega}_y\right)\right] \\ M_x^{fwp} = q_{fw}S_{fw}b_w\left[C_{mx}^{\beta_f}\beta_f + \dfrac{b_w}{2V_x}\left(C_{mx}^{\bar{\omega}_x}\bar{\omega}_x + C_{mx}^{\bar{\omega}_y}\bar{\omega}_y\right)+C_{mx}^{\delta_a}\delta_a\right] \\ M_y^{fwp} = q_{fw}S_{fw}b_w\left[C_{my}^{\beta_f}\beta_f + \dfrac{b_w}{2V_x}\left(C_{my}^{\bar{\omega}_x}\bar{\omega}_x + C_{my}^{\bar{\omega}_y}\bar{\omega}_y\right)+C_{my}^{\delta_a}\delta_a\right] \end{cases} \tag{9-55}$$

式中，$b_w$ 为机翼展长；$C_s^{\bar{\omega}_x}$ 为横航向稳定性导数；$C_{mx}^{\delta_a}$ 和 $C_{my}^{\delta_a}$ 为襟/副翼差动偏转滚转力矩和偏航力矩增量斜率系数；$\bar{\omega}_x$ 和 $\bar{\omega}_y$ 为机翼风轴系下的机体姿态角速度，它们的表达式为

$$\begin{cases} \bar{\omega}_x = \omega_x\cos\alpha_f\cos\beta_f + \omega_y\sin\alpha_f\cos\beta_f + \omega_z\sin\beta_f \\ \bar{\omega}_y = -\omega_x\sin\alpha_f + \omega_y\cos\alpha_f \end{cases} \tag{9-56}$$

3. 机翼气动力

将滑流区和自由流区的升力、阻力和俯仰力矩进行叠加可得整个机翼的升力、阻力和俯仰力矩，即

$$\begin{cases} L = L^{iwp,l} + L^{iwp,r} + L^{fwp} \\ D = D^{iwp,l} + D^{iwp,r} + D^{fwp} \\ S = S^{iwp,l} + S^{iwp,r} + S^{fwp} \\ M_x = M_x^{iwp,l} + M_x^{iwp,r} + M_x^{fwp} \\ M_y = M_y^{iwp,l} + M_y^{iwp,r} + M_y^{fwp} \\ M_z = M_z^{iwp,l} + M_z^{iwp,r} + M_z^{fwp} \end{cases} \tag{9-57}$$

上述机翼气动力是在机翼风轴系下得到的，通过坐标转换，得到体轴系下的气动力和气动力矩。

### 9.3.3　机身及尾翼气动力模型

机身及尾翼的空气动力建模方法与单旋翼带尾桨式直升机的机身及尾翼建模方法类似，这里不再赘述。在机身的气动力建模中，由于左、右旋翼离机身较远，可不考虑旋翼对机身的气动干扰。而在尾翼的气动力建模中，除考虑旋翼、机身对尾翼的气动干扰外，还需考虑机翼对尾翼的气动干扰，有关机翼对尾翼的气动干扰可参阅相关文献。

## 9.4　倾转旋翼机操纵混合模型

倾转旋翼机兼具直升机模式和固定翼飞机模式，因此需配置直升机和固定翼飞机的两种操纵机构。直升机模式相当于横列式直升机，操纵面为左、右两个旋翼，对应的操纵量包括每个旋翼的总距与纵、横向周期变距，有 6 个操纵量。固定翼飞机模式相当于螺旋桨飞机，操纵面是升降舵、副翼、方向舵及两个螺旋桨(直升机模式的左、右两个旋翼)，对应的操纵量为升降舵、副翼、方向舵三个偏角及每个螺旋桨的总距，有 5 个独立操纵量，

其中螺旋桨总距操纵与直升机模式的旋翼总距操纵相同，这样倾转旋翼机有 9 个独立的操纵量，而飞行器的运动自由度为 6 个，分别是 3 个移动自由度和 3 个转动自由度，操纵量个数大于运动自由度个数，因而存在操纵冗余问题。

为了使驾驶员能在座舱对倾转旋翼机的所有模式实施有效控制，必须解决倾转旋翼机两套操纵系统共存引起的操纵冗余问题，解决操纵冗余的手段是采取操纵混合方法。

图 9-13 为直升机模式下倾转旋翼机的座舱操纵输入方式。从图中可以看出，通过总距杆的上下移动，引起左、右旋翼相同的总距变化，同时增加或减小左、右旋翼的拉力，实现对飞行器升降运动的控制；通过驾驶杆的横侧移动，引起左、右旋翼的总距差动，产生滚转力矩，实现对飞行器滚转运动的控制；通过驾驶杆的前后移动，引起左、右旋翼相同的纵向周期变距，产生俯仰力矩，实现对飞行器俯仰运动的控制；通过脚蹬操纵，引起左、右旋翼的纵向周期变距差动，产生偏航力矩，实现对飞行器航向运动的控制。

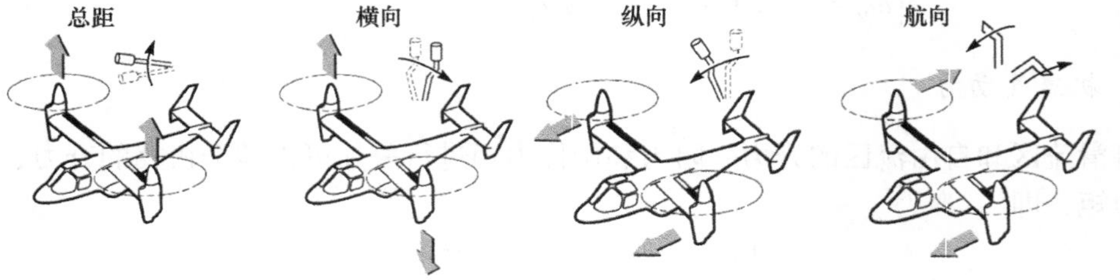


图 9-13　直升机模式的操纵

倾转旋翼机固定翼飞机模式的座舱操纵输入方式类似螺旋桨飞机，通过油门/总距控制飞行速度、升降舵控制俯仰，副翼控制滚转，方向舵控制航向，如图 9-14 所示，从左到右分别是速度纵向操纵、俯仰操纵、滚转操纵、偏航操纵。

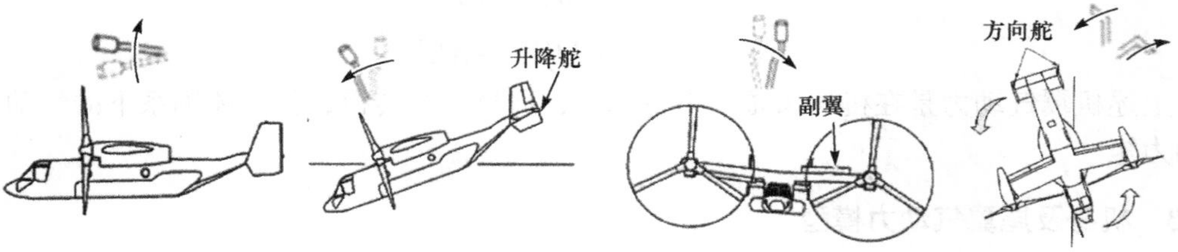


图 9-14　固定翼飞机模式的操纵

根据直升机模式和固定翼飞机模式的操纵特点，可以确定倾转旋翼机的混合操纵策略，如表 9-1 所示。由表可以看出，直升机模式和固定翼飞机模式的操纵与图 9-13 和图 9-14 相对应，倾转旋翼机的混合操纵主要发生在倾转过渡模式，在倾转过渡模式将 9 个独立的操纵量分配到座舱内的 4 个通道，分别与座舱内的总距/油门杆、驾驶杆及脚蹬操纵器相连，使驾驶员在座舱内对飞行器的运动实施有效操纵，从而解决由操纵冗余带来的驾驶员操纵问题。

**表 9-1　倾转旋翼机混合操纵策略**

| 通道 | 直升机模式 | 倾转过渡模式 | 固定翼飞机模式 |
|---|---|---|---|
| 俯仰操纵 | 旋翼纵向周期变距 | 旋翼纵向周期变距+升降舵 | 升降舵 |
| 滚转操纵 | 旋翼总距差动 | 旋翼总距差动+副翼 | 副翼 |
| 偏航操纵 | 旋翼纵向周期变距差动 | 旋翼纵向周期变距差动+方向舵 | 方向舵 |
| 推力操纵 | 总距/油门 | 总距/油门 | 总距/油门 |

根据表 9-1 的操纵策略，可采取这样的操纵混合方法，升降舵、副翼和方向舵的操纵方式在整个飞行过程中都有效，旋翼的操纵方式在直升机模式完全有效，在倾转过渡模式，旋翼除了总距操纵，纵横向周期变距操纵随倾转过程逐渐退出，当倾转旋翼机转换到飞机模式后，纵横向周期变距操纵完全退出，飞行器完全由飞机的操纵方式进行操纵。

上述操纵混合方法中，虽然升降舵、副翼和方向舵的操纵在整个飞行过程中都有效，但在直升机模式，由于速度低，升降舵、副翼和方向舵的操纵功效低，作用有限。此外，在倾转过程中，旋翼的纵横向周期变距操纵以逐渐退出的方式变化，这样既能弥补飞行器在倾转过渡初期由于速度低导致的升降舵、副翼和方向舵操纵效率不足，又能避免倾转角引起的旋翼滚转操纵和偏航操纵耦合，如果旋翼的纵横向周期变距操纵在倾转过程中一直存在，则当发动机短舱倾转至固定翼飞机模式时，旋翼的滚转操纵和航向操纵的作用就完全对调过来了。

此外，在直升机模式与固定翼飞机模式的转换过程中，旋翼拉力的作用发生变化，在直升机模式旋翼拉力主要用来配平飞行器的重力，而在固定翼飞机模式旋翼的拉力用来克服飞行中的阻力。虽然飞行器的重力远远大于阻力，但由于固定翼飞机模式的旋翼工作在轴流状态，飞行相对气流速度全部变成旋翼的入流，降低了旋翼桨叶所有剖面的迎角，为了确保旋翼拉力能克服固定翼飞机模式飞行中的阻力，只能加大旋翼总距，也就是说在直升机模式向固定翼飞机模式的转换过程中，要求不断增加旋翼总距，这样势必增加总距杆的行程，不利于驾驶员操纵。为此，引入旋翼总距起始点随旋翼的逐渐前倾而不断增加的机构，满足直升机模式与固定翼飞机模式转换过程对旋翼总距的需求，同时可以确保总距杆行程在合理的范围内。

综合以上因素，可以建立倾转旋翼机的操纵混合模型，其核心是确定旋翼总距与差动、纵向周期变距与差动随发动机短舱倾角与速度的变化关系，使直升机模式的操纵能平滑过渡到固定翼飞机模式的操纵，确保驾驶员在座舱能对飞行器的全部飞行模式进行有效控制。

设 $\delta_{\text{col}}$、$\delta_{\text{long}}$、$\delta_{\text{lat}}$ 和 $\delta_{\text{ped}}$ 分别为座舱总距杆操纵位移、驾驶杆纵/横向操纵位移及脚蹬操纵位移。$\theta_0$、$A_{1s}$、$B_{1s}$、$\delta_{\text{elev}}$、$\delta_{\text{ail}}$、$\delta_{\text{rud}}$ 分别为旋翼桨叶总距、横向周期变距、纵向周期变距、升降舵偏转角、副翼偏转角和方向舵偏转角，则倾转旋翼机全部飞行模式下的操纵混合模型可以由式(9-58)来表示：

$$\begin{cases}\theta_{0,r}=\delta_{\text{col}}\cdot\delta\theta_0/\delta_{\text{col}}-\left(\delta_{\text{lat}}-\delta_{\text{lat},n}\right)\delta\theta_0/\delta_{\text{lat}}+\theta_{0L}\\ \theta_{0,l}=\delta_{\text{col}}\cdot\delta\theta_0/\delta_{\text{col}}+\left(\delta_{\text{lat}}-\delta_{\text{lat},n}\right)\delta\theta_0/\delta_{\text{lat}}+\theta_{0L}\\ B_{1s,r}=\left(\delta_{\text{long}}-\delta_{\text{long},n}\right)\delta B_{1s}/\delta_{\text{long}}-\left(\delta_{\text{ped}}-\delta_{\text{ped},n}\right)\delta B_{1s}/\delta_{\text{ped}}\\ B_{1s,l}=\left(\delta_{\text{long}}-\delta_{\text{long},n}\right)\delta B_{1s}/\delta_{\text{long}}+\left(\delta_{\text{ped}}-\delta_{\text{ped},n}\right)\delta B_{1s}/\delta_{\text{ped}}\\ A_{1s,r}=\left(\delta_{\text{lat}}-\delta_{\text{lat},n}\right)\delta A_{1s}/\delta_{\text{lat}}\\ A_{1s,l}=\left(\delta_{\text{lat}}-\delta_{\text{lat},n}\right)\delta A_{1s}/\delta_{\text{lat}}\\ \delta_{\text{elev}}=\left(\delta_{\text{long}}-\delta_{\text{long},n}\right)\delta_{\text{elev}}/\delta_{\text{long}}\\ \delta_{\text{ail}}=-\left(\delta_{\text{lat}}-\delta_{\text{lat},n}\right)\delta_{\text{ail}}/\delta_{\text{lat}}\\ \delta_{\text{rud}}=\left(\delta_{\text{ped}}-\delta_{\text{ped},n}\right)\delta_{\text{rud}}/\delta_{\text{ped}}\end{cases}\tag{9-58}$$

式中，下标 $r$ 、$l$ 表示右旋翼和左旋翼；下标 $n$ 表示座舱操纵杆中立位置所对应的位置；$\delta_{\text{long},n}$ 、$\delta_{\text{lat},n}$ 分别为驾驶杆纵、横向中立位置所对应的位移；$\delta_{\text{ped},n}$ 为脚蹬中立位置所对应的位移。一般情况下，驾驶杆及脚蹬的中立位置为无操纵时所在的位置。

从式(9-58)可以看出，每个旋翼的总距变化来自三部分：① $\delta_{\text{col}}\cdot\delta\theta_0/\delta_{\text{col}}$ ，表示总距杆操纵引起的总距变化量，其中 $\delta\theta_0/\delta_{\text{col}}$ 为总距杆操纵传动比；② $\left(\delta_{\text{lat}}-\delta_{\text{lat},n}\right)\delta\theta_0/\delta_{\text{lat}}$ ，表示驾驶杆横向操纵引起的总距变化量，即驾驶杆横向操纵引起左、右两个旋翼的总距差动，产生滚转力矩，其中 $\delta\theta_0/\delta_{\text{lat}}$ 为总距差动系数；③旋翼总距初始安装角 $\theta_{0L}$ ，根据前面的分析可知，初始安装角 $\theta_{0L}$ 能随短舱的不断前倾而逐渐增加。例如，倾转旋翼机样机的 $\theta_{0L}$ 设计成随短舱的逐渐前倾而不断增加，如图 9-15 所示。

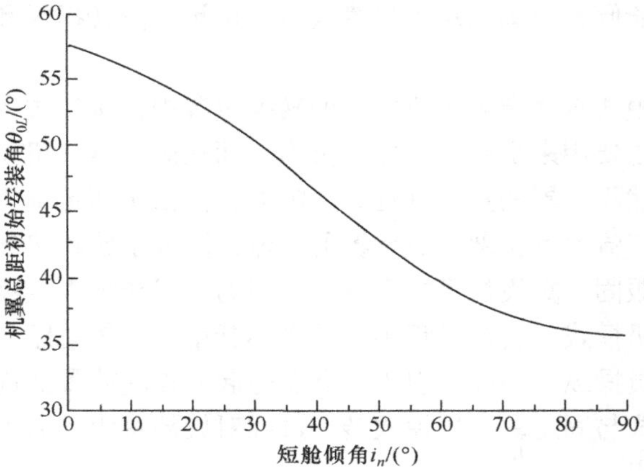


图 9-15　倾转旋翼机样机总距初始安装角对短舱倾角的变化

除了旋翼总距采用操纵混合，每个旋翼的纵向周期变距变化来自座舱两种操纵的混合：①驾驶杆的纵向操纵引起的纵向周期变距变化量 $\left(\delta_{\text{long}}-\delta_{\text{long},n}\right)\delta B_{1s}/\delta_{\text{long}}$ ，其中 $\delta B_{1s}/\delta_{\text{long}}$ 为纵向周期变距系数；②脚蹬操纵(相对中立位置)引起的旋翼纵向周期变距变化量 $\left(\delta_{\text{ped}}-\delta_{\text{ped},n}\right)\delta B_{1s}/\delta_{\text{ped}}$ ，引起左右两个旋翼的纵向周期变距差动，使飞行器产生偏航力矩。

两个旋翼的横向周期变距以及副翼、升降舵及方向舵的偏角没有操纵混合，其中旋翼横向周期变距与副翼的偏角来自驾驶杆的横向操纵，升降舵的偏角来自驾驶杆的纵向操纵，方向舵的偏角来自脚蹬操纵。

根据表 9-1 的操纵策略，要求在飞行器的倾转过渡模式逐渐退出两个旋翼的纵向周期变距、纵向周期变距差动以及左、右旋翼的总距差动，为此纵向周期变距系数 $\delta B_{1s}/\delta_{\text{long}}$ 、纵向周期变距差动系数 $\delta B_{1s}/\delta_{\text{ped}}$ 以及总距差动系数 $\delta\theta_0/\delta_{\text{lat}}$ 应随短舱角的前倾逐渐变为零，也就是说，要求这些系数随短舱倾角的变化而变化。由于在倾转过程中飞行器的速度一直在变化，因此上述系数是短舱倾角和飞行速度的函数。图 9-16～图 9-18 为倾转旋翼机样机的总距差动系数、纵向周期变距系数及差动系数随短舱倾角和飞行速度的变化情况。

从图中可以看出，这些系数随发动机短舱角变化平滑，当短舱角为 0°时，即固定翼飞机模式，$\delta B_{1s}/\delta_{\text{long}}$ 和 $\delta B_{1s}/\delta_{\text{ped}}$ 减小至 0，说明此时旋翼纵向周期变距完全退出，飞行器的俯仰操纵和偏航操纵完全由升降舵和方向舵来承担。但 $\delta\theta_0/\delta_{\text{lat}}$ 在短舱角为 0°时仍保留一个很小的值，这是由于当座舱驾驶杆进行横向操纵时，左、右机翼后缘的襟/副翼偏转导致两边阻力不对称，产生偏航力矩，保留一定的总距差动值正是为了在固定翼飞机模式高速飞行时抵消由襟/副翼偏转产生不对称阻力所引起的偏航力矩。另外，飞行速度不同，脚蹬操纵引起的纵向周期变距差动系数也不同，前飞速度越大，相同短舱倾角所对应的纵向周期变距差动系数越小，这是由于航向操纵来自纵向周期变距差动和方向舵偏转的共同作用，而方向舵的效能随着飞行速度的增加而增加。

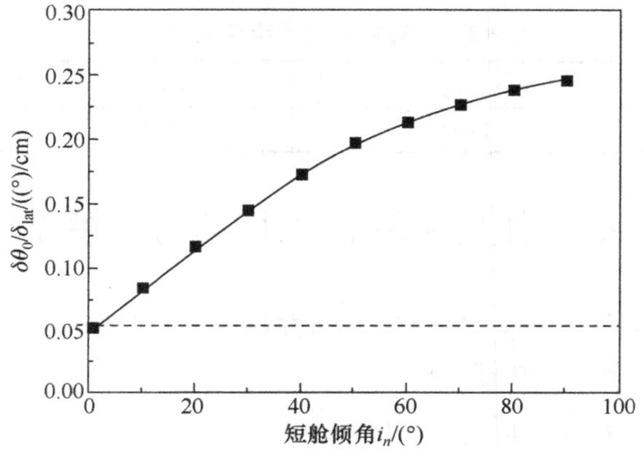


图 9-16　倾转旋翼机样机驾驶杆横向操纵引起的总距

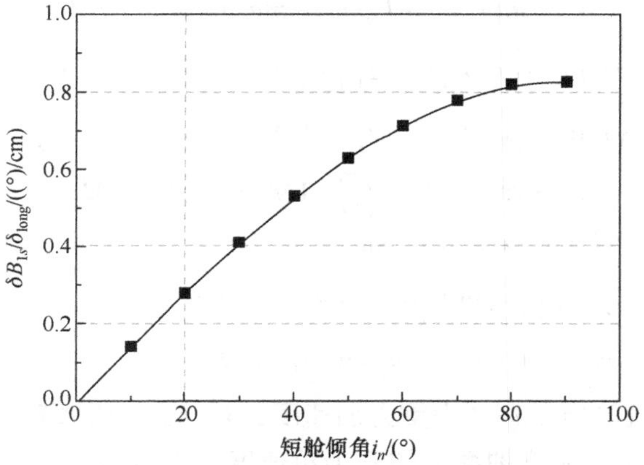


图 9-17　倾转旋翼机样机驾驶杆纵向操纵引起的纵向周期变距

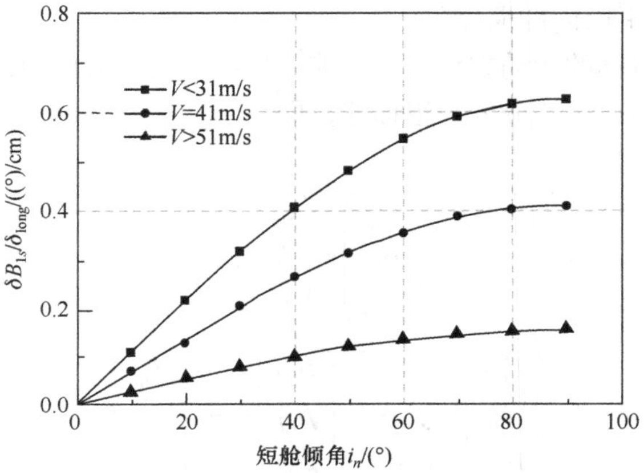


图 9-18　倾转旋翼机样机脚蹬操纵引起的旋翼纵向周期变距

除了 $\delta\theta_0/\delta_{\mathrm{lat}}$、$\delta B_{1s}/\delta_{\mathrm{long}}$ 及 $\delta B_{1s}/\delta_{\mathrm{ped}}$，式(9-58)中的其余参数 $\delta A_{1s}/\delta_{\mathrm{lat}}$、$\delta_{\mathrm{elev}}/\delta_{\mathrm{long}}$、$\delta_{\mathrm{ail}}/\delta_{\mathrm{lat}}$、$\delta_{\mathrm{rud}}/\delta_{\mathrm{ped}}$ 分别为旋翼横向周期变距对座舱驾驶杆横向操纵位移的传动比、升降舵偏角对座舱驾驶杆纵向操纵位移的传动比、副翼偏角对座舱驾驶杆横向操纵位移的传动比以及方向舵偏角对座舱脚蹬操纵位移的传动比。表 9-2 为倾转旋翼机样机的传动比。

**表 9-2　倾转旋翼机操纵传动比**　(单位：(°)/cm)

| $\delta A_{1s}/\delta_{\mathrm{lat}}$ | $\delta_{\mathrm{elev}}/\delta_{\mathrm{long}}$ | $\delta_{\mathrm{ail}}/\delta_{\mathrm{lat}}$ | $\delta_{\mathrm{rud}}/\delta_{\mathrm{ped}}$ |
|---|---|---|---|
| 0 | 1.642 | 1.547 | 3.15 |

## 9.5　倾转旋翼机飞行动力学模型

假设倾转旋翼机机体为刚体，则机体运动方程与单旋翼带尾桨式直升机的运动方程类似，可用 9 个一阶微分方程组描述，即

$$\begin{cases} m\dot{V}_x + m\left(V_z\omega_y - V_y\omega_z\right) + mg\sin\vartheta = F_x \\ m\dot{V}_y + m\left(V_x\omega_z - V_z\omega_x\right) + mg\cos\vartheta\cos\gamma = F_y \\ m\dot{V}_z + m\left(V_y\omega_x - V_x\omega_y\right) - mg\cos\vartheta\sin\gamma = F_z \\ I_x\dot{\omega}_x + \omega_y\omega_z\left(I_z - I_y\right) + \left(\omega_x\omega_z - \dot{\omega}_y\right)I_{xy} = M_x \\ I_y\dot{\omega}_y + \omega_x\omega_z\left(I_x - I_z\right) - \left(\omega_y\omega_z + \dot{\omega}_x\right)I_{xy} = M_y \\ I_z\dot{\omega}_z + \omega_x\omega_y\left(I_y - I_x\right) + (\omega_y^2 - \omega_x^2)I_{xy} = M_z \\ \dot{\vartheta} = \omega_z\cos\gamma + \omega_y\sin\gamma \\ \dot{\gamma} = \omega_x - \tan\vartheta\left(\omega_y\cos\gamma - \omega_z\sin\gamma\right) \\ \dot{\psi} = \left(\omega_y\cos\gamma - \omega_z\sin\gamma\right)/\cos\vartheta \end{cases} \tag{9-59}$$

式中，$m$ 为倾转旋翼机的质量；$g$ 为重力加速度；$V_x,V_y,V_z$ 为倾转旋翼机沿体轴系三个方向上的线速度；$\omega_x,\omega_y,\omega_z$ 为体轴系下的三个角速度；$F_x,F_y,F_z$ 和 $M_x,M_y,M_z$ 为作用在倾转旋翼机质心的空气动力合力和合力矩；$I_x,I_y,I_z$ 为倾转旋翼机绕体轴系三个轴的惯性矩；$I_{xy}$ 为飞行器纵向对称平面内的惯性积。

除了上述飞行器机体的运动方程，基于前面的旋翼气动力模型，左、右旋翼的诱导速度和挥舞运动也分别用一阶微分方程组描述，即

左旋翼挥舞运动方程为

$$\begin{pmatrix} \beta_{0,l} \\ \beta_{1,l} \\ \beta_{2,l} \end{pmatrix} = \begin{pmatrix} \dot{a}_{0,l} \\ \dot{a}_{1,l} \\ \dot{b}_{1,l} \end{pmatrix} \tag{9-60}$$

$$\begin{pmatrix} \dot{\beta}_{0,l} \\ \dot{\beta}_{1,l} \\ \dot{\beta}_{2,l} \end{pmatrix} = \boldsymbol{f}_l - \boldsymbol{D}_l \begin{pmatrix} \beta_{0,l} \\ \beta_{1,l} \\ \beta_{2,l} \end{pmatrix} - \boldsymbol{K}_l \begin{pmatrix} a_{0,l} \\ a_{1,l} \\ b_{1,l} \end{pmatrix} \tag{9-61}$$

左旋翼动态入流方程为

$$\begin{pmatrix} \dot{v}_{0,l} \\ \dot{v}_{1s,l} \\ \dot{v}_{1c,l} \end{pmatrix} = -\boldsymbol{\tau}_l^{-1}\left[\begin{pmatrix} v_{0,l} \\ v_{1s,l} \\ v_{1c,l} \end{pmatrix} + \boldsymbol{L}_l \begin{pmatrix} C_{T,l} \\ C'_{L,l} \\ C'_{M,l} \end{pmatrix}\right] \tag{9-62}$$

右旋翼挥舞运动方程为

$$\begin{pmatrix} \beta_{0,r} \\ \beta_{1,r} \\ \beta_{2,r} \end{pmatrix} = \begin{pmatrix} \dot{a}_{0,r} \\ \dot{a}_{1,r} \\ \dot{b}_{1,r} \end{pmatrix} \tag{9-63}$$

$$\begin{pmatrix} \dot{\beta}_{0,r} \\ \dot{\beta}_{1,r} \\ \dot{\beta}_{2,r} \end{pmatrix} = \boldsymbol{f}_r - \boldsymbol{D}_r \begin{pmatrix} \beta_{0,r} \\ \beta_{1,r} \\ \beta_{2,r} \end{pmatrix} - \boldsymbol{K}_r \begin{pmatrix} a_{0,r} \\ a_{1,r} \\ b_{1,r} \end{pmatrix} \tag{9-64}$$

右旋翼动态入流方程为

$$\begin{pmatrix} \dot{v}_{0,r} \\ \dot{v}_{1s,r} \\ \dot{v}_{1c,r} \end{pmatrix} = -\boldsymbol{\tau}_r^{-1}\left[\begin{pmatrix} v_{0,r} \\ v_{1s,r} \\ v_{1c,r} \end{pmatrix} + \boldsymbol{L}_r \begin{pmatrix} C_{T,r} \\ C'_{L,r} \\ C'_{M,r} \end{pmatrix}\right] \tag{9-65}$$

方程(9-59)～方程(9-65)构成了倾转旋翼机的飞行动力学方程，写成以下矢量形式：

$$\dot{\boldsymbol{x}} = \boldsymbol{f}(\boldsymbol{x},\boldsymbol{u},t) \tag{9-66}$$

式中，$\boldsymbol{x}$ 为状态量，包含直升机机体 3 个速度和角速度分量、3 个姿态角、左右旋翼挥舞运动和入流分量，共计 27 个状态量；$\boldsymbol{u}$ 为操纵量，包括左右旋翼总距和纵横向周期变距以及升降舵、方向舵与副翼偏角；$t$ 为时间。

值得指出的是，在倾转过渡模式下，当发动机短舱倾转时，倾转旋翼机的质心位置也会随之变化，这种变化一般在飞行器纵向平面内移动，图 9-19 给出了倾转旋翼机样机质心位置的变化范围。图中 WL 表示垂向位置，SL 表示纵向站位，发动机短舱质心位置 $\mathrm{SL}_n$ 和 $\mathrm{WL}_n$ 以及飞行器重心位置 $\mathrm{SL}_{\mathrm{CG}}$ 和 $\mathrm{WL}_{\mathrm{CG}}$ 可以通过式(9-67)和式(9-68)来确定：

$$\begin{cases} \mathrm{SL}_n = \mathrm{SL}_P - x\cos\alpha_m - y\sin\alpha_m \\ \mathrm{WL}_n = \mathrm{WL}_P - x\sin\alpha_m + y\cos\alpha_m \end{cases} \tag{9-67}$$

$$\begin{cases} \mathrm{SL}_{\mathrm{CG}} = (\mathrm{SL}_{\mathrm{CG}})_{i_n=90°} - \dfrac{\mathrm{GW}_n}{\mathrm{GW}_A}\left[(\mathrm{SL}_n)_{i_n=90°} - \mathrm{SL}_n\right] \\ \mathrm{WL}_{\mathrm{CG}} = (\mathrm{WL}_{\mathrm{CG}})_{i_n=90°} - \dfrac{\mathrm{GW}_n}{\mathrm{GW}_A}\left[(\mathrm{WL}_n)_{i_n=90°} - \mathrm{WL}_n\right] \end{cases} \tag{9-68}$$

式中，$\alpha_m = \pi/2 - i_n$，$x = \mathrm{SL}_P - (\mathrm{SL}_n)_{i_n=90°}$，$y = (\mathrm{WL}_n)_{i_n=90°} - \mathrm{WL}_P$。其中 $\mathrm{SL}_P$ 和 $\mathrm{WL}_P$ 是倾转旋翼机发动机短舱倾转轴的 SL 和 WL 位置，$(\mathrm{SL}_{\mathrm{CG}})_{i_n=90°}$，$(\mathrm{WL}_{\mathrm{CG}})_{i_n=90°}$ 和 $(\mathrm{SL}_n)_{i_n=90°}$，$(\mathrm{WL}_n)_{i_n=90°}$ 分别是倾转旋翼机直升机模式下飞行器质心和发动机短舱质心的 SL 和 WL 位置，$\mathrm{GW}_n$ 和 $\mathrm{GW}_A$ 分别是两个发动机短舱的总重量和飞行器的总重量。

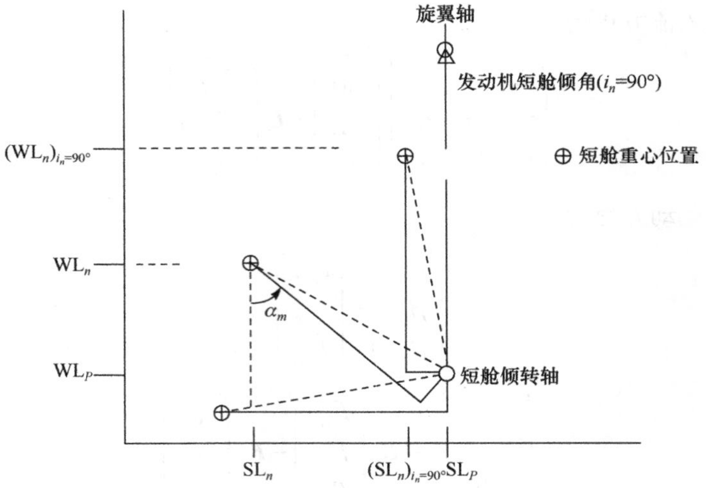


图 9-19　倾转旋翼机样机质心位置变化

在倾转过渡模式下，除了质心变化，倾转旋翼机的惯量会随着发动机短舱的倾转而变化，可表示为

$$\begin{cases} I_x = I_{x0} + K_{I1} i_n \\ I_y = I_{y0} - K_{I2} i_n \\ I_z = I_{z0} + K_{I3} i_n \\ I_{xy} = I_{xy0} + K_{I4} i_n \end{cases} \tag{9-69}$$

式中，$I_{x0}, I_{y0}, I_{z0}$ 和 $I_{xy0}$ 是飞机模式下倾转旋翼机的惯性矩和惯性积；$K_{I1}, K_{I2}, K_{I3}, K_{I4}$ 为常系数，可由试验或计算得到。倾转旋翼机样机的惯性矩 $I_x, I_y, I_z$ 和惯性积 $I_{xy}$ 随发动机短舱倾转角的变化关系如图 9-20 所示。

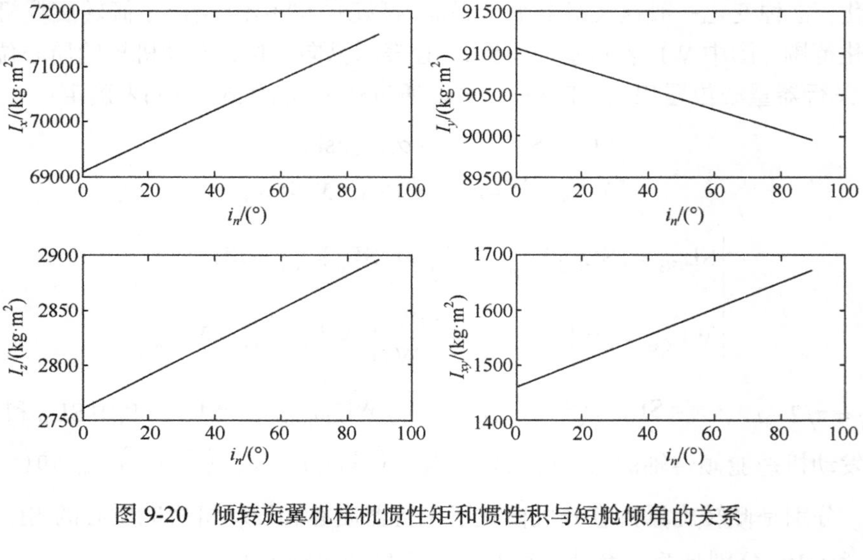


图 9-20　倾转旋翼机样机惯性矩和惯性积与短舱倾角的关系

## 9.6　倾转旋翼机配平

本节将基于前面讨论的飞行动力学模型进行倾转旋翼机的配平。与常规直升机的配平一样，倾转旋翼机配平计算的任务是根据平衡条件确定倾转旋翼机稳定飞行所需的操纵输入量和飞行器的飞行姿态角，其中的操纵量包括倾转旋翼机座舱总距杆量、纵向操纵杆量、横向操纵杆量和脚蹬量，飞行器姿态角包括俯仰角和侧倾角。

倾转旋翼机包括直升机模式、倾转过渡模式以及固定翼飞机模式三种飞行模式，短舱倾角为 90°时对应直升机模式，短舱倾角为 0°时对应固定翼飞机模式，短舱倾角在 0°～90°为倾转过渡模式。由于倾转旋翼机的短舱只能在一定的速度范围内倾转(相关内容将在第 10 章详细讨论)，因此不同短舱倾角下的稳态飞行须与相应的速度匹配，表 9-3 给出了 XV-15 倾转旋翼机以不同短舱倾角稳态飞行时所对应的前飞速度。从表中可以看出，不同短舱倾角下的前飞速度各不相同。当短舱倾角为 90°时(直升机模式)，速度为 0～60m/s，随着短舱前倾，速度的下限和上限相应增加，当短舱倾角为 0°时(固定翼飞机模型)，速度的下限为 80m/s，表明倾转旋翼机随着短舱的不断前倾，速度需不断增加。

**表 9-3　倾转旋翼机三种飞行模式配平计算状态点**

| | 发动机短舱倾角 $i_n$ | | | | |
|---|---|---|---|---|---|
| | 90° | 75° | 60° | 30° | 0° |
| 前飞速度 $V$/(m/s) | 0.01 | | | | 80 |
| | 10 | 30 | 40 | | 90 |
| | 20 | 40 | 50 | 50 | 100 |
| | 30 | 50 | 60 | 60 | 110 |
| | 40 | 60 | 70 | 70 | 120 |
| | 50 | 70 | 80 | 80 | 130 |
| | 60 | | | | 140 |

在倾转旋翼机的三种飞行模式中，直升机模式和固定翼飞机模式的配平与传统直升机和固定翼飞机类似，倾转过渡模式下的配平计算是针对短舱的特定角度，根据作用在飞行器上的合外力和力矩等于零的条件，计算飞行器的操纵量和姿态角。

设倾转旋翼机在空中做定常直线平飞，此时飞行器的角速度、角加速度和线加速度为零，即

$$\begin{cases}\omega_x=\omega_y=\omega_z=0\\ \dot{V}_x=\dot{V}_y=\dot{V}_z=0\\ \dot{\omega}_x=\dot{\omega}_y=\dot{\omega}_z=0\end{cases}\tag{9-70}$$

根据上述条件，倾转旋翼机机体运动方程式可简化为

$$\begin{cases}F_x-m_G g\sin\vartheta=0\\ F_y-m_G g\cos\vartheta\cos\gamma=0\\ F_z+m_G g\cos\vartheta\sin\gamma=0\\ M_x=0\\ M_y=0\\ M_z=0\end{cases}\tag{9-71}$$

式中，$F_x, F_y, F_z$ 和 $M_x, M_y, M_z$ 分别为左右旋翼、机翼、机身、平尾和垂尾在质心处产生的气动合力和合力矩。方程组(9-71)是一个非线性方程组，对它的求解需要用数值计算方法，求解方法与第 5 章的方法相同，这里不再赘述。

方程组(9-71)为倾转旋翼机配平的主控方程，对于对称平直飞行的倾转旋翼机来说，方程个数由 6 个缩减为 3 个，根据倾转旋翼机操纵混合模型中纵向操纵杆量与旋翼纵向周期变距以及平尾升降舵偏转角的关系式，可以配平出直升机模式、倾转过渡模式以及固定翼飞机模式三种飞行模式下倾转旋翼机的旋翼总距杆量 $\delta_{\mathrm{col}}$、驾驶杆纵向杆量 $\delta_{\mathrm{long}}$ 和倾转旋翼机的俯仰角(迎角) $\vartheta$。升降舵偏转角 $\delta_{\mathrm{elev}}$ 可由驾驶杆纵向杆量 $\delta_{\mathrm{long}}$ 得到，图 9-21 为倾转旋翼机全飞行模式的配平计算流程。

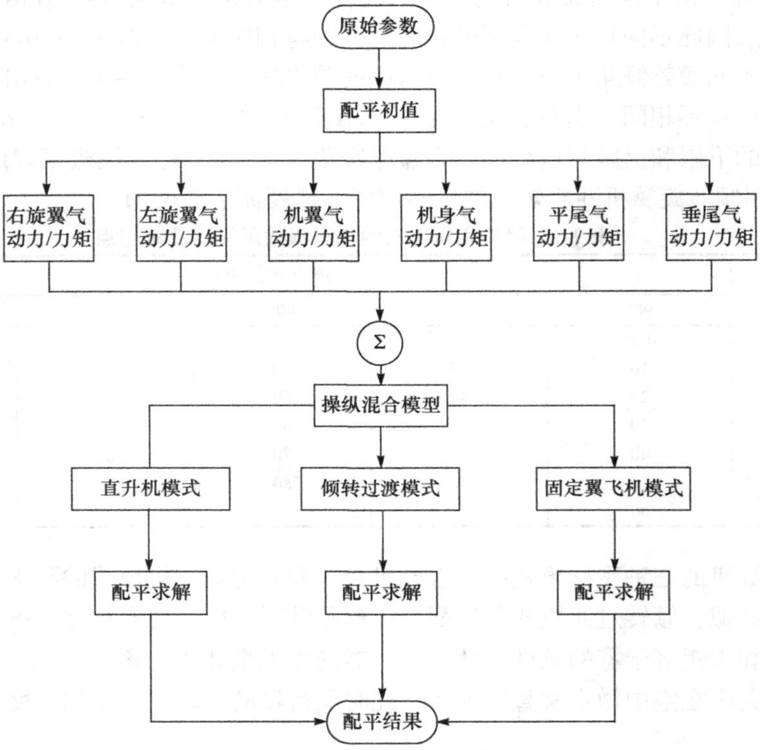


图 9-21　倾转旋翼机全飞行模式配平计算流程

图 9-22 是倾转旋翼机样机在三种飞行模式下做定常平直飞行时的配平结果，包括总距杆位移、驾驶杆纵向位移、机体俯仰姿态配平值随速度和短舱倾角的变化关系，为便于分析，图中还给出了升降舵偏角配平值随速度和短舱倾角的变化关系。由于定常平直飞行时，作用在飞行器上的横航向力和力矩自动平衡，因此横航向的操纵量和姿态为零。配平计算所用到的数据见附录 E，其中，飞行高度为海平面标准大气，飞行器总重为 5897kg(13000lb，1lb = 0.453592kg)不变，飞行器重心在飞行器的纵向对称面内，当短舱倾角为 90°时，其纵向位置位于左、右发动机短舱支点后方 0.03m 处，即后重心，垂向位置位于左、右发动机短舱支点下方 0.37m 处，随着发动机短舱的倾转，飞行器重心会发生变化。直升机模式和倾转过渡模式下发动机的转速为 589r/min，固定翼飞机模式下发动机的转速为 517r/min。

在直升机模式和短舱倾角为 75°的倾转过渡模式下，襟/副翼偏转角设定值为 40°/25°，在短舱倾角为 60°、30°的倾转过渡模式以及固定翼飞机模式下，襟/副翼偏转角设定为 0°/0°。

以下结合图 9-22 分析倾转旋翼机在不同飞行模式的配平结果。

直升机模式包括悬停和前飞。悬停状态的配平结果为图 9-22 中横坐标速度为零时所对应的点。总距杆操纵主要用于平衡飞行器的重力。由于算例中的飞行器重心纵向位置位于左、右发动机短舱支点的连线之后，所以悬停状态的机体俯仰姿态为抬头，为了平衡由抬头引起的体轴系纵轴上的重力分量，驾驶杆需向前推，使左、右旋翼产生前向力来平衡体轴系纵轴上的重力分量。需要注意的是，驾驶杆前推除平衡上述重力分量外，还应满足左、右旋翼的拉力矢量通过飞行器重心所在的纵向平面，这样不仅满足力的平衡，而且满足力矩的平衡，使作用在飞行器上合外力(矩)为零。悬停状态升降舵无气动力，没有参与配平，由于驾驶杆的前后移动同时改变左、右旋翼的纵向周期变距和升降舵的偏角，因此悬停状态也会引起升降舵偏转。就算例而言，驾驶杆前推，升降舵下偏(下偏为正)，大小取决于驾驶杆前后位移与升降舵偏角之间的传动比。

前飞时，总距杆量随前飞速度的增加先减小再增加，这与单旋翼带尾桨式直升机的总距变化类似。但是，由于机翼在前飞时也产生升力，且随飞行速度的增加而增加，飞行器的重力由旋翼和机翼共同承担，因而，与单旋翼带尾桨式直升机相比，大速度飞行时的总距杆量随前飞速度的变化相对缓和。驾驶杆前推量和飞行器低头姿态随飞行速度的增加而增加，这也与单旋翼带尾桨式直升机的情况一致。但与单旋翼带尾桨式直升机不同的是机翼也参与配平，机翼除了产生升力，还产生阻力和俯仰力矩，它们与飞行器重力在体轴系纵轴上的分量、机体阻力、旋翼后向力和俯仰力矩以及升降舵产生的俯仰力矩共同确定驾驶杆前推量和俯仰姿态的配平。升降舵偏角完全由驾驶杆前后移动量决定，驾驶杆前推引起升降舵下偏，驾驶杆后拉引起升降舵上偏，这也是升降舵偏角随前飞速度的变化与驾驶杆前推量随前飞速度的变化一致的原因。

倾转过渡模式的配平结果受短舱倾角和飞行速度的影响，图 9-22 针对不同短舱倾角(90°、75°、60°、30°及 0°)给出了旋翼总距杆量、驾驶杆纵向杆量、俯仰姿态以及升降舵偏角随飞行速度的变化关系，其中短舱角 90°对应直升机模式，短舱角 0°对应固定翼飞机模式。

当短舱前倾角为某一给定值时，旋翼总距杆量、驾驶杆前推量、升降舵偏角以及俯仰姿态随飞行速度的增加而增加。也就是说，倾转过渡模式的配平结果随飞行速度的变化基本延续直升机飞行模式(短舱角 90°)大速度飞行时的变化趋势，这也表明倾转旋翼机的倾转过渡模式能够从直升机飞行模式连续过渡。

值得注意的是，倾转旋翼机短舱前倾角越小，对应的倾转过渡速度越大，这是由倾转过渡中的升力匹配要求决定的。随着短舱前倾角的减小，旋翼拉力对升力的贡献也减小，要求机翼能弥补旋翼倾转引起的升力减小，如果短舱前倾角过小而速度没有达到足够的值，则机翼由于存在失速限制而没法弥补旋翼倾转引起的升力减小，导致无法配平。

如果在相同的飞行速度下以不同短舱前倾角进行倾转过渡，则要求旋翼总距杆量、驾驶杆前推量、升降舵偏角随短舱前倾角的减小而减小，而俯仰姿态随随短舱前倾角的减小而增大，这是由倾转过渡中的升力、推力匹配要求决定的。随着短舱前倾角的减小，旋翼拉力对升力的贡献减小，对推力的贡献则增大，为了满足推力配平，要求旋翼降低总距以减小拉力、维持推力平衡。为了满足升力平衡，要求增加机翼升力，此时只能通过增加俯仰姿态来增加机翼的迎角，达到增加机翼升力的目的，而增加俯仰姿态的措施是减小驾驶杆前推量使飞行器抬头。所以，短舱前倾角越小，配平所需的旋翼总距杆量、驾驶杆前推量、升降舵偏角也越小，而俯仰姿态则越大。

在固定翼飞机模式，旋翼已成为螺旋桨，随着飞行速度的增加，飞行器的阻力增加，机翼的阻力、升力和抬头力矩也增加，为了克服阻力，要求螺旋桨的拉力也随之增加，这就要求增加旋翼总距杆量。为了保持升力与飞行器重力的平衡，抬头姿态应减小，为了保持俯仰力矩的平衡，应前推驾驶杆，所以，在固定翼飞机模式，总距杆位移、驾驶杆前推杆位移随飞行速度的增加而增加，俯仰姿态随飞行速度的增加而减小，升降舵偏角随飞行速度的变化关系则与驾驶杆位移同步。

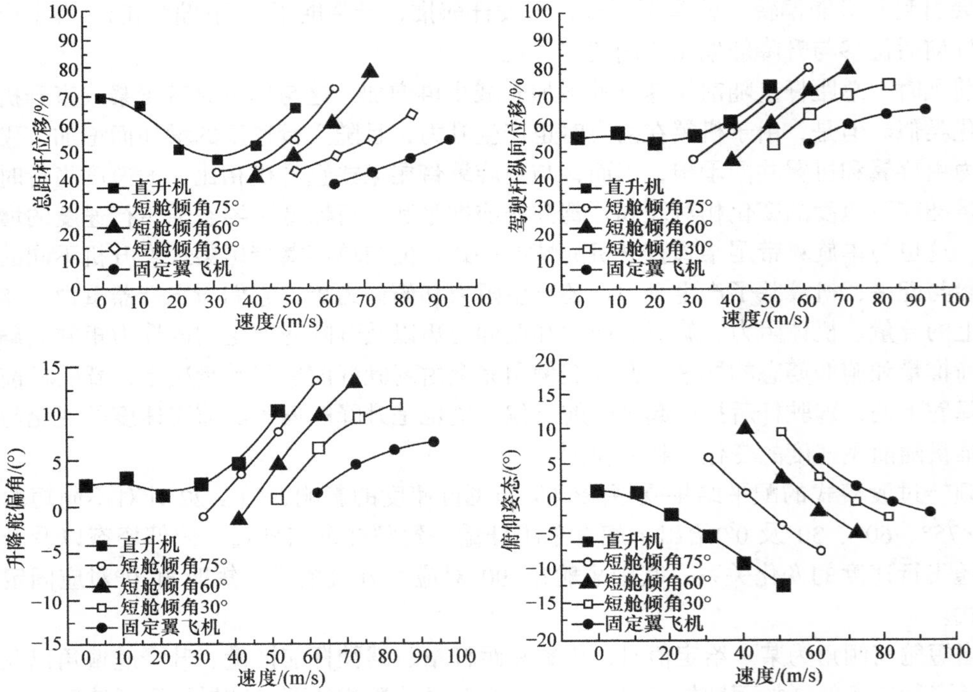


图 9-22　倾转旋翼机样机三种飞行模式定常平飞配平结果

# 第 10 章　倾转旋翼机飞行模式的转换

## 10.1　概　　述

倾转旋翼机要同时具备垂直起降和高速巡航的飞行能力，必然经历直升机模式与固定翼飞机模式之间的转换过程，这种转换是通过不断改变旋翼轴的倾角来实现的，转换过程中的飞行器既不同于直升机，也不同于固定翼飞机，是一种伴随着构型(气动外形)和飞行速度不断变化的复杂飞行过程，这一飞行过程也称为倾转过渡模式。

倾转过渡模式是倾转旋翼机独有的飞行模式，是倾转旋翼机实现垂直起降和大速度巡航飞行的桥梁。

要实现直升机模式与固定翼飞机模式之间的转换必须解决两个问题：一是旋翼在什么速度下开始倾转？在什么速度下完成倾转？也就是说要确定旋翼倾转角与飞行速度的关系，称为倾转旋翼机的倾转过渡速度走廊。二是如何操纵实现两种飞行模式的相互转换？就是说如何根据倾转过渡速度走廊给定的旋翼倾转角与飞行速度，确定飞行模式转换中的操纵策略。

本章将针对上述问题建立合适的分析模型和方法，首先确定倾转旋翼机的倾转过渡速度走廊，然后分析飞行模式转换的方法，给出直升机模式与固定翼飞机模式之间相互转换过程的特性。

## 10.2　倾转旋翼机倾转过渡速度走廊

图 10-1 给出了倾转旋翼机直升机模式、固定翼飞机模式以及倾转过渡模式所对应的旋翼倾转角与飞行速度。直升机模式的旋翼倾转角为 90°，速度范围为悬停到直升机模式的最大平飞速度；飞机模式的旋翼倾转角为 0°，速度范围为机翼失速前的最小速度到飞行器的最大速度；倾转过渡模式的旋翼倾转角为 0°～90°，速度范围为不同旋翼倾转角所对应的低速边界与高速边界。倾转过渡模式的速度范围称为倾转过渡速度走廊(conversion corridor)，表明倾转旋翼机只能在该速度走廊内进行直升机模式与飞机模式的相互转换。

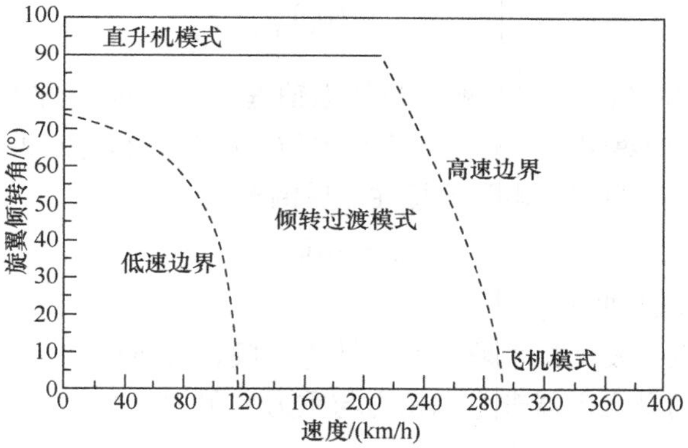


图 10-1　倾转旋翼机的倾转过渡速度走廊

倾转过渡模式是倾转旋翼机独有的飞行模式，是直升机模式与飞机模式相互转换的区域。由于在飞机模式下飞行速度过低导致机翼失速，而在直升机模式下飞行速度受到发动机可用功率的限制，也可能受飞行器结构载荷的限制，因而倾转过渡速度走廊受低速边界和高速边界的限制。

在倾转过渡速度走廊内，直升机模式与飞机模式的相互转换不仅是一种伴随构型变化的变速运动，也是一种升力、推力相互匹配的飞行过程。当旋翼轴由垂直位置(90°)变换到水平位置(0°)时，一方面，旋翼由直升机模式的升力面逐步转换为固定翼飞机模式的推力面(螺旋桨)；另一方面，在倾转过程中旋翼拉力对推力的贡献不断增加而对升力的贡献不断减小，直至为零，使倾转旋翼机加速飞行，而由于速度增加，机翼动压逐步提高，通过俯仰姿态调整机翼攻角，使机翼升力增大与旋翼升力卸载相匹配，直到全部承担升力。反之，当旋翼轴由0°转到90°的过程中，飞行器则由固定翼飞机模式的高速飞行变换到直升机模式的低速飞行及悬停，完成升力由机翼承担到旋翼承担以及推力由螺旋桨提供到旋翼提供的变换过程。

由此可见，在倾转过渡速度走廊内，直升机模式与飞机模式之间的转换除要求机翼不失速、需用功率不超过发动机可用功率外，还要求通过旋翼与机翼气动力的合理分配来配平转换过程中的飞行器重力和阻力，即总能保持配平飞行。

获得倾转过渡速度走廊的关键是确定其低速边界和高速边界，低速边界和高速边界相距越远，倾转过渡速度走廊的区域越大，飞行器倾转过渡飞行过程越安全易行。以下分别讨论低速边界和高速边界的确定方法。

### 10.2.1 倾转过渡速度走廊的低速边界

倾转过渡速度走廊的低速边界也称为旋翼倾转角-速度的低速包线，根据机翼失速限制，该边界为飞行器在直升机模式的悬停状态转换到固定翼飞机模式的过程中，机翼不发生失速所对应的旋翼倾转角-速度关系。

倾转旋翼机悬停时，旋翼拉力平衡飞行器重力，此时旋翼桨盘平面水平，由于直升机模式的纵向周期变距具有调节桨盘平面的能力，故即使悬停状态，发动机短舱仍可倾转一定的角度，短舱的最大前倾角取决于飞行器的质心位置与旋翼桨盘平面的最大后倒角，可表示为

$$\left(\frac{\pi}{2}-i_n\right)_{\max}=(a_1)_{\max}+\frac{x_m}{y_m} \tag{10-1}$$

式中，$i_n$是发动机短舱倾角，定义短舱与机体纵轴垂直时为90°，平行时为0°；$a_1$是旋翼桨盘后倒角；$x_m$、$y_m$为旋翼桨毂中心相对飞行器质心的纵向和垂向距离。

悬停时，根据旋翼变距与挥舞等效特性，后倒角为

$$a_1=-B_1 \tag{10-2}$$

式中，$B_1$是旋翼的纵向周期变距。

以悬停状态为起点，发动机短舱开始倾转进入倾转过渡模式，但由于此时的飞行速度较低，旋翼倾转中除满足飞行器升力和拉力与重力和阻力平衡外，还应确保不同倾角下的机翼不失速。

图 10-2 给出了旋翼倾转时作用在倾转旋翼机质心处的外力。图中 S-S 平面是旋翼桨毂平面，D-D 平面是旋翼桨盘平面，$V$ 是前飞速度，$\alpha_f$ 是机身迎角，$T$ 是左、右旋翼的总拉力，$G$ 是飞行器重力，$L$ 和 $D$ 为除旋翼外的飞行器升力和阻力。

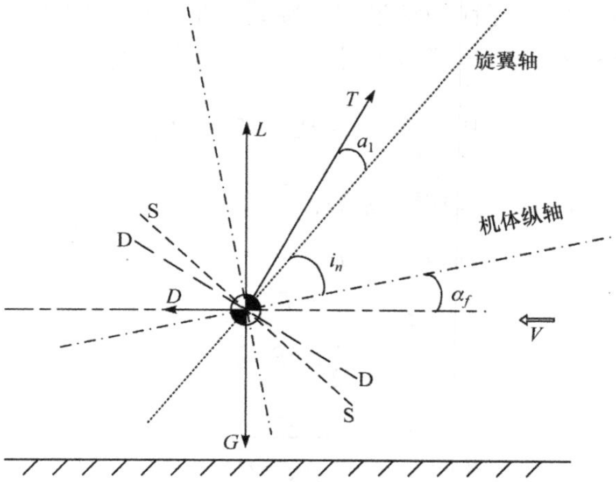


图 10-2　作用在倾转旋翼机质心处的外力

根据图 10-2 可得如下力的平衡关系：

$$T\sin\left(i_n + a_1 + \alpha_f\right) + L = G \tag{10-3}$$

$$T\cos\left(i_n + a_1 + \alpha_f\right) = D \tag{10-4}$$

式(10-3)和式(10-4)中的升力 $L$ 和阻力 $D$ 可表示为

$$L = L_w = \frac{1}{2}\rho V^2 C_{yw} S_w \tag{10-5}$$

$$D = D_w + D_f = \frac{1}{2}\rho V^2 C_{dw} S_w + \frac{1}{2}\rho V^2 C_{df} S_f \tag{10-6}$$

式中，$L_w$ 和 $D_w$ 是机翼的升力和阻力；$D_f$ 是机身的阻力；$\rho$ 是大气密度；$S_w$ 是机翼面积；$S_f$ 是机身面积；$C_{df}$ 是机身阻力系数；$C_{yw}$ 和 $C_{dw}$ 是机翼的升力和阻力系数，两者均是倾转旋翼机发动机短舱角 $i_n$、机翼迎角 $\alpha_w$、机翼襟/副翼状态 $F_x$ 和飞行马赫数 $M$ 的函数，即

$$C_{yw} = f\left(i_n, \alpha_w, F_x, M\right) \tag{10-7}$$

$$C_{dw} = f\left(i_n, \alpha_w, F_x, M\right) \tag{10-8}$$

机翼提供的升力受机翼临界失速迎角的限制，因此计算低速边界时，机翼迎角取临界迎角，此时机翼迎角和机身迎角满足如下关系：

$$\alpha_w = \alpha_{lj} = i_w + \alpha_f \tag{10-9}$$

式中，$\alpha_{lj}$ 是机翼临界迎角；$i_w$ 是机翼安装角。

### 10.2.2　倾转过渡速度走廊的高速边界

倾转过渡速度走廊的高速边界也称为旋翼倾转角-速度的高速包线，根据发动机的可用

功率限制，该包线为飞行器以飞机模式的飞行速度转换到直升机模式的过程中始终不超过发动机可用功率所对应的旋翼倾转角-速度曲线。

旋翼在高速段倾转时，同样须满足机翼和旋翼提供的升力平衡飞行器重力、推力平衡飞行器阻力的条件，同时应确保在倾转过程中旋翼有足够的可用功率。

旋翼需用功率$P_r$由诱导功率$P_i$、型阻功率$P_{pr}$、废阻功率$P_p$及爬升功率$P_c$四部分组成，即

$$P_r = \frac{2}{\eta_p}\left(P_i + P_{pr} + P_p + P_c\right) \tag{10-10}$$

式中，$\eta_p$是从发动机到旋翼的传动损失系数。

定义旋翼拉力系数$C_T$和功率系数$C_P$为

$$C_T = \frac{T}{\frac{1}{2}\rho\pi R^2 V_t^2} \tag{10-11}$$

$$C_P = \frac{P}{\frac{1}{2}\rho\pi R^2 V_t^3} \tag{10-12}$$

则旋翼功率系数可进一步表示为

$$C_P = J_0 C_T \overline{v}_i\left(1+3\mu^2\right) + \frac{1}{4}\sigma c_d\left(1+4.7\mu^2\right) + \left(\sum C_x \overline{S}\right)\overline{V}_0^3 \tag{10-13}$$

式中，$\overline{V}_0$为飞行器飞行速度的无量纲值；$\overline{v}_i = v_i/v_h, v_h$是旋翼特性诱导速度，其值为$v_h = \sqrt{T/\left(2\rho\pi R^2\right)}$。

根据动量理论，旋翼高速时的诱导速度$\overline{v}_i$满足

$$\overline{v}_i^4 + 2\overline{V}_0\overline{v}_i^3 + \overline{V}_0^2\overline{v}_i^2 = 1 \tag{10-14}$$

由式(10-10)和式(10-13)可得倾转旋翼机旋翼总需用功率为

$$P_r = \frac{1}{\eta_p}\rho\pi R^2(\Omega R)^3 C_P \tag{10-15}$$

这样，旋翼倾转角-速度的高速边界在满足力的平衡关系的同时，旋翼的总需用功率不能超过发动机的可用功率$P_n$，即

$$P_r \leqslant P_n \tag{10-16}$$

### 10.2.3 算例

为了检验上述方法的有效性，以 XV-15 倾转旋翼机为样机，计算其倾转过渡速度走廊。XV-15 倾转旋翼机的机翼采用全翼展襟翼，襟/副翼有 4 个偏角预设位置，分别为 0°/0°、20°/12.5°、40°/25°和 75°/47°，用于不同的飞行状态，其中 40°/25°的襟/副翼偏角主要用于倾转过渡模式。图 10-3 和图 10-4 为 XV-15 倾转旋翼机襟/副翼偏角预设位置为 40°/25°时机翼在直升机模式和固定翼飞机模式下的升力系数和阻力系数随迎角变化的关系，倾转过渡模式的机翼升力系数、阻力系数可通过插值的方法得到，同时取发动机可用功率$p_n$=1737.5kW、传动损失系数$\eta_p = 0.95$、诱导功率损失$K_{\text{ind}} = 1.15$。

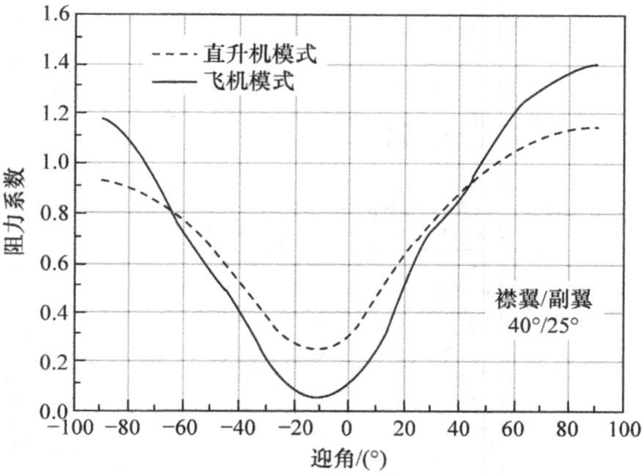


图 10-3　XV-15 倾转旋翼机机翼阻力系数

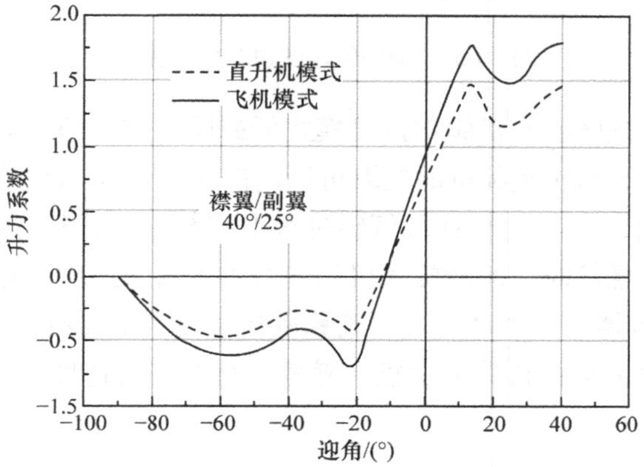


图 10-4　XV-15 倾转旋翼机机翼升力系数

图 10-5 为倾转过渡模式旋翼倾转角-速度包线的计算流程。在计算低速段的旋翼倾转角-速度包线时，首先根据倾转旋翼机的最大纵向周期变距和旋翼桨毂中心相对于飞行器质心的位置，由式(10-1)和式(10-2)得到低速段旋翼倾转角-速度包线的起始点。在此基础上设定某一旋翼倾转角，并根据机翼不失速条件设定机体迎角，然后对飞行速度进行迭代，其中根据式(10-5)和式(10-6)计算机翼和机体气动力，用牛顿法对平衡方程式(10-3)和式(10-4)进行配平计算，得到与设定的旋翼倾转角相对应的速度。改变旋翼倾转角并重复上述过程，可得到不同旋翼倾转角所对应的机翼不失速的速度包线。在计算高速段的旋翼倾转角-速度包线时，给定旋翼倾转角，对飞行速度进行迭代，用牛顿法对平衡方程式(10-3)和式(10-4)进行配平计算，根据式(10-15)求出旋翼需用功率，然后根据发动机可用功率限制条件式(10-16)，得到与设定的旋翼倾转角相对应且满足需用功率不大于可用功率条件的速度。改变旋翼倾转角并重复上述过程，可得到不同旋翼倾转角所对应的速度，即倾转过渡模式高速段的旋翼倾转角-速度包线。

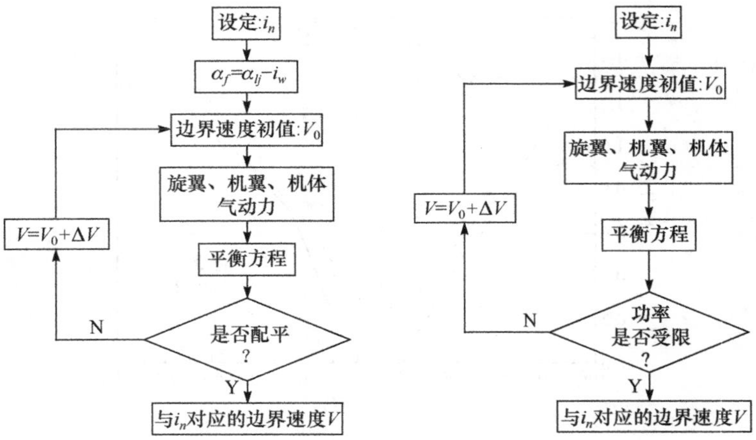


(a) 低速包线　　(b) 高速包线

图 10-5　倾转角-速度包线计算流程

图 10-6 为 XV-15 倾转旋翼机倾转过渡模式低速段的旋翼倾转角-速度包线。从图中可以看出，悬停状态 XV-15 倾转旋翼机的旋翼可以向前倾转最大 10°，倾转到飞机模式时的最小飞行速度是 54m/s。图 10-7 是低速段倾转过程中旋翼、机翼升力和机体阻力随速度的变化。由图中可以看出，悬停时，倾转旋翼机的升力由旋翼来提供；随着旋翼(与发动机短舱一起)的不断前倾，飞行器的升力从主要由旋翼承担过渡到主要由机翼来承担，倾转到飞机模式后，飞行器的升力完全由机翼来承担。随着飞行器飞行速度的增加，机体的阻力也在不断增加。

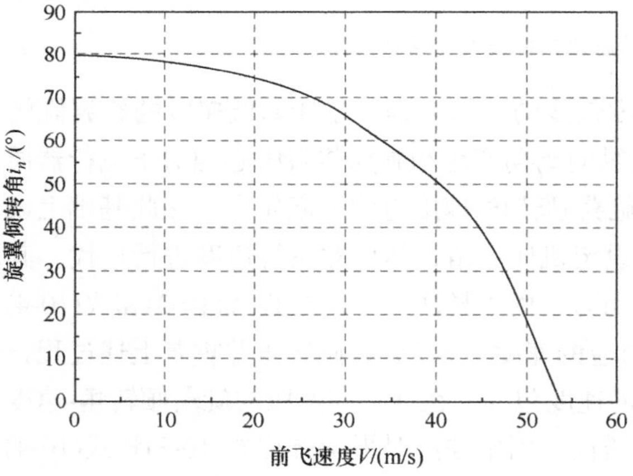


图 10-6　低速段倾转角-速度包线

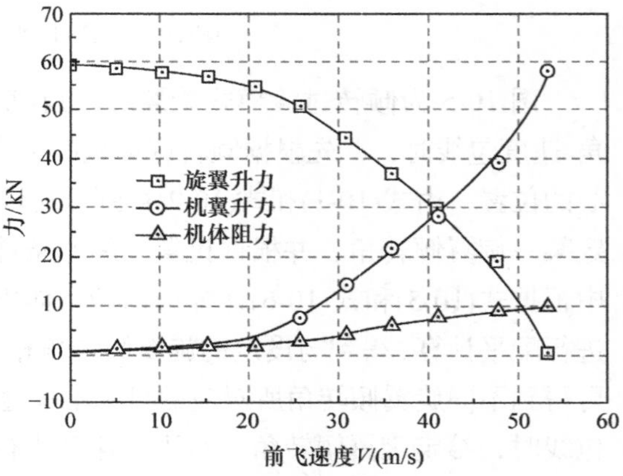


图 10-7　低速段升力、阻力随速度的变化

图 10-8 给出了旋翼倾转角分别为 90°、75°、60°、45°和 30°时旋翼需用功率曲线随前飞速度的变化曲线，图中还给出了发动机可用功率的限制。根据功率相等的条件，可以得到倾转过渡模式高速段的旋翼倾转角-速度包线，如图 10-9 所示。

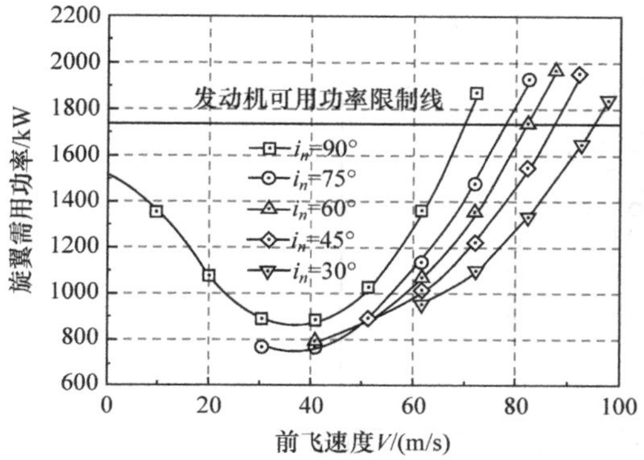


图 10-8　不同倾转角下的旋翼需用功率

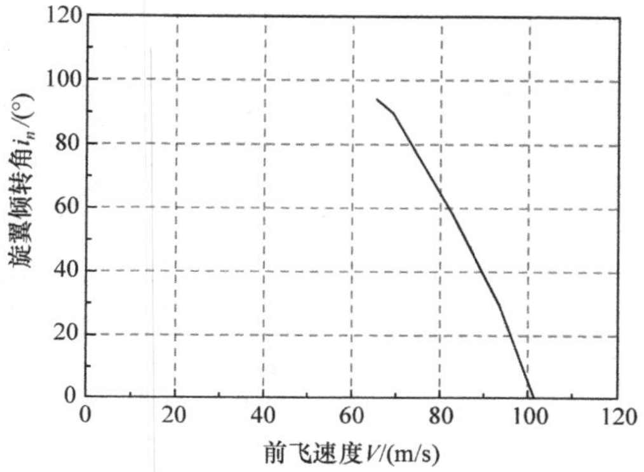


图 10-9　高速段倾转角-速度包线

图 10-10 给出了倾转过渡飞行中不同机身迎角等值线所对应的旋翼倾转角和速度，从图中可以看出当机身迎角等值线由正迎角向负迎角变化时，倾转过渡飞行结束所对应的飞机模式速度逐渐增加。机身负迎角越大，到达飞机模式所需的速度也越大。值得指出的是虽然机身迎角已为负，但由于机翼有较大的零升力迎角或初始安装角，因此机翼仍能产生升力，只是升力有所降低，为了使机翼产生的升力与重力匹配，需要较大的速度加以弥补。由于机身负迎角对应飞行器俯冲，为避免倾转旋翼机在倾转过渡飞行中出现大速度俯冲，确保转换过程的飞行安全，将高速边界线上与旋翼倾转角 45°所对应的速度作为中止速度，倾转过程中的飞行速度不能大于中止速度。

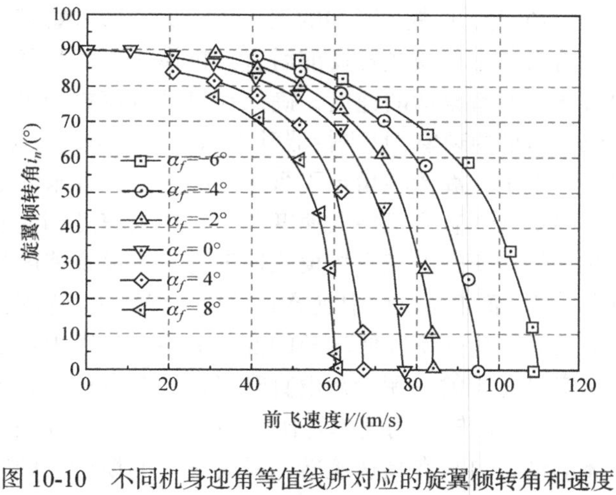


图 10-10　不同机身迎角等值线所对应的旋翼倾转角和速度

综合直升机模式、飞机模式及倾转过渡模式的旋翼倾转角-速度低速边界和高速边界，可得到倾转旋翼机倾转过渡速度走廊，如图 10-11 所示。图中还给出了 XV-15 倾转旋翼机在倾转过渡速度走廊内的飞行试验数据，对比发现，两者吻合得较好，说明上述计算方法合理有效。

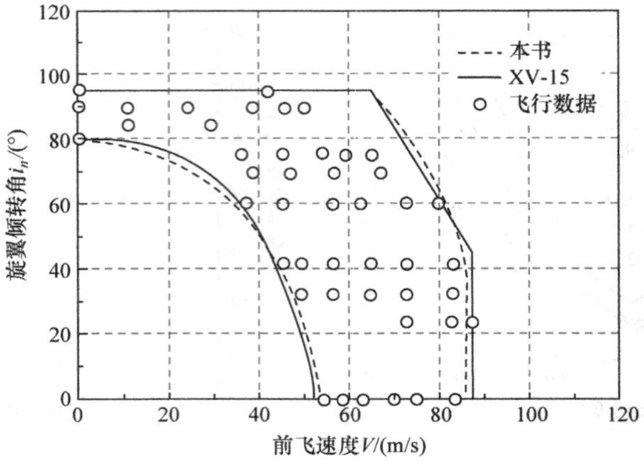


图 10-11　XV-15 倾转旋翼机倾转角-速度包线

## 10.3　倾转旋翼机直升机模式与固定翼飞机模式的转换

10.2 节分析了倾转旋翼机的倾转过渡速度走廊，本节将讨论倾转旋翼机在倾转过渡速度走廊内直升机模式与固定翼飞机模式之间的相互转换。

倾转旋翼机直升机模式与飞机模式之间的转换是两种稳定飞行状态的过渡飞行，所以在实施倾转过渡前首先应确定倾转前后飞行器的稳定飞行状态，即旋翼在什么速度下开始倾转，在什么速度下完成倾转。由于飞机的飞行速度可以大于直升机的飞行速度，因此当飞行器由直升机模式向飞机模式转换时，旋翼倾转前的飞行器速度小于旋翼倾转后的速度。相反，当飞行器由飞机模式向直升机模式转换时，旋翼倾转前的飞行器速度大于旋翼倾转后的速度。

倾转过渡速度走廊给出了飞行模式转换前后直升机模式速度和飞机模式速度的可行区域，表示在该区域内可选取两者合适的速度，确保在直升机模式和飞机模式的转换过程中不会出现机翼失速与动力不足的现象，且飞行器升力和推力能与重力和阻力相匹配。但是，倾转过渡速度走廊仅仅给出了旋翼倾转角与飞行速度的关系，并未考虑旋翼倾转角速率对倾转过渡过程的影响，当所选的直升机模式速度和飞机模式速度相差较大时，转换时的旋翼倾转角速率可小一些，但当所选的直升机模式速度与飞机模式速度相差较小时，转换时的旋翼倾转角速率应大一些。而转换过程中旋翼倾转角速率取决于特定的倾转机构，表 10-1 为某倾转旋翼机旋翼最大倾转角速率随倾转角的变化关系。从表中可以看出，不同倾转角下的旋翼最大倾转角速率是不同的。无论是由直升机模式向飞机模式转换还是由飞机模式向直升机模式转换，旋翼开始倾转时角速率都比较小，需转过 3°左右才会到达最大值。这是由于旋翼除了随机体运动，自身在高速旋转，具有很大的惯性，倾转时还会产生陀螺力矩。不同的倾转旋翼机，旋翼最大倾转角速度随倾转角的变化可能有差别。因此，在选择转换前后的飞行速度与倾转角速度相匹配时，应考虑倾转机构对倾转角速率的限制。

**表 10-1　不同倾转角下的最大倾转角速率**

| $i_n$/(°) | 95 | 90 | 88 | 87.5 | 80 | 70 | 60 | 50 | 40 | 30 | 20 | 10 | 3 | 2.5 | 0 |
|---|---|---|---|---|---|---|---|---|---|---|---|---|---|---|---|
| $\mathrm{d}i_n/\mathrm{d}t$ /((°)/s) | 3.0 | 3.0 | 3.0 | 15.0 | 14.25 | 13.3 | 12.45 | 11.7 | 11.4 | 11.4 | 11.63 | 12.5 | 14.0 | 2.8 | 2.8 |

在选择旋翼倾转前和倾转后所对应的速度时，首先应确保它们在倾转过渡速度走廊内，其次应根据倾转机构的最大倾转角速率限制确定倾转前后的速度变化范围。由于旋翼倾转前后飞行器的速度与旋翼倾转角速率都存在一定的取值范围，因此存在多种组合方式用于直升机模式与飞机模式的转换，所不同的是转换过程中所需的操纵及飞行器运动存在差异。于是，直升机模式与飞机模式之间的转换成为这样一个问题，即如何根据选定的倾转前后飞行速度，从多种旋翼倾转角速率和操纵策略的组合中找出一种最佳的旋翼倾转角速率和操纵策略，使飞行器在倾转过渡飞行中机翼不失速，功率相对富余，且飞行器的速度和姿态变化平稳，操纵相对简单。

为此将直升机模式与固定翼飞机模式之间的相互转换归结为最优控制问题，可以描述为：对于一个受控的动力学系统(倾转旋翼机的飞行动力学系统)，从一类允许的操纵方案中找出一个最优的操纵方案，使系统的运动由某个初始状态转移到指定的目标状态，并使评价运动过程的性能指标最优。具体来说，通过最优控制方法，在所有可能的操纵方式中选择一组合适的操纵方式(旋翼倾转角速率、座舱总距杆位移、驾驶杆纵向操纵、襟翼偏转角和升降舵偏转角)，确保在倾转过渡速度走廊内实现直升机模式与固定翼飞机模式之间的最佳相互转换，使倾转旋翼机在整个倾转过渡飞行过程中速度和姿态变化平稳。

### 10.3.1　飞行模式转换的最优控制

最优控制问题就是要从一个函数空间中去选择一个函数使相应的指标(定义在此函数空间上的泛函)达到极值，很显然，这个函数通常是时间的函数(也可以是空间的函数)。

为不失一般性，倾转旋翼机的飞行动力学系统表示为

$$\dot{\boldsymbol{x}} = \boldsymbol{f}(\boldsymbol{x},\boldsymbol{u},t), \quad t \in [t_0, t_f] \tag{10-17}$$

式中，$\boldsymbol{x}$ 是 $n$ 维状态向量；$\boldsymbol{u}$ 是 $r$ 维($r<n$)控制向量；$\boldsymbol{f}$ 是 $n$ 维向量函数。

在确定的初始状态下，对于给定的控制 $\boldsymbol{u}$，式(10-17)的解表示系统在 $n$ 维状态空间中的一种运动。控制 $\boldsymbol{u}$ 不同，系统的运动也不同。

对于式(10-17)所描述的动力学系统，最优控制问题一般可以表示如下。

性能指标：

$$J(\boldsymbol{u}) = K[x(T),T] + \int_{t_0}^{T} L(\boldsymbol{x},\boldsymbol{u},t)\mathrm{d}t \tag{10-18}$$

式中，第一项表示控制过程结束时，系统的末端状态应满足的某种最优条件，与系统的初始状态和末端状态有关；第二项表示系统在整个变化过程中应满足的要求，与系统的状态量和控制量有关，总的性能指标是对这两方面要求的综合。

路径约束：

$$\begin{cases} \boldsymbol{c}_e(\boldsymbol{x},\boldsymbol{u},t) = 0 \\ \boldsymbol{c}_i(\boldsymbol{x},\boldsymbol{u},t) \leqslant 0 \end{cases}, \quad t \in [t_0, t_f] \tag{10-19}$$

式(10-19)包括等式和不等式约束，分别表示系统的状态量和控制量由初始状态向末端状态的变化过程中应满足的条件。

边界条件：

$$
\begin{cases}\varphi_e(x(t_0),t_0,x(t_f),t_f)=0\\ \varphi_i(x(t_0),t_0,x(t_f),t_f)\leqslant 0\end{cases}\tag{10-20}
$$

式(10-20)包括等式和不等式边界条件，分别表示系统的状态量和控制量在初始状态和末端状态应满足的条件。

为了用最优控制方法研究倾转旋翼机直升机模式与飞机模式之间的相互转换，首先应确定倾转过渡飞行的动力学系统方程，该方程就是第 9 章讨论的飞行动力学方程，由于倾转旋翼机的构型具有纵向对称的特点，在无侧风条件下，转换过渡过程可以认为在纵向平面内进行，并假设两副旋翼的工作状态完全一致，即操纵及纵向挥舞运动与拉力大小完全相同。此时第 9 章的飞行动力学模型可简化为纵向运动的三自由度方程：

$$
\begin{cases}\dot{V}_x=\dfrac{A_x}{m}+2\dfrac{T}{m}\cos(i_n-\beta_{1c})-g\sin\vartheta+\omega_z V_y\\ \dot{V}_y=\dfrac{A_z}{m}+2\dfrac{T}{m}\sin(i_n-\beta_{1c})+g\cos\vartheta+\omega_z V_x\\ \dot{\omega}_z=\dfrac{M_A}{I_z}-\dfrac{2}{I_z}T\left[z_p\sin(i_n-\beta_{1c})+y_p\cos(i_n-\beta_{1c})+d\sin\beta_{1c}\right]\\ \dot{\vartheta}=\omega_z\\ \dot{x}=V_x\cos\vartheta-V_y\sin\vartheta\\ \dot{h}=V_x\sin\vartheta+V_y\cos\vartheta\end{cases}\tag{10-21}
$$

式中，$A_x$、$A_z$ 及 $M_A$ 为包括机身、机翼-短舱、平尾及垂尾的气动力和气动力矩，其计算方法已在第 9 章中详细介绍，对纵向运动而言，$A_x$、$A_z$ 及 $M_A$ 是飞行器运动参数(速度、角速度等)和升降舵偏角 $\delta_e$ 的函数，这里不再赘述；$T$ 为旋翼拉力；$\beta_{1c}$ 为旋翼桨尖平面后倒角；$I_z$ 为飞行器的俯仰惯性矩；$y_p$ 和 $z_p$ 为发动机短舱支点位置坐标；$d$ 为发动机短舱长度。

根据叶素理论，旋翼拉力系数 $C_T$ 和旋翼桨尖平面后倒角 $\beta_{1c}$ 可表示为

$$
\begin{cases}C_T-\dfrac{1}{2}\kappa a_\infty\sigma\left[\left(\dfrac{1}{3}+\dfrac{1}{2}\mu^2\right)\theta_0+\dfrac{1}{4}(1+\mu^2)\theta_1-\dfrac{1}{2}\lambda-\dfrac{1}{2}\mu B_{1s}\right]=0\\ \beta_{1c}+\left[\left(\dfrac{8}{3}\theta_0+2\theta_1-2\lambda\right)\mu-\left(1+\dfrac{3}{2}\mu^2\right)B_{1s}-\dfrac{16}{\gamma_b}\dfrac{\omega_z}{\Omega}\right]\Big/\left(1-\dfrac{1}{2}\mu^2\right)=0\end{cases}\tag{10-22}
$$

式中，$\theta_0$ 为旋翼桨叶桨根处的安装角，来自座舱总距杆的操纵位移 $\delta_{\mathrm{col}}$；$B_{1s}$ 为纵向周期变距，来自座舱驾驶杆的纵向操纵位移 $\delta_{\mathrm{long}}$；$i_n$ 为发动机短舱倾转角，来自座舱驾驶员的操纵 $\delta_{\mathrm{in}}$。

由于假定倾转旋翼机的动态转换过程限定在纵向运动，第 9 章中的操纵混合方程可缩减为

$$
\begin{cases}\theta_0=\delta_{\mathrm{col}}\cdot\delta\theta_0/\delta_{\mathrm{col}}-(\delta_{\mathrm{lat}}-\delta_{\mathrm{lat},n})\cdot\delta\theta_0/\delta_{\mathrm{lat}}+\theta_{0L}\\ B_{1s}=(\delta_{\mathrm{long}}-\delta_{\mathrm{long},n})\delta B_{1s}/\delta_{\mathrm{long}}-(\delta_{\mathrm{ped}}-\delta_{\mathrm{ped},n})\delta B_{1s}/\delta_{\mathrm{ped}}+\delta_{\mathrm{long}}(1-\sin i_n)\\ \delta_e=(\delta_{\mathrm{long}}-\delta_{\mathrm{long},n})\delta_e/\delta_{\mathrm{long}}\\ i_n=\delta_{\mathrm{in}}\end{cases}\tag{10-23}
$$

式中，将旋翼的倾转角作为操纵量来处理，与总距杆等操纵器协同操纵实现直升机模式与飞机模式的转换。

考虑到操纵系统特性对操纵量变化速度的限制，同时为了避免操纵量在数值优化过程中出现的突跳(控制不连续)现象，使用$\delta_{\text{col}}$、$\delta_{\text{long}}$、$\delta_{\text{in}}$的一阶导数$u_c$、$u_s$、$u_n$作为控制量，并把$\delta_{\text{col}}$、$\delta_{\text{long}}$、$\delta_{\text{in}}$作为新的状态变量，即

$$\begin{cases}\dot{\delta}_{\text{col}}=u_c\\ \dot{\delta}_{\text{long}}=u_s\\ \dot{\delta}_{\text{in}}=u_n\end{cases}\tag{10-24}$$

上述各式组成了适用于计算倾转旋翼机倾转过渡过程的飞行动力学模型，可表示为

$$\dot{\boldsymbol{x}}=\boldsymbol{f}(\boldsymbol{x},\boldsymbol{u},t)\tag{10-25}$$

式中，状态量$\boldsymbol{x}$和控制量$\boldsymbol{u}$分别为

$$\begin{cases}\boldsymbol{x}=\left[V_x,V_y,\omega_z,\vartheta,x,h,\delta_{\text{col}},\delta_{\text{long}},\delta_{\text{in}}\right]^{\text{T}}\\ \boldsymbol{u}=\left[u_c,u_s,u_n\right]^{\text{T}}\end{cases}\tag{10-26}$$

为了用动态最优控制方法计算分析直升机模式与固定翼飞机模式的相互转换，需确定动态最优控制的性能指标、约束条件及边界条件。

1. 性能指标

旋翼倾转角速率直接影响倾转旋翼机的倾转过渡过程，倾转越快，飞行器的运动状态变化越快。对倾转过渡过程的最优控制就是要确定合理的倾转角速率，使飞行器的运动状态变化和所需的操纵变化都在合理的范围内。为此，在制定动态最优的性能指标时，将完成倾转过渡飞行所需的时间作为优化性能指标之一，同时将倾转过程中的飞行器俯仰姿态和俯仰角速度以及操纵也作为优化性能指标。综合这些因素，构建倾转旋翼机倾转过程飞行的动态最优控制性能指标如下：

$$\min J=t_f+\frac{1}{t_f-t_0}\int_{t_0}^{t_f}L\big(\omega_z(t),\vartheta(t),\boldsymbol{u}(t)\big)\mathrm{d}t\tag{10-27}$$

式中，$t_0$为初始时刻；$t_f$为末端时刻，将$t_f$作为优化性能指标的因素就是考虑旋翼倾转角速率。式(10-27)的第二项就是考虑倾转过程中的飞行器俯仰姿态和俯仰角速度以及操纵的变化快慢，可表示为

$$\begin{aligned}L(\omega_z,\vartheta,\boldsymbol{u})=&\,w_1u_c^2/u_{c\max}^2+w_2u_s^2/u_{s\max}^2+w_3u_n^2/u_{n\max}^2\\&+w_4\omega_z^2/\omega_{z\max}^2+w_5\vartheta^2/\vartheta_{\max}^2\end{aligned}\tag{10-28}$$

式中，$u_{c\max},u_{s\max},u_{n\max}$分别为三个控制量的最大值；$\omega_{z\max},\vartheta_{\max}$分别为允许的最大俯仰角速度和俯仰姿态；$w_1\sim w_5$为常数权重系数，权重系数越大，对应项越重要。

2. 优化变量

采用动态最优控制的目的是对倾转过渡过程中的控制量和状态量同时进行优化，实现直升机模式与飞机模式相互转换，因而飞行器的运动状态量和控制量为优化变量，此外，

性能指标中的末端时刻 $t_f$ 也是优化变量。

3. 约束条件

倾转旋翼机在倾转过渡飞行中，首先应遵循该动力学系统的变化规律，即满足倾转旋翼机的飞行动力学特性，该特性以飞行动力学模型的形式给出，因此约束条件之一是倾转旋翼机的飞行动力学方程(10-25)，很显然，飞行动力学模型属等式约束。

倾转旋翼机在倾转过渡飞行中，还要求飞行器从旋翼倾转开始到结束的整个过程中运动量和控制量变化在合理的范围内，即路径约束，包括以下三个方面。

1) 运动量约束

为了让高度保持在可接受的范围内，在路径约束中可以根据不同的飞行任务要求对高度变化进行一定的限制。此外，在路径约束中对俯仰姿态角和角速率也进行限制：

$$\begin{cases} h_{\min} \leqslant h(t) \leqslant h_{\max} \\ \vartheta_{\min} \leqslant \vartheta(t) \leqslant \vartheta_{\max} \\ \omega_{z\min} \leqslant \omega_z(t) \leqslant \omega_{z\max} \end{cases} \tag{10-29}$$

式中，$h_{\min}, h_{\max}$ 分别为允许的最小和最大高度。

2) 控制量约束

整个倾转过渡过程中，驾驶员的操纵速率可以根据倾转旋翼机的助力器速率限制确定，倾转角速率根据倾转机构的最大倾转角速率限制确定，即

$$\begin{cases} u_{c\min} \leqslant u_c \leqslant u_{c\max} \\ u_{s\min} \leqslant u_s \leqslant u_{s\max} \\ u_{n\min} \leqslant u_n \leqslant u_{n\max} \end{cases} \tag{10-30}$$

3) 倾转过渡速度走廊约束

倾转旋翼机的旋翼倾转只能在倾转过渡速度走廊内进行，因此飞行器的倾转过程还受倾转过渡速度走廊的约束。

根据前面倾转旋翼机倾转过渡速度走廊的分析方法可确定路径约束，使倾转过渡过程保持在倾转过渡速度走廊内。

低速倾转时，机翼的升力受机翼临界失速迎角的限制，因此机翼迎角不能大于机翼临界失速迎角。根据机翼失速条件，可确定低速段的路径约束为

$$\alpha_{wc\min} \leqslant \alpha_{wc} \leqslant \alpha_{wc\max} \tag{10-31}$$

式中，最小临界迎角 $\alpha_{wc\min}$ 与最大临界迎角 $\alpha_{wc\max}$ 可由吹风数据得到。

倾转过程中的最大前飞速度受飞行器可用功率的限制，根据飞行器的功率限制条件，可确定高速段的路径约束为

$$0 \leqslant P_r \leqslant P_{cr} \tag{10-32}$$

式中，$P_{cr}$ 为发动机的可用功率。为了确保倾转过渡过程的飞行安全，把高速段边界上短舱倾转角 45°对应的速度作为中止速度，倾转过程飞行速度不能大于中止速度 $V_{\text{stop}}$ ，即

$$V_{\max} \leqslant V_{\text{stop}} \tag{10-33}$$

4. 边界条件

边界条件为飞行器实施倾转前的飞行状态和倾转结束后的飞行状态，从动态最优控制的角度来说为初始及末端边界条件。初始边界条件包括飞行器的飞行状态和操纵量，可根据设定的飞行速度由配平得到，末端边界条件也包括飞行器的飞行状态和操纵量，其中的部分状态量和控制量是确定的，如飞行器动态倾转结束后的倾转角、倾转角速率及飞行速度，这样，可以给出如下末端边界条件，即

$$\begin{cases} i_{nt} \leqslant i_n(t_f) \leqslant i_{nt} \\ 0 \leqslant u_n(t_f) \leqslant 0 \\ \dot{x}_t \leqslant \dot{x}(t_f) \leqslant \dot{x}_t \end{cases} \tag{10-34}$$

式中，$i_{nt}$ 为倾转结束后的发动机短舱倾转角；$\dot{x}_t$ 为倾转结束后的前飞速度。当飞行器由直升机模式向固定翼飞机模式转换时，$i_{nt}$ 对应固定翼飞机模式的旋翼倾角，即 $i_{nt}=0°$，$\dot{x}_t$ 为转到飞机模式后保持稳态飞行所对应的速度。当飞行器由飞机模式向直升机模式转换时，$i_{nt}$ 对应直升机模式的旋翼倾角，即 $i_{nt}=90°$，$\dot{x}_t$ 为转到直升机模式后保持稳态飞行所对应的速度。

### 10.3.2　最优控制的数值求解

在进行具体的数值求解时，由于状态变量和控制变量的量纲不同，某些变量之间的数量级相差较大，会引起数值求解收敛慢甚至无法收敛的问题。为了提高数值求解的速度，首先对飞行动力学模型中的变量及参数进行无量纲缩放，使优化变量的数量级相差不大，得到优化结果后再将优化变量转换到实际的物理量。

定义常数 $k_1$、$k_2$、$k_3$、$k_4$，对状态量、控制量和时间进行无量纲缩放：

$$\begin{cases} \bar{V}_x = \dfrac{k_1 V_x}{\Omega_0 R}, \quad \bar{V}_y = \dfrac{k_1 V_y}{\Omega_0 R}, \quad \bar{\omega}_z = \dfrac{k_2 \omega_z}{\Omega_0}, \quad \bar{h} = \dfrac{k_3 h}{R} \\ \bar{x} = \dfrac{k_3 x}{R}, \quad \tau = k_4 \Omega_0 t, \quad \bar{u} = \dfrac{u}{k_4 \Omega_0} \end{cases} \tag{10-35}$$

式中，$\Omega_0$ 为旋翼额定转速。长度 $l$、质量 $m$、气动力 $A_{x,z}$ 和气动力矩 $M_A$ 的无量纲缩放如下：

$$\begin{cases} \bar{l} = \dfrac{k_1}{k_2}\dfrac{l}{R}, \quad m_0 = \dfrac{k_4}{k_1}\dfrac{m}{\rho \pi R^3} \\ \bar{M}_A = \dfrac{k_2}{k_4}\dfrac{M_A}{\Omega_0^2 I_z}, \quad \bar{A}_{x,z} = \dfrac{k_1}{k_4}\dfrac{A_{x,z}}{m\Omega_0^2 R} \end{cases} \tag{10-36}$$

式中，$I_z$ 为俯仰惯性矩。为了使无量纲缩放后的状态变量和控制变量接近 1，取 $k_1=k_2=100$，$k_3=1$，$k_4=0.01$。

经无量纲缩放后的飞行动力学状态方程可以表示为

$$\frac{\mathrm{d}\bar{\boldsymbol{x}}}{\mathrm{d}\tau} = \boldsymbol{f}(\bar{\boldsymbol{x}}, \bar{\boldsymbol{u}}, \tau) \tag{10-37}$$

式中

$$\begin{cases}\bar{\boldsymbol{x}}=\left[\bar{V}_x,\bar{V}_y,\bar{\omega}_z,\vartheta,\bar{x},\bar{h},\delta_{\text{col}},\delta_{\text{long}},\delta_{\text{in}}\right]^{\mathrm{T}}\\ \bar{\boldsymbol{u}}=\left[\bar{u}_c,\bar{u}_s,\bar{u}_n\right]^{\mathrm{T}}\end{cases}\tag{10-38}$$

为了求解上述最优控制问题，对状态变量和控制变量按时间离散，如图 10-12 所示。

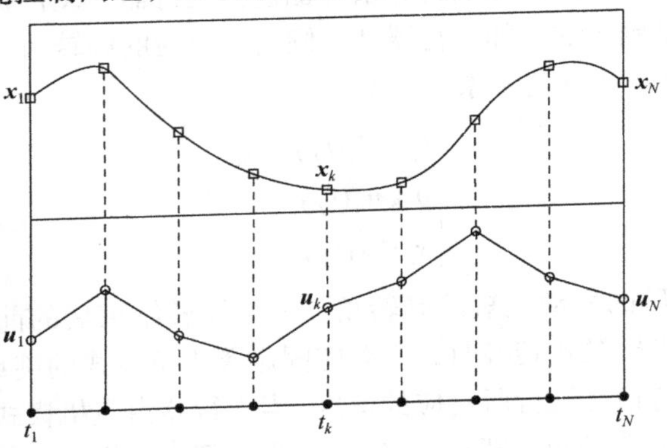


图 10-12　状态和控制变量离散

相应的时间段$[t_0,t_f]$离散为$N-1$个时间相等的子段，形成$N$个离散时间节点，表示为

$$t_0=t_1<t_2<\cdots<t_k<\cdots<t_N=t_f\tag{10-39}$$

第$k$段时间步长定义为

$$\Delta t=t_k-t_{k-1}\tag{10-40}$$

用$\tau$表示时间的无量纲，则有

$$\begin{cases}\tau_0=\tau_1<\tau_2<\cdots<\tau_k<\cdots<\tau_N=\tau_f\\ \tau_k=\tau_{k-1}+\Delta\tau\\ \Delta\tau=\left(\tau_f-\tau_0\right)/(N-1)\end{cases}\tag{10-41}$$

在每个时间节点处，离散的无量纲状态和控制参数为

$$\left[\bar{\boldsymbol{x}}_1,\bar{\boldsymbol{x}}_2,\cdots,\bar{\boldsymbol{x}}_k,\cdots,\bar{\boldsymbol{x}}_N\right],\ \left[\bar{\boldsymbol{u}}_1,\bar{\boldsymbol{u}}_2,\cdots,\bar{\boldsymbol{u}}_k,\cdots,\bar{\boldsymbol{u}}_N\right]\tag{10-42}$$

然后，使用 Hermite-Simpson 节点配置方法把连续空间下的状态变量和控制变量进行离散，得到离散后的设计变量为

$$\boldsymbol{Y}=\left[\left(\bar{\boldsymbol{x}},\bar{\boldsymbol{u}},\bar{\boldsymbol{u}}_{\mathrm{m}}\right)_1,\left(\bar{\boldsymbol{x}},\bar{\boldsymbol{u}},\bar{\boldsymbol{u}}_{\mathrm{m}}\right)_2,\cdots,\left(\bar{\boldsymbol{x}},\bar{\boldsymbol{u}},\bar{\boldsymbol{u}}_{\mathrm{m}}\right)_k,\cdots,\left(\bar{\boldsymbol{x}},\bar{\boldsymbol{u}}\right)_N,\tau_f\right]\tag{10-43}$$

式中

$$\begin{cases}\bar{\boldsymbol{u}}_{\mathrm{m}k}=\bar{\boldsymbol{u}}\left(\tau_{\mathrm{m}k}\right)\\ \tau_{\mathrm{m}k}=\left(\tau_k+\tau_{k+1}\right)/2\end{cases}\tag{10-44}$$

对飞行动力学方程进行离散，得到如下缺陷等式约束方程：

$$\boldsymbol{0}\leqslant\bar{\boldsymbol{x}}_{k+1}-\bar{\boldsymbol{x}}_k-\frac{1}{6}\Delta\tau\left[\boldsymbol{f}(\bar{\boldsymbol{x}}_k,\bar{\boldsymbol{u}}_k,\tau_k)+4\boldsymbol{f}(\bar{\boldsymbol{x}}_{\mathrm{m}k},\bar{\boldsymbol{u}}_{\mathrm{m}k},\tau_{\mathrm{m}k})+\boldsymbol{f}(\bar{\boldsymbol{x}}_{k+1},\bar{\boldsymbol{u}}_{k+1},\tau_{k+1})\right]\leqslant\boldsymbol{0}\tag{10-45}$$

式中

$$\overline{\boldsymbol{x}}_{\mathrm{m}k}=\frac{1}{2}(\overline{\boldsymbol{x}}_k+\overline{\boldsymbol{x}}_{k+1})+\frac{1}{8}\Delta\tau\left[\boldsymbol{f}(\overline{\boldsymbol{x}}_k,\overline{\boldsymbol{u}}_k,\tau_k)-\boldsymbol{f}(\overline{\boldsymbol{x}}_{k+1},\overline{\boldsymbol{u}}_{k+1},\tau_{k+1})\right] \tag{10-46}$$

对性能指标进行离散，得

$$\min J=\tau_N+\frac{1}{6}\sum_{k=1}^{N-1}\frac{1}{N-1}\left[L(\overline{q}_k,\vartheta_k,\overline{\boldsymbol{u}}_k)+4L(\overline{q}_{\mathrm{m}k},\vartheta_{\mathrm{m}k},\overline{\boldsymbol{u}}_{\mathrm{m}k})+L(\overline{q}_{k+1},\vartheta_{k+1},\overline{\boldsymbol{u}}_{k+1})\right] \tag{10-47}$$

将边界条件作用于最后一个节点，得

$$\begin{cases}i_{nt}\leqslant i_{n(N)}\leqslant i_{nt}\\0\leqslant u_{n(N)}\leqslant 0\\\dot{x}_t\leqslant \dot{x}_{k(N)}\leqslant \dot{x}_t\end{cases} \tag{10-48}$$

将路径约束作用于每一个时间段节点和中间节点，得

$$\begin{cases}h_{\min}\leqslant h_{(k,\mathrm{m}k)}\leqslant h_{\max}\\\vartheta_{\min}\leqslant \theta_{(k,\mathrm{m}k)}\leqslant \vartheta_{\max}\\\omega_{z\min}\leqslant q_{(k,\mathrm{m}k)}\leqslant \omega_{z\max}\\\alpha_{wc\min}\leqslant \alpha_{w(k,\mathrm{m}k)}\leqslant \alpha_{wc\max}\\0\leqslant P_{r(k,\mathrm{m}k)}\leqslant P_{cr}\\V_{\max(k,\mathrm{m}k)}\leqslant V_{\mathrm{stop}}\\u_{c\min}\leqslant u_{c(k,\mathrm{m}k)}\leqslant u_{c\max}\\u_{s\min}\leqslant u_{s(k,\mathrm{m}k)}\leqslant u_{s\max}\\u_{n\min}\leqslant u_{n(k,\mathrm{m}k)}\leqslant u_{n\max}\end{cases} \tag{10-49}$$

根据所有节点处的状态变量和控制变量，分别进行分段 3 次 Hermite 插值和分段线性插值来逼近原最优控制问题最优解的状态变量和控制变量，得到更光滑的飞行器状态量、操纵量以及飞行轨迹等。

上述求解方法的基本思路是把一个连续的最优控制问题转换成一个离散的非线性规划问题(nonlinear programming problem，NLP)，即把时间段分成 $N-1$ 个微段，将所有状态、控制变量参数化，初始条件加在首节点上，末端条件加在最后一个节点上，路径约束和内点约束施加在所有节点上，飞行动力学方程约束表示成离散代数方程形式并施加于所有节点上。

对于非线性规划问题，可应用稀疏序列二次规划算法求解，即可得到最优解。稀疏序列二次规划算法可以很好地解决有大量设计变量和约束方程的非线性规划问题。有关稀疏序列二次规划算法，读者可查阅相关文献，这里不再赘述。

### 10.3.3　直升机模式向飞机模式的转换

根据前面所述的最优控制数值求解方法，以 XV-15 倾转旋翼机为例，进行直升机模式向固定翼飞机模式动态转换的计算，确定动态转换过程中的操纵量和飞行器的运动参数。

设转换前的飞行器飞行状态：旋翼轴倾角为 90°(直升机模式)，飞行器重量为 5897kg(13000lb)，重心纵向位置为 7.65m，垂向位置为 2.074m，离地高度为 80m。旋翼倾转前飞行器对地速度为 35m/s，这样可避免在转换过程中机翼发生失速。根据上述条件对转换前的飞行状态进行配平计算，得到总距杆量为 51.5%，驾驶杆纵向杆量为 70.87%，俯仰姿态为−5.3°。转换过程中，旋翼的倾转角速率不大于 7.5(°)/s，襟/副翼配置为 40°/25°，据此可大致确定倾转结束后的稳态平飞速度为 65m/s，此时旋翼轴倾角为 0°(飞机模式)。

根据转换的初始状态和末端状态，定义如下动态最优控制性能指标：

$$\min J = t_f + \frac{1}{t_f - t_0}\int_{t_0}^{t_f}\left(2u_c^2/u_{c\max}^2 + 2u_s^2/u_{s\max}^2 + u_n^2/u_{n\max}^2 + 1.5\omega_z^2/\omega_{z\max}^2 + 1.5\vartheta_z^2/\vartheta_{z\max}^2\right)\mathrm{d}t$$

上述积分项中的系数为权重系数，其选择基于以下考虑，在动态倾转过渡中，驾驶员主要专注于对总距杆和纵向杆的控制，因此 $u_c$ 和 $u_s$ 对应的权重系数 $w_1$ 和 $w_2$ 取大一些。由于倾转开始前初始稳定飞行状态的俯仰角与倾转结束后稳定飞行状态的俯仰角不同，因此俯仰角速率和俯仰角对应的权重系数 $w_4$ 和 $w_5$ 也取大一些。

为了确定路径约束，假定飞行器的高度为 80～150m，考虑到转换过程中俯仰姿态控制的重要性，除作为性能指标的因素外，路径约束对其进一步约束，俯仰姿态控制在 ±10°，俯仰角速度控制也在 ±10(°)/s，于是有

$$\begin{cases} 80\text{m} \leqslant h(t) \leqslant 150\text{m} \\ -10° \leqslant \vartheta(t) \leqslant 10° \\ -10(°)/\text{s} \leqslant \omega_z(t) \leqslant 10(°)/\text{s} \end{cases}$$

为了确保转换在倾转过渡速度走廊内进行，机翼迎角不能突破其失速迎角的限制、旋翼需用功率不能突破其可用功率的限制、转换过程中飞行器的最大速度不能突破终止速度的限制，即

$$\begin{aligned} &\alpha_{wc\min} \leqslant \alpha_w \leqslant \alpha_{wc\max} \\ &0 \leqslant P_r \leqslant P_{cr} \\ &V_{\max} \leqslant V_{\text{stop}} \end{aligned}$$

座舱总距杆量、驾驶杆纵向杆量及旋翼倾转角速率参照飞行品质规范及倾转旋翼机样机的实际情况加以限制，即

$$\begin{cases} -2.54\ \text{cm/s} \leqslant u_c \leqslant 2.54\ \text{cm/s} \\ -2.54\ \text{cm/s} \leqslant u_s \leqslant 2.54\ \text{cm/s} \\ -7.5(°)/\text{s} \leqslant u_n \leqslant 7.5(°)/\text{s} \end{cases}$$

其中，定义旋翼倾转角速率由直升机模式转向飞机模式为负，由飞机模式转向直升机模式为正。

倾转结束后，末端边界条件为

$$\begin{cases} 0° \leqslant i_n(t_f) \leqslant 0° \\ 0 \leqslant u_n(t_f) \leqslant 0 \\ 65\,\text{m/s} \leqslant \dot{x}(t_f) \leqslant 65\text{m/s} \end{cases}$$

$$\begin{cases} 0° \leqslant i_n(t_f) \leqslant 0° \\ 0 \leqslant u_n(t_f) \leqslant 0 \\ 65\text{m/s} \leqslant \dot{x}(t_f) \leqslant 65\text{m/s} \\ 0 \leqslant \omega_z(t_f) \leqslant 0 \\ 0 \leqslant \dot{V}_x \leqslant 0 \end{cases}$$

根据上述最优控制策略，可得倾转旋翼机由直升机模式向固定翼飞机模式转换过程中的旋翼倾转角速率变化、倾转角变化、旋翼倾转角与速度的关系以及转换过程在铅垂平面内的运动轨迹，如图 10-13 所示。从图中可以看出，旋翼的倾转角速率由零逐渐增大到 7.5(°)/s，然后以 7.5(°)/s 的速率倾转，最后由 7.5(°)/s 逐渐减小到零，旋翼倾转角由最初的 90°(直升机模式)转到 0°(飞机模式)，整个转换过渡过程经历了约 15s，对于设定的初始状态和末端状态，飞行器完成转换后的飞越距离约 1300m，整个转换过程在倾转过渡速度走廊内完成。

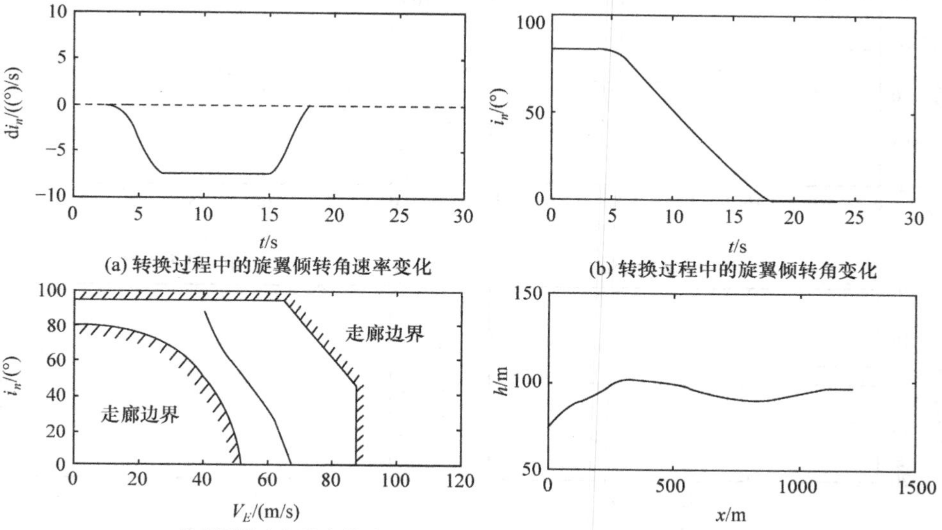

(a) 转换过程中的旋翼倾转角速率变化　(b) 转换过程中的旋翼倾转角变化

(c) 旋翼倾转角与速度关系　(d) 转换过程中的运动轨迹

图 10-13　直升机模式向固定翼飞机模式的转换过程

图 10-14 为实现上述动态转换过程所需的操纵以及飞行器运动参数随时间的变化历程。从图中可以看出整个动态过程分为三个阶段。

第一阶段是建立恒定加速度的过程。在这一阶段，旋翼总距不断增加，旋翼拉力也不断增加，使飞行器不断加速。为了抵消旋翼前倾和拉力不断增加引起的低头力矩，通过驾驶杆改变旋翼纵向周期变距和升降舵偏角，调整飞行器的姿态，确保机翼与旋翼产生的升力与飞行器重力相匹配。

第二阶段是恒定加速过程。在该阶段，随着旋翼倾转角的进一步减小，需继续增大旋翼总距操纵以抵消由于入流增大而导致的桨叶剖面迎角减小，此时周期变距随旋翼的前倾而逐渐减小，为了抵消旋翼前倾引起的低头力矩，通过驾驶杆改变升降舵偏角使飞行器姿态在合理的范围内，并使飞行器倾转过程中的升力与重力相匹配，飞行器俯仰姿态逐渐向飞机模式过渡。

第三阶段是转换的改出过程。在这一阶段，旋翼倾转角趋于 0°，总距、纵向周期变距与升降舵偏角、飞行器速度、姿态逐渐过渡到固定翼飞机模式所对应的值。当转换结束后，机翼产生的升力足以克服飞行器的重量，旋翼拉力只需克服飞行器的阻力，飞行器的飞行状态维持固定翼飞机模式不变。

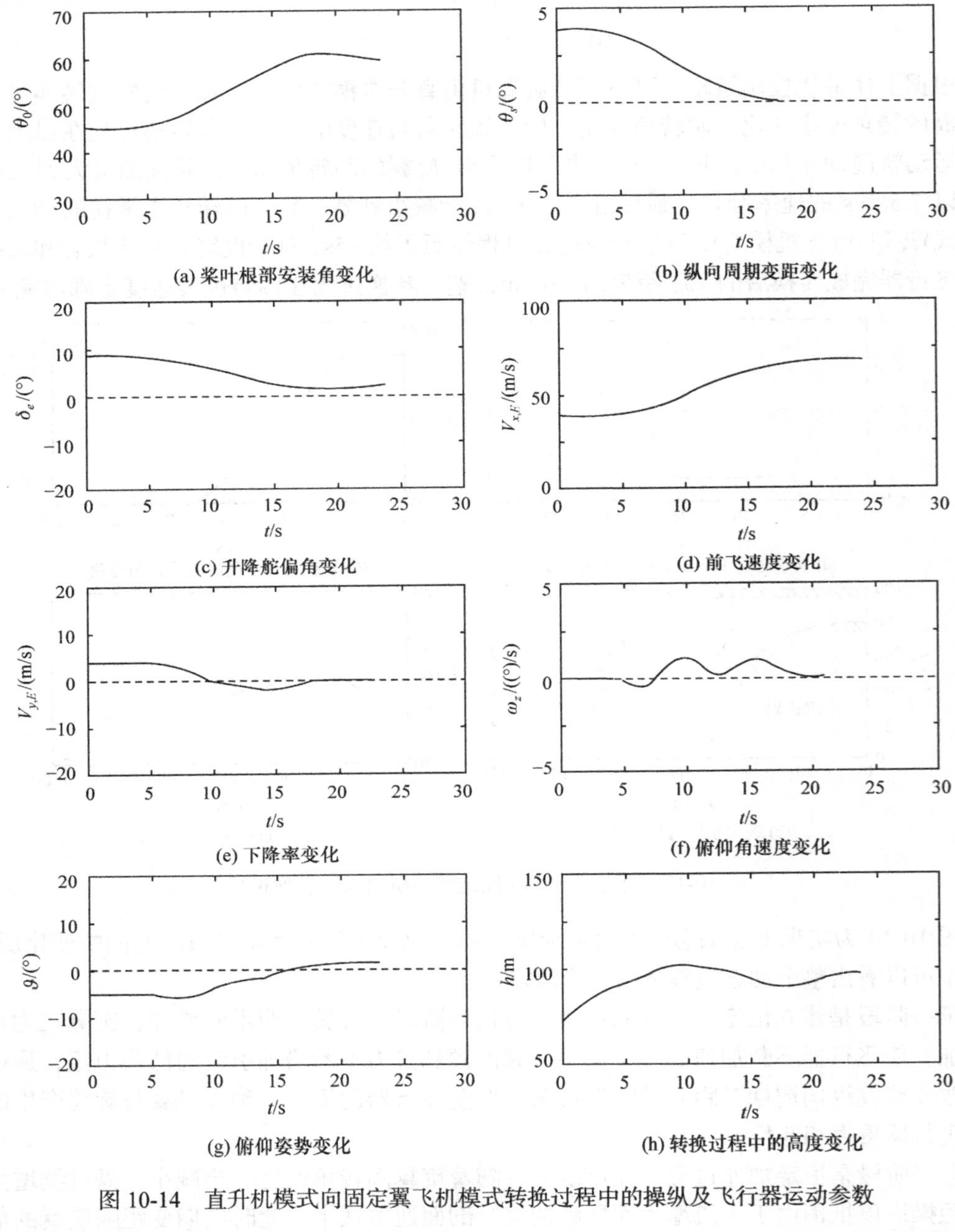


(a) 桨叶根部安装角变化　(b) 纵向周期变距变化

(c) 升降舵偏角变化　(d) 前飞速度变化

(e) 下降率变化　(f) 俯仰角速度变化

(g) 俯仰姿势变化　(h) 转换过程中的高度变化

图 10-14　直升机模式向固定翼飞机模式转换过程中的操纵及飞行器运动参数

从图 10-14 中还可以看出，在直升机模式向固定翼飞机模式的转换过程中，伴随着旋翼的前倾以及总距、纵向周期变距和升降舵的调整，转换过程是一种抬头加速爬高的飞行过程，飞行速度和俯仰姿态一直在平稳增加，最终实现直升机模式与固定翼飞机模式的平稳过渡。

### 10.3.4　飞机模式向直升机模式的转换

前面用动态最优控制方法计算了倾转旋翼机样机由直升机模式向飞机模式的转换，本节继续采用动态最优控制方法计算倾转旋翼机由固定翼飞机模式向直升机模式的转换。

设转换前的飞行器飞行状态：旋翼轴倾角为 0°(飞机模式)，飞行器重量为 5897kg(13000lb)，重心纵向位置为 7.57m，垂向位置为 1.858m。转换前飞行器处于稳定飞行状态，飞行高度为 100m，对地速度为 65m/s。通过配平计算可得总距杆量为 41.1%，驾驶杆纵向杆量为 51.3%，俯仰姿态为−1.12°。转换结束后速度保持 35m/s 稳态飞行，此时旋翼轴倾角为 90°(直升机模式)。转换过程中，旋翼的倾转角速率不大于 7.5(°)/s，襟/副翼配置为 40°/25°。

根据上述条件，定义如下动态最优控制性能指标：

$$\min J = t_f + \frac{1}{t_f - t_0}\int_{t_0}^{t_f}\left[2u_c^2\big/u_{c\max}^2 + 2u_s^2\big/u_{s\max}^2 + u_n^2\big/u_{n\max}^2 + 1.5\omega_z^2\big/\omega_{z\max}^2 + \left(1 - h/h_{\text{ref}}\right)^2\right]\mathrm{d}t$$

路径约束：

$$\begin{cases}-10° \leqslant \vartheta(t) \leqslant 10° \\ -10(°)/\text{s} \leqslant \omega_z(t) \leqslant 10(°)/\text{s} \\ \alpha_{wc\min} \leqslant \alpha_{wc} \leqslant \alpha_{wc\max} \\ 0 \leqslant P_r \leqslant P_{cr} \\ V_{\max} \leqslant V_{\text{stop}}\end{cases}$$

末端边界条件：

$$\begin{cases}90° \leqslant i_n(t_f) \leqslant 90° \\ 0 \leqslant u_n(t_f) \leqslant 0 \\ 35\text{m/s} \leqslant \dot{x}(t_f) \leqslant 35\text{m/s} \\ 0 \leqslant \omega_z(t_f) \leqslant 0 \\ 0 \leqslant \dot{V}_x \leqslant 0\end{cases}$$

其余约束条件与直升机模式向飞机模式转换的一样。

图 10-15 给出了倾转旋翼机样机从固定翼飞机模式向直升机模式转换过程中的旋翼倾转角速率变化、倾转角变化、旋翼倾转角与速度的关系以及转换过程在铅垂平面内的运动轨迹。从图中可以看出，旋翼的倾转角速率由初始状态的 0(°)/s 逐渐增大到 7.5(°)/s，然后以 7.5(°)/s 的等速率倾转，最后由 7.5(°)/s 逐渐减小到 0(°)/s，相应地旋翼倾转角由最初的 0°(飞机模式)转到 90°(直升机模式)，整个转换过渡过程经历了约 21s，对于设定的初始状态和末端状态，飞行器完成转换后的飞越距离约 1300m，整个转换过程在倾转过渡速度走廊内完成。

图 10-16 为实现上述动态转换过程所需的操纵以及飞行器运动参数随时间的变化历程。从图中可以看出整个倾转过程分为三个阶段。

第一阶段是恒定减速度的建立过程。在这一阶段，旋翼开始后倾，拉力矢量后倒，飞行器抬头减速。之后，总距缓慢减小，确保转换中的升力与重力匹配，并使飞行器的推进力小于阻力以维持减速度，同时通过驾驶杆使升降舵向下偏转，调节旋翼后倾引起的抬头力矩，限制抬头姿态变化过大，直到建立起稳定的俯仰姿态和减速度。因该阶段的旋翼轴

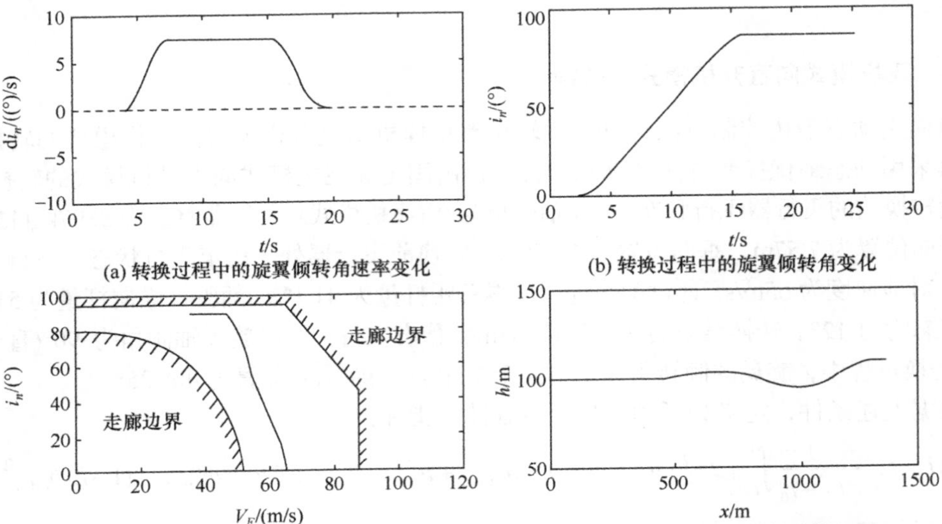


(a) 转换过程中的旋翼倾转角速率变化　(b) 转换过程中的旋翼倾转角变化

(c) 旋翼倾转角与速度关系　(d) 转换过程中的运动轨迹

图 10-15　固定翼飞机模式向直升机模式的转换过程

在低角度附近变化，故纵向周期变距的变化很小。

第二阶段是飞行器恒定的减速过程。在该阶段，随着旋翼的后倾，旋翼拉力对升力的贡献不断增加，为了确保飞行器倾转过程中的升力与重力匹配，旋翼总距不断减小，纵向周期变距和升降舵偏角用于维持飞行器的俯仰姿态。当减速到某一值时，旋翼拉力对升力的贡献与机翼产生的升力相同，且两者的和与飞行器重力相同。之后，机翼升力随飞行速度的减小而继续减小，为了确保飞行器有足够的升力，需通过增加旋翼总距来补偿机翼升力的减小，同时通过增加纵向周期变距和升降舵偏角，使飞行器的俯仰姿态向直升机模式过渡。

第三阶段是模式转换的改出过程。在这一阶段，旋翼倾转角趋于 90°，旋翼总距、纵向周期变距与升降舵偏角、飞行器速度、姿态逐渐过渡到直升机模式所对应的值。当转换结束后，飞行器的飞行状态维持在直升机模式不变。

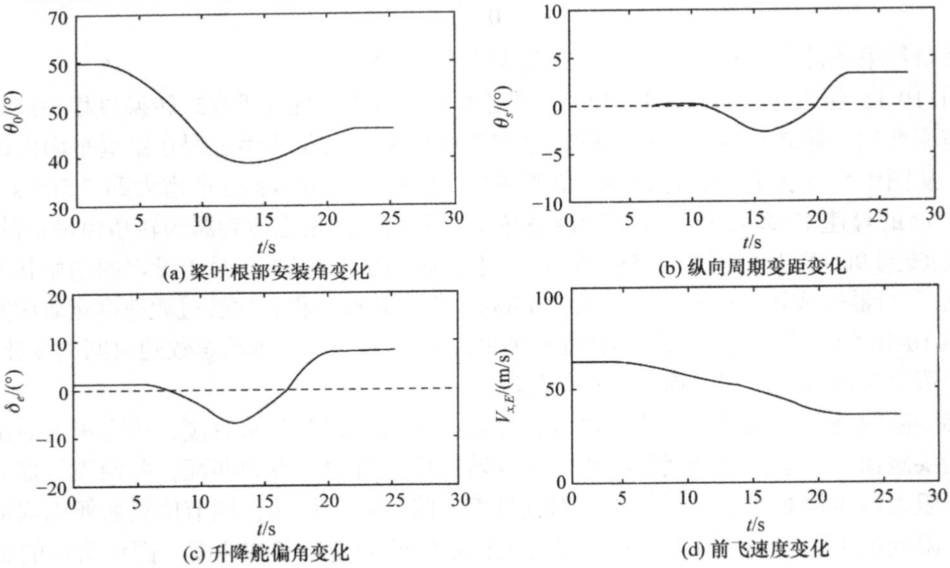


(a) 桨叶根部安装角变化　(b) 纵向周期变距变化

(c) 升降舵偏角变化　(d) 前飞速度变化

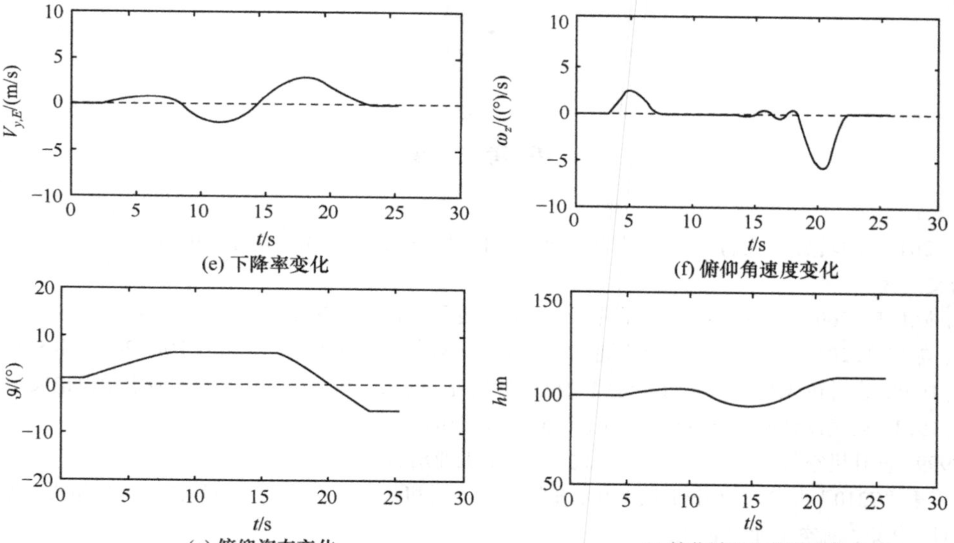


(e) 下降率变化　(f) 俯仰角速度变化

(g) 俯仰姿态变化　(h) 转化过程中的高度变化

图 10-16　固定翼飞机模式向直升机模式的动态过渡过程中的操纵及飞行器运动参数

# 参 考 文 献


曹芸芸, 2012. 倾转旋翼飞行器飞行动力学数学建模及倾转模式研究. 南京: 南京航空航天大学博士学位论文.

曹芸芸, 陈仁良, 2009. 倾转旋翼飞行器的操纵策略和配平方法. 航空航天大学学报, 41(1): 6-10.

曹芸芸, 陈仁良, 2011. 倾转旋翼飞行器旋翼对机翼向下载荷计算模型. 航空动力学报, 26(2): 468-474.

陈仁良, 1998. 直升机飞行动力学数学建模及机动性研究. 南京: 南京航空航天大学博士学位论文.

程极泰, 1981. 最优设计的数学方法. 北京: 国防工业出版社.

高正, 1999. 直升机空气动力学的新成果. 北京: 航空工业出版社.

国防科工委"7210"办公室直升机组, 1993. 美国军用直升机规范评介——飞行性能、驾驶品质、振动和结构设计. 北京: 航空工业出版社.

国防科工委"7210 任务"办公室, 1986. 直升机空气动力学手册. 第三、四分册. 北京: 国防工业出版社.

胡寿松, 1995. 最优控制理论与系统. 南京: 东南大学出版社.

胡兆丰, 何植岱, 高浩, 1985. 飞行动力学. 北京: 国防工业出版社.

李攀, 2010. 旋翼非定常自由尾迹模型及高置信度直升机飞行动力学建模研究. 南京: 南京航空航天大学博士学位论文.

孟万里, 2014. 直升机单台发动机失效后飞行轨迹优化研究与应用. 南京: 南京航空航天大学博士学位论文.

普劳蒂 R W, 1990. 直升机性能及稳定性和操纵性. 高正, 等译. 北京: 航空工业出版社.

唐永哲, 2000. 直升机控制系统设计. 北京: 国防工业出版社.

王适存, 1985. 直升机空气动力学. 北京: 航空专业教材编审组.

王宜举, 修乃华, 2012. 非线性最优化理论与方法. 北京: 科学出版社.

解学书, 1986. 最优控制理论与应用. 北京: 清华大学出版社.

熊海泉, 范立钦, 周士林, 1984. 飞机的稳定性和操纵反应. 北京: 航空专业教材编审组.

叶庆凯, 王肇明, 1986. 优化与最优控制中的计算方法. 北京: 科学出版社.

佚名, 1986. 军用直升机飞行品质规范背景材料和使用说明. 北京：航空工业出版社.

雍恩米, 陈磊, 唐国金, 2008. 飞行器轨迹优化数值方法综述. 宇航学报, 29(2): 397-406.

袁亚湘, 孙文瑜, 1999. 最优化理论与方法. 北京: 科学出版社.

张光澄, 1991. 最优控制计算方法. 成都: 成都科技大学出版社.

ALBERS J A, ZUK J, 1987. Civil applications of high speed rotorcraft and powered lift aircraft configurations. Proceedings of the international powered lift conference and exposition. International powered lift conference and exposition.

ANON, 1970. Military specification, flying qualities of piloted V/STOL aircraft. MIL-F-83300.

ANONYMOUS, 2000. Aeronautical design standard performance specification handling qualities requirements for military rotorcraft. United States Army Aviation and Missile Command, ADS-33E-PRF.

BAGAI A, LEISHMAN J G, 1992. Experimental study of rotor wake/body interactions in hover. Journal of the American Helicopter Society, 37(4): 48-57.

BALCH D T, 1985. Experiment study of main rotor/tail rotor/airframe interaction in hover. Journal of American Helicopter Society, 30(2): 49-56.

BALLIN M G, 1987. Validation of a real time engineering simulation of the UH-60A helicopter. NASA-TM-88360.

BETTS J T, 1998. Survey of numerical methods for trajectory optimization. Journal of Guidance, Control, and Dynamics, 21(2): 193-207.

BETZINA N D, SHINODA P, 1982. Aerodynamic interactions between a 1/6-scan helicopter rotor and a body of revolution. NASA TM-84247.

BETZINA N D, SMITH C A, SHINODA P, 1985. Rotor/body aerodynamic interactions. Vertica, 9(1) .

BI N, LEISHMAN J G, 1989. Experimental study of aerodynamic interactions between a rotor and a fuselage. AIAA 7th Applied Aerodynamics Conference. Seattle.

BI N, LEISHMAN J G, CROUSE J G L, 1993. Investigation of rotor tip vortex interactions with a body. Journal of Aircraft, 30(6): 879-888.

BLANKEN C L, WHALLEY M S, 1993. Piloting vertical flight aircraft: a conference of flying qualities and human factors. San Francisco.

BOCK H G, PLITT K J, 1984. A multiple shooting algorithm for direct solution of optimal control problems. Proceedings of the 9th IFAC World Congress. Budapest: 242-247.

BRAMWLL A R S, DONE G, BALMFORD D, 1976. Helicopter dynamics. London: Edward Arnold(Publishers)Ltd.

BRAND A G , MCMAHON H M, KOMCRATH N M, 1989. Surface pressure measurements on a body subject to vortex wake interaction. AIAA Journal, 27(5): 569-574.

BRYSON A E, DENHAM W F, DREYFUS S E, 1963. Optimal programming problems with inequality constraints I: Necessary conditions for extremal solutions. AIAA Journal, 1(11): 2544-2550.

CHEN R T N, 1980. Effects of primary rotor parameters on flapping dynamics. NASA-TP-1431.

CHEN R T N, 1990. A survey of non-uniform inflow models for rotorcraft flight dynamics and control applications. Vertica, 14(2): 147-184.

CHEN R T N, LEBACQZ J V, AIKEN E W, et al., 1988. Helicopter mathematical models and control law development for handling qualities. NASA-CR-2495.

DARIO D F, ROBERTO C, 2002. Design sensitivity analysis for ADS-33 quickness criteria and maneuver loads. AHS 58th Annual Forum: 567-589.

DENHAM W F, BRYSON A E, 1964. Optimal programming problems with inequality constraints II: Solution by steepest-ascent. AIAA Journal, 2(1): 25-34.

DESOPPER A, HEUZÉ O, ROUTHIEAU V, et al., 2002. Study of the low speed characteristics of a tiltrotor. The 28th European rotorcraft forum.

DICKMANNS E D, WELL K H, 1975. Approximate solution of optimal control problems using third order Hermite polynomial functions. Proceedings of the 6th Technical Conference on Optimization Techniques. New York: Springer-Verlag.

DUGAN D C, ERHART R G, SCHROERS L G, 1980. The XV-15 tilt rotor research aircraft. NASA TM 81244.

ETKIN B, 1982. Dynamics of flight stability and control. New York: John Wiley & Sons.

FELKER F F, LIGHT J S, 1986. Rotor/wing aerodynamic interactions in hover. The 42nd annual forum of the American Helicopter Society. Washington D. C.

FELKER F F, MAISEL M D, BETZINA M D, 1985. Full scale tilt rotor hover performance. The 41st annual forum of the American Helicopter Society. Washington D. C.

FELKER F F, SIGNOR D B, YOUNG L A, et al., 1987. Performances and loads data from a hover test of a 0.658-scale V-22 rotor and wing. NASA TM 89419.

FERGUSON S W, 1988. A mathematical model for real time flight simulation of a generic tilt-rotor aircraft. NASA CR 166536.

FERGUSON S W, 1989. Development and validation of a simulation for a generic tilt-proprotor aircraft. NASA CR 166537.

FOSTER M, 2003. The future evolution of the tiltrotor. AIAA 2003-2652.

FRADENBURGH E F, 1991.The high speed challenge for rotary wing aircraft. Proceedings of International Pacific Air & Space Technology Conference and the 29th aircraft symposium meetings. Society of Automotive Engineers Inc.

FRADENBURGH E F, 1992. Advancing tiltrotor state-of-the-art with variable diameter rotors. The 48th annual forum of the American Helicopter Society. Washington D. C.

GAONKAR G H, PETERS D A, 1988. Review of dynamic modeling for rotorcraft flight dynamics. Vertica, 12(3): 213-242.

GEAR C W, 1971. Numerical initial value problems in ordinary differential equations prentice hull. Englewood Cliffs: Prentice-Hall, Inc.

GILL P E, MURRAY W, SAUNDERS M A, 2005. SNOPT: An SQP algorithm for large-scale constrained optimization. SIAM Review, 47(1): 99-131.

GOH C J, TEO K L, 1988. Control parametrization: A unified approach to optimal control problems with general constraints. Automatica, 24(1): 3-18.

GONZALEZ S, MIELE A, 1978. Sequential gradient-restoration algorithm for optimal control problems with general boundary conditions. Journal of Optimization Theory and Applications, 26(3): 395-425.

HAM J A, MATZGER M, HOK R H, 1992. Handling qualities testing using the mission oriented requirements of ADS-33C. The 48th annual forum of the American Helicopter Society. Washington D. C.

HARENDRA P B, JOGLEKAR M J, GAFFEY T M, et al., 1973. A mathematical model for real time flight simulation of the Bell model 301 tilt rotor research aircraft. NASA CR-114614.

HARGRAVES C R, PARIS S W, 1987. Direct trajectory optimization using nonlinear programming and collocation. Journal of Guidance, Control, and Dynamics, 10(4): 338-342.

HART C E, WENSEL L M, 1984. Real time hybrid computer simulation of a small turboshaft engine and control system. NASA TM-83579.

HARTWICH A, ASSASSA F, MARQUARDT W, 2010. Hybrid shooting - A new optimization method for unstable dynamical systems. Proceedings of the 9th International Symposium on Dynamics and Control of Process Systems. Leuven, Belgium: 737-742.

HE C J, LEWIS W D, 1992. A parameteric study of real time mathematical modeling incorporating dynamic wake and elasti blades. The 48th annual forum of the American Helicopter Society. Washington D. C.

HEFFLEY R K, 1998. Minimun-complexity helicopter simulation mathematical model. NASA-CR-177476.

HEUZÉ O, DIAZ S, DESOPPER A, 2002. Simplified models for tiltrotor aerodynamic phenomena in hover and low speed flight. CEAS Aerospace Aerodynamics Research Conference. Cambridge.

HILBERT K B, 1984. A mathematical model of UH-60 helicopter. NASA-TM-85890.

HOWLETT J J, 1981. Uh-60A black hawk engineering simulation program. NASA-CR-166309.

HULL D G, 1997. Conversion of optimal control problems into parameter optimization problems. Journal of Guidance, Control, and Dynamics, 20(1): 57-60.

HULL R, 1982. Development of a rotorcraft/propulsion dynamics interface analysis. NASA CR-166380.

JOHNSON W, 1980. A comprehensive analytical model of rotorcraft aerodynamics and dynamics. NASA-TM-81182/81183/81184.

JOHNSON W, 1980. A comprehensive analytical model of rotorcraft aerodynamics and dynamics. Part 1: Analysis Development. AD-A0900513.

JOHNSON W, 1980. Helicopter theory. Princeton: Princeton University Press.

JOHNSON W, LAU B H, BOWLES J V, 1987. Calculated performances, stability, and maneuverability of high speed tilting proprotor. Vertica, 11(112): 317-339.

KELLER H B, 1976. Numerical solution of two point boundary value problems. Philadelphia: Society for Industrial and Applied Mathematics.

KIM F D, CELI R, TISHLER N B, 1993. High order state space simulation models of helicopter flight mechanics. Journal of the American Helicopter Society, 38(4): 16-27.

KLEIN G D, 1996. Linear modeling of tiltrotor aircraft (in helicopter and airplane modes) for stability analysis and preliminary design. Monterey: Naval Postgraduate School.

KLEINHESSELINK K M, 2007. Stability and control modeling of tiltrotor aircraft. College Park: University of Maryland, College Park.

KOMCRATH N M, MCMAHON H M, HUBBARD J E, 1985. Aerodynamic interaction between rotor and airframe in forward flight. AIAA-85-1606.

LEISHMAN J G, 2000. Principles of helicopter aerodynamics. Cambridge: Cambridge University Press.

LEISHMAN J G, BI N, SAMAK D K, et al., 1989. Investigation of aerodynamic interactions between a rotor and a fuselage in forward flight. The 45th annual forum of the American Helicopter Society. Washington D. C.

LEISHMAN J G, BODDOES T S, 1986. A generalized model for airfoil unsteady aerodynamic behaviour and dynamic stall using the indicial method. The 42nd annual forum of the American Helicopter Society. Washington: D. C.

LEISS U, WAGNER S, 1987. An advanced mathematical model for helicopter flight simulation using nonlinear unsteady aerodynamics. The 13th European Rotorcraft Forum.

LEWIS M S, AIKEN E W, 1985. Piloted simulation of one-by-one helicopter air combat at NOE flight levels. NASA-TM-866686.

LIUO S G, KOMCRATH N M, MCMAHON H M, 1989. Velocity measurement of airframe effects on a rotor in low-speed forward flight. Journal of Aircraft, 26(4): 340-348.

LIOU S G, KOMCRATH N M, MCMAHON H M, 1990. Measurement of the interaction between a rotor tip vortex and a cylinder. AIAA, 28(6): 975-981.

MAISEL M D, GIULIANETTI D J, DUGAN D C, 2000. The history of the XV-15 tilt rotor aircraft: from concept to flight. NASA SP-2000-4517, Washington: National Aeronautics and Space Administration.

MARK G B, 1988. Sikorsky HEL UH-60A black hawk simulation updates at NASA ames.

MCGILL R, 1965. Optimal control, inequality state constraints, and the generalized Newton-Raphson algorithm. Journal of SIAM Control, 3(2): 291-298.

MELLO O A F, RAND O, 1991. Unsteady, frequency domain analysis of helicopter non-rotating lifting surfaces. JAHS, 36(2): 70-80.

MENG W L, CHEN R L, 2013. Study of helicopter autorotation landing following engine failure based on a six-degree-of-freedom rigid-body dynamic model. Chinese Journal of Aeronautics, 26(6): 1380-1388.

MEYER M A, PADFIELD G D, 2002. First steps in the development of handling qualities criteria for a civil tiltrotor. The 58th annual forum of the American Helicopter Society. Montreal.

MIELE A, DAMOULAKIS J N, CLOUTIER J R, et al., 1974. Sequential gradient-restoration algorithm for optimal control problems with nondifferential constraints. Journal of Optimization Theory and Applications, 13(2): 218-255.

MILITARY SPECIFICATION, 1961. Helicopter flying and ground handing qualities. General Requirements for MIL-H-8501A.

OKAN A, TEKINALP O, KAVSAOGLU M S, et al., 1999. Flight mechanics analysis of a tiltrotor UAV. AIAA-99-4255.

PADFIELD G D, 1996. Helicopter flight dynamics: The theory and application of flying qualities and simulation modeling. AIAA Education Series.

PETER D A, HA Q, 1988. Dynamic inflow for practical application. Journal of American Helicopter Society, 33(4): 64.

PHILIPS J D, 1980. A mathematical model of SH-3G helicopter. NASA-TM-84316.

PITT D M, PETERS D A, 1981. Theoretical prediction of dynamic-inflow derivatives. Vertica, 5: 21-34.

PROUTY R W, 1983. Practical helicopter aerodynamics. The Publishers of Rotor & Wing.

PROUTY R W, 1986. Helicopter performance, stability and control. PWS Publishers.

PROUTY R W, 1988. More helicopter aerodynamics. PJS Publishers.

PROUTY R W, 1993. Even more helicopter aerodynamics. Phillips Business Information Inc.

QUACKENBUSH T R, BLISS D B, LAM C M G, et al., 1990. New vortex/surface interaction methods for the prediction of wake-induced airframe loads. The 46th annual forum of the American Helicopter Society. Washington D. C.

QUACKENBUSH T R, LAM C M G, BLISS D B, 1994. Vortex methods for the computational analysis of rotor/body interaction. Journal of the American Helicopter Society, 39(4): 14-24 .

ROSEN A, ISSER A, 1995a. A model of the unsteady aerodynamics of a hovering helicopter rotor that includes variations of the wake geometry. Journal of the American Helicopter Society, 40(3): 6-16.

ROSEN A, ISSER A, 1995b. A new model of rotor dynamics during pith and roll of a hovering helicopter. Journal of the American Helicopter Society, 40(3): 17-28.

ROSENSTEIN H, MCVEIGH M A, MOLLENKOF P A, 1973. V/STOL tilt rotor aircraft study mathematical model for a real time simulation of a tilt rotor aircraft (boeingvertol model 222). NASA CR-114601.

RUSSELL R D, SHAMPINE L F, 1972. A collocation method for boundary value problems. Numerische Mathematik, 19(1): 1-28.

SARATHY S, MURTHY U R, 1993. An advanced rotorcraft flight simulation model: Parallel implementation and performance analysis. AIAA-93-3550-CP.

SAUNDERS G H, 1975. Dynamics of helicopter flight. New York: John Wiley & Son, Inc.

SEYWALD H, 1994. Trajectory optimization based on differential inclusion. Journal of Guidance, Control, and Dynamics, 17(3): 480-487.

SHERIDAN P F, ROBINSON C, SHAW J, et al., 1982.Mathematical modeling for helicopter simulation of low speed, low altitude and steeply descending flight. NASA-CR-199385.

SHIN C, LOURENCO L, DOMMELEN L V, 1992. Unsteady flow past an airfoil pitching at a constant rate. AIAA, 30(5): 1153-1161.

SMITH C A, BETZINA M D, 1983. A study of the aerodynamic interaction between a main rotor and a fuselage. The 39th annual forum of the American Helicopter Society. Washington D. C.

STURISKY S H, LEWIS W D, SCHRAGE D P, et al., 1992. Development and validation of a comprehensive real time AH-64 apache simulation model.The 48th annual forum of the American Helicopter Society. Washington D. C.

TALBOT P D, 1991. High speed rotorcraft: Comparison of leading concepts and technology needs. In proceedings of the American Helicopter Society. Washington D. C.

TALBOT P D, TINLING B E, DECKER W A, et al., 1982. A mathematical model of a single main rotor helicopter for piloted simulation. NASA-TM-84281.

THOMSON D G, Bradley R, 1987. An investigation of the stability of flight path constrained helicopter maneuvers by inverse simulation. The 13th European Rotorcraft Forum.

TYLER J C, LEISHMAN J G, 1992. Analysis of pitch and plunge effects on unsteady airfoil behavior. JAHS, 37(3): 68-82.

UNITED STATES ARMY AVIATION AND TROOP COMMAND, 1994. Aeronautical design standard-handling qualities requirements for military rotorcraft. ADS-33D.

WARBURTON F W, CURTISS H C, 1991. Evaluation of tilt rotor aircraft design utilizing a realtime interactive simulation. In proceedings of the 17th European Rotorcraft Forum.

WILKERSON J B, SCHNEIDER J J, BARTIE K M, 1991. Technology needs for high-speed rotorcraft (1). NASA CR 177585.

YEN J G , YUCE M, 1992. Correlation of pitch-link loads in deep stall on bearingless rotors. JAHS, 37(4): 4-15.

ZHAO J G, 2005. Dynamic wake distortion model for helicopter maneuvering flight. Atlanta: Georgia Institute of Technology.

ZORI L A J, RAJAGOPALAN R G, 1995. Navier-stokes calculation of rotor-airframe interaction in forward flight. Journal of the American Helicopter Society, 40(2): 57-67.

# 附录A 不同坐标和符号对照表

图 A-1 为本书及英美书籍采用的体轴系。

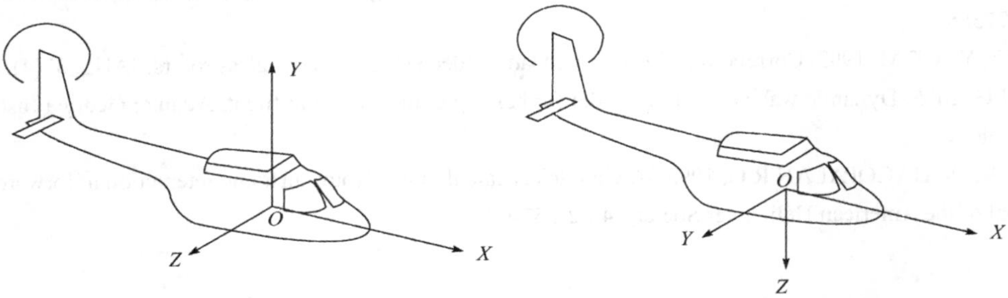


(a) 本书采用的体轴系　　(b) 英美书籍采用的体轴系

图 A-1　本书与英美书籍中体轴系的对比

由图 A-1 可以看出，英美书籍采用的体轴系相当于将本书的体轴系绕 $X$ 轴旋转 90°，其转换矩阵及坐标变换关系分别为

$$\boldsymbol{T}=\begin{bmatrix}1 & 0 & 0\\ 0 & 0 & 1\\ 0 & -1 & 0\end{bmatrix},\quad \begin{bmatrix}x\\ y\\ z\end{bmatrix}_{\text{英美}}=\begin{bmatrix}1 & 0 & 0\\ 0 & 0 & 1\\ 0 & -1 & 0\end{bmatrix}\begin{bmatrix}x\\ y\\ z\end{bmatrix}_{\text{本书}}$$

除体轴系不同外，两种轴系对运动参数、力矩的符号和方向定义也有差别。图 A-2 为两者之间的不同，括号内的符号和方向与英美书籍对应。

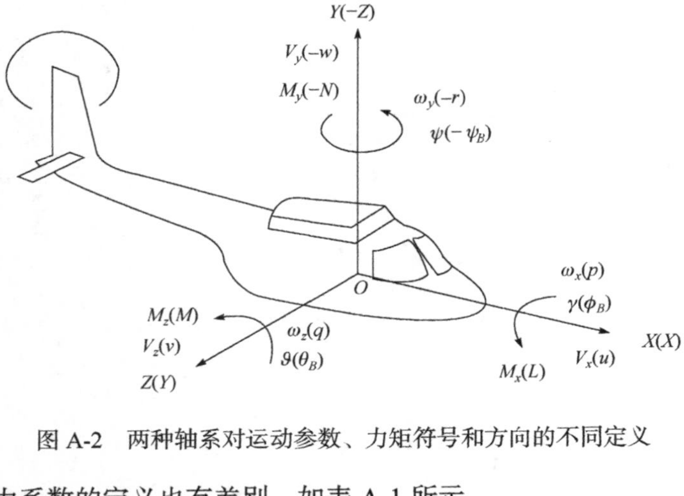


图 A-2　两种轴系对运动参数、力矩符号和方向的不同定义

旋翼空气动力系数的定义也有差别，如表 A-1 所示。

**表 A-1　本书和英美书籍对旋翼空气动力系数的不同定义**

| 含　义 | 本　书 | 英美书籍 |
|---|---|---|
| 拉力系数 | $C_T=\dfrac{T}{\frac{1}{2}\rho\pi R^2(\Omega R)^2}$ | $C_T=\dfrac{T}{\rho\pi R^2(\Omega R)^2}$ |
| 后向力系数 | $C_H=\dfrac{H}{\frac{1}{2}\rho\pi R^2(\Omega R)^2}$ | $C_H=\dfrac{H}{\rho\pi R^2(\Omega R)^2}$ |
| 侧向力系数 | $C_S=\dfrac{S}{\frac{1}{2}\rho\pi R^2(\Omega R)^2}$ | $C_Y=\dfrac{Y}{\rho\pi R^2(\Omega R)^2}$ |
| 反扭矩系数 | $m_k=\dfrac{M_k}{\frac{1}{2}\rho\pi R^2(\Omega R)^2 R}$ | $C_Q=\dfrac{Q}{\rho\pi R^2(\Omega R)^2 R}$ |

# 附录 B　样例直升机原始参数

表 B-1　直升机总体参数

| 说　明 | | 单　位 | 数　值 |
| --- | --- | --- | --- |
| 直升机总重 | | kg | 2000 |
| 惯性矩 | $I_x$ | $kg \cdot m^2$ | 1116.8 |
| | $I_y$ | $kg \cdot m^2$ | 5652.1 |
| | $I_z$ | $kg \cdot m^2$ | 4856.6 |
| 惯性积 | $I_{xy}$ | $kg \cdot m^2$ | 0 |
| | $I_{yz}$ | $kg \cdot m^2$ | 0 |
| | $I_{zx}$ | $kg \cdot m^2$ | 0 |

表 B-2　旋翼参数

| 说　明 | | | 单　位 | 数　值 |
| --- | --- | --- | --- | --- |
| 旋翼半径 | | | m | 5.345 |
| 旋翼转速 | | | rad/s | 40.42 |
| 旋翼轴前倾角 | | | deg | 2 |
| 桨叶弦长 | | | m | 0.35 |
| 桨叶片数 | | | | 3 |
| 当量挥舞铰外伸量 | | | m | 0.205 |
| 桨叶扭转角 | | | (°) | −12 |
| 桨叶翼型升力系数 | | | $rad^{-1}$ | 6.2 |
| 桨叶翼型零升力迎角 | | | (°) | 0.75 |
| 旋翼实度 | | | | 0.06253 |
| 桨叶绕挥舞铰质量矩 | | | $kg \cdot m$ | 88.68 |
| 桨叶绕挥舞铰惯性矩 | | | $kg \cdot m^2$ | 306.01 |
| 桨毂中心相对直升机重心位置 | 前重心极限 | $x_M$ | m | −0.230 |
| | | $y_M$ | m | 1.534 |
| | | $z_M$ | m | 0.012 |
| | 正常重心 | $x_M$ | m | −0.086 |
| | | $y_M$ | m | 1.534 |
| | | $z_M$ | m | 0.012 |
| | 后重心极限 | $x_M$ | m | 0.050 |
| | | $y_M$ | m | 1.534 |
| | | $z_M$ | m | 0.012 |

**表 B-3　尾桨参数**

| 说　明 | | 单　位 | 数　值 |
|---|---|---|---|
| 尾桨半径 | | m | 0.93 |
| 尾桨转速 | | rad/s | 213.94 |
| 尾桨桨叶弦长 | | m | 0.205 |
| 尾桨桨叶片数 | | | 2 |
| 尾桨桨叶负扭转角 | | (°) | 0 |
| 尾桨桨叶翼型升力系数 | | $rad^{-1}$ | 6.2 |
| 尾桨桨叶翼型零升力迎角 | | (°) | 0.75 |
| 尾桨实度 | | | 0.14033 |
| 尾桨桨毂中心相对直升机重心位置 | $x_T$ | m | –6.346 |
| | $y_T$ | m | 0.300 |
| | $z_T$ | m | –0.508 |

**表 B-4　平尾参数**

| 说　明 | | 单　位 | 数　值 |
|---|---|---|---|
| 平尾面积 | | $m^2$ | 1.265 |
| 平尾展弦比 | | | 5.06 |
| 平尾安装角 | | (°) | 0 |
| 平尾动压损失系数 | | | 0.8 |
| 平尾升力系数 | | $rad^{-1}$ | 3.2 |
| 平尾零升力迎角(反装) | | (°) | 5.8 |
| 平尾气动中心相对直升机重心位置 | $x_H$ | m | –4.914 |
| | $y_H$ | m | 0.014 |
| | $z_H$ | m | 0.012 |

**表 B-5　上垂尾参数**

| 说　明 | | 单　位 | 数　值 |
|---|---|---|---|
| 上垂尾面积 | | $m^2$ | 0.695 |
| 上垂尾展弦比 | | | 2.734 |
| 上垂尾安装角 | | (°) | 2 |
| 上垂尾升力系数 | | $rad^{-1}$ | 2 |
| 上垂尾零升力迎角(相对左手系反装) | | (°) | 3.8 |
| 上垂尾气动中心相对直升机重心位置 | $x_{V,H}$ | m | –6.9870 |
| | $y_{V,H}$ | m | 0.7179 |
| | $z_{V,H}$ | m | 0.0120 |

**表 B-6　下垂尾参数**

| 说　明 | | 单　位 | 数　值 |
|---|---|---|---|
| 下垂尾面积 | | $m^2$ | 0.326 |
| 下垂尾展弦比 | | | 1.297 |
| 下垂尾安装角 | | (°) | 0 |
| 下垂尾升力系数 | | $rad^{-1}$ | 2 |
| 下垂尾零升力迎角 | | (°) | 0 |
| 下垂尾气动中心相对直升机重心位置 | $x_{V,L}$ | m | 6.7095 |
| | $y_{V,L}$ | m | 0.2545 |
| | $z_{V,L}$ | m | 0.0120 |

**表 B-7　机身参数**

| 说　明 | | 单　位 | 数　值 |
|---|---|---|---|
| 机身特征长度 | | m | 11.24 |
| 机身特征面积 | | $m^2$ | 2.7625 |
| 机身模型重心相对于直升机重心的偏差 | $\Delta x_G$ | m | 0.0040 |
| | $\Delta y_G$ | m | −0.0530 |
| | $\Delta z_G$ | m | 0.0033 |

注：样例直升机机身空气动力的风洞试验数据请参阅相关文献。

# 附录C　旋翼简单导数

1. $a_0$ 的简单导数

$$(\partial a_0/\partial \mu_x)_0 = \frac{\gamma_b}{4}\left[\mu_x\left(\theta_0 + \frac{2}{3}\theta_1\right) - \frac{2}{3}B_1\right]$$

$$\left(\partial a_0/\partial \mu_y\right)_0 = 0$$

$$(\partial a_0/\partial \mu_z)_0 = \frac{\gamma_b}{4}\left[\mu_z\left(\theta_0 + \frac{2}{3}\theta_1\right) - (\Delta)\frac{2}{3}A_1\right]$$

$$(\partial a_0/\partial \bar{\omega}_x)_0 = -(\Delta)\frac{\gamma_b}{12}\mu_x$$

$$\left(\partial a_0/\partial \bar{\omega}_z\right)_0 = -(\Delta)\frac{\gamma_b}{12}\mu_z$$

$$\left(\partial a_0/\partial \lambda_1\right)_0 = \frac{\gamma_b}{6}$$

$$\left(\partial a_0/\partial \varphi_7\right)_0 = \frac{\gamma_b}{8}\left(1 + \mu_x^2 + \mu_z^2\right)$$

$$\left(\partial a_0/\partial A_1\right)_0 = -(\Delta)\frac{\gamma_b}{6}\mu_z$$

$$\left(\partial a_0/\partial B_1\right)_0 = -\frac{\gamma_b}{6}\mu_x$$

2. $a_1$ 的简单导数

$$(\partial a_{1s}/\partial \mu_x)_0 = \left(\frac{8}{3}\theta_0 + 2\theta_1 + 2\lambda_1\right)\left(C_{a1}^2 + \mu_x^2\right)\Big/C_{a1}^2 - (\Delta)2\left(C_{a1} + \mu_x^2\right)\mu_z A_1\Big/C_{a1}^2$$
$$- 2\mu_x\left(2 - \mu_z^2\right)B_1\Big/C_{a1}^2 - (\Delta)\frac{4}{3}\mu_x\mu_z a_0\Big/C_{b1}^2$$

$$\left(\partial a_{1s}/\partial \mu_y\right)_0 = 0$$

$$(\partial a_{1s}/\partial \mu_z)_0 = \left(\frac{8}{3}\theta_0 + 2\theta_1 + 2\lambda_1\right)\mu_x\mu_z\Big/C_{a1}^2 - (\Delta)2\mu_x\left(C_{a1} + \mu_z^2\right)A_1\Big/C_{a1}^2$$
$$- 2\mu_x^2\mu_z B_1\Big/C_{a1}^2 + (\Delta)\frac{4}{3}\left(C_{a1} + \mu_x^2\right)a_0\Big/C_{b1}^2$$

$$(\partial a_{1s}/\partial \bar{\omega}_x)_0 = \left[(\Delta)\left(C_{b1} - \mu_z^2\right) + \frac{16\mu_x\mu_z}{\gamma_b}\right]\Big/(C_{a1}\cdot C_{b1})$$

$$\left(\partial a_{1s}/\partial\bar{\omega}_z\right)_0=\left[(\Delta)\mu_x\mu_z-\frac{16}{\gamma_b}\left(C_{b1}-\mu_z^2\right)\right]\Big/\left(C_{a1}\cdot C_{b1}\right)$$

$$\left(\partial a_{1s}/\partial\lambda_1\right)_0=2\mu_x/C_{a1}$$

$$\left(\partial a_{1s}/\partial a_0\right)_0=(\Delta)\frac{4\mu_z}{3C_{a1}}$$

$$\left(\partial a_{1s}/\partial\varphi_7\right)_0=\frac{8\mu_x}{3C_{a1}}$$

$$\left(\partial a_{1s}/\partial A_1\right)_0=-(\Delta)\frac{2\mu_x\mu_z}{C_{a1}}$$

$$\left(\partial a_{1s}/\partial B_1\right)_0=-\frac{C_{a1}+2\mu_x^2}{C_{a1}}$$

式中

$$C_{a1}=1-\frac{1}{2}\left(\mu_x^2+\mu_z^2\right),\quad C_{b1}=1+\frac{1}{2}\left(\mu_x^2+\mu_z^2\right)$$

3. $b_1$ 的简单导数

$$\left(\partial b_{1s}/\partial\mu_x\right)_0=-\left(\frac{8}{3}\theta_0+2\theta_1+2\lambda_1\right)\mu_x\mu_z\Big/C_{a1}^2+(\Delta)2\mu_x\mu_z^2A_1/C_{a1}^2$$
$$+2\mu_zB_1\left(C_{a1}+\mu_x^2\right)\Big/C_{a1}^2+(\Delta)\frac{4}{3}\left(C_{a1}+\mu_z^2\right)a_0\Big/C_{b1}^2$$

$$\left(\partial b_{1s}/\partial\mu_y\right)_0=0$$

$$\left(\partial b_{1s}/\partial\mu_z\right)_0=-\left(\frac{8}{3}\theta_0+2\theta_1+2\lambda_1\right)\left(C_{a1}+\mu_z^2\right)\Big/C_{a1}^2+(\Delta)2\mu_z\left(2-\mu_x^2\right)A_1\Big/C_{a1}^2$$
$$+2\mu_xB_1\left(C_{a1}+\mu_z^2\right)\Big/C_{a1}^2-(\Delta)\frac{4}{3}\mu_x\mu_za_0\Big/C_{b1}^2$$

$$\left(\partial b_{1s}/\partial\bar{\omega}_x\right)_0=-\left[(\Delta)\frac{16}{\gamma_b}\left(C_{a1}+\mu_z^2\right)+\mu_x\mu_z\right]\Big/\left(C_{a1}\cdot C_{b1}\right)$$

$$\left(\partial b_1/\partial\bar{\omega}_z\right)_0=-\left[(\Delta)\left(C_{a1}+\mu_z^2\right)-\frac{16\mu_x\mu_z}{\gamma_b}\right]\Big/\left(C_{a1}\cdot C_{b1}\right)$$

$$\left(\partial b_{1s}/\partial\lambda_1\right)_0=-2\mu_z/C_{a1}$$

$$\left(\partial b_{1s}/\partial a_0\right)_0=(\Delta)\frac{4\mu_x}{3C_{a1}}$$

$$\left(\partial b_{1s}/\partial\varphi_7\right)_0=(-)\frac{8\mu_z}{3C_{b1}}$$

$$\left(\partial b_{1s}/\partial A_1\right)_0=(\Delta)\frac{C_{a1}+2\mu_z^2}{C_{a1}}$$

$$\left(\partial b_{1s}/\partial B_1\right)_0=\frac{2\mu_x\mu_z}{C_{a1}}$$

式中

$$C_{a1}=1-\frac{1}{2}\left(\mu_x^2+\mu_z^2\right),\quad C_{b1}=1+\frac{1}{2}\left(\mu_x^2+\mu_z^2\right)$$

4. $C_T$的简单导数

$$(\partial C_T/\partial \mu_x)_0=a_\infty\sigma\left[\mu_x\left(\theta_0+\frac{1}{2}\theta_1\right)-\frac{1}{2}B_1\right]$$

$$(\partial C_T/\partial \mu_y)_0=0$$

$$(\partial C_T/\partial \mu_z)_0=a_\infty\sigma\left[\mu_z\left(\theta_0+\frac{1}{2}\theta_1\right)-(\Delta)\frac{1}{2}A_1\right]$$

$$(\partial C_T/\partial \bar{\omega}_x)_0=\frac{(\Delta)}{4}a_\infty\sigma\mu_x$$

$$(\partial C_T/\partial \bar{\omega}_z)_0=\frac{(\Delta)}{4}a_\infty\sigma\mu_z$$

$$(\partial C_T/\partial \lambda_1)_0=\frac{1}{2}a_\infty\sigma$$

$$(\partial C_T/\partial \varphi_7)_0=a_\infty\sigma\left[\frac{1}{3}+\frac{1}{2}\left(\mu_x^2+\mu_z^2\right)\right]$$

$$(\partial C_T/\partial A_1)_0=-\frac{(\Delta)}{2}a_\infty\sigma\mu_z$$

$$(\partial C_T/\partial B_1)_0=-\frac{1}{2}a_\infty\sigma\mu_x$$

5. $\lambda_1$的简单导数

$$(\partial \lambda_1/\partial C_T)_0=-\frac{a_\infty\sigma}{4\bar{V}_1}\Big/\left(1-\frac{a_\infty\sigma\cdot C_T\lambda_1}{4\bar{V}^3}\right)$$

$$(\partial \lambda_1/\partial \mu_x)_0=-\frac{C_T\mu_x}{\bar{V}_1^2}\left(\frac{\partial \lambda_1}{\partial C_T}\right)_0$$

$$(\partial \lambda_1/\partial \mu_y)_0=\frac{4\bar{V}_1}{a_\infty\sigma}\left(\frac{\partial \lambda_1}{\partial C_T}\right)_0$$

$$(\partial \lambda_1/\partial \mu_x)_0=-\frac{C_T\mu_z}{\bar{V}_1^2}\left(\frac{\partial \lambda_1}{\partial C_T}\right)_0$$

$$(\partial \lambda_1/\partial \bar{\omega}_x)_0=(\partial \lambda_1/\partial \bar{\omega}_z)_0=0$$

式中

$$\bar{V}_1=\sqrt{\mu_x^2+\mu_y^2+\mu_z^2}$$

6. $C_H$ 的简单导数

$$(\partial C_H/\partial \mu_x)_0 = \frac{1}{2}\sigma C_x + \kappa a_\infty \sigma\left[\frac{1}{2}(\mu_z b_{1s} - \lambda_1)\left(\theta_0 + \frac{1}{2}\theta_1\right) + \frac{1}{4}\left(a_0^2 + a_{1s}^2\right)\right.$$
$$\left. - (\varDelta)\mu_z a_0 a_{1s} - \frac{1}{4}\left[a_{1s} - (\varDelta)2\mu_z a_0\right]B_1\right]$$

$$\left(\partial C_H/\partial \mu_y\right)_0 = 0$$

$$(\partial C_H/\partial \mu_z)_0 = a_\infty \sigma\left\{\left[-(\varDelta)\frac{3}{4}a_0 + \frac{1}{2}\mu_x b_{1s} + \mu_z a_{1s}\right]\theta_0 + \left[-\frac{(\varDelta)}{2}a_0 + \frac{1}{4}\mu_x b_{1s} + \frac{1}{2}\mu_z a_{1s}\right]\theta_1\right\}$$
$$- (\varDelta)a_0\left(\frac{3}{2}\lambda_1 - 2\mu_z b_{1s} + \mu_x a_{1s}\right) - \frac{1}{4}a_{1s}b_{1s} - \left[-\mu_z a_0 + \frac{(\varDelta)}{2}a_{1s}\right]A_1$$
$$- \frac{(\varDelta)}{4}(b_{1s} - 2\mu_x a_0)B_1$$

$$(\partial C_H/\partial \bar{\omega}_x)_0 = -a_\infty \sigma\left\{\left[\frac{(\varDelta)}{6}\left(\theta_0 + \frac{3}{4}\theta_1\right) - \frac{1}{16}(\mu_z A_1 + 3\mu_x B_1) + \frac{(\varDelta)}{2}\lambda_1 - \frac{7}{16}\mu_z b_{1s} + \frac{(\varDelta)}{16}\mu_x a_{1s}\right]\right\}$$

$$(\partial C_H/\partial \bar{\omega}_z)_0 = a_\infty \sigma\left\{\frac{1}{16}\left[\mu_x A_1 + (\varDelta)\mu_z B_1\right] - \frac{1}{6}a_0 + \frac{1}{16}\left[(\varDelta)5\mu_z a_{1s} - \mu_x b_{1s}\right]\right\}$$

$$(\partial C_H/\partial \lambda_1)_0 = -a_\infty \sigma\left\{\frac{1}{2}\mu_x\left(\theta_0 + \frac{1}{2}\theta_1\right) + \frac{3}{4}\left[-a_{1s} + (\varDelta)2\mu_z a_0\right] - \frac{1}{4}B_1\right\}$$

$$(\partial C_H/\partial a_0)_0 = a_\infty \sigma\left[-(\varDelta)\frac{3}{4}\mu_z\left(\theta_0 + \frac{2}{3}\theta_1\right) - (\varDelta)\frac{3}{2}\mu_z \lambda_1 + \frac{1}{2}\mu_x a_0 - (\varDelta)\left(\frac{1}{6} - \mu_z^2\right)b_{1s}\right.$$
$$\left. - (\varDelta)\mu_x \mu_z a_{1s} + \left(\frac{1}{6} + \frac{1}{2}\mu_z^2\right)A_1 + \frac{(\varDelta)}{2}\mu_x \mu_z B_1\right]$$

$$(\partial C_H/\partial a_{1s})_0 = a_\infty \sigma\left[\left(\frac{1}{3} + \frac{1}{2}\mu_z^2\right)\theta_0 + \frac{1}{4}\left(1 + \mu_z^2\right)\theta_1 + \frac{3}{4}\lambda_1 + \frac{1}{2}\mu_x a_{1s} - \frac{1}{4}\mu_z b_{1s} - (\varDelta)\mu_x \mu_z a_0\right.$$
$$\left. - \frac{(\varDelta)}{2}\mu_z A_1 - \frac{1}{4}\mu_x B_1\right]$$

$$(\partial C_H/\partial b_{1s})_0 = a_\infty \sigma\left[\frac{1}{2}\mu_x \mu_z\left(\theta_0 + \frac{1}{2}\theta_1\right) - (\varDelta)\left(\frac{1}{6} - \mu_z^2\right)a_0 - \frac{1}{4}\mu_z a_{1s} - \frac{(\varDelta)}{4}\mu_z B_1\right]$$

$$(\partial C_H/\partial \varphi_7)_0 = a_\infty \sigma\left[\frac{1}{3}a_{1s} - \frac{1}{2}\left(\mu_x \lambda_1 - \mu_x \mu_z b_{1s} - \mu_z^2 a_{1s}\right) - (\varDelta)\frac{3}{4}\mu_z a_0\right]$$

$$(\partial C_H/\partial A_1)_0 = -a_\infty \sigma\left\{-\frac{1}{6}a_0 + \frac{1}{2}\left[(\varDelta)\mu_z a_{1s} - \mu_z^2 a_0\right]\right\}$$

$$(\partial C_H/\partial B_1)_0 = -a_\infty \sigma\left\{-\frac{1}{4}\lambda_1 + \frac{1}{4}(\mu_x a_{1s} + \mu_z b_{1s}) - \frac{(\varDelta)}{2}\mu_x \mu_z a_0\right\}$$

7. $C_S$的简单导数

$$\left(\partial C_S/\partial\mu_x\right)_0=a_\infty\sigma\left\{\left[-\frac{3}{4}a_0+(\varDelta)\frac{1}{2}\mu_z a_{1s}+(\varDelta)\mu_x b_{1s}\right]\theta_0+\left[-\frac{1}{2}a_0+\frac{(\varDelta)}{2}\mu_x b_{1s}+\frac{1}{4}\mu_z a_{1s}\right]\theta_1\right.$$
$$-\left[\frac{1}{4}a_{1s}-\frac{(\varDelta)}{2}\mu_z a_0\right]A_1-\left[\frac{(\varDelta)}{2}b_{1s}-\mu_x a_0\right]B_1$$
$$\left.+a_0\left(\mu_z b_{1s}-\frac{3}{2}\lambda_1-2\mu_x a_{1s}\right)+(\varDelta)\frac{1}{4}a_{1s}b_{1s}\right\}$$

$$\left(\partial C_S/\partial\mu_y\right)_0=0$$

$$\left(\partial C_S/\partial\mu_z\right)_0=-(\varDelta)\frac{1}{2}\sigma C_x+a_\infty\sigma\left\{\left[\frac{(\varDelta)}{2}(\lambda_1+\mu_x a_{1s})\right]\left(\theta_0+\frac{1}{2}\theta_1\right)\right.$$
$$\left.-\frac{1}{4}\left[b_{1s}-(\varDelta)\mu_x a_0\right]A_1+\frac{(\varDelta)}{4}\left(a_0^2+b_{1s}^2\right)+\mu_x a_0 b_{1s}\right\}$$

$$\left(\partial C_S/\partial\bar{\omega}_x\right)_0=a_\infty\sigma\left\{-\frac{1}{16}\left[\mu_z B_1+(\varDelta)\mu_x A_1\right]-\frac{(\varDelta)}{6}a_0+\frac{1}{16}(5\mu_x b_{1s}-\mu_z a_{1s})\right\}$$

$$\left(\partial C_S/\partial\bar{\omega}_z\right)_0=a_\infty\sigma\left\{\frac{\theta_0}{6}+\frac{\theta_1}{8}-\frac{1}{16}\left[\mu_x B_1+(\varDelta)3\mu_z A_1\right]+\frac{\lambda_1}{2}+\frac{1}{16}(7\mu_x a_{1s}-\mu_z b_{1s})\right\}$$

$$\left(\partial C_S/\partial\lambda_1\right)_0=a_\infty\sigma\left\{(\varDelta)\frac{1}{2}\mu_z\left(\theta_0+\frac{1}{2}\theta_1\right)-\frac{1}{4}A_1-\frac{3}{2}\left[\mu_x a_0-\frac{(\varDelta)}{2}b_{1s}\right]\right\}$$

$$\left(\partial C_S/\partial a_0\right)_0=a_\infty\sigma\left[-\frac{3}{4}\mu_x\left(\theta_0+\frac{2}{3}\theta_1\right)-\frac{3}{2}\mu_x\lambda_1-(\varDelta)\frac{1}{2}\mu_z a_0+\mu_x\mu_z b_{1s}\right.$$
$$\left.+\left(\frac{1}{6}-\mu_x^2\right)a_{1s}+\frac{(\varDelta)}{2}\mu_x\mu_z A_1+\left(\frac{1}{6}+\frac{1}{2}\mu_x^2\right)B_1\right]$$

$$\left(\partial C_S/\partial a_{1s}\right)_0=a_\infty\sigma\left[\frac{(\varDelta)}{2}\mu_x\mu_z\left(\theta_0+\frac{1}{2}\theta_1\right)+\left(\frac{1}{6}-\mu_x^2\right)a_0+\frac{(\varDelta)}{4}\mu_x b_{1s}-\frac{1}{4}\mu_x A_1\right]$$

$$\left(\partial C_S/\partial b_{1s}\right)_0=a_\infty\sigma\left\{\frac{(\varDelta)}{3}\left(1+\frac{3}{2}\mu_x^2\right)\theta_0+\frac{(\varDelta)}{4}\left(1+\mu_x^2\right)\theta_1+(\varDelta)\frac{3}{4}\lambda_1+\frac{(\varDelta)}{4}(\mu_x a_{1s}-\mu_z b_{1s})\right.$$
$$\left.+\mu_x\mu_z a_0-\frac{1}{4}\left[\mu_z A_1+(\varDelta)2\mu_x B_1\right]\right\}$$

$$\left(\partial C_S/\partial\varphi_7\right)_0=a_\infty\sigma\left[-\frac{3}{4}\mu_x a_0+\frac{(\varDelta)}{3}b_{1s}+\frac{(\varDelta)}{2}\left(\mu_z\lambda_1+\mu_x^2 b_{1s}+\mu_x\mu_z a_{1s}\right)\right]$$

$$\left(\partial C_S/\partial A_1\right)_0=-\frac{1}{4}a_\infty\sigma\left[\lambda_1+\mu_x a_{1s}+\mu_z b_{1s}-(\varDelta)2\mu_x\mu_z a_0\right]$$

$$\left(\partial C_S/\partial B_1\right)_0=-a_\infty\sigma\left\{-\frac{a_0}{6}-\frac{1}{2}\left[\mu_x^2 a_0-(\varDelta)\mu_x b_{1s}\right]\right\}$$

8. $m_k$的简单导数

$$(\partial m_k/\partial \mu_x)_0 = (\varDelta)\frac{1}{2}\sigma C_x \mu_x - a_\infty \sigma\left\{(\varDelta)\frac{1}{8}\mu_x\left(4a_0^2+3a_{1s}^2+b_{1s}^2\right)-\frac{1}{3}a_0 b_{1s}-(\varDelta)\frac{1}{4}a_{1s}(\mu_z b_{1s}-2\lambda_1)\right.$$

$$\left.+\left[\frac{(\varDelta)}{6}a_0-\frac{1}{8}(\mu_z a_{1s}+\mu_x b_{1s})\right]A_1-\left[\frac{(\varDelta)}{4}\lambda_1-\frac{1}{8}(\mu_z b_{1s}-(\varDelta)\mu_x a_{1s})\right]B_1\right\}$$

$$(\partial m_k/\partial \mu_y)_0 = 0$$

$$(\partial m_k/\partial \mu_z)_0 = (\varDelta)\frac{1}{2}\sigma C_x \mu_z + a_\infty \sigma\left\{-\frac{(\varDelta)}{8}\mu_z\left(4a_0^2+3b_{1s}^2+a_{1s}^2\right)+\frac{1}{3}a_0 a_{1s}+\frac{(\varDelta)}{4}a_{1s}(\mu_x b_{1s}+2\lambda_1)\right.$$

$$\left.+\left[\frac{1}{4}\lambda_1-\frac{1}{8}(\mu_z b_{1s}-\mu_x a_{1s})\right]A_1+\left[\frac{1}{6}a_0-\frac{1}{8}(\mu_x b_{1s}+(\varDelta)\mu_z a_{1s})\right]B_1\right\}$$

$$(\partial m_k/\partial \bar{\omega}_x)_0 = a_\infty \sigma\left[-\frac{1}{6}\mu_x\theta_0-\frac{1}{8}\mu_x\theta_1+\frac{1}{8}B_1-\frac{(\varDelta)}{3}\mu_z a_0+\frac{1}{4}a_{1s}\right]$$

$$(\partial m_k/\partial \bar{\omega}_z)_0 = a_\infty \sigma\left[-\frac{1}{6}\mu_z\theta_0-\frac{1}{8}\mu_z\theta_1+\frac{(\varDelta)}{8}A_1+\frac{(\varDelta)}{3}\mu_x a_0-\frac{1}{4}b_{1s}\right]$$

$$(\partial m_k/\partial \lambda_1)_0 = -a_\infty \sigma\left\{\frac{(\varDelta)}{3}\left(\theta_0+\frac{3}{4}\theta_1\right)+(\varDelta)\lambda_1+\frac{(\varDelta)}{2}(\mu_x a_{1s}-\mu_z b_{1s})-\frac{1}{4}\left[\mu_z A_1+(\varDelta)\mu_x B_1\right]\right\}$$

$$(\partial m_k/\partial a_0)_0 = a_\infty \sigma\left\{-\frac{(\varDelta)}{6}\left[\mu_x A_1+(\varDelta)\mu_z B_1\right]-\frac{(\varDelta)}{2}\left(\mu_x^2+\mu_z^2\right)a_0+\frac{1}{3}(\mu_z a_{1s}+\mu_x b_{1s})\right\}$$

$$(\partial m_k/\partial a_{1s})_0 = a_\infty \sigma\left[-\frac{(\varDelta)}{4}\left(1+\frac{3}{2}\mu_x^2+\frac{1}{2}\mu_z^2\right)a_{1s}-\frac{(\varDelta)}{2}\mu_x\lambda_1+\frac{1}{3}\mu_z a_0+\frac{(\varDelta)}{4}\mu_x\mu_z b_{1s}\right.$$

$$\left.+\frac{1}{8}\mu_x\mu_z A_1-\frac{(\varDelta)}{16}\left(\mu_z^2-\mu_x^2\right)B_1\right]$$

$$(\partial m_k/\partial b_{1s})_0 = a_\infty \sigma\left\{-\frac{(\varDelta)}{4}\left(1+\frac{1}{2}\mu_x^2+\frac{3}{2}\mu_z^2\right)b_{1s}+\frac{(\varDelta)}{2}\mu_z\lambda_1+\frac{1}{3}\mu_x a_0+\frac{(\varDelta)}{4}\mu_x\mu_z a_{1s}\right.$$

$$\left.+\left[\frac{1}{8}-\frac{1}{16}\left(\mu_z^2-\mu_x^2\right)\right]A_1-\frac{1}{8}\mu_x\mu_z B_1\right\}$$

$$(\partial m_k/\partial \varphi_7)_0 = a_\infty \sigma\left[-\frac{(\varDelta)}{3}\lambda_1\right]$$

$$(\partial m_k/\partial A_1)_0 = -a_\infty \sigma\left\{\frac{(\varDelta)}{6}\mu_x a_0-\frac{1}{8}b_{1s}\left[1+\frac{1}{2}\left(\mu_x^2-\mu_z^2\right)\right]-\frac{1}{4}\mu_z\lambda_1-\frac{1}{8}\mu_x\mu_z a_{1s}\right\}$$

$$(\partial m_k/\partial B_1)_0 = -a_\infty \sigma\left\{-\frac{1}{6}\mu_z a_0+\frac{(\varDelta)}{8}a_{1s}\left[1+\frac{1}{2}\left(\mu_z^2-\mu_x^2\right)\right]-\frac{(\varDelta)}{4}\mu_x\lambda_1+\frac{(\varDelta)}{8}\mu_x\mu_z b_{1s}\right\}$$

# 附录 D　直升机导数

1. 直升机总导数

1) 纵向力总导数

$F_x^{V_x} = F_{x,M}^{V_x} + F_{x,H}^{V_x} + F_{x,V}^{V_x} + F_{x,F}^{V_x}$

$F_x^{V_y} = F_{x,M}^{V_y} + F_{x,H}^{V_y} + F_{x,F}^{V_y}$

$F_x^{V_z} = F_{x,M}^{V_z} + F_{x,V}^{V_z} + F_{x,F}^{V_z}$

$F_x^{\omega_x} = F_{x,M}^{\omega_x} + F_{x,V}^{\omega_x}$

$F_x^{\omega_y} = F_{x,M}^{\omega_y} + F_{x,V}^{\omega_y} - mV_z$

$F_x^{\omega_z} = F_{x,M}^{\omega_z} + F_{x,H}^{\omega_z} - mV_y$

$F_x^{\gamma} = 0$

$F_x^{\psi} = -mg\cos\vartheta\sin\gamma$

$F_x^{\vartheta} = -mg\cos\vartheta\cos\gamma$

$F_x^{\varphi_7} = F_{x,M}^{\varphi_7} + F_{x,H}^{\varphi_7}$

$F_x^{A_1} = F_{x,M}^{A_1}$

$F_x^{B_1} = F_{x,M}^{B_1}$

2) 法向力总导数

$F_y^{V_x} = F_{y,M}^{V_x} + F_{y,H}^{V_x} + F_{y,F}^{V_x}$

$F_y^{V_y} = F_{y,M}^{V_y} + F_{y,H}^{V_y} + F_{y,F}^{V_y}$

$F_y^{V_z} = F_{y,M}^{V_z} + F_{y,F}^{V_z}$

$F_y^{\omega_x} = F_{y,M}^{\omega_x} + mV_z$

$F_y^{\omega_y} = F_{y,M}^{\omega_y}$

$F_y^{\omega_z} = F_{y,M}^{\omega_z} + F_{y,H}^{\omega_z} - mV_x$

$F_y^{\gamma} = mg\cos\theta\sin\gamma$

$F_y^{\psi} = 0$

$F_y^{\vartheta} = mg\sin\vartheta$

$F_y^{\varphi_7} = F_{y,M}^{\varphi_7} + F_{y,H}^{\varphi_7}$

$F_y^{A_1} = F_{y,M}^{A_1}$

$F_y^{B_1} = F_{y,M}^{B_1}$

3) 侧向力总导数

$F_z^{V_x} = F_{z,M}^{V_x} + F_{z,T}^{V_x} + F_{z,V}^{V_x} + F_{z,F}^{V_x}$

$F_z^{V_y} = F_{z,M}^{V_y} + F_{z,T}^{V_y} + F_{z,F}^{V_y}$

$F_z^{V_z} = F_{z,M}^{V_z} + F_{z,T}^{V_z} + F_{z,V}^{V_z} + F_{z,F}^{V_z}$

$F_z^{\omega_x} = F_{z,M}^{\omega_x} + F_{z,T}^{\omega_x} + F_{z,V}^{\omega_x} - mV_y$

$F_z^{\omega_y} = F_{z,M}^{\omega_y} + F_{z,T}^{\omega_y} + F_{z,V}^{\omega_y} + mV_x$

$F_z^{\omega_z} = F_{z,M}^{\omega_z} + F_{z,T}^{\omega_z}$

$F_z^{\gamma} = mg\cos\vartheta\cos\gamma$

$F_z^{\psi} = -mg\sin\vartheta$

$F_z^{\vartheta} = 0$

$F_z^{\varphi_7} = F_{z,M}^{\varphi_7}$

$F_z^{A_1} = F_{z,M}^{A_1}$

$F_z^{B_1} = F_{z,M}^{B_1}$

$F_z^{\varphi_T} = F_{z,T}^{\varphi_T}$

4) 滚转力矩总导数

$M_x^{V_x} = M_{x,M}^{V_x} + M_{x,T}^{V_x} + M_{x,V}^{V_x} + M_{x,F}^{V_x}$

$M_x^{V_y} = M_{x,M}^{V_y} + M_{x,T}^{V_y} + M_{x,F}^{V_y}$

$M_x^{V_z} = M_{x,M}^{V_z} + M_{x,T}^{V_z} + M_{x,V}^{V_z} + M_{x,F}^{V_z}$

$M_x^{\omega_x} = M_{x,M}^{\omega_x} + M_{x,T}^{\omega_x} + M_{x,V}^{\omega_x}$

$M_x^{\omega_y} = M_{x,M}^{\omega_y} + M_{x,T}^{\omega_y} + M_{x,V}^{\omega_y}$

$M_x^{\omega_z} = M_{x,M}^{\omega_z} + M_{x,T}^{\omega_z}$

$M_x^{\gamma}=0$

$M_x^{\psi}=0$

$M_x^{\vartheta}=0$

$M_x^{\varphi_7}=M_{x,M}^{\varphi_7}$

$M_x^{A_1}=M_{x,M}^{A_1}$

$M_x^{B_1}=M_{x,M}^{B_1}$

$M_x^{\varphi_T}=M_{x,M}^{\varphi_T}$

5) 偏航力矩总导数

$M_y^{V_x}=M_{y,M}^{V_x}+M_{y,T}^{V_x}+M_{y,V}^{V_x}+M_{y,F}^{V_x}$

$M_y^{V_y}=M_{y,M}^{V_y}+M_{y,T}^{V_y}+M_{y,F}^{V_y}$

$M_y^{V_z}=M_{y,M}^{V_z}+M_{y,T}^{V_z}+M_{y,V}^{V_z}+M_{y,F}^{V_z}$

$M_y^{\omega_x}=M_{y,M}^{\omega_x}+M_{y,T}^{\omega_x}+M_{y,V}^{\omega_x}$

$M_y^{\omega_y}=M_{y,M}^{\omega_y}+M_{y,T}^{\omega_y}+M_{y,V}^{\omega_y}$

$M_y^{\omega_z}=M_{y,M}^{\omega_z}+M_{y,T}^{\omega_z}$

$M_y^{\gamma}=0$

$M_y^{\psi}=0$

$M_y^{\vartheta}=0$

$M_y^{\varphi_7}=M_{y,M}^{\varphi_7}$

$M_y^{A_1}=M_{y,M}^{A_1}$

$M_y^{B_1}=M_{y,M}^{B_1}$

$M_y^{\varphi_T}=M_{y,T}^{\varphi_T}$

6) 俯仰力矩总导数

$M_z^{V_x}=M_{z,M}^{V_x}+M_{z,T}^{V_x}+M_{z,V}^{V_x}+M_{z,F}^{V_x}$

$M_z^{V_y}=M_{z,M}^{V_y}+M_{z,T}^{V_y}+M_{z,H}^{V_y}+M_{z,F}^{V_y}$

$M_z^{V_z}=M_{z,M}^{V_z}+M_{z,T}^{V_z}+M_{z,F}^{V_z}$

$M_z^{\omega_x}=M_{z,M}^{\omega_x}+M_{z,T}^{\omega_x}$

$M_z^{\omega_y}=M_{z,M}^{\omega_y}+M_{z,T}^{\omega_y}$

$M_z^{\omega_z}=M_{z,M}^{\omega_z}+M_{z,T}^{\omega_z}+M_{z,H}^{\omega_z}$

$M_z^{\gamma}=0$

$M_z^{\psi}=0$

$M_z^{\vartheta}=0$

$M_z^{\varphi_7}=M_{z,M}^{\varphi_7}+M_{z,H}^{\varphi_7}$

$M_z^{A_1}=M_{z,M}^{A_1}$

$M_z^{B_1}=M_{z,M}^{B_1}$

$M_z^{\varphi_T}=M_{z,T}^{\varphi_T}$

2. 样例直升机各部件导数及总导数

为了使读者对直升机气动导数有一个量级的概念，本附录给出样例直升机悬停及前进比 $\mu=0.2$ 时的气动导数。其中表 D-1 为旋翼导数；表 D-2 为尾桨导数；表 D-3 为平尾导数；表 D-4 为上垂尾导数；表 D-5 为下垂尾导数；表 D-6 为机身导数；表 D-7 为样例直升机总导数。

**表 D-1 旋翼导数**

| | | $V_x$ | $V_y$ | $V_z$ | $\omega_x$ | $\omega_y$ | $\omega_z$ | $\varphi_7$ | $-A_1$ | $-B_1$ |
|---|---|---|---|---|---|---|---|---|---|---|
| $\frac{\partial F_{x,M}}{\partial X}$ | $\mu$=0 | –3.91 | –10.78 | 0.23 | 70.92 | 2.32 | 107.3 | 913.5 | 0 | –2045 |
| | $\mu$=0.2 | –2.84 | –6.03 | 0.02 | 69.57 | 4.04 | 115.2 | 2.42 | 0 | –2000 |
| $\frac{\partial F_{y,M}}{\partial X}$ | $\mu$=0 | –10.78 | –333.9 | –0.24 | 1.40 | 72.32 | 41.96 | 28010 | –1.41 | 66.92 |
| | $\mu$=0.2 | 1.40 | –162.6 | –2.7 | –6.57 | 68.59 | 2.06 | 24150 | –23.41 | 43.73 |

续表

| | | $V_x$ | $V_y$ | $V_z$ | $\omega_x$ | $\omega_y$ | $\omega_z$ | $\varphi_7$ | $-A_1$ | $-B_1$ |
|---|---|---|---|---|---|---|---|---|---|---|
| $\frac{\partial F_{z,M}}{\partial X}$ | $\mu=0$ | −0.28 | −0.22 | −3.46 | −72.61 | 0.05 | 23.0 | 19.27 | 2045 | 0 |
| | $\mu=0.2$ | −0.11 | −1.26 | −2.93 | −89.92 | 1.12 | 7.41 | −516.3 | 2000 | 0 |
| $\frac{\partial M_{x,M}}{\partial X}$ | $\mu=0$ | −13.04 | 4.07 | −62.6 | −3297 | −0.91 | −1048 | −52.80 | 47690 | −0.8 |
| | $\mu=0.2$ | −9.71 | 47.25 | −52.79 | −3235 | 20.58 | −1049 | −8250 | 47620 | −0.52 |
| $\frac{\partial M_{y,M}}{\partial X}$ | $\mu=0$ | −0.12 | −1.68 | −0.29 | −5.37 | −0.1 | 3.48 | 7282 | 175.8 | −24.53 |
| | $\mu=0.2$ | −0.86 | 5.57 | 7.07 | 329.1 | 1.81 | 352.8 | 5596 | 170.2 | −24.0 |
| $\frac{\partial M_{z,M}}{\partial X}$ | $\mu=0$ | 67.8 | 43.27 | −13.87 | −1232 | −9.23 | −3360 | −3810 | 0.12 | 47680 |
| | $\mu=0.2$ | 52.34 | −50.85 | −12.91 | −1247 | −76.92 | −3413 | 19930 | 2.01 | 47620 |

**表 D-2　尾桨导数**

| | | $V_x$ | $V_y$ | $V_z$ | $\omega_x$ | $\omega_y$ | $\omega_z$ | $\varphi_T$ |
|---|---|---|---|---|---|---|---|---|
| $\frac{\partial F_{z,T}}{\partial X}$ | $\mu=0$ | 0.0 | 0.0 | −102.7 | −30.81 | −660.6 | 0.0 | 1773 |
| | $\mu=0.2$ | 0.945 | −0.073 | −8.86 | −2.66 | −57.00 | −0.76 | 1268 |
| $\frac{\partial M_{x,T}}{\partial X}$ | $\mu=0$ | 0 | 0 | −30.81 | −9.244 | −198.2 | 0 | 531.9 |
| | $\mu=0.2$ | 0.283 | −0.022 | −2.66 | −0.797 | −17.1 | −0.227 | 380.3 |
| $\frac{\partial M_{y,T}}{\partial X}$ | $\mu=0$ | 0 | 0 | −660.6 | −198.2 | −4249 | 0 | 11400 |
| | $\mu=0.2$ | 6.078 | 0.472 | −57.00 | −17.1 | −366.6 | −4.861 | 8155 |
| $\frac{\partial M_{z,T}}{\partial X}$ | $\mu=0$ | 0.956 | 1.247 | 2.258 | −13.5 | 17.19 | −8.049 | −105.6 |
| | $\mu=0.2$ | 0.333 | 0.651 | −2.350 | −57.98 | −15.32 | −4.288 | 415.4 |

**表 D-3　平尾导数**

| | | $V_x$ | $V_y$ | $\omega_z$ |
|---|---|---|---|---|
| $\frac{\partial F_{x,H}}{\partial X}$ | $\mu=0$ | 3.74 | −0.45 | 1.62 |
| | $\mu=0.2$ | −0.14 | −0.58 | 4.6 |
| $\frac{\partial F_{y,H}}{\partial X}$ | $\mu=0$ | 0.38 | −0.45 | 1.67 |
| | $\mu=0.2$ | −1.84 | −6.01 | 47.35 |
| $\frac{\partial M_{z,H}}{\partial X}$ | $\mu=0$ | −1.93 | 2.26 | −8.39 |
| | $\mu=0.2$ | 9.2 | 30.06 | −236.8 |

**表 D-4　上垂尾导数**

| | | $V_x$ | $V_z$ | $\omega_x$ | $\omega_y$ |
|---|---|---|---|---|---|
| $\frac{\partial F_{x,V}}{\partial X}$ | $\mu=0$ | 0 | 0 | 0 | 0 |
| | $\mu=0.2$ | −0.044 | −0.55 | | −3.89 |
| $\frac{\partial F_{z,V}}{\partial X}$ | $\mu=0$ | 0 | 0 | 0 | 0 |
| | $\mu=0.2$ | 0.46 | −33.89 | | −48.3 |
| $\frac{\partial M_{x,V}}{\partial X}$ | $\mu=0$ | 0 | 0 | 0 | 0 |
| | $\mu=0.2$ | 0.33 | −24.39 | | −34.68 |
| $\frac{\partial F_{y,V}}{\partial X}$ | $\mu=0$ | 0 | 0 | 0 | 0 |
| | $\mu=0.2$ | 3.25 | −240.3 | | −341.6 |

**表 D-5　下垂尾导数**

| | | $V_x$ | $V_z$ | $\omega_x$ | $\omega_y$ |
|---|---|---|---|---|---|
| $\dfrac{\partial F_{x,V}}{\partial X}$ | $\mu=0$ | 0 | 0 | 0 | 0 |
| | $\mu=0.2$ | −0.016 | 0.0 | | 0.0 |
| $\dfrac{\partial F_{z,V}}{\partial X}$ | $\mu=0$ | 0 | 0 | 0 | 0 |
| | $\mu=0.2$ | 0.0 | −15.93 | | −21.75 |
| $\dfrac{\partial M_{x,V}}{\partial X}$ | $\mu=0$ | 0 | 0 | 0 | 0 |
| | $\mu=0.2$ | 0.0 | −4.05 | | −5.54 |
| $\dfrac{\partial M_{y,V}}{\partial X}$ | $\mu=0$ | 0 | 0 | 0 | 0 |
| | $\mu=0.2$ | 0.0 | −108.2 | | −147.8 |

**表 D-6　机身导数**

| | | $V_x$ | $V_y$ | $V_z$ |
|---|---|---|---|---|
| $\dfrac{\partial F_{x,F}}{\partial X}$ | $\mu=0$ | 0 | 0 | 0 |
| | $\mu=0.2$ | −5.77 | 0.21 | 0 |
| $\dfrac{\partial F_{y,F}}{\partial X}$ | $\mu=0$ | 0 | 0 | 0 |
| | $\mu=0.2$ | −0.96 | −0.23 | 0.11 |
| $\dfrac{\partial F_{z,F}}{\partial X}$ | $\mu=0$ | 0 | 0 | 0 |
| | $\mu=0.2$ | 0 | 0 | −0.66 |
| $\dfrac{\partial M_{x,F}}{\partial X}$ | $\mu=0$ | 0 | 0 | 0 |
| | $\mu=0.2$ | 2.08 | −0.11 | −0.59 |
| $\dfrac{\partial M_{y,F}}{\partial X}$ | $\mu=0$ | 0 | 0 | 0 |
| | $\mu=0.2$ | 0.45 | −0.41 | 0.9 |
| $\dfrac{\partial M_{z,F}}{\partial X}$ | $\mu=0$ | 0 | 0 | 0 |
| | $\mu=0.2$ | 2.43 | −1.68 | −0.15 |

**表 D-7　样例直升机总导数**

| | | $V_x$ | $V_y$ | $V_z$ | $\omega_x$ | $\omega_y$ | $\omega_z$ | $\varphi_7$ | $-A_1$ | $-B_1$ | $\varphi_T$ |
|---|---|---|---|---|---|---|---|---|---|---|---|
| $\dfrac{\partial F_x}{\partial X}$ | $\mu=0$ | −0.36 | −11.22 | 0.25 | 71.63 | 4.67 | 108.9 | 913.5 | 0 | −2044 | 0.19 |
| | $\mu=0.2$ | −8.97 | −6.41 | 0 | 70.55 | −250.3 | 802.7 | 2.42 | 0 | −2000 | 126.9 |
| $\dfrac{\partial F_y}{\partial X}$ | $\mu=0$ | −10.41 | −334.6 | −0.21 | 3.58 | 72 | 44.88 | 28005 | −1.41 | 66.69 | −0.72 |
| | $\mu=0.2$ | −1.45 | −169 | −2.3 | 265.7 | 70.09 | −8736 | 24148 | −23.41 | 43.73 | −71.76 |
| $\dfrac{\partial F_z}{\partial X}$ | $\mu=0$ | −0.28 | −0.22 | −106.2 | −103.4 | −660.6 | 23.0 | 19.27 | 2045 | 0 | 1773 |
| | $\mu=0.2$ | 1.3 | −1.18 | −62.36 | −775.4 | 8660 | 6.65 | −516.3 | 2000 | 0 | 1248 |
| $\dfrac{\partial M_x}{\partial X}$ | $\mu=0$ | −13.04 | 4.07 | −93.41 | −3307 | −199.1 | −1048 | −52.97 | 47688 | 0.80 | 531.9 |
| | $\mu=0.2$ | −7.01 | 47.16 | −83.83 | −3236 | −36.73 | −1050 | −825 | 47620 | −0.52 | 380.3 |
| $\dfrac{\partial M_y}{\partial X}$ | $\mu=0$ | −0.12 | −1.69 | −660.9 | −203.6 | −4249 | 3.48 | 7482 | 175.8 | −25.53 | 11403 |
| | $\mu=0.2$ | 8.92 | 5.63 | −397.6 | 312.0 | −854.3 | 347.9 | 5596 | 172 | −24 | 8155 |
| $\dfrac{\partial M_z}{\partial X}$ | $\mu=0$ | 65.98 | 46.78 | −11.61 | −1245 | 7.96 | −3376 | −3810 | 0.12 | 47682 | −1056 |
| | $\mu=0.2$ | 66.31 | −21.82 | −15.42 | −1305 | −92.25 | −3654 | 19927 | 2.01 | 47616 | 415.4 |

# 附录E　XV-15倾转旋翼飞行器原始参数

**表 E-1　直升机总体参数**

| 说　明 | | | 单　位 | 数　值 |
|---|---|---|---|---|
| 直升机总重 | | | kg | 5897.0 |
| 重心位置(直升机模式) | 前重心(相对机头) | $x$ | m | 7.41 |
| | | $y$ | m | 2.07 |
| | | $z$ | m | 0 |
| | 后重心(相对机头) | $x$ | m | 7.65 |
| | | $y$ | m | 2.07 |
| | | $z$ | m | 0 |
| 惯性矩(直升机模式) | | $I_x$ | kg · m$^2$ | 71579 |
| | | $I_y$ | kg · m$^2$ | 89937 |
| | | $I_z$ | kg · m$^2$ | 28960 |
| 惯性积(直升机模式) | | $I_{xy}$ | kg · m$^2$ | 1673 |
| | | $I_{yz}$ | kg · m$^2$ | 0 |
| | | $I_{zx}$ | kg · m$^2$ | 0 |

**表 E-2　旋翼参数**

| 说　明 | | 单　位 | 数　值 |
|---|---|---|---|
| 旋翼半径 | | m | 3.81 |
| 旋翼转速 | 直升机模式和倾转过渡模式 | r/min | 589 |
| | 固定翼飞机模式 | r/min | 517 |
| 桨叶弦长 | | m | 0.356 |
| 桨叶片数 | | | 3 |
| 挥舞铰外伸量 | | m | 0 |
| 桨叶扭转角 | | (°) | −41 |
| 桨叶洛克数 | | | 3.83 |
| 挥舞变距耦合角 | | (°) | −15 |
| 发动机短舱长度 | | m | 1.4225 |
| 发动机短舱重量(两个总重) | | kg | 1808 |
| 桨叶绕挥舞铰惯性矩 | | kg · m | 138.97 |
| 桨叶挥舞铰弹簧刚度 | | kg · m$^2$ | 304.9 |
| 发动机短舱支点位置(相对机头) | $x_p$ | m | 7.62 |
| | $y_p$ | m | 2.54 |
| | $z_p$ | m | 4.9 |

**表 E-3　机翼参数**

| 说　明 | | 单　位 | 数　值 |
|---|---|---|---|
| 机翼面积 | | $m^2$ | 16.82 |
| 机翼展长 | | m | 9.81 |
| 机翼弦长 | | m | 1.6 |
| 机翼展弦比 | | | 5.7 |
| 机翼翼型 | | | NACA 64A223 |
| 机翼初始安装角 | | (°) | 0 |
| 机翼后掠角 | | (°) | –6.5 |
| 机翼上反角 | | (°) | 2 |
| 机翼压力中心位置(相对机头) | $x_w$ | m | 7.4 |
| | $y_w$ | m | 2.43 |
| | $z_w$ | m | 2.6 |

**表 E-4　平尾参数**

| 说　明 | | 单　位 | 数　值 |
|---|---|---|---|
| 平尾面积 | | $m^2$ | 4.67 |
| 平尾展长 | | m | 3.91 |
| 平尾弦长 | | m | 1.19 |
| 平尾展弦比 | | | 3.27 |
| 平尾翼型 | | | NACA 64A015 |
| 平尾初始安装角 | | (°) | 0 |
| 平尾升力系数 | | $rad^{-1}$ | 4.03 |
| 升降舵偏转引起的平尾升力变化 | | $rad^{-1}$ | 2.29 |
| 平尾压力中心位置(相对机头) | $x_H$ | m | 14.224 |
| | $y_H$ | m | 2.616 |
| | $z_H$ | m | 0 |

**表 E-5 垂尾参数**

| 说 明 | | 单 位 | 数 值 |
|---|---|---|---|
| 垂尾面积(单个) | | $m^2$ | 2.35 |
| 垂尾展长 | | m | 2.34 |
| 垂尾弦长 | | m | 1.14 |
| 垂尾展弦比 | | | 2.06 |
| 垂尾翼型 | | | NACA 0009 |
| 垂尾初始安装角 | | (°) | 0 |
| 垂尾升力系数 | | $rad^{-1}$ | 3.06 |
| 右垂尾压力中心位置(相对机头) | $x_V$ | m | 14.48 |
| | $y_V$ | m | 2.94 |
| | $z_V$ | m | 1.96 |

**表 E-6 机身参数**

| 说 明 | | 单 位 | 数 值 |
|---|---|---|---|
| 机身水平等效面积(直升机模式) | | $m^2$ | 0.323 |
| 机身水平等效面积(固定翼飞机模式) | | $m^2$ | 0.15 |
| 机身垂直投影面积(直升机模式) | | $m^2$ | 49.24 |
| 机身垂直投影面积(固定翼飞机模式) | | $m^2$ | 0 |
| 机身压力中心位置(相对机头) | $x_f$ | m | 7.44 |
| | $y_f$ | m | 2.13 |
| | $z_f$ | m | 0 |

注：样例直升机机身空气动力的风洞试验数据请参阅相关文献。

**表 E-7 操纵杆系参数**

| 说 明 | 单 位 | 数 值 |
|---|---|---|
| 横向周期变距/横向操纵杆量 | (°)/cm | 0 |
| 升降舵偏转角/纵向操纵杆量 | (°)/cm | 1.642 |
| 副翼偏转角/横向操纵杆量 | (°)/cm | 1.547 |
| 方向舵偏转角/脚蹬量 | (°)/cm | 3.15 |
| 纵向操纵杆中立位移量 | m | 12.2 |
| 横向操纵杆中立位移量 | m | 12.2 |
| 脚蹬中立位移量 | m | 6.35 |

# 附录 F　增广 Pitt-Peters 动态入流模型系数

增广 Pitt-Peters 动态入流模型中的旋翼拉力系数、滚转力矩系数和俯仰力矩系数表达式为

$$
\begin{aligned}
C_{Ta} = \frac{1}{2}a_{\infty}\sigma\Bigg\{ & \frac{1}{2}\left(1-e_b^2\right)\lambda_0 + \frac{\mu}{4}\left(1-e_b^2\right)\lambda_{1s} + \left[\frac{1}{3}+\frac{\mu^2}{2}(1-e_b)\right]\theta_0 \\
& + \left[\frac{1}{4}+\frac{\mu^2}{4}\left(1-e_b^2\right)\right]\theta_t - \frac{\mu}{2}\left(1-e_b^2\right)\left(B_1 - K_1\overline{b}_1\right) \\
& - K_1 a_0\left[\frac{1}{3}+\frac{\mu^2}{2}(1-e_b)\right] + \overline{a}_1\left[\frac{\mu}{2}e_b(1-e_b)\right] \\
& - \dot{a}_0\left(\frac{1}{3}-\frac{e_b}{2}\right) + \dot{\overline{b}}_1\left[\frac{\mu}{4}\left(1-e_b^2\right)\right] + \frac{\mu}{4}\left(1-e_b^2\right)\overline{\omega}_x \Bigg\}
\end{aligned}
$$

$$
\begin{aligned}
C_{La} = -\frac{1}{2}a_{\infty}\sigma\Bigg\{ & \mu\left(\frac{1}{3}-\frac{e}{2}\right)(\theta_0 - K_1 a_0) - \left[\frac{1}{8}-\frac{e_b}{6}+\frac{3\mu^2}{8}\left(\frac{1}{2}-e_b+\frac{e_b^2}{2}\right)\right]\left(B_1 - K_1\overline{b}_1\right) \\
& + \mu\left(\frac{1}{4}-\frac{e_b}{3}\right)\theta_t + \frac{\mu}{2}\left(\frac{1}{2}-e_b+\frac{e_b^2}{2}\right)\lambda_0 + \left(\frac{1}{8}-\frac{e_b}{6}\right)\lambda_{1s} + \frac{\mu^2}{8}\left(\frac{1}{2}-e_b+\frac{e_b^2}{2}\right)\overline{a}_1 \\
& - \frac{\mu}{2}\left(\frac{1}{3}-e_b+e_b^2\right)\dot{a}_0 + \left(\frac{1}{8}-\frac{e_b}{3}+\frac{e_b^2}{4}\right)\left(\dot{\overline{b}}_1 - \overline{a}_1\right) + \frac{1}{2}\left(\frac{1}{4}-\frac{e_b}{3}\right)\overline{\omega}_x \Bigg\}
\end{aligned}
$$

$$
\begin{aligned}
C_{Ma} = -\frac{1}{2}a_{\infty}\sigma\Bigg\{ & -\left[\frac{1}{8}-\frac{e_b}{6}+\frac{\mu^2}{8}\left(\frac{1}{2}-e_b+\frac{e_b^2}{2}\right)\right]\left(A_1 + K_1\overline{a}_1\right) \\
& + \frac{1}{2}\left(\frac{1}{4}-\frac{e_b}{3}\right)\lambda_{1c} - \frac{\mu}{2}\left(\frac{1}{3}-\frac{e_b}{2}\right)a_0 + \frac{\mu^2}{8}\left(\frac{1}{2}-e_b+\frac{e_b^2}{2}\right)\overline{b}_1 \\
& + \left(\frac{1}{8}-\frac{e_b}{3}+\frac{e_b^2}{2}\right)\left(\dot{\overline{a}}_1 + \overline{b}_1\right) + \frac{1}{2}\left(\frac{1}{4}-\frac{e_b}{3}\right)\overline{\omega}_z \Bigg\}
\end{aligned}
$$

# 附录 G　旋翼挥舞运动方程系数

挥舞动力学方程 $\ddot{\boldsymbol{a}}+\boldsymbol{D}\dot{\boldsymbol{a}}+\boldsymbol{K}\boldsymbol{a}=\boldsymbol{f}$ 中各系数为

$$\boldsymbol{D}=\begin{bmatrix} \frac{\gamma_b}{2}\left(\frac{1}{4}-\frac{2}{3}e_b+\frac{e_b^2}{2}\right) & 0 & -\frac{\gamma_b\mu}{4}\left(\frac{1}{3}-e_b+e_b^2\right) \\ 0 & \frac{\gamma_b}{2}\left(\frac{1}{4}-\frac{2}{3}e_b+\frac{e_b^2}{2}\right) & 2 \\ -\frac{\gamma_b\mu}{2}\left(\frac{1}{3}-e_b+e_b^2\right) & -2 & \frac{\gamma_b}{2}\left(\frac{1}{4}-\frac{2}{3}e_b+\frac{e_b^2}{2}\right) \end{bmatrix}$$

$$\boldsymbol{K}=\begin{bmatrix} K_{11} & K_{12} & K_{13} \\ K_{21} & K_{22} & K_{23} \\ K_{31} & K_{32} & K_{33} \end{bmatrix}$$

$$\boldsymbol{f}=\begin{bmatrix} f_{11} & f_{12} & f_{13} & f_{14} \\ f_{21} & f_{22} & f_{23} & f_{24} \\ f_{31} & f_{32} & f_{33} & f_{34} \end{bmatrix}\begin{Bmatrix} \theta_0 \\ \theta_t \\ A_1 \\ B_1 \end{Bmatrix}-\begin{bmatrix} M_\beta/I_\beta \\ 0 \\ 0 \end{bmatrix}$$

$$+\begin{bmatrix} \frac{\gamma_b\mu}{8}\left(\frac{2}{3}-e_b\right) & 0 & 0 & 0 \\ -2\left(1+\frac{e_bM_\beta}{I_\beta}\right) & -\frac{\gamma_b}{2}\left(\frac{1}{4}-\frac{e_b}{3}\right) & 0 & -1 \\ -\frac{\gamma_b}{2}\left(\frac{1}{4}-\frac{e_b}{3}\right) & 2\left(1+\frac{e_bM_\beta}{I_\beta}\right) & -1 & 0 \end{bmatrix}\begin{Bmatrix} \bar{\omega}_x \\ \bar{\omega}_z \\ \dot{\bar{\omega}}_x \\ \dot{\bar{\omega}}_z \end{Bmatrix}$$

$$+\begin{bmatrix} \frac{\gamma_b}{2}\left(\frac{1}{3}-\frac{e_b}{2}\right) & 0 & \frac{\gamma_b\mu}{8}\left(\frac{2}{3}-e_b\right) \\ 0 & -\frac{\gamma_b}{2}\left(\frac{1}{4}-\frac{e_b}{3}\right) & 0 \\ -\frac{\gamma_b\mu}{2}\left(\frac{1}{2}-e_b+\frac{e_b^2}{2}\right) & 0 & -\frac{\gamma_b}{2}\left(\frac{1}{4}-\frac{e_b}{3}\right) \end{bmatrix}\begin{Bmatrix} \lambda_0 \\ \lambda_{1s} \\ \lambda_{1c} \end{Bmatrix}$$

矩阵 $\boldsymbol{K}$ 中的元素表达式为

$$K_{11}=p^2+\frac{\gamma_bK_1\mu^2}{4}\left(\frac{1}{2}-e_b+\frac{e_b^2}{2}\right)$$

$$K_{12} = -\frac{\gamma_b \mu}{4}\left(\frac{e_b}{2} - e_b^2\right)$$

$$K_{13} = -\frac{\gamma_b K_1 \mu}{4}\left(\frac{2}{3} - e_b\right)$$

$$K_{22} = p^2 - 1 + \frac{\gamma_b K_1 \mu^2}{8}\left(\frac{1}{2} - e_b + \frac{e_b^2}{2}\right)$$

$$K_{23} = \frac{\gamma_b}{2}\left(\frac{1}{4} - \frac{2}{3}e_b + \frac{e_b^2}{2}\right) + \frac{\gamma_b \mu^2}{8}\left(\frac{1}{2} - e_b + \frac{e_b^2}{2}\right)$$

$$K_{31} = -\frac{\gamma_b K_1 \mu}{2}\left(\frac{2}{3} - e_b\right)$$

$$K_{32} = -\frac{\gamma_b}{2}\left(\frac{1}{4} - \frac{2}{3}e_b + \frac{e_b^2}{2}\right) + \frac{\gamma_b \mu^2}{8}\left(\frac{1}{2} - e_b + \frac{e_b^2}{2}\right)$$

$$K_{33} = p^2 - 1 + \frac{3\gamma_b K_1 \mu^2}{8}\left(\frac{1}{2} - e_b + \frac{e_b^2}{2}\right)$$

式中，$\gamma_b = \dfrac{\rho a c R^4}{I_\beta}$；$p^2 = 1 + \dfrac{K_\beta}{I_\beta \Omega^2} + \dfrac{e_b M_\beta}{I_\beta} + \dfrac{\gamma_b K_1}{8}\left(1 - \dfrac{4}{3}e_b\right)$。

矩阵 $\boldsymbol{f}$ 中的元素表达式为

$$f_{11} = \frac{\gamma_b}{2}\left[\left(\frac{1}{4} - \frac{e_b}{3}\right) + \frac{\mu^2}{2}\left(\frac{1}{2} - e_b + \frac{e_b^2}{2}\right)\right]$$

$$f_{12} = \frac{\gamma_b}{2}\left[\left(\frac{1}{5} - \frac{e_b}{4}\right) + \frac{\mu^2}{2}\left(\frac{1}{3} - \frac{e_b}{2}\right)\right]$$

$$f_{13} = f_{21} = f_{22} = f_{24} = f_{33} = 0$$

$$f_{14} = -\frac{\gamma_b \mu}{2}\left(\frac{1}{3} - \frac{e_b}{2}\right)$$

$$f_{23} = \frac{\gamma_b}{2}\left[\left(\frac{1}{4} - \frac{e_b}{3}\right) + \frac{\mu^2}{4}\left(\frac{1}{2} - e_b + \frac{e_b^2}{2}\right)\right]$$

$$f_{31} = -\frac{\gamma_b \mu}{2}\left(\frac{2}{3} - e_b\right)$$

$$f_{32} = -\frac{\gamma_b \mu}{2}\left(\frac{1}{2} - \frac{2e_b}{3}\right)$$

$$f_{34} = \frac{\gamma_b}{2}\left[\left(\frac{1}{4} - \frac{e_b}{3}\right) + \frac{3\mu^2}{4}\left(\frac{1}{2} - e_b + \frac{e_b^2}{2}\right)\right]$$

# 附录 H　右旋旋翼拉力系数、后向力系数、侧向力系数和反扭矩系数

$$C_T = a_\infty \sigma\left[\frac{1}{2}\lambda_1 + \frac{\mu}{4}\lambda_{1s} + \left(\frac{1}{3}+\frac{\mu^2}{2}\right)\theta_0 + \left(\frac{1}{4}+\frac{\mu^2}{4}\right)\theta_t - \frac{\mu}{2}\left(B_1 - K_1\bar{b}_1\right) - K_1 a_0\left(\frac{1}{3}+\frac{\mu^2}{2}\right) + \frac{\mu}{4}\bar{\omega}_x\right]$$

$$\begin{aligned}
C_H = a_\infty \sigma\Bigg\{&\frac{\mu}{2a_\infty}C_x - \frac{1}{4}(\theta_0 - K_1 a_0)\left[2\mu\lambda_1 - \frac{2}{3}(2\bar{a}_1 - \lambda_{1s} - \bar{\omega}_x)\right] \\
&-\frac{1}{4}\theta_t\left[\mu\lambda_1 - \frac{1}{2}(2\bar{a}_1 - \lambda_{1s} - \bar{\omega}_x)\right] + \frac{1}{4}(A_1 - K_1\bar{a}_1)\left[\frac{2}{3}a_0 + \frac{\mu}{4}(\lambda_{1c} + \bar{\omega}_z)\right] \\
&+\frac{1}{4}\left(B_1 - K_1\bar{b}_1\right)\left[\lambda_1 - \mu\bar{a}_1 + \frac{3}{4}\mu(\lambda_{1s} + \bar{\omega}_x)\right] + \frac{1}{4}\left[3\bar{a}_1\lambda_1 - \frac{2}{3}a_0\left(\bar{b}_1 + \bar{\omega}_z\right) - 2\lambda_1\bar{\omega}_x\right] \\
&+\frac{\mu}{4}\left[a_0^2 + \bar{a}_1^2 - \frac{1}{4}\left(\bar{a}_1\lambda_{1s} + \bar{b}_1\lambda_{1c} + \bar{a}_1\bar{\omega}_x + \bar{b}_1\bar{\omega}_z\right)\right] - \frac{1}{2}\lambda_1\lambda_{1s} - \frac{1}{6}a_0\lambda_{1c}\Bigg\}
\end{aligned}$$

$$\begin{aligned}
C_S = a_\infty \sigma\Bigg\{&-\frac{1}{4}(\theta_0 - K_1 a_0)\left[-\frac{2}{3}\left(2\bar{b}_1 + \lambda_{1c} + \bar{\omega}_z\right) + 3\mu a_0 - 2\mu^2\bar{b}_1\right] \\
&-\frac{1}{4}\theta_t\left[-\frac{1}{2}\left(2\bar{b}_1 + \lambda_{1c} + \bar{\omega}_z\right) + 2\mu a_0 - \mu^2\bar{b}_1\right] - \frac{1}{4}(A_1 - K_1\bar{a}_1)\left[\lambda_1 + \frac{\mu}{4}(4\bar{a}_1 + \lambda_{1s} + \bar{\omega}_x)\right] \\
&-\frac{1}{4}\left(B_1 - K_1\bar{b}_1\right)\left[-\frac{2}{3}a_0\left(1+3\mu^2\right) + \frac{\mu}{4}\left(8\bar{b}_1 + \lambda_{1c} + \bar{\omega}_z\right)\right] - \frac{1}{4}\left[-3\bar{b}_1\lambda_1 + \frac{2}{3}a_0(-\bar{a}_1 + \bar{\omega}_x) - 2\lambda_1\bar{\omega}_z\right] \\
&-\frac{\mu}{4}\left(6a_0\lambda_1 - a_1\bar{b}_1 + 2\bar{b}_1\bar{\omega}_x - 2\bar{a}_1\bar{\omega}_z\right) - \mu^2 a_0\bar{a}_1 + \frac{1}{2}\lambda_{1c}\left(\lambda_1 + \frac{7}{8}\mu\bar{a}_1\right) - \lambda_{1s}\left(\frac{1}{6}a_0 - \frac{5}{16}\mu\bar{b}_1\right)\Bigg\}
\end{aligned}$$

$$\begin{aligned}
m_k = a_\infty \sigma\Bigg\{&\frac{1}{4a_\infty}\left(1+\mu^2\right)C_x - (\theta_0 - K_1 a_0)\left[\frac{1}{3}\lambda_1 + \frac{1}{6}(\lambda_{1s} + \bar{\omega}_x)\mu\right] - \frac{1}{4}\theta_t\left(\lambda_1 + \frac{1}{2}\mu\lambda_{1s}\right) \\
&-(A_1 - K_1\bar{a}_1)\left[\frac{1}{8}\left(\bar{b}_1 - \lambda_{1c} + \bar{\omega}_z\right) - \frac{1}{6}\mu a_0 + \frac{1}{16}\mu^2\bar{b}_1\right] \\
&-\frac{1}{4}\left(B_1 - K_1\bar{b}_1\right)\left[\frac{1}{2}(-\bar{a}_1 - \lambda_{1s} + \bar{\omega}_x) + \mu\left(\lambda_1 + \frac{1}{4}\mu\bar{a}_1\right)\right] \\
&-\frac{1}{2}\left[\lambda_1(\lambda_1 + \mu\bar{a}_1) + \frac{1}{8}\mu^2\left(4a_0^2 + 3\bar{a}_1^2 + \bar{b}_1^2\right)\right] + \frac{1}{3}\mu\left(\bar{b}_1 + \lambda_{1c}\right)a_0 + \frac{1}{4}(\lambda_{1s} + \bar{\omega}_x)\bar{a}_1 \\
&-\frac{1}{8}\left(\bar{\omega}_x^2 + \bar{\omega}_z^2\right) - \frac{1}{8}\left(\bar{a}_1^2 + \bar{b}_1^2 + \lambda_{1c}^2 + \lambda_{1s}^2\right) - \frac{1}{4}\left(\bar{b}_1 - \bar{\omega}_z\right)\lambda_{1c} + \frac{1}{4}\bar{\omega}_x\lambda_{1s} - \left(\frac{1}{4}\bar{b}_1 - \frac{1}{3}\mu a_0\right)\bar{\omega}_z\Bigg\}
\end{aligned}$$

# 致　　谢

《直升机飞行动力学》第二版能够完成，主要得益于两个方面的条件: 一是第一版的良好基础，以及讲授“直升机飞行动力学”课程中的学术探讨和积累；二是作者及其同事们近几年来所完成的课题研究。在即将收笔之际，作者在此表达对有关方面的诚挚谢意。

第二版所涉及的直升机飞行动力学研究课题，大多来自国家国防科技工业局和中国航空工业集团有限公司(简称中航工业)，以及中国人民解放军原总装备部预研局和原总参谋部陆航部科技局下达的科研课题。由于上述领导机关的支持和督促，才取得了预期的研究成果，并得以将研究结果纳入第二版。同时，在研究工作进展中，经常得到中航工业直升机设计研究所的大力协助，作者深表谢意。

在第二版的撰写过程中，得到南京航空航天大学航空学院的大力支持。许多青年学者如李攀副教授、吴伟副教授、孔卫红高工、曹芸芸博士、孟万里博士、陈元博士及严旭飞博士等都对本书的学术内容做出了贡献。尤其要感谢的是陈元博士和严旭飞博士，陈元博士参与第二版内容的多次修改，严旭飞博士承担了第二版部分算例的计算和若干插图的制作。此外，在教学过程中，作者与学生互相切磋，受益匪浅。可以说，他们也间接地对本书的撰写做出了贡献，作者在此一并致谢。

直升机飞行动力学正处在迅速发展时期，由于作者学识有限，本书难免有偏颇及不足之处，作者诚心向广大同行和读者求教，敬请指正。

作　者

2019 年 3 月

江苏高校品牌专业建设工程资助项目

飞行器设计与工程力学品牌专业系列教材

# 直升机飞行动力学

## （第二版）

陈仁良　高 正　著

科学出版社